第三届黄河国际论坛论文集

流域水资源可持续利用与
河流三角洲生态系统的良性维持

第二册

黄河水利出版社

图书在版编目(CIP)数据

第三届黄河国际论坛论文集/尚宏琦,骆向新主编.
郑州:黄河水利出版社,2007.10
ISBN 978 - 7 - 80734 - 295 - 3

Ⅰ. 第⋯ Ⅱ. ①尚⋯②骆⋯ Ⅲ. 黄河 - 河道整治 -
国际学术会议 - 文集 Ⅳ. TV882.1 - 53

中国版本图书馆 CIP 数据核字(2007)第 150064 号

组稿编辑:岳德军 手机:13838122133 E - mail:dejunyue@163.com

出 版 社:黄河水利出版社
　　　　　地址:河南省郑州市金水路 11 号　　邮政编码:450003
发行单位:黄河水利出版社
　　　　　发行部电话:0371 - 66026940　　传真:0371 - 66022620
　　　　　E - mail:hhslcbs@126.com
承印单位:河南省瑞光印务股份有限公司
开本:787 mm×1 092 mm 1/16
印张:161.75
印数:1—1 500
版次:2007 年 10 月第 1 版　　　　　印次:2007 年 10 月第 1 次印刷

书号:ISBN 978 - 7 - 80734 - 295 - 3/TV·524　　　定价(全六册):300.00 元

第三届黄河国际论坛
流域水资源可持续利用与河流三角洲生态系统的良性维持研讨会

主办单位

水利部黄河水利委员会(YRCC)

承办单位

山东省东营市人民政府
胜利石油管理局
山东黄河河务局

协办单位

中欧合作流域管理项目
西班牙环境部
WWF(世界自然基金会)
英国国际发展部(DFID)
世界银行(WB)
亚洲开发银行(ADB)
全球水伙伴(GWP)
水和粮食挑战计划(CPWF)
流域组织国际网络(INBO)
世界自然保护联盟(IUCN)
全球水系统计划(GWSP)亚洲区域办公室
国家自然科学基金委员会(NSFC)
清华大学(TU)
中国科学院(CAS)水资源研究中心
中国水利水电科学研究院(IWHR)
南京水利科学研究院(NHRI)
小浪底水利枢纽建设管理局(YRWHDC)
水利部国际经济技术合作交流中心(IETCEC,MWR)

顾问委员会

名誉主席

钱正英　中华人民共和国全国政协原副主席,中国工程院院士
杨振怀　中华人民共和国水利部原部长,中国水土保持学会理事长,全球水伙伴
　　　　(GWP)中国委员会名誉主席
汪恕诚　中华人民共和国水利部原部长

主　席

胡四一　中华人民共和国水利部副部长
贾万志　山东省人民政府副省长

副主席

朱尔明　水利部原总工程师
高安泽　中国水利学会理事长
徐乾清　中国工程院院士
董哲仁　全球水伙伴(GWP)中国委员会主席
黄自强　黄河水利委员会科学技术委员会副主任
张建华　山东省东营市市长
Serge Abou　欧盟驻华大使
Loïc Fauchon　世界水理事会(WWC)主席,法国
Dermot O'Gorman　WWF(世界自然基金会)中国首席代表
朱经武　香港科技大学校长

委　员

曹泽林　中国经济研究院院长、教授
Christopher George　国际水利工程研究协会(IAHER)执行主席,西班牙
戴定忠　中国水利学会教授级高级工程师
Des Walling　地理学、考古学与地球资源大学(SGAER)教授,英国
Don Blackmore　澳大利亚国家科学院院士,墨累－达令河流域委员会(MDBC)
　　　　前主席
冯国斌　河南省水力发电学会理事长、教授级高级工程师
Gaetan Paternostre　法国罗讷河国家管理公司(NCRR)总裁
龚时旸　黄河水利委员会原主任、教授级高级工程师
Jacky COTTET　法国罗讷河流域委员会主席,流域组织国际网络(INBO)欧洲
　　　　主席

Khalid Mohtadullah　全球水伙伴(GWP)高级顾问,巴基斯坦

匡尚富　中国水利水电科学研究院院长

刘伟民　青海省水利厅厅长

刘志广　水利部国科司副司长

潘军峰　山西省水利厅厅长

Pierre ROUSSEL　法国环境总检查处,法国环境工程科技协会主席

邵新民　河南省水利厅副巡视员

谭策吾　陕西省水利厅厅长

武轶群　山东省水利厅副厅长

许文海　甘肃省水利厅厅长

吴洪相　宁夏回族自治区水利厅厅长

Yves Caristan　法国地质调查局局长

张建云　南京水利科学研究院院长

组织委员会

名誉主席

陈　雷　中华人民共和国水利部部长

主　席

李国英　黄河水利委员会主任

副主席

高　波　水利部国科司司长

王文珂　水利部综合事业局局长

徐　乘　黄河水利委员会副主任

殷保合　小浪底水利枢纽建设管理局局长

袁崇仁　山东黄河河务局局长

高洪波　山东省人民政府办公厅副主任

吕雪萍　东营市人民政府副市长

李中树　胜利石油管理局副局长

Emilio Gabbrielli　全球水伙伴(GWP)秘书长,瑞典

Andras Szollosi – Nagy　联合国教科文组织(UNESCO)总裁副助理,法国

Kunhamboo Kannan　亚洲开发银行(ADB)中东亚局农业、环境与自然资源处处
　　　　　　　　　长,菲律宾

徐宗学　北京师范大学水科学研究院副院长、教授
燕同胜　胜利石油管理局副处长
姚自京　黄河水利委员会办公室主任
于兴军　水利部国际经济技术合作交流中心主任
张洪山　胜利石油管理局副总工程师
张金良　黄河水利委员会防汛办公室主任
张俊峰　黄河水利委员会规划计划局局长
张永谦　中国经济研究院院委会主任、教授

秘书长

尚宏琦　黄河水利委员会国科局局长

技术委员会

主　任

薛松贵　黄河水利委员会总工程师

委　员

Anders Berntell　斯德哥尔摩国际水管理研究所执行总裁,斯德哥尔摩世界水周
　　　　秘书长,瑞典
Bart Schultz　荷兰水利公共事业交通部规划院院长,联合国教科文组织国际水
　　　　管理学院(UNESCO - IHE)教授
Bas Pedroli　荷兰瓦格宁根大学教授
陈吉余　中国科学院院士,华东师范大学河口海岸研究所教授
陈效国　黄河水利委员会科学技术委员会主任
陈志恺　中国工程院院士,中国水利水电科学研究院教授
程　禹　台湾中兴工程科技研究发展基金会董事长
程朝俊　中国经济研究院中国经济动态副主编
程晓陶　中国水利水电科学研究院防洪减灾研究所所长、教授级高级工程师
David Molden　国际水管理研究所(IWMI)课题负责人,斯里兰卡
丁德文　中国工程院院士,国家海洋局第一海洋研究所主任
窦希萍　南京水利科学研究院副总工程师、教授级高级工程师
Eelco van Beek　荷兰德尔伏特水力所教授
高　峻　中国科学院院士
胡鞍钢　国务院参事,清华大学教授
胡春宏　中国水利水电科学研究院副院长、教授级高级工程师
胡敦欣　中国科学院院士,中国科学院海洋研究所研究员

Huib J. de Vriend　荷兰德尔伏特水力所所长

Jean – Francois Donzier　流域组织国际网络(INBO)秘书长,水资源国际办公室
　　　总经理

纪昌明　华北电力大学研究生院院长、教授

冀春楼　重庆市水利局副局长,教授级高级工程师

Kuniyoshi Takeuchi(竹内邦良)　日本山梨大学教授,联合国教科文组织水灾害
　　　和风险管理国际中心(UNESCO – ICHARM)主任

Laszlo Iritz　科威公司(COWI)副总裁,丹麦

雷廷武　中科院/水利部水土保持研究所教授

李家洋　中国科学院副院长、院士

李鸿源　台湾大学教授

李利锋　WWF(世界自然基金会)中国淡水项目主任

李万红　国家自然科学基金委员会学科主任、教授级高级工程师

李文学　黄河设计公司董事长、教授级高级工程师

李行伟　香港大学教授

李怡章　马来西亚科学院院士

李焯芬　香港大学副校长,中国工程院院士,加拿大工程院院士,香港工程科学
　　　院院长

林斌文　黄河水利委员会教授级高级工程师

刘　斌　甘肃省水利厅副厅长

刘昌明　中国科学院院士,北京师范大学教授

陆永军　南京水利科学研究院教授级高级工程师

陆佑楣　中国工程院院士

马吉明　清华大学教授

茆　智　中国工程院院士,武汉大学教授

Mohamed Nor bin Mohamed Desa　联合国教科文组织(UNESCO)马来西亚热带
　　　研究中心(HTC)主任

倪晋仁　北京大学教授

彭　静　中国水利水电科学研究院教授级高级工程师

Peter A. Michel　瑞士联邦环保与林业局水产与水资源部主任

Peter Rogers　全球水伙伴(GWP)技术顾问委员会委员,美国哈佛大学教授

任立良　河海大学水文水资源学院院长、教授

Richard Hardiman　欧盟驻华代表团项目官员

师长兴　中国科学院地理科学与资源研究所研究员

Stefan Agne　欧盟驻华代表团一等秘书

孙鸿烈　中国科学院院士,中国科学院原副院长、国际科学联合会副主席

孙平安　陕西省水利厅总工程师、教授级高级工程师

《第三届黄河国际论坛论文集》
编辑委员会

欢 迎 词

（代序）

　　我代表第三届黄河国际论坛组织委员会和本届会议主办单位黄河水利委员会,热烈欢迎各位代表从世界各地汇聚东营,参加世界水利盛会第三届黄河国际论坛——流域水资源可持续利用与河流三角洲生态系统的良性维持研讨会。

　　黄河水利委员会在中国郑州分别于 2003 年 10 月和 2005 年 10 月成功举办了两届黄河国际论坛。第一届论坛主题为"现代化流域管理",第二届论坛主题为"维持河流健康生命",两届论坛都得到了世界各国水利界的高度重视和支持。我们还记得,在以往两届论坛的大会和分会上,与会专家进行了广泛的交流与对话,充分展示了自己的最新科研成果,从多维视角透析了河流治理及流域管理的经验模式。我们把会议交流发表的许多具有创新价值的学术观点和先进经验的论文,汇编成论文集供大家参阅、借鉴,对维持河流健康生命的流域管理及科学研究等工作起到积极的推动作用。

　　本次会议是黄河国际论坛的第三届会议,中心议题是流域水资源可持续利用与河流三角洲生态系统的良性维持。中心议题下分八个专题,分别是:流域水资源可持续利用及流域良性生态构建、河流三角洲生态系统保护及良性维持、河流三角洲生态系统及三角洲开发模式、维持河流健康生命战略及科学实践、河流工程及河流生态、区域水资源配置及跨流域调水、水权水市场及节水型社会、现代流域管理高科技技术应用及发展趋势。会议期间,我们还与一些国际著名机构共同主办以下 18 个相关专题会议:中西水论坛、中荷水管理联合指导委员会第八次会议、中欧合作流域管理项目专题会、WWF(世界自然基金会)流域综合管理专题论坛、全球水伙伴(GWP)河口三角洲水生态保护与良性维持高级论坛、中挪水资源可持续管理专题会议、英国发展部黄河上中游水土保持项目专题会议、水和粮食挑战计划(CPWF)专题会议、流域组织国际网络(INBO)流域水资源一体化管理专题会议、中意环保合作项目论坛、全球水系统(GWSP)全球气候变化与黄河流域水资源风险管理专题会议、中荷科技合作河流三角洲湿地生态需水与保护专题会议与中荷环境流量培训、中荷科技合作河源区项目专题会、中澳科技交流人才培养及合作专题会议、UNESCO –IHE 人才培养后评估会议、中国水资源配置专题会议、流域水利工程建设与管理专题会议、供水管理与安全专题会议。

　　本次会议,有来自 64 个国家和地区的近 800 位专家学者报名参会,收到论文 500 余篇。经第三届黄河国际论坛技术委员会专家严格审查,选出 400 多篇编入会议论文集。与以往两届论坛相比,本届论坛内容更丰富、形式更多样,除了全方位展示中国水利和黄河流域管理所取得的成就之外,还将就河流管理的热点难点问题进行深入交流和探讨,建立起更为广泛的国际合作与交流机制。

　　我相信,在论坛顾问委员会、组织委员会、技术委员会以及全体参会代表的努力下,本次会议一定能使各位代表在专业上有所收获,在论坛期间生活上过得愉快。我也深信,各位专家学者发表的观点、介绍的经验,将为流域水资源可持续利用与河流三角洲生态系统的良性维持提供良策,必定会对今后黄河及世界上各流域的管理工作产生积极的影响。同时,我也希望,世界各国的水利同仁,相互学习交流,取长补短,把黄河管理的经验及新技术带到世界各地,为世界水利及流域管理提供科学借鉴和管理依据。

　　最后,我希望本次会议能给大家留下美好的回忆,并预祝大会成功。祝各位代表身体健康,在东营过得愉快!

李国英

黄河国际论坛组织委员会主席

黄河水利委员会主任

2007 年 10 月于中国东营

前　言

黄河国际论坛是水利界从事流域管理、水利工程研究与管理工作的科学工作者的盛会,为他们提供了交流和探索流域管理和水科学的良好机会。

黄河国际论坛的第三届会议于 2007 年 10 月 16～19 日在中国东营召开,会议中心议题是:流域水资源可持续利用与河流三角洲生态系统的良性维持。中心议题下分八个专题:

A. 流域水资源可持续利用及流域良性生态构建;

B. 河流三角洲生态系统保护及良性维持;

C. 河流三角洲生态系统及三角洲开发模式;

D. 维持河流健康生命战略及科学实践;

E. 河流工程及河流生态;

F. 区域水资源配置及跨流域调水;

G. 水权、水市场及节水型社会;

H. 现代流域管理高科技技术应用及发展趋势。

在论坛期间,黄河水利委员会还与一些政府和国际知名机构共同主办以下 18 个相关专题会议:

As. 中西水论坛;

Bs. 中荷水管理联合指导委员会第八次会议;

Cs. 中欧合作流域管理项目专题会;

Ds. WWF(世界自然基金会)流域综合管理专题论坛;

Es. 全球水伙伴(GWP)河口三角洲水生态保护与良性维持高级论坛;

Fs. 中挪水资源可持续管理专题会议;

Gs. 英国发展部黄河上中游水土保持项目专题会议;

Hs. 水和粮食挑战计划(CPWF)专题会议;

Is. 流域组织国际网络(INBO)流域水资源一体化管理专题会议;

Js. 中意环保合作项目论坛；

Ks. 全球水系统计划（GWSP）全球气候变化与黄河流域水资源风险管理专题会议；

Ls. 中荷科技合作河流三角洲湿地生态需水与保护专题会议与中荷环境流量培训；

Ms. 中荷科技合作河源区项目专题会；

Ns. 中澳科技交流、人才培养及合作专题会议；

Os. UNESCO – IHE 人才培养后评估会议；

Ps. 中国水资源配置专题会议；

Ar. 流域水利工程建设与管理专题会议；

Br. 供水管理与安全专题会议。

自第二届黄河国际论坛会议结束后，论坛秘书处就开始了第三届黄河国际论坛的筹备工作。自第一号会议通知发出后，共收到了来自64个国家和地区的近800位决策者、专家、学者的论文500余篇。经第三届黄河国际论坛技术委员会专家严格审查，选出400多篇编入会议论文集。其中322篇编入会前出版的如下六册论文集中：

第一册：包括52篇专题A的论文；

第二册：包括50篇专题B和专题C的论文；

第三册：包括52篇专题D和专题E的论文；

第四册：包括64篇专题E的论文；

第五册：包括60篇专题F和专题G的论文；

第六册：包括44篇专题H的论文。

会后还有约100篇文章，将编入第七、第八册论文集中。其中有300余篇论文在本次会议的77个分会场和5个大会会场上作报告。

我们衷心感谢本届会议协办单位的大力支持，这些单位包括：山东省东营市人民政府、胜利石油管理局、中欧合作流域管理项目、小浪底水利枢纽建设管理局、水利部综合事业管理局、黄河万家寨水利枢纽有限公司、西班牙环境部、WWF（世界自然基金会）、英国国际发展部（DFID）、世界银行（WB）、亚洲开发银行（ADB）、全球水伙伴（GWP）、水和粮食挑战计划（CPWF）、流域组织国际网络（INBO）、国家自然科学基金委员会(NSFC)、清华大学(TU)、中国水利水电科学研究院(IWHR)、南京水利科学研究院(NHRI)、水利部国际经济技术合作交流中心(IETCEC,MWR)等。

我们也要向本届论坛的顾问委员会、组织委员会和技术委员会的各位领导、专家的大力支持和辛勤工作表示感谢,同时对来自世界各地的专家及论文作者为本届会议所做出的杰出贡献表示感谢!

我们衷心希望本论文集的出版,将对流域水资源可持续利用与河流三角洲生态系统的良性维持有积极的推动作用,并具有重要的参考价值。

尚宏琦
黄河国际论坛组织委员会秘书长
2007 年 10 月于中国东营

目　录

河流三角洲生态系统保护及良性维持

基于生态水文学的黄河口湿地环境需水及评价研究
…………………………… 连煜　王新功　刘高焕等（3）
黄河三角洲水资源优化配置与适应性管理模式探讨
…………………………… 李福林　范明元　卜庆伟等（17）
黄河三角洲生态系统保护的法治现状及需求
…………………………… 孙亭刚　许建中　杨升全（27）
浅论黄河口生态系统的服务功能和研究发展方向
…………………………… 王开荣　姜乃迁　董年虎等（32）
黄河三角洲生态问题与保护措施 …………………… 程义吉　何敏　邢华（38）
黄河三角洲管理
　　——一个在拥有动态湿地区域内的景观规划与生态学的
　　挑战 ………………… 刘高焕　Bas Pedroli　Michiel van Eupen 等（44）
河口湿地栖息地多样性保护
………… Shang – Shu Shih　Yu – Min Hsu　Gwo – Wen Hwang 等（52）
生态水质调查模式应用于江子翠汇流口评估分析
…………………………… 施上粟　胡通哲　郭品函等（59）
淡水河流域洪水风险评估的三角洲状况
………… Shang – Shu Shih　Gwo – Wen Hwang　Jin – Hao Yang（67）
黄河三角洲自然保护区对淡水资源的有效利用
　　——以湿地恢复工程为例 ………………… 单凯　吕卷章（76）
黄河河口区湿地修复规划决策中的景观生态学
　　方法研究 ………………… 黄翀　刘高焕　王新功等（85）
黄河三角洲湿地变化影响因素分析 …………… 史红玲　王延贵　刘成（95）
黄河三角洲地区 NDVI 与 Albedo 时空分布特征研究
…………………………… 李发鹏　徐宗学　李景玉（103）
改善黄河三角洲生态环境的根本途径 ……… 李泽刚　杨明　王学军等（111）
国外河口三角洲水环境及生态现状对我国的启示
…………………………… 童国庆　张华兴　孙丽娟等（117）
黄河河口生态需水初步研究 ……… 王新功　连煜　黄锦辉等（123）
1992 年特大风暴潮后一千二自然保护区人工刺槐林地
　　动态变化分析 ………………… 刘庆生　刘高焕　姚玲（131）

黄河三角洲湿地植被退化关键环境因子确定
　　　……………………… 赵欣胜　崔保山　杨志峰等(137)
黄河三角洲平原型水库水质变化规律与水质修复技术
　　　………………………… 李来俊　徐永林　张人杰(148)
黄河三角洲自然保护区植被格局时空动态分析　……… 宋创业　刘高焕(157)
三角洲黄河干流水资源保障条件研究　……… 张建军　黄锦辉　闫莉等(169)
黄河三角洲自然保护区丹顶鹤生境适宜性变化分析　… 曹铭昌　刘高焕(176)
保护黄河三角洲湿地　促进水资源可持续发展
　　　………………………… 刘艳景　杨丽霞　宗继朋(186)
黄河水资源利用及黄河三角洲生态保护浅议　… 卢林华　刘玲　张岐云(192)
黄河三角洲湿地恢复各预案对指示物种生境适宜性的
　　影响研究　………………… 王新功　宋世霞　王瑞玲等(198)
近二十年来黄河现代三角洲湿地景观的变化特征
　　　………………………… 江珍　刘志刚　田凯(208)
密西西比河三角洲结合海岸侵蚀保护的洪水风险
　　管理展望　………………… 马广州　黄波　杨娟(219)
黄河三角洲湿地生态治理浅析　……… 孙娟　李强坤　张霞等(229)

河流三角洲生态系统及三角洲开发模式

河口过程中第三驱动力的作用和响应
　　——以长江河口为例　……… 陈吉余　程和琴　戴志军(239)
合理安排备用流路　减缓河口延伸速度　……………… 胡一三(250)
黄河河口综合治理对策研究　……… 李文学　丁大发　安催花等(258)
黄河三角洲土地开发战略　……………………………… 杜玉海(265)
黄河河口演变规律及治理　……………………… 王万战　高航(271)
巧用海动力治理黄河口建设双导堤工程研究　… 李希宁　于晓龙　张生(282)
黄河入海流路行河方案研究　……… 安催花　丁大发　唐梅英等(287)
黄河清水沟流路行河 30 年治理回顾与展望
　　　………………………… 李士国　王均明　郭训峰等(296)
黄河河口治理工程投资体制探讨　……… 李士国　李敬义　张生(302)
维持科罗拉多河三角洲淡水不断流经济效益分析
　　　　　　　　　　　　　　 Enrique Sanjurjo Rivera(306)
三角洲地区的土地利用管理　……………… W. J. M. Snijders(313)
现代黄河三角洲海岸时空演变特征及机制研究
　　　………………………… 陈小英　陈沈良　李向阳(316)
黄河三角洲不同补水方案下地下水水位及水均衡
　　影响研究　………………… 娄广艳　范晓梅　张绍峰等(330)

黄河河口河道治理历程及治理对策研究 … 唐梅英　丁大发　何予川等(342)

利用黄河泥沙资源　促进油田勘探开发 … 王均明　李士国　薛永华等(348)

黄河河口演变对下游河道反馈影响研究 …… 陈雄波　安催花　钱裕等(352)

治理黄河河口的重要措施

　　——关于在黄河河口地区进行放淤改土的设想

　　…………………………………… 姜树国　刘金福　张生(360)

黄河河口清水沟流路行河年限研究 ………… 钱裕　安催花　万占伟等(365)

黄河清水沟流路汊河方案研究 …………… 唐梅英　陈雄波　崔萌等(374)

稳定入海流路　促进三角洲区域全面协调发展的

　　措施探讨 ……………… 徐洪增　刘文彬　李建来等(381)

黄河清水沟流路1996年改汊后口门处海域冲淤

　　变化分析 ……………… 杨晓阳　郭慧敏　黄建杰等(386)

小浪底水库调水调沙以来河口淤积延伸分析

　　…………………………………… 由宝宏　郭慧敏　卢书慧(393)

河流三角洲生态系统保护及良性维持

基于生态水文学的黄河口湿地
环境需水及评价研究

连　煜[1]　王新功[1]　刘高唤[2]　黄　翀[2]　王瑞玲[1]
张绍锋[1]　刘月良[3]　Bas PEDROLI[4]　Michiel van Eupen[4]
（1. 黄河流域水资源保护局；2. 中国科学院地理科学与资源研究所；
3. 山东黄河三角洲国家级自然保护区管理局；4. 瓦赫宁根大学研究
中心 Alterra 资源环境研究院）

摘要：根据生态系统保护的要求，以提高生态系统承载力、保护河口生态系统完整性和稳定性为原则，促进区域生态系统的良性维持为目标，从生物多样性保护的角度，研究确定了约为23 600 hm² 的黄河三角洲应补水的湿地恢复和保护规模。在此基础上，采用景观生态学的原理和方法，在湿地植物生理学、生态学、水文学研究基础上及遥感和 GIS 技术的支持下，研究水分－生态耦合作用机理，建立基于生态水文学的黄河口湿地环境需水及评价模型，并运用预案研究方法和景观生态决策支持系统的规划评价思想，预测和评价了黄河口湿地不同补水方案产生的生态效果，重点研究了丹顶鹤、白鹳、黑嘴鸥等指示性物种适宜生境条件与湿地补水后的生态格局变化。研究在统筹黄河水资源条件、水资源配置工程措施和湿地生态系统综合保护需求后，推荐提出了黄河三角洲湿地恢复和保护的3.5 亿 m³ 黄河补水计算成果。

关键词：生态水文学　黄河三角洲　湿地　环境需水

1　项目背景

1.1　黄河三角洲湿地生态面临严重失衡问题

黄河是维持黄河三角洲生态系统演替和发育的最重要因素，在黄河独特水沙条件和渤海弱潮动力环境的共同作用下，黄河三角洲形成了我国温带最广阔、最完整和最年轻的原生湿地生态系统，其特有的原生湿地不仅为许多珍稀濒危鸟类提供了适宜的栖息环境，也是研究河口新生湿地生态系统形成、演化、发展规律的重要基地。黄河三角洲国家级自然保护区作为中国唯一的三角洲湿地自然保护区，已列入世界及中国生物多样性保护和湿地保护名录，作为东北亚内陆和环西太平洋鸟类迁徙的"中转站"、越冬地和繁殖地，保护区在世界生物多样性保护中具有重要地位，也是实现可持续发展进程中关系国家和区域生态安全的战略资源。

自 20 世纪后期以来,因黄河进入河口地区水沙资源量急剧减少,以及河口堤防建设造成的河流渠化问题,阻断了河口湿地的水量补给来源,加之河口三角洲农业开发和城市化影响等影响因素,黄河口出现了黄河河道断流、淡水湿地萎缩、植被生态功能退化、物种多样性衰减等生态失衡问题,对黄河三角洲生态系统的稳定和经济社会可持续发展产生了威胁。研究黄河河口环境需水及其过程,进一步优化黄河水资源的配置与调度,实现并维持三角洲生态系统的良性发展,已成为维护黄河健康生命亟待解决的关键问题之一,也是黄河口地区社会、经济和生态环境协调发展的必然要求。

1.2 中荷科学家携手共同研究黄河三角洲生态问题

(生态)环境需水研究有许多方法,以往较多的是采用水文学或生态生理学的研究途径,而在水分 – 生态的耦合作用机理、景观生态研究和生态目标科学确定,以及水资源的生态效益等方面得不到科学识别和解决,在综合地表水和地下水、土壤水,以及植物生理需水和生态系统发育需水与濒危物种生境保护关系方面,缺少基于生态水文学的过程研究,其计算的环境需水过程乃至环境需水研究结论不能满足生态系统保护和水资源生态配置的科学需求;另外,环境需水量的确定不仅仅是技术上的问题,还需要许多用水户如农业、工业、城镇等用水户的参与,需要综合社会经济与自然生态系统多方的需求。鉴于此,黄委 2003 年起邀请荷方与中国科学研究和自然保护机构,共同研究黄河口生态保护与环境需水问题。中荷双方政府于 2005 年 10 签署合作协议联合开展黄河三角洲环境需水研究,为有限的黄河水资源配置及三角洲湿地生态系统的科学管理与决策提供技术支撑。

2 研究区概况

2.1 黄河三角洲

黄河三角洲泛指黄河在入海口多年来淤积延伸、摆动、改道和沉淀而形成的一个扇形地带,属陆相弱潮强烈堆积性河口。位于中国山东省北部莱州湾和渤海湾之间,其范围大致介于东经 118°10′ ~ 119°15′ 与北纬 37°15′ ~ 38°10′ 之间,为研究方便,习惯上又根据年代不同以及具体地理状况分为近代三角洲和现代三角洲。近代三角洲是指以宁海为顶点,北起套儿河口,南至支脉沟口的扇形地带,成 135°角,面积为 6 000 余 km², 海岸线长约 350 km,现代黄河三角洲以垦利、渔洼为顶点,北起挑河,南达宋春荣沟,面积约 2 400 km²。

2.2 黄河三角洲国家级自然保护区

为保护黄河湿地生态和鸟类栖息环境,中国政府设立了黄河三角洲湿地自然保护区,保护区位于黄河入海口两侧新淤地带,分为南北两大部分(北部位于黄河刁口河故道区域,南部位于黄河现行流路两侧),保护目标为新生湿地生态系统和珍稀濒危鸟类,总面积15.3 万 hm²(其中核心区面积5.8 万 hm²,缓冲区面积1.3 万 hm²,实验区面积8.2 万 hm²)。黄河三角洲自然保护区位置见图1。

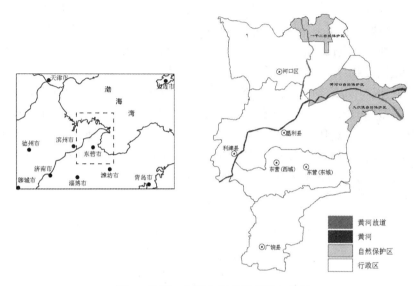

图1 黄河三角洲自然保护区地理位置

2.3 研究区域植被与动物现状

自然保护区共有种子植物42科、393 种,国家二级保护濒危植物野大豆分布十分广泛。植被类型主要有落叶阔叶林、落叶枯叶灌丛、草甸、沼泽植被、水生植被和人工栽培植被,其中自然植被占植被面积的91.9%,是中国沿海最大的海滩自然植被区。

自然保护区内分布各种野生动物1 543 种,其中海洋性水生动物418 种,属国家重点保护的6 种;淡水鱼类108 种,属国家重点保护的3 种;鸟类283 种,属国家一级保护的有丹顶鹤、白鹤、白头鹤、大鸨、东方白鹳、黑鹳、金雕、白尾海雕、中华秋沙鸭等9 种,属国家二级保护的有灰鹤、大天鹅、鸳鸯等41 种。

3 研究思路与方法

3.1 生态基础调查

项目研究单位对三角洲陆生高等植物及演替规律、陆栖动物、淡水生物、潮间带生物等进行了地面生态调查,并对主要陆生植被芦苇、柽柳和翅碱蓬等植被进行了生理学观测和蒸散发试验,对主要植被类型进行了遥感和植物蒸散发研究,以作为生态模型建立基础边界条件。

3.2 研究思路

从生态学及水文学角度入手,借助生态观测和遥感、地理信息系统等技术手段,通过资料收集和现场踏勘,掌握三角洲天然淡水湿地生态系统发育现状、群落构成情况,识别优势种群和指示性物种,研究优势种群和指示性物种的生态(环境)需水规律,掌握湿地指示性物种分布与湿地水位变化之间的规律,根据优势植被及指示性物种生长繁衍对湿地地面和地下水深的要求确定湿地生态(环境)补水水深范围;制定补水预案,并集合生态、水文、水资源、土壤、植物生理、鸟类生态学等学科知识和专家知识,建立生态(环境)补水漫流水力学模型(SOBEK 模型)、地下水模型(MODFLOW 模型)及黄河三角洲景观生态决策支持系统(LEDESS 模型),模拟不同生态(环境)补水预案下湿地生态水文变化与湿地生态效果之间的响应关系,评价不同的生态用水配置所带来的景观生境适宜性变化;综合考虑工程可行性、社会、生态效益等方面,探讨并确定维持河口湿地发育和生态稳定的需水规模与过程,提出实现的对策措施。项目整体思路见图2。

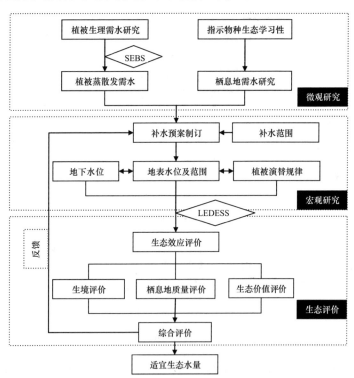

图2 河口湿地环境需水及评价总体思路

3.3 研究方法

传统的以物种为中心的自然保护途径缺乏考虑多重尺度上生物多样性的格局和过程及其相互关系,其研究结果较为片面、对策措施的可行性差。从景观生态学的观点看,物种的保护要同时考虑它们所生存的生态系统和景观的多样性和完整性。对于退化的生态系统或景观,除了需要保护外,还必须要修复其结构,恢复其功能(Mary,2000;Charles,2006)。国内学者对湿地保护与修复的理论研究较多(崔保山,1999),但是,将景观生态学方法应用于湿地修复的实例研究尚不多见。湿地生态(环境)补水作为湿地修复的主要手段,理应从湿地生态系统结构与功能的完整性及生态系统的稳定方面宏观决策。目前湿地环境需水的分析多基于湿地的组成将湿地分解为各个组成部分(湿地植物、湿地土壤和湿地野生生物栖息地)进行分析和计算,主要侧重于湿地组分的某个方面,而忽略了湿地生态系统更是一个有机整体的特性,尤其对于湿地功能方面缺少针对性的论述。而生态过程和生态系统的时空联系性与差异性,决定了采用传统的生态学模型和水文学模型都会导致描述环境需水过程的失真,不能满足对环境需水进行科学调控的需要。相比之下,基于物理机制的水循环模拟技术和生态模拟技术研究生态系统的需水规律更为成熟,当前重要的是从物理机制的角度耦合上述两类模型,形成物理机制严格、一体化的生态–水文模拟系统。本研究从景观生态学的观点,在湿地植物生理学和生态学研究基础上,耦合湿地水文与生态技术,建立基于景观生态学原理基础上的生态综合评价技术和决策支持系统,对黄河河口湿地环境需水进行分析,对不同生态(环境)补水方案进行"模拟—评价—调控—模拟"的循环计算,并对湿地生态(环境)补水的效果进行景观生态评价。

4 生态(环境)补水预案研究

4.1 湿地合理保护规模

近几十年来,黄河来水量的大幅减少使洪水漫滩的几率大大降低,与此同时黄河下游河道的高度人工化阻隔了沿岸和河口湿地与河流的天然联系,除少量河道内湿地外,黄河三角洲大多数湿地如不靠人工补水,湿地生态系统的良性发育便难以维持。然而,在流域用水量急剧增加、水资源供需矛盾日益尖锐和河口地区人工干预日益增大的今天,要把三角洲湿地完全恢复到过去的状态是不现实的,尤其是在经济开发价值较大的河口三角洲地区。因此,在保证湿地功能恢复的基础上,合理确定淡水湿地的保护规模与保护方式,使黄河有限的水资源得到高效利用,使区域生态保护与经济发展达到双赢,十分关键而必要。

合理生态保护目标的确定是竞争用水条件下环境需水核算的关键,也是目前生态(环境)需水研究的一个难点。它不仅需要考虑生态系统良好的服务功能维持,还需要考虑关键生态因子的制约、人们的价值取向及其实现的可能性等。研究认为,黄河三角洲湿地合理的保护规模需从以下几个方面考虑:一是河口生态系统健康稳定的需求;二是社会或人们的需求;三是黄河水资源的现实与可能。通过对河口地区生态状况的调查分析,综合考虑生态单元系统恢复以及区域经济发展和黄河工程布局的实际情况,在多方案比选后确定以1992年黄河三角洲国家级自然保护区建立的芦苇湿地(约为330 km²),作为黄河口淡水湿地恢复的目标和规模。

4.2　生态(环境)补水范围

生态(环境)补水范围主要考虑以下因素确定:

(1)湿地保护的重要性。自然保护区北部的刁口河、南部的黄河口、大汶流三区域湿地共同组成了自然保护区完整的湿地生态体系,新黄河口、老黄河口、大汶流海沟分布区对整个鹬类重要性最大,达到国际重要湿地标准。刁口河故道湿地是天鹅的重要越冬栖息地,是自然保护区生态完整性不可或缺的生态单元,其丰富的生物多样性、咸淡水交汇的多样生态景观在维持自然保护区生态功能发挥及生态系统稳定方面起着十分关键的作用。近年来,刁口河区域蚀退速率呈下降趋势,由黄河1976年改道时的5~6 km²/a下降至目前的1~2 km²/a,逐渐趋于平衡。

(2)重要生态保护区域。自然保护区内有许多特殊的保护群落生长在一定的区域内,代表着自然保护区内的特殊演替阶段,具有生态代表性、景观代表性、群落特殊性、价值特殊性等特点,是自然保护区内最有价值、最有代表性的区域,需要特别加强保护。主要有大汶流鸟类重要分布区、大汶流自然滩涂及鹬类栖息地重要分布区、人工河口翅碱蓬群落重要生态区、黄河口新生湿地重要生态区及一千二滩涂及鸟类重要分布区等。

(3)土地利用现状。虽然湿地补水区域均选定在自然保护区以内,但由于目前自然保护区内有较大量农田、道路及油井等,因此湿地补水区域主要选在阻水障碍物少的退化盐碱地。图3是根据黄河三角洲2005年9月spot5影像解译的自然保护区植被图。

(4)黄河补水的可能性及难易程度。河口区域黄河河道因油田建设的导流堤影响,大部分河口湿地不能直接由黄河自然补水,需工程引水或工程输水。黄河现行流路清水沟流路导流堤内的淡水湿地(经遥感解译计算约为12 km²),可以基本实现黄河的自然补水;导流堤外沿河区域的黄河口、大汶流湿地采取引黄涵闸建设措施后,较易实现生态(环境)补水,而刁口河故道区域受黄河流路和输水条件的制约,湿地补水难度较大,需通过已有水库间接补水。

在综合考虑保护区湿地植被类型、格局现状及河口土地利用和自然保护区湿地生态保护规划基础上,确定本次研究湿地生态(环境)补水区域(图4)及规模,湿地恢复规模为 236 km²,主要为自然保护区内退化的芦苇湿地及部分滨海滩涂,考虑湿地恢复对周边区域湿地的地下水补给作用及湿地生态保护管理措施实施范围,湿地生境适宜性评价范围是整个黄河三角洲国家级自然保护区。

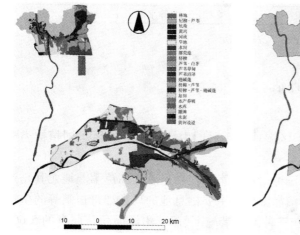

图3　黄河三角洲自然保护区植被图　　　图4　湿地生态(环境)补水范围

4.3　生态(环境)补水预案

黄河三角洲湿地主要生态功能为保护珍稀濒危鸟类的栖息地,因此湿地生态恢复补水主要考虑代表性植被及鸟类栖息繁殖的水量需求,根据河口湿地生态系统的季节性特征,4~6月、7~10月、11~3月三个时段的需水范围要求见表1。

表1　湿地恢复水深需求

需水时段	平均需水水深(cm)	需水水深范围(cm)	需水原因
4~6月	30	10~50	芦苇发芽及生长期
7~10月	50	20~80	芦苇生长、鸟类栖息
11~3月	20	10~20	鸟类栖息

根据黄河水流和水位条件,考虑补水区下垫面地表、地下水和植被耗水的季节性,生态(环境)补水月份确定为3~10月,其中7~10月以自流引水为主,其他时段以提水与自流相结合引水,以2005年为现状年,依据湿地恢复补水水深的不同,可制定不同的湿地恢复补水预案,在众多预案中有代表性地选择3个生

态补水预案,各预案的规划目标及措施见表2。

表2　各预案的规划目标及措施

特征	恢复面积	预案 A	预案 B	预案 C
芦苇湿地面积	9 600 hm²		23 600 hm²	
引水月份	6~7 月		3~10 月	
补水方案	50 cm	最小水深	中等水深	最大水深

注:最小水深、中等水深、最大水深依据表1确定。

5　生态(环境)补水效果评估

5.1　补水后的生境变化

不同补水方案下自然保护区湿地5年后的生境变化见图5,不同植被类型面积比较见图6。

从图5和图6可以看出,三种引水预案都能够显著提高芦苇湿地尤其是芦苇沼泽的面积,这对于以芦苇沼泽湿地为主要栖息地的鸟类如丹顶鹤等的生境保护和恢复具有显著作用。在三种预案措施下,芦苇沼泽面积从原有的 5 600 hm² 分别增加到15 800 hm²、16 400 hm²、17 700 hm²,广泛分布于引水补给区低洼处(图5);各补水预案措施下,芦苇草甸面积则变化不大,预案 C 条件下较现状减少约 200 hm²,但芦苇草甸的空间分布或景观格局较现状有很大不同,原有的芦苇草甸由于淡水补给大多演化为芦苇沼泽,而新生成的芦苇草甸则分布在补给区内地势较高部位及补给区周边(图5)。在潮上带及部分潮间带,由于淡水资源的补给,咸淡水混合的环境更有利于翅碱蓬的生长。三种引水预案下的翅碱蓬滩涂面积有很大幅度的增加但彼此差别较小,从 4 500 hm² 增加到修复后的 7 000 hm²。由此可以看出,芦苇湿地淡水对滩涂的补给使翅碱蓬滩涂的面积显著增加,在实施科学的补水方案情况下,芦苇植被的扩展并不会对以滩涂尤其是翅碱蓬滩涂为主要栖息地的珍稀鸟类如黑嘴鸥的生境造成太大影响。柽柳灌丛三种预案情况下,面积较现状均有增加,但变化幅度不大,盐碱地与光板地较现状大幅度减少,而水面面积各预案均有大幅度增加,其中预案 C 增加最为显著,从现状 500 hm² 增至约 3 100 hm²,水面面积的增加一方面为丹顶鹤、白鹳、大天鹅、小天鹅、疣鼻天鹅等许多水禽提供了理想的栖息地,另一方面芦苇沼泽核心区的水面可以在旱季作为湿地的水源和鸟类的饮水源,有利于河口湿地生态系统的稳定与健康发展。当然,对芦苇湿地的修复并非引水量越大越好。引水量越大,湿地水深越大,当超过一定的阈值后会对芦苇生长形成抑制。这时,加大引水量只能增加水面面积,而芦苇面积则相应减小,这一点从预案 A 到预案 C 芦苇湿地面积的变化可以看出。

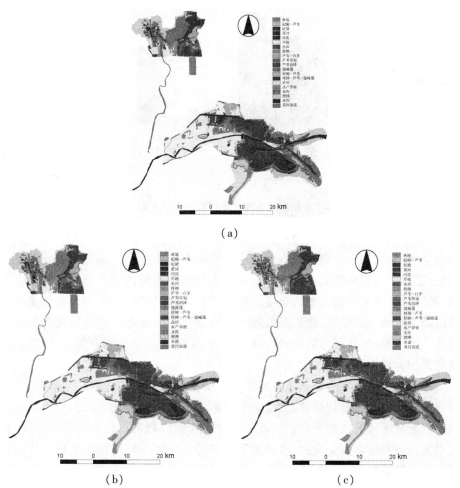

图 5　根据不同引水预案模拟的黄河三角洲自然保护区 5 年后生境图

各预案比较来看,从预案 A 到预案 B,水量增加了 0.71 亿 m³/a,水面面积增加 1 700 hm²,从预案 B 到预案 C,水量增加了 0.68 亿 m³/a,但是水面面积只增加了约 500 hm²,芦苇沼泽面积只增加 1 300 hm²,芦苇草甸面积则减少 1 100 hm²,因此预案 B 的生态经济效益要优于预案 C 与预案 A。

5.2　栖息地质量变化

通过对研究区域内指示物种的生境变化的研究,评价环境变化对物种栖息地质量的影响。

根据生态保护的有关理念和方法,研究选取东方白鹳、丹顶鹤、黑嘴鸥作为黄河三角洲湿地水禽生境的指示物种。一方面,这些物种对生境变化、植被演替

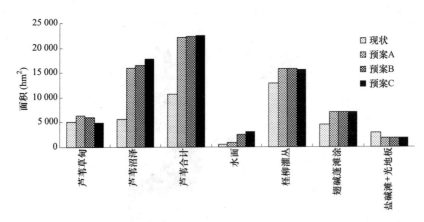

图6 三种引水预案对黄河三角洲自然保护区湿地修复比较

等湿地环境变化非常敏感;另一方面,这些物种生境代表了黄河三角洲的主要和
典型生境类型,如东方白鹳代表以芦苇沼泽为主要繁殖、栖息环境的淡水沼泽鸟
类生态类群,丹顶鹤代表了以芦苇沼泽为主要越冬生境的淡水沼泽鸟类生态类
群,黑嘴鸥代表了以翅碱蓬为典型生存环境的滩涂鸟类生态类群。各预案将导
致区域的自然生态单元、地表覆盖物类型的变化并因此减小系统所受到的生境
破碎化因素影响,从而导致物种生境适宜性、生境质量条件的改善,并最终优化
提高保护物种生境的生态承载力。

　　本研究依据恢复生态系统主要恢复植被生长所需要的适宜立地条件,以及
湿地植被的自然演替规律,在大量生态观测和研究基础上建立了河口不同水盐
条件下研究区域的植被演替知识表,并将其转换为 LEDESS 模型的知识矩阵,通
过水文分布和生态恢复模型,综合预测不同补水条件下可能产生的自然生态单
元与地表覆盖物类型,对不同预案条件下指示物种生境的适宜性变化和指示物
种对生境的生态需求,得到不同预案下自然保护区指示物种的生态承载力,详见
表3。

表3 各预案不同指示物种生境适宜性面积及生态承载力比较

预案	越冬期丹顶鹤		繁殖期东方白鹳		繁殖期黑嘴鸥	
	适宜生境面积(hm^2)	数量(个)	适宜生境面积(hm^2)	数量(个)	适宜生境面积(hm^2)	数量(对)
现状	23 300	60	13 100	90	41 000	500～700
预案 A	53 800	167	22 000	142	40 200	518
预案 B	54 400	184	22 200	149	42 500	559
预案 C	55 200	186	22 800	152	42 400	560

表 3 结果显示,就现状生境而言,东方白鹳的适宜生境类型主要为保护区内发育良好的芦苇沼泽,面积为 131 km²,占全部生境面积的 15%,繁殖期内东方白鹳数量平均约为 90 只,黑嘴鸥的适宜生境类型为翅碱蓬滩涂、河口交汇处的滩地,适宜生境面积约 410 km²,占全部生境面积的 48%,三角洲保护区内繁殖的黑嘴鸥数量为 500～700 对,丹顶鹤适宜生境面积为 233 km²,占全部生境面积的 27%,越冬期保护区内丹顶鹤平均数量约为 60 只。由研究结果可知,东方白鹳、丹顶鹤适宜生境所占比例不高,数量也不多,说明黄河三角洲在鸟类迁徙方面的主要生态功能是候鸟的中转地,虽具备了东方白鹳及丹顶鹤等保护性鸟类的繁殖和越冬生境条件,但其生境质量并不十分理想。在进行湿地恢复和补水时,应在兼顾部分濒危鸟类的局部越冬和繁殖地功能保护的同时,重点放在迁徙期的生境恢复和保护上来。而从黑嘴鸥适宜生境面积及所占比例来看,黄河三角洲作为世界三大黑嘴鸥繁殖基地之一,具有黑嘴鸥理想的繁殖、栖息地的条件与潜力。由此也进一步说明在实施湿地恢复和生态(环境)补水时,要综合考虑生物多样性的保护和生态系统的修复与平衡。

在进行自然保护区不同补水方案下的生态(环境)补水恢复时,丹顶鹤、东方白鹳适宜生境面积增加显著。丹顶鹤适宜生境面积预案 A、B、C 分别增加 1.31、1.33、1.37 倍,数量由现状的 60 只分别增加到 167 只、184 只、186 只;东方白鹳适宜生境面积预案 A、B、C 分别增加 0.68 倍、0.69 倍、0.74 倍,繁殖期数量由现状的 90 只分别增加到 142 只、149 只、152 只,表明退化的芦苇湿地、盐碱地已被湿地修复新产生的高质量芦苇沼泽所替代,成为丹顶鹤、东方白鹳等淡水沼泽鸟类适宜的栖息地;黑嘴鸥适宜生境面积与现状比较有所增长,但增长缓慢,芦苇湿地的恢复对黑嘴鸥的栖息地也产生了一定的有利影响,但仅靠补水对黑嘴鸥栖息地修复作用并不十分明显,过多的补水反而会不利于黑嘴鸥栖息地质量的提高。

各预案条件下不同指示物种的生态承载力比较见图 7。从图可看出,各不同预案的补水条件下,黄河三角洲作为珍稀鸟类栖息地,生物多样性指标得到提高,指示物种数量显著增加,生态承载力得到大幅提高。但在各种补水方案生态效果分析中。各类指示物种的承载水平并未出现随补水量持续增加而出现显著持续增长的情况,如预案 B 相对于现状和预案 A 而言,补水后丹顶鹤的数量有明显增加,表明其恢复的生态系统效益较为显著,但预案 C 相对于预案 B,补水量的增加并没有对越冬期丹顶鹤数量的增加趋势起到十分明显的促进作用,尤其对黑嘴鸥来说,其生存同样也需要咸淡水交替环境,适宜的补水是必需的,但过多的补水反而不利于其栖息繁殖。修复河口受损的生态系统,需要统筹考虑生态系统各保护物种和栖息环境的特点与需求,在保护物种和生态景观多样性的前提下,科学协调区域咸、淡水湿地保护和修复的关系。从景观生态学的观点,确认河口湿地需要适宜的黄河补水,在众多补水预案措施中,预案 B 的生态效益要高于预案 A 与预案 C。

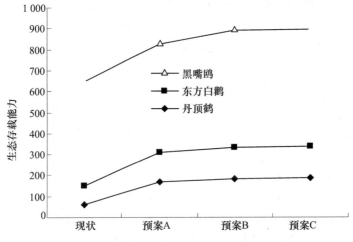

图7 各预案不同指示物种生态承载力比较

5.3 湿地环境需水量确定

收集黄河三角洲多年实测气温、降水、蒸发等资料,依据同步系列较长的利津站降水、蒸发资料和有关卫星遥感蒸发资料,根据确定的补水目标计算不同补水条件下湿地多年平均环境需水量,结果见表4。

表4 不同预案条件下湿地生态(环境)补水量 （单位:亿 m³)

预案	南部补水量	北部补水量	合计
A	2.35	0.43	2.78
B	2.95	0.54	3.49
C	3.52	0.65	4.17

从表中可以看出,各预案湿地生态(环境)补水量的范围为 2.78 亿 ~ 4.17 亿 m³,根据不同补水条件下保护区指示物种栖息地质量及生态承载的分析,可以给出如下结论:保护区环境需水量的范围为 2.8 亿 ~ 4.2 亿 m³,适宜环境需水量为 3.5 亿 m³。在现实水资源配置中,可根据研究区气候条件分干旱年份、湿地年份、一般年份进行生态(环境)补水,干旱年份补水 4.2 亿 m³,湿润年份补水 2.8 亿 m³,一般年份补水 3.5 亿 m³。适宜环境需水量是指能够使保护区栖息地质量达到较为理想状态并能获得较高的生态效益的补水量,此时保护区的主导生态功能得到较好的发挥,生态系统稳定、健康、可持续发展。

6 结论

针对目前(生态)环境需水计算中存在的水分－生态耦合作用机理不清、生态(环境)补水效果不明等导致(生态)环境需水过程失真的问题,集合生态、水文、水资源、土壤、植物生理、鸟类生态学等学科知识和专家知识,建立了黄河三角洲湿地生态(环境)补水漫流水力学－地下水模型,以及湿地补水的景观生态决策支持系统,形成了一体化的河口湿地环境需水生态－水文模拟系统,在此系统的支持下,通过河口地区植被类型、土地利用演变及现状分析,考虑黄河水资源的实际等因素,确定了河口湿地的合理规模及环境需水量,并对湿地补水后的生态效果进行了评价。结果显示,黄河口须进行生态(环境)补水的湿地规模约为 23 600 hm^2,接近黄河三角洲自然保护区 20 世纪 90 年代初建立时的淡水湿地规模,在此规模下,环境需水的范围为 2.8 亿～4.2 亿 m^3,适宜环境需水量为3.5 亿 m^3,此时,作为珍稀鸟类重要栖息地芦苇湿地面积从现状的 10 000 hm^2增加至 22 000 hm^2,翅碱蓬滩涂生境从现状的 4 500 hm^2 增加至 7 000 hm^2,指示性物种丹顶鹤、白鹳、黑嘴鸥适宜生境面积增加明显,生态承载力大幅提高,自然保护区湿地生态系统完整性及稳定性得到加强,有利于区域生态系统的良性维持。

研究同时表明,景观生态学方法应用于湿地生态修复决策研究时,一方面可以根据历史和现实景观格局来建立恢复目标,并为恢复地点的选择提供空间依据;另一方面,还可以通过景观预案方法对不同修复措施下景观格局演化进行模拟,对恢复后的景观生态效果进行综合评价,不仅为黄河三角洲湿地生态保护提供了不同的途径与方向,在黄河水资源供需矛盾日益尖锐的今天,湿地恢复适宜需水量及其效果的评价也为科学合理地利用有限的黄河水资源提供了有效技术支持。

参 考 文 献

[1] Charles Simenstad, Denise Reed, Mark Ford. When is restoration not? Incorporating landscape – scale processes to restore self – sustaining ecosystems in coastal wetland restoration[J]. Ecological Engineering, 2006 (26): 27 – 39.

[2] Mary E. Kentula. Perspectives on setting success criteria for wetland restoration[J]. Ecological Engineering, 2000 (15): 199 – 209.

[3] 邬建国. 景观生态学—格局、尺度与等级[M]. 北京:高等教育出版社,2000.

[4] 赵延茂, 宋朝枢. 黄河三角洲自然保护区科学考察集[M]. 北京:中国林业出版社,1995.

[5] 关文彬,等.景观生态恢复与重建是区域生态安全格局构建的关键途径[J].生态学报,2003(1):64-73.

[6] 崔保山,刘兴土.湿地恢复研究综述[J].地球科学进展,1999,14(4):358-364.

[7] 严登华,王浩,王芳,等.我国生态需水研究体系及关键研究命题初探[J].水利学报,2007,38(3):267-273.

[8] 赵延茂,吕卷章,朱书玉,等.黄河三角洲自然保护区行目鸟类研究[J].动物学报,2001,47(专刊)157-161.

[9] 肖笃宁,胡远满,李秀珍,等.环渤海三角洲湿地的景观生态学研究[M].北京:科学出版社,2001.

[10] 李晓文,肖笃宁,胡远满.辽河三角洲滨海湿地景观规划预案设计及其实施措施的确定[J].生态学报,2001,21(3):353-364.

[11] 李晓文,肖笃宁,胡远满.辽东湾滨海湿地景观规划各预案对指示物种生境适宜性的影响[J].生态学报,2001,21(4):550-560.

黄河三角洲水资源优化配置
与适应性管理模式探讨

李福林   范明元   卜庆伟   陈芳林

（山东省水利科学研究院,山东省水资源与水环境重点实验室）

摘要:黄河下游径流量不仅是东营市经济社会可持续发展的关键水源,还是维持黄河三角洲生态功能的重要水资源。为了黄河全流域的一体化管理,制定了引水限制条件和指标,比如利津站在低于50 m³/s 流量时不允许引水,分配给东营市的引黄量为7.8 亿 m³。如果考虑到河口湿地生态需水和泥沙输移需要,利津站还要保持每年50 亿 m³ 和150 亿 m³ 的来水量。

因为上述黄河引水的限制和东营市的缺水,首先要进行水资源的优化配置来满足不同用水需求。但是随着经济的发展,这些措施还远远不够。黄河三角洲的水资源管理需引入新的管理理念。

适应性管理(M)考虑模型(Modeling)、监测(Monitoring)、决策制定(Decision Making)和评估(Assessment)等步骤,通过学习(反馈)过程来改善和提高管理水平,应当是黄河三角洲水资源管理的有效途径,今后应当制定多种方案促进实施。

关键词:水资源优化配置   适应性管理   黄河三角洲

黄河三角洲是指以宁海为顶点,北起徒骇河以东、南至支脉沟口的扇形区域,总面积5 450 km²,行政上主要以东营市为主。随着经济社会的不断发展及客水资源的日趋减少,黄河三角洲地区存在着水资源短缺和生态环境恶化的双重矛盾。实施多水源、多目标的水资源优化配置方案,探索符合当地实际的适应性管理模式将是该区域水资源开发利用和管理的必然要求。本文以东营市作为黄河三角洲的代表区域,对其水资源的供需状况、水资源优化配置模型及适应性管理模式等做出探讨。

1   水资源供需平衡分析及优化配置模型

1.1   水资源供需平衡分析

1.1.1   水资源量与可供水量

黄河三角洲地区当地 1956～2000 年平均降水为 554.5 mm,是山东省降水最少的区域。水资源除当地降水外,还有黄河、小清河等客水以及污水再生水。

（1）当地水资源量。当地水资源包括地表水资源和地下水资源。据统计，东营市多年平均地表水资源量为 4.27 亿 m^3，矿化度小于 2 g/L 的浅层地下淡水资源量为 2.55 亿 m^3。扣除重复计算量后，东营市多年平均水资源量为 6.16 亿 m^3。

根据河道现有闸坝情况，东营市当地地表水在 50%、75% 和 95% 保证率下可供水量分别为 3 998 万 m^3、3 031 万 m^3 和 1 525 万 m^3；地下水开采规模为每年 9 500 万 m^3。

（2）黄河客水资源。黄河是东营市最重要的客水来源，利津站 1951～2005 年多年平均来水量为 317 亿 m^3；1999 年小浪底水库运行黄河流域实施统一调度以来至 2005 年多年平均来水量 114.8 亿 m^3。利津站不同年代实测径流量如表 1 所示。

表 1　利津站不同年代实测径流量　　　　　　　（单位：亿 m^3）

时段	50 年代	60 年代	70 年代	80 年代	90 年代	2000～2005 年	多年平均
平均	476.9	501.2	311.3	286.0	142.2	122.5	317.0
6～9 月	304.1	288.1	187.4	189.8	82.0	57.1	191.8

东营市现有引黄工程 17 处，引黄能力达 514 m^3/s；引黄灌区 17 处，设计灌溉面积 21.75 万 hm^2；设计库容 10 万 m^3 以上的平原水库 658 座，一次性总蓄水能力达 8.31 亿 m^3。考虑保证利津站黄河生态基流量 50 m^3/s 和其他水沙限制条件（1972～2005 年系列），50%、75% 和 95% 保证率的可引水量分别为 91.90 亿 m^3、47.89 亿 m^3 和 14.49 亿 m^3。但是，按照黄委和山东省水利厅的分配方案，东营市引黄指标仅为 7.8 亿 m^3，其中包括胜利油田用水指标 3.0 亿 m^3。

（3）其他客水资源。其他客水资源包括小清河、支脉河和淄河等，在不同保证率下可供水量如表 2 所示。

表 2　其他客水资源可供水量

客水资源	多年平均来水量（亿 m^3）	不同保证率可供水量（万 m^3）		
		50%	75%	95%
小清河	5.82	7 139	5 354	2 724
支脉河	2.86	3 569	2 677	1 362
淄河	1.04	—	—	—
合计	9.72	10 708	8 031	4 086

注：淄河因上游拦蓄及污染等原因，自 1980 年始已无可供水量。

由表2可知,东营市在50%、75%和95%保证率下其他客水资源的可供水量分别为1.07亿 m³、8 031万 m³和4 086万 m³。

(4)污水再生水资源。目前,东营市中心城区及西城区污水收集量共计19.0万 m³/d。但东营市城区仅有一座污水处理厂,近期设计处理能力为6万 m³/d,远期可达到12万 m³/d。2003年建成运行,实际平均日处理污水量为3.5万 m³,年处理污水量1 153万 m³。处理后的污水其中有一部分用于农业灌溉和工业生产,利用量约为523.8万 m³/a。污水再生水资源利用还有潜力可挖。

1.1.2 经济社会需水量

经济社会需水量包括生活需水、生产需水和生态需水。其中,生态需水目前只考虑城镇生态环境需水量。现状年(2005年)水平,黄河三角洲地区经济社会需水量统计如表3所示。

表3　经济社会需水量

需水类别	生活		生产					生态
	城市居民	农村居民	农业(不同保证率)			工业	建筑业及第三产业	城镇生态环境
			50%	75%	95%			
需水量(万 m³/a)	3 627	2 069	73 416	87 094	87 094	13 360	3 396	1 322

由表3可知,在50%、75%(95%)保证率下,需水量分别为9.72亿 m³、11.09亿 m³。

1.1.3 供需平衡结果

在现状条件下,东营市经济社会发展水资源供需平衡结果如表4所示。

表4　东营市现状年水资源供需平衡分析成果

类别	保证率		
	50%	75%	95%
供水量(亿 m³)	10.34	9.97	9.43
需水量(亿 m³)	9.72	11.09	11.09
缺(余)水量(亿 m³)	0.62	-1.12	-1.66
缺水率(%)	—	10.1	15.0

由表4可知,东营市在50%保证率下不缺水,但在75%和95%保证率下均出现缺水,缺水率分别达到10.1%和15.0%。由于该市引黄水量受分配指标的限制,当地水资源量又十分有限,解决水资源供需矛盾的重要途径就是实施水资

源的优化配置以提高整体效益。

1.2 水资源优化配置模型

东营市实施水资源优化配置的总体思路就是高效分配有限的水资源量,利用工程措施(水库、闸坝、沟渠、管网、节水等)与非工程措施(信息化管理、实时调度等),对多水源(当地地表水、当地地下水、黄河水、其他客水、微咸水、海水、污水再生水等)、多用户(生活、生产和生态)进行统一配置,实现多目标(经济社会的持续发展和生态环境的有效保护等)的内在平衡。

为了构建水资源优化配置模型,我们先对水资源系统进行概化。

一个自然区某时段内不同水资源的总量可表示为:

$$\vec{W}_T^* = (W_{T1}^*, W_{T2}^*, \cdots, W_{Tn}^*)$$

式中:$W_{Ti}^*(i=1,2,\cdots,n)$ 称为水资源元素,表示 T 时期区域内第 i 种水资源总量;n 为区域水资源种类数。

区域水资源的开发利用程度 α_T 可用向量表示为:

$$\vec{\alpha}_T = (\alpha_{T1}, \alpha_{T2}, \cdots, \alpha_{Tn})$$

式中:$\alpha_{Ti}(i=1,2,\cdots,n)$ 称为水资源的开发利用因子,表示 T 时期区域对第 i 种水资源的最大开发利用程度,$0 \leqslant \alpha_T \leqslant 1$。

进一步可知,T 时期区域水资源的可利用水量为:

$$\vec{W}_\alpha = \vec{W}_T^* \cdot \vec{\alpha}_T = (W_{T1}^* \cdot \alpha_{T1}, W_{T2}^* \cdot \alpha_{T2}, \cdots, W_{Tn}^* \cdot \alpha_{Tn}) = (W_{\alpha1}, W_{\alpha2}, \cdots, W_{\alpha n})$$

假设 T 时期区域中与水资源供给相关的共有 m 个对象,则令矩阵 $WU_{n \times m}$ 表示单位水资源量对区域用水对象的支持能力,即

$$WU_{n \times m} = \begin{bmatrix} Wu_{11} & Wu_{12} & \cdots & Wu_{1m} \\ Wu_{21} & Wu_{22} & \cdots & Wu_{2m} \\ \vdots & \vdots & & \vdots \\ Wu_{n1} & Wu_{n2} & \cdots & Wu_{nm} \end{bmatrix}$$

式中:$WU_{n \times m}$ 为 T 时期区域水资源功效矩阵;$Wu_{ij}(i=1,2,\cdots,n;j=1,2,\cdots,m)$ 为水资源功效系数,表示第 i 种水资源的单位水资源量对第 j 种用水对象的支持能力。

实际上,区域人类活动与社会经济活动是按一定结构、一定比例进行的,水资源也是按一定比例分配给各个用水对象,于是就有了配水系数矩阵:

$$B_{n \times m} = \begin{bmatrix} B_{11} & B_{12} & \cdots & B_{1m} \\ B_{21} & B_{22} & \cdots & B_{2m} \\ \vdots & \vdots & & \vdots \\ B_{n1} & B_{n2} & \cdots & B_{nm} \end{bmatrix}$$

式中:$B_{n\times m}$ 为配水系数矩阵,代表了区域的配水方案;$B_{ij}(i = 1,2,\cdots,n; j = 1,2,\cdots,m)$ 为配水系数,表示第 i 种水资源分配到第 j 种用水对象的比例,$0 \leqslant B_{ij} \leqslant 1$,且 $\sum\limits_{j=1}^{m} B_{ij} = 1$。

在一定的社会发展水平下,人类在生活、经济生产以及生态等诸多方面均存在需求,可用向量表示为:

$$\vec{R} = (r_1, r_2, \cdots, r_n)$$

式中,$r_j(j = 1,2,\cdots,m)$ 为第 j 方面的需求量;$\vec{R}$ 称为人类需求量向量。用 $\vec{r}_j$ 表示带来第 j 方面单位需求所需要的用水量,则满足人类所有单位需要的用水量可用向量表示为:

$$\vec{R} = (\vec{r}_1, \vec{r}_2, \cdots, \vec{r}_n)$$

由上,可确定通过水资源优化配置模型的目标函数为:

$$WRAB = \max\left\{\min\left[\sum_{i=1}^{n}(W_{ai}\cdot Bi_j)\cdot W_{u_{ij}}/r_j, j = 1,2,\cdots,m\right]\right\}$$

式中:$\min(\cdot)$ 为各方面需求的最小值。

上述目标函数的约束条件为:

$$\sum_{j=1}^{m} B_{ij} = 1 \quad \forall i$$

$$B_{ij} \geqslant 0 \quad \forall i,j$$

上述模型将以最少的取用水量来满足最大的供水需求。前一个目标通过尽可能少地取用天然水资源来实现对生态环境的保护,后一个目标通过水资源量的高效利用来获得最大的经济效益。

水资源的优化配置较之传统的水资源供需管理实现了更高层次的水量平衡,在同等经济效益的情况下取用水量最少,而在同等可供水量情况下实现的经济效益最大。但是,对于黄河三角洲来说,局部区域的水资源优化配置并不能解决河口生态环境的保护问题,还需要考虑更多的影响因素。

2 黄河口生态需水量及满足情况分析

2.1 黄河口生态需水量

毫无疑问,东营市实施水资源优化配置对于保护黄河口生态环境具有重要意义,但前者体现的是局部的水量平衡,而后者更受限于黄河流域的水量平衡。维护黄河口的生态环境,依据不同的功能要求可以得到不同层次的需水量。

(1)河口生态基流量(级别Ⅰ)。河口生态基流量是维持黄河口生态环境的最基本水量,目前按黄委确定的利津站最低 50 m³/s 的流量来推算,合 15.8 亿

m^3/a。

(2)河口湿地生态需水量(级别Ⅱ)。有关学者从鱼类繁殖、植被蒸散发、土壤需水和栖息地需水等推算河口湿地最小生态水量为 40.95 亿 m^3/a。

(3)河口三角洲冲淤平衡水量(级别Ⅲ)。有关学者研究,现行清水沟流路河口三角洲不冲不淤(水沙平衡)所需输沙水量为 150 亿~170 亿 m^3/a。

(4)河口景观流量(级别Ⅳ)。维持"黄河入海流"的景观所需的流量,目前还没有相关研究,根据 20 世纪 80 年代前实际径流量,估算在 200 亿 m^3/a 以上。

2.2 黄河口生态需水满足情况分析

根据黄河利津站历年来水量及河口生态需水量,可以看出黄河口生态需水满足情况。由于小浪底工程对黄河径流影响较大,本文分小浪底工程运用前和运用后两时段来进行分析。其中,小浪底工程运用以来只有 6 年数据,故选择枯水年份(2002 年)及平均值加以分析。分析结果见表 5、表 6。

表 5　黄河利津站来水满足河口生态需水状况分析成果

类别	小浪底工程建成前 (1951~1998 年)				小浪底工程建成 后(1999~2005 年)	
	50%	75%	95%	平均	2002 年	平均
来水量(亿 m^3)	298	194	106.1	346.5	41.90	114.8
Ⅰ生态基流需水量(亿 m^3)	15.80	15.80	15.80	15.80	15.80	15.80
Ⅱ湿地生态需水量(亿 m^3)	40.95	40.95	40.95	40.95	40.95	40.95
Ⅲ冲淤平衡需水量(亿 m^3)	170.00	170.00	170.00	170.00	170.00	170.00
Ⅳ景观流量需水量(亿 m^3)	200.00	200.00	200.00	200.00	200.00	200.00
满足程度	Ⅳ	Ⅱ~Ⅲ	Ⅱ~Ⅲ	Ⅳ	Ⅰ~Ⅱ	Ⅱ~Ⅲ

表 6　黄河利津站来水满足河口生态需水级别年数统计

时段	Ⅰ(年次)	Ⅱ(年次)	Ⅲ(年次)	Ⅳ(年次)
1951~1998 年	1	8	3	36
1999~2005 年	—	4	2	1
合　计	1	12	5	37

由表 6 可知,黄河口生态需水量并非在所有的年份都能得到满足,但绝大部分年份均能满足河口湿地生态需水量要求。但小浪底工程建成后,满足级别整体上较建成前有所降低,达到景观流域的需水要求的年份已较为罕见。可以预

见,如果从黄河干流中的取水总量得不到控制,黄河河口生态环境仍将继续恶化。

黄河口生态环境涉及诸多不确定性因素,采取线性管理模式在经验总结、方案调整等方面缺乏及时性,因此按照适应性管理模式来进行黄河三角洲的水资源管理已备显必要。

3 适应性管理模式

3.1 适应性管理的概念

适应性管理是指通过对项目实施的效果进行监测,并利用"学习"所得的经验来不断地调整、改善原来的管理政策和实践做法,逐步使实施效果与既定目标相一致的一个系统过程。它强调的是通过调整管理和决策方案以便更好地达到管理目标的一个明确的解析过程,这种过程应该是定量而且可行的。

为什么要进行适应性管理呢?首先我们获取的自然资源系统的知识是不确定的,环境条件随时会发生改变;其次,我们对项目的设计、实施和监测过程中会出现失误或错误而导致达不到预期的管理目标,这就需要采取监测、学习等行动去改善和提高。这种做法,简言之就是"做中学"(Learning by doing)。

适应性管理包括问题确认、设计、实施、监测、评价、调整等过程,并相互构成操作循环,如图 1 所示。

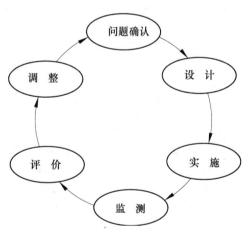

图1 适应性管理过程

适应性管理的实施主要分为两个阶段,即建立阶段和反馈阶段,各阶段均包含若干个操作步骤,详见图 2 所示。

3.2 黄河三角洲水资源适应性管理模式

适应性管理是一种好的管理模式,但是并不是所有好的管理模式都是适应

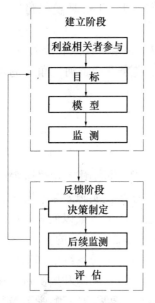

图2　适应性管理学习步骤流程

性管理。目前国际上主要应用在河流水生生态系统的恢复方面,近年来越来越多地应用到不同流域规模水资源管理方面。

就黄河三角洲而言,黄河来水来沙受降水以及上中游人为引水和工程调节的影响较大,存在很多不确定性。水资源开发利用过程中,既存在居民、工业、农业和油田等多个受益用户,又有保障经济发展、维持生态环境等多元化目标。黄河口治理,水、沙一直是两大难点问题,许多学者专家从不同角度提出多种方案,流域管理机构和当地政府也采取了多种措施,有的成功,有的已失效,有的还在探索过程中。但随着信息化、自动化技术的发展,以适应性管理为指导的水资源管理备显重要。

根据以往实践经验,参照国际上研究成果,初步建立黄河三角洲水资源适应性管理的模式,

如图3所示。

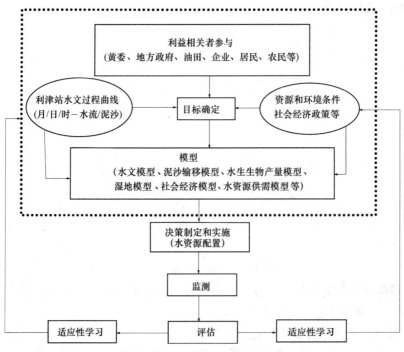

图3　黄河三角洲适应性管理模式

4 结论与建议

4.1 结论

(1)黄河水是黄河三角洲和东营市最大的客水水源,也是最主要的供水水源,不仅要供给居民生活和生产用水,还需维持黄河河口水沙平衡,保证河口生态用水。黄河引水存在自然条件和工程条件的限制,其水资源分配手段属于流域管理的计划调节。存在来水少和需水大的矛盾。

(2)现状 50% 保证率条件下,东营市经济社会发展水资源供需基本平衡,但保证率提高后出现缺水现象。要通过多种工程和非工程的措施来进行水资源配置,利用有限的水资源来支撑经济社会的可持续发展。

(3)适应性管理具有学习、调整、监测等有效途径,应当积极探讨黄河三角洲的水资源适应性管理模式。

4.2 措施与建议

(1)充分利用引黄、输水和蓄水设施,提高利用率,把水质较好的黄河水首先用于生活饮用水,然后用于工业和农业灌溉;

(2)扩大中水利用规模,优先考虑用于工业循环冷却水和城市景观用水;

(3)实施河流生态恢复工程,改善水环境,地表客水主要用于农业灌溉和河道景观、生态用水;

(4)从区域及流域等不同层次积极探讨和实践黄河三角洲水资源适应性管理模式。

参 考 文 献

[1] 李福林,陈芳林. Shoreline changes of the Yellow River Delta and its sub – delta evolution trend, 1st International Yellow River Forum on River Basin Management. The Yellow River Conservancy Publishing House,2003,(3):354 – 362.

[2] 李福林,庞家珍,姜明星,等.黄河清水沟流路水沙组合和河口三角洲发育的宏观特性[J].海洋学报,2001,23(1): 52 – 59.

[3] 李福林,庞家珍,姜明星.黄河三角洲海岸线变化及其环境地质效应[J].海洋地质与第四纪地质,2000,20(4):17 – 21.

[4] 李福林,姜明星.黄河清水沟流路河口三角洲增长面积预测[J].海洋湖沼通报,1999,(3):16 – 22.

[5] 胡春宏,陈绪坚.流域水沙资源优化配置理论与模型及其在黄河下游的应用[J].水利学报,2006,37(12):1460 – 1469.

[6] 石伟,王光谦.黄河下游生态需水量及其估算[J].地理学报,2002,57(5):595 – 602.

[7] 崔保山,李英华,杨志峰.基于管理目标的黄河三角洲湿地生态需水量[J].生态学报,

2005,25(7):1788 – 1795.

[8] 董哲仁.生态水工学探索[M].北京:中国水利水电出版社,2007.

黄河三角洲生态系统保护的
法治现状及需求

孙亭刚　　许建中　　杨升全

（山东黄河河务局）

摘要：基于黄河三角洲生态系统保护的客观需求,对相关领域的法治现状进行了评述,指出了7个方面的问题与不足：①行业立法具有明显的局限性；②协同管理的法律制度不健全；③法规建设进程处于不均衡状态；④部分法规的规定与独特的生态环境不协调；⑤多头管理、各自为政的现象较为普遍；⑥部分领域的法规应用受到制约；⑦执法矛盾的协调机制不完善。从法治目标、原则、规划管理、执法协调等方面分析提出了生态系统保护的法治需求及对策建议。

关键词：黄河三角洲　生态系统　良性维持　法治

1　黄河三角洲生态系统保护的法治需求

黄河三角洲生态系统保护涉及多层次、多领域、多部门,利益关系错综复杂,依法实现生态系统的良性维持,不仅需要做好各个相关领域的依法管理工作,更需要遵循黄河三角洲生态环境维护的特殊性和客观需求,树立系统和辩证的观念,促使相关领域之间法规建设的价值取向趋同、进程平衡以及具体规定相互协调一致,依法强化对各个生态要素的综合管理和一体化保护,实现法治进程的整体协调发展。

（1）为克服行业管理的局限性,应将“保护和改善生态环境,维持生态系统良性循环,促进黄河三角洲经济与社会的可持续发展”,确立为相关领域共同的法治目标。

（2）为统筹协调各方面治理、管理、开发与保护的关系,应坚持四项基本的法治原则：一是坚持全面推进、重点突出的原则,促进相关领域法规建设及应用工作的均衡发展；二是坚持统一监管与分工合作相结合的原则,促进相关领域在依法管理过程中和谐相处,共同做好生态系统保护工作；三是坚持全面规划、统筹兼顾的原则,促进生态系统保护与经济社会建设协调发展；四是充分认识黄河河口治理对三角洲生态系统保护的影响,坚持开发服从治理、治理服务开发的原则,促进黄河河口治理与各类开发建设活动健康有序的进行。

（3）为满足宏观调控的需求,应进一步完善规划管理的法律制度。重点包括:一是确立并落实编制综合治理规划的法律制度;二是依据对黄河三角洲生态系统保护的影响程度,确定相关领域专业规划之间的关系;三是适度调整相关领域编制专业规划的法律制度,使规划内容能够统筹兼顾各方面管理开发的需求。

（4）为消除或缓解管理矛盾,应促进各领域法规之间的相互协调和衔接,特别是对交叉管理的事项,应分清主次关系,探索建立协同管理的新型法律制度。

2 黄河三角洲生态系统保护的法治现状

2.1 法规建设现状

经过多年立法实践,与黄河三角洲生态系统保护密切相关的黄河河口治理开发、黄河水资源配置利用、自然保护区管理保护以及海域使用管理等领域,均从自身管理与保护的需求出发,颁布实施了一系列自成体系的法规(见表1),为加快各自领域的法治进程奠定了基础。此外,在近年来的法规建设中,关注相关领域之间协调发展需求的程度逐步提高。如《黄河水量调度条例》把合理安排农业、工业、生态环境用水,防止黄河断流确定为水量调度的基本要求,并设定了一系列行之有效的法律制度;《黄河河口管理办法》确立了统一规划、除害与兴利相结合、开发服从治理、治理服务开发的法律原则等。

表 1　黄河三角洲生态系统保护相关领域现行法规概况

相关领域	现行法规概况
黄河河口治理开发及黄河水资源配置利用	《中华人民共和国水法》、《中华人民共和国防洪法》、《中华人民共和国水污染防治法》、《中华人民共和国水土保持法》、《黄河水量调度条例》、《取水许可和水资源费征收管理条例》、《中华人民共和国河道管理条例》、《中华人民共和国防汛条例》、《山东省黄河河道管理条例》、《山东省黄河防汛条例》、《黄河河口管理办法》、《山东省黄河工程管理办法》等
自然保护区管理保护	《中华人民共和国环境保护法》、《中华人民共和国野生动物保护法》、《中华人民共和国自然保护区条例》、《中华人民共和国野生植物保护条例》、《森林和野生动物类型自然保护区管理办法》(国务院批准,林业部发布)、《山东省森林和野生动物类型自然保护区管理办法》、《山东黄河三角洲国家级自然保护区管理暂行办法》等
海域使用管理	《中华人民共和国海域使用法》、《中华人民共和国海洋环境保护法》、《中华人民共和国防治海洋工程建设项目污染损害海洋环境管理条例》、《中华人民共和国防治海岸工程建设项目污染损害海洋环境管理条例》、《中华人民共和国海洋石油勘探开发环境保护管理条例》、《山东省海域使用管理条例》、《海域使用申请审批暂行办法》等

2.2 法规应用现状

从总体上看,上述领域均把法规应用放在突出位置,各自成立了执法机构,建立并落实了权责明确、行为规范、监督有力和运转高效的执法监管机制,推动了本领域法规的学习宣传和贯彻实施并取得明显效果,为黄河河口治理、黄河水资源管理调度、自然保护区管理保护以及海域使用管理等事业的稳步发展提供了有力保障。

3 存在的问题

尽管相关领域的法规建设及应用取得了明显成效,但是对照依法保护黄河三角洲生态系统的整体需求,仍存在一些不容忽视的问题:

(1)行业立法的特点突出,现行法规对领域之间协调发展的需求关注不够,带有较为明显的行业管理局限性。以自然保护区的相关法规为例,为搞好自然资源和自然环境的管理保护,确立了分区(核心区、缓冲区、实验区)管理的法律制度,并设定了一系列完全排他性的管理要求,如规定:禁止在保护区"安静期"(每年11月1日至翌年4月30日)内进行一切生产活动和人为干扰。这些规定单纯从行业管理的角度讲是必需的,实践中却限制了黄河河口的治理与保护。此类情况也存在于海域使用管理的相关法规。

(2)对事权关系的界定配置不够科学,突出强化本行业的管理,协同管理的法律制度不够健全,与黄河三角洲生态系统保护的客观需求不完全适应。从整体上看,黄河河口的治理与水资源的供给是黄河三角洲生态系统赖以生存和发展的最基本条件,但是在相关领域的法规建设中,存在着弱化、忽视甚至是排斥河口治理要求的现象,导致事权关系配置中存在界定不清或者相互交叉、重叠的问题。

(3)部分领域法规建设相对滞后,导致相关领域之间实施依法管理的依据处于不均衡状态。总体上讲,在黄河水资源配置利用、三角洲自然保护区管理保护与海域使用管理等领域,均具有效力层次高且具体可行的法律依据,而黄河河口治理开发领域的法规建设则相对滞后,突出体现在:一是在《水法》、《防洪法》等水利法律法规中体现不具体,缺少切实可行的管理依据;二是尽管制定了《山东省黄河河道管理条例》、《黄河河口管理办法》等专项法规规章,但是与其他领域的管理依据相比,效力层次偏低,法律约束力不强,难以满足依法管理保护的需求。

(4)相关领域之间现行法规的规定,存在与黄河三角洲独特的生态环境不相协调的现象。突出体现在:一是海域管理法规中"陆海分界线以平均大潮高潮线为界"的规定,与黄河入海河道淤积、延伸的自然规律不协调;二是自然保护区法规中完全排他性的管理规定,忽视了黄河三角洲自然保护区完全处于入海河道管理范围内的实际,与河道管理法规存在不协调的现象。

(5)多头管理、各自为政的现象较为普遍。由于相关领域之间在法规的适用范围上存在交叉甚至重叠,法规应用形成了管理主体多元化、管理关系复杂化的格局。以黄河入海河道的管理为例,三角洲自然保护区完全处在河道管理范围内,海域与河道的管理范围存在交叉。此外,国土资源、林业、环保、牧业、城建等很多方面的法规也在河道管理范围内适用,相应出现了众多的管理主体;各管理主体在河道管理范围内并行适用本行业的法规,相互之间缺乏协调和沟通,致使各方面管理关系不够理顺。

(6)部分领域的法规应用受到制约,不适应黄河三角洲生态系统保护的需求。以黄河入海备用河道及浅海容沙区保护方面的法规为例,在与海洋、自然保护区等行业的依法管理发生交叉和重叠时,因效力层次偏低而执行不力,进而影响到黄河河口依法治理的进程,这种状况与黄河河口治理在三角洲生态系统保护中的基础地位明显不对称。

(7)执法矛盾的协调机制不完善。黄河三角洲生态系统保护中出现的执法矛盾,多具有跨领域、跨行业的突出特点,致使协调处理的难度增大。近年来,相关领域在配套法规建设中,围绕协调执法矛盾进行了积极的探索和实践,以黄河与海域边界划分为例,《山东省海域使用管理条例》和《黄河河口管理办法》均做出了由黄河河务与海洋部门共同组织划定,报山东省人民政府批准的规定,为协调划界争议提供了依据。尽管如此,由于协调机制不完善,执法矛盾难以及时化解的问题依然存在。

4 建议

(1)鉴于黄河河口治理开发对三角洲生态系统的保护至关重要,而且参与部门众多,要求不一,关系协调和利益调整非常复杂,建议加快立法进程,在已经颁布实施《黄河河口管理办法》的基础上,研究制定效力层次更高的专项行政法规,以进一步规范和调整黄河河口治理开发中各方面的关系,保障黄河河口治理开发健康有序地进行。

(2)建议进一步加强对黄河河口容沙区范围的专题研究,并依据《山东省海域使用管理条例》及《黄河河口管理办法》,尽快组织划定黄河河道与相连海域的界限。

(3)鉴于黄河三角洲生态系统保护的复杂性,迫切需要落实综合规划管理的法律制度,应继续加快工作进度,尽快制定和实施《黄河河口综合治理规划》,为实现河口治理开发、区域社会经济和生态环境建设的协调发展提供基本依据。

　(4)建议完善和推行法规应用评估制度,加大对相关领域现行法规的执法检查和清理力度,促进与黄河三角洲生态系统保护相关的法规之间相互衔接。

参 考 文 献

[1]　高吉喜,李政海.黄河三角洲生态保护面临的问题与建议[M]∥黄河河口问题及治理对策研讨会专家论坛.郑州:黄河水利出版社,2003.
[2]　索丽生.黄河河口治理中的若干问题[M]∥黄河河口问题及治理对策研讨会专家论坛.郑州:黄河水利出版社,2003.
[3]　许学工.黄河三角洲生态环境变化与生态建设[M]∥黄河河口问题及治理对策研讨会专家论坛.郑州:黄河水利出版社,2003.
[4]　中国水利学会,黄河研究会.关于加强黄河河口研究及加快治理步伐的建议[M]∥黄河河口问题及治理对策研讨会专家论坛.郑州:黄河水利出版社,2003.
[5]　黄河研究会.黄河河口地区治理开发概况[M]∥黄河河口问题及治理对策研讨会专家论坛.郑州:黄河水利出版社,2003.

浅论黄河口生态系统的服务功能和研究发展方向 *

王开荣[1]　姜乃迁[1]　董年虎[1,2]　王锦周[3]

（1. 黄河水利科学研究院；2. 黄河河口研究院；3. 黄河水利委员会信息中心）

摘要：本文简述了生态系统服务及其功能划分的基本概念，从成陆造地、物质生产、水调节与供给、生物多样性、环境净化等方面对黄河口生态系统的服务功能进行了概括论述；文章分析了当前黄河口生态系统服务功能现状和存在问题，并就今后黄河口生态系统服务功能的研究发展方向进行了探讨。

关键词：生态系统　服务功能　研究方向　黄河口

1　引言

所谓生态系统服务（ecosystem services）是指生态系统与生态过程所形成及所维持的人类赖以生存的环境条件与效用。它不仅为人类提供食物、医药及其他工农业生产的原料，而且维持了人类赖以生存和发展的生命支持系统。最早提出"生态系统服务功能"概念的是 Holdren 和 Ehrlich 在 1974 年发表的《人口与全球环境》一文，而真正得到广泛认可与重视是在 20 世纪的 90 年代中期，以 Costanza 等人在 Narute 杂志上发表的一篇名为《世界生态系统服务和自然资本的价值》论文，以及同年出版的《自然的服务：人类社会对自然生态系统的依赖性》（Saily. 1997）一书为标志。中国的陈仲新和张新时根据 Costanza 等人的研究，也推算了我国各类生态系统的生态服务功能。

Costanza 等人将全球生态系统服务功能划分为 17 类，包括气体调节、干扰调节、水分调节、水分供给、侵蚀控制和沉积物保持、土壤形成、养分循环、废气废物处理、授粉、生物控制、庇护、食物生产、原材料、遗传资源、休闲、文化等。这 17 项功能已成为人们进行生态服务评价的基本标准和参照。本文根据黄河口的客观实际，就其主要的生态系统服务功能及未来的改善对策进行了如下探讨分析。

---

* 　国家自然科学基金（No. 50339050）资助项目。

2 黄河口生态系统的主要服务功能

2.1 成陆造地

对于多沙河口,由于径流挟带的大量泥沙在河口沉积,河口岸线有不断向外海淤长的趋势。统计结果表明,1855 年以来,黄河三角洲新生陆地面积达 2 500 km²,其中 1855 ~ 1954 年造陆 1 510 km²;1954 ~ 1976 年造陆 548.3 km²;1976 ~ 2001 年造陆 441.7 km²。在近半个世纪里,年均造陆面积达到了 20 km² 以上,此为黄河三角洲地区国民经济的发展提供了广阔的发展空间。但值得注意的是,随着滩涂的淤长,相应区域的水环境条件以及生物类群的促成会逐渐发生变化,最终会丧失湿地环境特征而成为陆地。

2.2 物质生产

河口是一类高生产力的生态系统,黄河河口也不例外。河口水产品是人类重要的蛋白质来源;河口丰富的有机碎屑物往往使周边海域形成一定规模的渔场。位于黄河口三角洲的东营市,其海岸线 350 km,负 10 m 等深线浅海面积 4 800 km²,适宜水产养殖的滩涂面积 12 万 hm²。由于渤海湾和莱州湾独特的地理条件,使得它的水底世界成为鱼类的天然王国,是中国近海罕见的优良渔场,鱼、虾、贝类资源十分丰富,海洋生物多达 517 种,潮间带生物 190 余种,被称为"百鱼之乡"和"东方对虾故乡",这里的主要经济鱼类不下十几种,梭鱼、鲈鱼、黄鱼、银鱼、鄂针鱼、黄姑鱼等,其中最具特色的是黄河口刀鱼。目前已形成渤海湾和莱州湾两个浅海渔场。2001 年的统计结果表明,东营市全年水产品总量达 29.09 万 t,其中海水产品 22.05 万 t,淡水产品 7.04 万 t。在海水产品产量中,海洋捕捞 11.96 万 t,海水养殖 10.09 万 t。

除了食物外,河口的初级生产者还为人类丰富的原材料,其中仅在其黄河三角洲湿地自然保护区内,就有 76.5 万亩的天然草场、1.05 万亩的天然实生柳林和 12.15 万亩的天然柽柳灌木林。这里还生长着多种具有开发价值的耐盐植物,如翅碱蓬、柽柳、盐角菜、大米草等植物品种都具有独特的抗盐特性,可为今后耐盐植物的改良和繁育提供理想的母本。

2.3 水调节与水供给

河口水面蒸发及植物的蒸腾作用,可使大量的水分进入空气,进而影响区域的气温和降雨量。通过河口湿地储水,在调蓄洪水的同时,可以有效地补充地下水水源的供给。值得提出的是,2002 年 7 月黄河首次调水调沙期间,利津站 2 000 m³/s 以上流量持续 9.9 天,最大流量达到了 2 220 m³/s。较大流量的洪峰进入河口地区,使得自然保护区和湿地内通过漫滩补给充足的淡水资源成为可能,有效地缓解了黄河口湿地面积的缩小和盐碱程度的加剧,淡化了河口区域内水质污染的严重程度,也使单位径流量挟带有机质入海的数量和种类比小流量状态大幅度增加,这就为河口三角洲区域生态环境质量的明显提高提供了根本的必需条件,也为众候鸟类创造了良好的生存栖息环境。

由于河口地区当地径流和地下水资源量有限,目前只有黄河水为东营市唯一可开发利用的淡水资源。1990~1997年统计河口地区年平均供水量15.09亿 m^3,其中引黄供水量14.2亿 m^3,由此可见黄河水资源在三角洲地区东营市社会经济发展中举足轻重的地位和作用。

2.4 生物多样性

生物多样性是河口生态系统物质生产的基础,同时也是关系到区域未来发展的重要基因库。河口生态系统具有明显的边缘效应特征,生物种类异常丰富。河口多样化和复杂的生境,为各种生物提供了适宜的栖息地。相关的科学考察认定,在黄河口三角洲自然保护区内,现有各种野生动植物1 921种,其中,水生动物641种、鸟类269种。野生鸟类共隶属于17目、47科、132属。其中,在《国家重点保护野生动物名录》中,属国家一级保护的鸟类有7种,二级保护的鸟类有33种;鸟类中有水禽116种,占全部鸟类种数的43.8%,分属7目、17科、51属。区内水生生物资源亦较为丰富,据初步调查大约有757种。

2.5 环境净化

河口的环境净化功能通常可以分为物理净化和生物净化两个方面。物理净化过程主要是水流的稀释、颗粒物的吸附沉降等。黄河口是具有高浓度悬沙径流输入的河口,随着河口水动力条件以及盐度等环境因子的改变,大量的颗粒物在河口区沉降下来,其吸附的氮、磷、有机质以及重金属等污染物也随之从水体中去除。文献[2]指出,河口中重金属元素的活性部分,主要以固-液平衡过程吸附在颗粒态悬沙上,在淡咸水混合处,环境条件发生变化,悬沙部分凝聚或溶解,受潮汐的影响又有部分再悬浮,可引起与颗粒态结合的重金属污染。在海-河交汇处,潮水强烈地影响着金属在颗粒物上的浓度,化学成分发生变化,显示了陆源与海洋悬沙之间的相互作用。含有丰富悬沙的河流,由于有大的缓冲容量,对溶解态金属的清除能力大于那些悬沙不高的河流。

而河口的生物净化则与河口生态系统的生产过程相耦合。河口的高生产力能同化大量来自径流的营养盐,并且能吸收重金属、难降解有机物等污染物质。如芦苇,由于其具有较强的吸收营养盐及污染物质的能力,而被许多污水处理生态工程作为工程种,并用于污水的深度处理,取得了很好的成效。

3 黄河口生态系统服务功能现状和存在问题

河口由于其独特的地理位置、便利的交通条件以及丰富的生物资源,从来就是人类重要的聚居地。在利用河口生态系统服务功能的同时,人类活动势必对区域生态系统的结构和功能产生影响或者干扰。河口生态系统的人为干扰主要来自区域内和流域两个方面。区域内的人为干扰主要包括发展航运、水产捕捞、滩涂圈围、岸线利用和引种等,而流域的人为干扰则主要是污染物排放、大型水利工程建设,等等。

自 20 世纪 80 年代以来,黄河流域受自然气候变化和人类活动的影响,进入黄河口的水沙条件发生了很大变化,利津站 90 年代年平均水量占多年平均水量的 36.7%;年均沙量占多年平均沙量的 40.9%。来水来沙减少,沿黄用水不断增加,河口频繁发生断流,1995 年断流天数达 122 天,1997 年断流天数更高达 226 天;年内大于 3 000 m^3/s 洪峰流量出现的天数大幅度减小,利津站 50、60 年代年均出现 46 天,但在 90 年代年均出现则不到 2 天。伴随着水沙条件的变化,河口生态系统的服务功能出现了一系列新的问题。

从泥沙造陆的角度而言,自 20 世纪 90 年代以来,黄河进入河口地区的沙量呈逐年锐减趋势,1996 年以来至 2004 年 9 年的时间,河口累计来沙不足 20 亿 t,仅为过去多年平均值的 17%。入海沙量的严重不足,使三角洲土地面积的增长受到较大抑制,应用卫星遥感技术对黄河口土地变迁的监测结果表明:1988 ~ 1996 年,黄河口地区陆地面积总计减少了 10.76 km^2,年平均减少 1.3 km^2;1996 ~ 2000 年,陆地面积减少了 100.02 km^2,年平均减少 25 km^2。

来水来沙的变化也改变了河口海域的海水盐度和饵料丰度,使得近海生物资源和多样性保护日益受到威胁,生物资源量显著下降。以莱州湾为例,莱州湾是黄渤海渔业生物的主要产卵场、栖息地和渤海多种渔业的传统渔场,不同时期按季节进行的拖网试捕调查结果表明,莱州湾渔业生物的资源量、优势度和多样性指数发生了显著的变化。1959、1982、1992 ~ 1993 年和 1998 年的平均单位网次渔获量分别为 258、117、77.5、8.5 kg/h,渔业资源呈现持续衰退的趋势。

同时,由于黄河三角洲区沉积物中 70% 以上为粉沙粒级,土壤的孔隙度大,含水量小,有利于蒸发,因此随着入海径流量的大幅度减少,水、沙补给量锐减,预计原有湿地将逐渐向沙漠化方向发展。随着 1999 年小浪底水库开始蓄水运用以及南水北调工程的启动和黄土高原水保工程的大规模实施,都会对黄河水沙资源的配置产生重大影响,进入河口地区的水沙条件还会发生相应变化,这势必对河口生态系统产生重要影响。

4 黄河口生态系统服务功能的研究发展方向

4.1 河口生态系统演变规律

在时间序列上,研究河口生态系统演变过程。以河口生态系统演变进程中的关键过程为线索,研究近50多年来在自然和人为作用下河口生态系统的演变过程,揭示河口生态系统形成演变规律。

在空间结构上,开展生态系统结构、功能及生态过程研究。以水沙变化过程为主线,在区域、景观和系统三个尺度上探讨河口生态系统的结构、功能、生态过程及各生态系统间的耦合机理,深入研究河口生态系统空间分异规律。

4.2 河口生态系统演变的驱动力

4.2.1 河口来水来沙对河口生态系统的影响

分析河口湿地与黄河水沙资源的关系,研究不同来水来沙对河口湿地的影响;分析滨海生态系统生物群落变迁与黄河水沙资源的关系,着重分析河口盐度变化对滨海海洋生物的影响、黄河来水来沙对河口洄游性鱼类的影响。

4.2.2 河口入海流路变迁、河道淤积延伸对河口生态系统的影响

河口入海流路变迁、河道淤积延伸,不同河道之间的洼地形成河口湿地,现行的清水沟流路和停水多年的刁口河流路口门附近,湿地生态系统发生着发展和退化的不同变化,研究河口入海流路变迁、河道淤积对河口湿地的影响。

4.2.3 人工干预对河口生态系统的影响

为了改善尾闾河道形态、减轻拦门沙危害、延缓河道延伸、增加输沙入海量、减轻防洪防凌压力,采取的截支强干、束水攻沙、清淤疏浚、巧用潮汐、护滩定槽、修建堤防等河道治理措施,对河口湿地和滨海生态必然产生一定影响。此外,随着黄河三角洲地区经济建设的发展,油田及农业的大规模开发及城市建设也必定对自然和人工湿地环境带来一定的影响。

4.2.4 自然因素对河口生态系统的影响

黄河三角洲地区地面高程低,受地理位置、气候环境等影响,易受黄河洪水、海潮和风暴潮、内涝、干旱等自然灾害的侵袭,研究这些侵袭对河口生态系统的影响。此外,海平面上升将直接淹没大片沿海湿地,引发更多的风暴潮和洪涝灾害,也对湿地生态系统产生影响。

4.2.5 水质变化对河口地区生态系统的影响

由于社会经济的发展,河口地区的水污染加重,水质的变化也对河口生态系统产生很大的影响,因此研究河口生态系统对水质变化的响应也是十分必要的。

4.3 河口生态系统服务功能良性维持与调控技术

首先要建立河口生态系统质量的综合评价体系,研究河口生态系统安全的评价指标、测度与阈值,建立河口生态安全预警系统。其次是在河口生态系统演变规律研究的基础上,充分考虑水沙变化、河道淤积延伸、人工干预和自然因素对河口生态系统演变的影响,通过对河口生态系统变化主控因子和敏感因子的筛选,建立未来三个不同时段的环境演变趋势模型。再次,通过上述研究工作,

建立河口生态系统服务功能决策支持系统,根据水沙资源、河道淤积延伸、人工干预及自然因素与河口生态系统的关系,提出河口生态系统服务功能的优化调控与管理体系。

5 结语

河口生态系统作为黄河生态系统的重要组成部分,其生态系统的健康被视为维持黄河健康生命的重要标志之一,黄河三角洲生态系统的良性维持被列入"维持黄河健康生命"的 9 条途径之一。黄河河口是由黄河泥沙淤积而成的沉积平原,是《中国生物多样性保护行动计划》确定的具有国际意义的湿地、水域生态系统和海洋海岸生态系统的重要保护区。河口是具有重大资源潜力和环境效益的生态系统,它除向人类提供大量食物、原料和水资源外,在维持区域生态平衡、保持生物多样性和珍稀物种资源以及涵养水源、蓄洪防旱、降解污染物和提供旅游资源等方面均起到重要作用。因其位于黄河河流生态系统与海洋生态系统的交汇处,河口生态系统极易受黄河尾闾的摆动以及黄河水沙条件变化的影响,而且其影响往往是潜在的、滞后的和难以逆转的,必须引起高度的重视。

参 考 文 献

[1] 陆健健. 河口生态学[M]. 北京:海洋出版社,2003.
[2] 车越,何青. 重金属元素在河口悬沙中分布特征[J]. 西北水电,2001,1(4).
[3] 马建伟. 应用卫星遥感技术监测黄河口土地变迁. 郑州:黄河水利出版社,2002.
[4] 等景耀. 莱州湾及黄河口水域渔业生物多样性及其保护研究[J]. 动物学研究,2000(1).

黄河三角洲生态问题与保护措施

程义吉　何　敏　邢　华

（黄河水利委员会黄河河口研究院）

摘要：黄河三角洲具有不稳定性、脆弱性、潮间带及近海岸湿地物种繁多和明显的湿地生态特征。土壤盐碱化、黄河水量减少及湿地生态环境恶化等是黄河三角洲生态的突出问题。可采取建立黄河三角洲生态环境监测与评价系统；加强黄河水资源统一调度，保证河口生态用水；湿地修复；扩大黄河三角洲国家级自然保护区范围，发展生态经济等措施进行保护。

关键词：黄河三角洲　生态　问题　保护

1　黄河三角洲生态特征

黄河三角洲位于渤海湾与莱州湾之间，其范围为东经 118°10′~119°15′，北纬 37°15′~38°10′，属陆相弱潮强烈堆积性河口，是 1855 年铜瓦厢决口改道夺大清河后入海流路不断变迁而发展形成的。一般指以宁海为顶点，北起套尔河口，南至支脉沟口，面积约 6 000 多 km² 的扇形地区。近 50 年来为保护河口地区的工农业生产，尾闾河段改道顶点下移至渔洼附近，摆动改道范围也缩小到北起车子沟，南至宋春荣沟，面积 2 400 多 km² 的扇形地区。其特殊的形成过程和地理位置决定了具有以下生态特点。

1.1　洲面具有不稳定性

由于黄河每年挟带大量泥沙输往河口，致使河口长期处于自然淤积、延伸、摆动改道的频繁变化状态。自 1855 年铜瓦厢决口改道夺大清河入海以来，黄河在近代三角洲摆动改道 50 余次，发生于三角洲扇面轴点附近的改道有 9 次，其中 1889~1953 年改道 6 次，顶点为宁海附近；1953 年以后改道 3 次，顶点为渔洼附近。现行清水沟流路是 1976 年 5 月 20 日在罗家屋子人工截流后改形成的，至今已行水 31 年，入海口门一直处于淤积延伸、摆动的演变状态。1996 年汛前，为了充分利用泥沙填海造陆，实现海上石油变陆地开采，实施了清 8 改汊，使西河口以下河长缩短了 16 km。1997 年以来，特别是小浪底蓄水拦沙运用以来，进入河口的沙量明显减少，河口淤积延伸速率有所减缓。由于入海流路变迁的影响，三角洲岸线始终处于变化之中，行河的地方岸线迅速向深海处延伸，与此同时,不行河位置受海浪和潮流的作用,使岸线出现蚀退。由此可见,黄河三角洲海岸带生态环境极不稳定。

1.2 生态环境的脆弱性

黄河三角洲是水陆交错带,多种生态系统在此交替,陆地和草甸植被形成时间短,土壤盐碱含量高,从而导致了黄河三角洲总体生态环境的脆弱性。

1.3 潮间带及近海岸湿地物种繁多

黄河三角洲濒临渤海,海岸线长达 693 km,滩涂广阔,是贝壳良好的繁殖场所。有贝类近 40 种,其中文蛤、蛏、毛蚶、四角蛤、牡蛎、光滑兰蛤为重要经济贝类。鸟类种类以黄河口附近湿地生态系统最多,有 265 种,其中 152 种属于"中日保护候鸟及其栖息地协定"中的鸟类,具有较高的生物保护价值。在植物组成上,以适应海洋气候、潮土和滨海盐土的植物种类占优势。由滩涂向内地推进,随着含盐量的减少,植物分布逐步由盐生植被、沼泽植被演化为草甸、沙生植被、温带落叶阔叶疏林灌丛和栽培植被。

1.4 具有明显的湿地生态系统特点

黄河三角洲在黄河和其他过境河流的共同作用下,呈现明显的湿地生态系统特点。草甸分布面积大,大约 18.6 万 hm²。植物由适盐、耐盐和抗盐性多年生盐生植物组成。沼泽、水域面积大,东营市约有水域面积约 24 万 hm²(含滩涂),占全市土地面积的 30.4%。

2 黄河三角洲生态问题

黄河三角洲生态环境存在的主要问题有土壤盐碱化、黄河水量减少及湿地生态环境恶化等。

2.1 土壤盐碱化程度高

黄河三角洲均为退海新生陆地,土壤类型主要是潮土和盐土两大类。从内陆向近海,土壤逐渐由潮土向盐土递变。多数土地后备资源土壤呈高盐性,且地势低洼,地下水埋深浅,蒸降比为 3.5∶1,土壤次生盐渍化威胁大。地下水水位高而被渤海海水渗透。因此,黄河三角洲大面积的土地上难以种植根系发达达到深层土的乔木。在这样的土地和植被条件下,三角洲的环境十分脆弱,自我恢复的能力很弱,难以承受污染。

2.2 黄河水量持续减少

随着黄河流域各地区工农业用水和流域水利水保措施的不断实施,进入河口地区的水沙量发生明显的变化。根据 1950 年 7 月 ~ 2000 年 12 月实测资料统计,利津水文站的水沙特征值见表 1。

表1 黄河利津水文站水沙特征值

年份	水量(亿 m³)			沙量(亿 t)			含沙量(kg/m³)		
	7~10月	11~6月	7~6月	7~10月	11~6月	7~6月	7~10月	11~6月	7~6月
1950~1959	298.7	165.0	463.7	11.45	1.70	13.15	38.3	10.3	28.4
1960~1969	291.5	221.5	512.9	8.68	2.32	11.00	29.8	10.5	21.4
1970~1979	187.3	117.0	304.4	7.57	1.31	8.88	40.4	11.2	29.2
1980~1989	189.7	101.0	290.7	5.77	0.69	6.46	30.4	6.8	22.2
1990~2000	79.6	43.2	122.8	3.07	0.40	3.47	38.5	9.3	28.3
平均值	206.8	127.8	334.7	7.23	1.27	8.49	34.9	9.9	25.4

注:2000年水沙量为日历年数值,其他年份为水文年数值。

由表1分析可见,水沙量年内分布和年际分布明显不均,近期水沙量明显减少。利津站90年代平均年水量为122.8亿 m³,仅占50年代来水量的26.5%,汛期水量仅为50年代的26.6%;90年代水量小于50亿 m³的有1997年、2000年2年,其中1997年为历史最枯年,水量仅19.1亿 m³。与水量变化情况一样,沙量也呈明显减少趋势。据统计利津站90年代平均年沙量为3.47亿 t,仅占50年代来沙量的26.4%,90年代汛期沙量仅为50年代的26.8%。由于沙量、水量同步减少,含沙量无明显的趋势性变化。由于黄河中上游用水量的增加,自20世纪70年代起,黄河来水量逐渐减少,并且开始出现断流。1972~1999年的28年中,利津站有22年发生过断流,共计断流86次1 091天。自2000年以后,由于黄河小浪底水库的有效调节和黄河水资源统一调度管理的加强,黄河断流得到遏制,但黄河来水量仍持续偏少。

2.3 湿地生态环境恶化

2.3.1 湿地面积减小

20世纪五六十年代时水沙较丰,河口淤积延伸迅速,每年造陆25 km²左右。进入90年代年后黄河水沙锐减,断流干河成为黄河的一大特点,来沙仅维持了现口门的动态平衡,而远离口门的地方蚀退十分严重。如1996年5月,黄河口在清8断面附近实施了截河改汊工程,改汊后原河道海岸失去了泥沙补给,海岸在海洋动力作用下发生了剧烈演变。通过观测计算,2 m等深线年均蚀退速率432 m,10 m等深线处于冲淤平衡状态。又如刁口河流路改道清水沟后,因径流与泥沙断绝,海岸由淤进变为迅速蚀退,通过实测资料计算得出:1976~2000

年,15 km 宽的海岸线平均蚀退 7.67 km,蚀退面积 115.1 km^2;2 m 等深线处蚀退 5.37~7.89 km,海床侵蚀下切了 4.22~6.67 m;5 m 等深线处蚀退 3.12~5.96 km,海床侵蚀下切了 3.0~7.53 m;10 m 等深线处蚀退 0.82~4.3 km,海床侵蚀下切了 0.75~5.9 m。三角洲湿地面积减小的状况还将延续下去。

2.3.2 环境污染严重

黄河三角洲湿地的污染主要有石油污染、化肥农药污染、生活垃圾污染等。胜利油田部分油气资源区和黄河三角洲自然保护区在地域上严重交叉,勘探开发石油势必破坏地表自然生态。保护区内有大量农田,因此化肥和农药的大量使用造成了大面积的污染。近年来,来自黄河和其他河流的污染物及生活垃圾对湿地的影响也很广泛,直接影响着整个湿地生态系统的质量。

2.3.3 生物资源减少

造成生物资源减少的原因是多方面的。首先由于近年来黄河来水流量的明显减少以及两岸导流堤的建设,影响和阻碍了中常洪水自然的漫滩淤积,隔断了陆、海生态交会,造成浅海湿地生物失去陆地食物源,陆域湿地逐渐减小,造成生物物种减少;其次环境污染导致生物物种的繁殖力生命力下降,甚至死亡;第三对湿地生物资源的掠夺式开发也造成物种减少。

3 黄河三角洲生态保护措施

3.1 建立黄河三角洲生态环境监测与评价系统

目前,对黄河三角洲生态环境的监测很不完善、不系统,建议由东营市、河务部门、海洋部门联合成立黄河三角洲生态环境监测和评价机构,根据生态定点观测资料,采用"3S"技术(GPS、RS、GIS)等先进的技术手段和生态学研究与评估方法,开展三角洲地区生态环境现状、自然资源保护及生物多样性调查,分析存在的主要问题;分析生态环境演变过程及演变规律,建立河口地区水与生态主要环境因子变化模型,预测评价河口地区生态环境演变情况,为三角洲的生态保护提供第一手资料。

3.2 加强黄河水资源统一调度,保证河口生态用水

自 2000 年以后,由于黄河小浪底水库的有效调节和黄河水资源统一调度管理,黄河再未断流。今后在黄河水量的调度中,首先应确立"维持黄河生命基本水量"的原则,实行生态用水优先的"倒算账"。保持黄河正常生命活力的基本水量是多少还有待于进一步研究论证,但这个水量至少要考虑三个方面的要求:一是通过人工塑造协调的水沙关系,使黄河下游主河槽泥沙达到冲淤平衡的基本水量;二是满足水质功能所要求的基本水量;三是满足河口地区主体生物繁殖率和生物种群新陈代谢对淡水补给要求的基本水量。目前"黄河不断流"的标

准是利津水文站流量不小于 50 m³/s,仅具有象征意义,因此需要通过研究确定出河口生态用水量,通过统一调度加以保证,远期可通过"南水北调"彻底解决。

3.3　湿地修复

自 1999 年黄委对黄河水量进行统一调度后,黄河连续 7 年不断流。自然保护区管理局实施了湿地修复工程,通过修建防潮坝、围堰、中隔坝和引水穿涵,改善了湿地生态环境,湿地生态系统得到一定程度的恢复。目前保护区内野生植物达 393 种,鸟类数量增加到 283 种。今后应进一步实施此项工程,采取一系列措施恢复湿地、改良土壤。

3.4　加强黄河三角洲国家级自然保护区的管理

1992 年建立的黄河三角洲国家级自然保护区,对保护新生湿地系统,保护珍稀、濒危的鸟类和动植物都发挥了重要的作用。在保护区核心区,禁止一切开发活动,如海产捕捞、旅游活动等,以减少对生态环境的人为破坏。在试验区内,以不破坏生态环境为前提,进行适度开发,随着湿地范围内某些区块石油资源开发的完成,逐步恢复为湿地。根据黄河口的淤积延伸和摆动,对新淤积的湿地划为保护区加以管理。

3.5　大力发展生态经济

黄河三角洲地形独特、地貌特殊,存在着环境脆弱、易受污染的问题。因此,发展生态经济是必由之路。积极发展"粮 - 经 - 饲"三元种植,实施"上粮下渔"的生态经济模式。大力推进植树造林工程,重点建设平原防护林、沿海防护林和环城防护林三大体系。利用黄河三角洲丰富的草场资源,提高食草畜禽比重,加快品种改良,突出发展专业饲养场和养殖大户。围绕建设"海上东营"战略,重点开发特色海洋珍品养殖、名特优淡水养殖和浅海贝类养殖。

发展工业必须充分考虑黄河三角洲的环境承载能力,坚决克服"先污染后治理"的传统模式,大力发展绿色工业,走可持续发展的路子,是黄河三角洲的必然选择。应加强体制创新、科技创新和对外开放、加快发展石油替代产业、可再生能源产业,迅速培育以绿色工业为核心的新兴外向型的现代化工业体系,严格工业项目的环保要求,最大限度地减少发展对黄河三角洲地区的生态环境的负面影响。

参 考 文 献

[1] 邢华,王维文,刘秉哲.黄河三角洲生态系统良性维持探讨[C]//第二届黄河国际论坛论文集.郑州:黄河水利出版社,2005.

[2] 程义吉,杨晓阳,孙效功.黄河口清水沟流路原河道停水后海岸演变[J].人民黄河,2003(11).

［3］ 张高生,李峻,李岩. 黄河三角洲生态保护现状及保护对策[J]. 农业生态环境,2000, 16(2):24－27.

［4］ 程义吉. 刁口河流路改道后海岸冲淤变化分析[C]//第十届中国海岸工程学术会论文集. 北京:海洋出版社,2001.

［5］ 李文东. 黄河三角洲"上农下渔"生态经济模式的价值评价[J]. 农业生态环境,2002 (9).

［6］ 王丽,尚凡一. 黄河三角洲生态农业发展现状与发展思路[J]. 农村经济与科技,2005 (4).

黄河三角洲管理

——一个在拥有动态湿地区域内的景观规划与生态学的挑战

刘高焕[1]　　Bas Pedroli[2]　　Michiel van Eupen[2]

Bianca Nijhof[2]　　王新功[3]

(1. 中国科学院地理科学及自然资源研究所资源和环境信息系统
国家重点实验室;2. 瓦赫宁根大学研究中心 Alterra 资源环境研究院;
3. 黄河流域水资源保护局)

摘要:黄河三角洲湿地是中国最重要的湿地之一,但是其生态环境正遭受油田开发、人口增加、土地利用等严重影响。本文针对黄河三角洲的可持续发展作了综合性的评估,分析了黄河三角洲面临的主要威胁,在此基础上,以地区可持续发展和三角洲生态保护水量的平衡配置为目标,对以后的管理和进一步研究提出了建议。

关键词:淡水湿地　综合评估　管理

1　引言

在黄河高含沙水流的作用下,黄河三角洲形成了独特的、动态的河口湿地,而这些湿地对多种鹤类及许多鸟类沿东亚迁徙于西伯利亚与大洋洲之间具有十分重要的国际意义。目前,三角洲湿地正遭受着水资源短缺及土地利用冲突等严重问题。如何从景观生态学的角度对这个不断增长的具有千年古老文化的区域给出合理的解决方案呢?

近几十年来,由于黄河进入三角洲地区淡水资源的急剧减少,黄河三角洲高度动态的生态环境正处于一个严峻的时期。自 20 世纪 90 年代以来,黄河年来水量比 50、60 年代平均减少约 40%,导致河口地区 90 年代长期处于断流状态;1972~1998 年,年均断流约 50 天,90 年代更为严重,年均达到 107 天(刘高焕,Drost,1997)。入海水量的减少导致泥沙量大幅度减少、陆地消失、土壤含盐量上升以及入海营养盐的减少。这些因素都对三角洲地区现有的自然资源及生态价值产生了重要影响。例如,随着湿地面积的减少,重要鸟类保护区受到威胁,河口及近海的初级生产力及鱼类产量急剧的逐年下降等。

黄河流量减少是一种相对的低流量,如相对于长江来说,其原因主要是由于上游不断增长的用水需求、干流及支流上大坝与水库等水利工程建设。三角洲本身过多的干扰与快速的发展,如油田的开发、较快的城镇化及农业现代化等也影响着生态系统的自然过程与自然资源。因此,在不同的时空尺度,三角洲自然状态与人类干扰之间存在着复杂的相互作用及发展过程。要弄清非生命的自然生态领域快速的变化与人类干扰之间的因果关系是十分困难的。

维持三角洲生态功能良性发展的水量计算是一个复杂的问题,原因是多方面的,黄河的高度人工化、湿地"自然状态"的难以确定、土地利用的复杂变化、河流管理以及陆海界面的动态变化等。在交互式的过程中需要设定自然管理的目标(Pedroli et al., 2002),目标中最低的要求应能够起到关键的作用(Geilen et al., 2004)。为此,综合的评价方法将提供合理的基础。可持续发展与生态保护的水量平衡配置是一个景观规划与生态学的挑战,需要利益相关者参与制定当地未来的符合实际的远景或预案。本文试图就此给出一个初步的分析与评价。

2 黄河与三角洲

2.1 黄河流域

黄河是中国仅次于长江的第二大河,被誉为中华文明的摇篮。黄河从海拔4 500 m源头青藏高原流经5 500 km的距离注入渤海。黄河流域面积79.5万km²,流域人口约1.5亿人,占全国人口的10%左右。流域平均降水量约450 mm,远远低于蒸发量,属于半干旱气候。黄河径流量相对较少,河口平均流量约1 330 m³/s,历史最大流量为10 400 m³/s,小于莱茵河(河口平均流量约2 000 m³/s)。与莱茵河显著的区别是黄河在20世纪90年代发生了断流的干旱情况。

黄河上游向北流经中国北部的沙漠与草原(从源头至河口镇,长3 500 km),其耗水量约占全流域耗水量的50%,而径流量超过流域径流总量的一半。

黄河中游(自河口镇到小浪底大坝,长1 200 km)面积约占流域的46%,径流量约占总径流量的43%。在北部,黄河穿越了世界上最大的沉积区域——黄土高原,大量的泥沙进入河流,提供了黄河总泥沙的90%(Kemink et al.,2003;Winterterp et al., 2003)。黄河因黄土的大量注入而得名。

黄河下游(全长800 km)几千年来被防洪工程所控制,导致"地上悬河"的产生,某些时候河床高出两侧平原10 m左右。因此,黄河下游主要作为排泄河道,与河流两侧的水系联系被阻隔。黄河三角洲是一个高度动态不断增长的区域,自黄河摆动的顶端算起,该区域内黄河河段长约100 km。自1855到1976年,黄河尾闾改道超过50次,创造了广阔的黄河三角洲。在此期间,海岸线向海扩展 50 km,共形成 1 890 km^2 的土地,年平均增长约 15 km^2。黄河北部的故道在 1976 年被废弃,改道至目前的清水沟流路。

在此期间,海岸线向海延伸 50 多 km,造陆面积 1 890 km^2,平均每年 15 km^2。1976 年,北部黄河入海流路废弃。

2.2 黄河三角洲

黄河河口位于渤海湾与莱州湾之间,属于弱潮、多沙和摆动频繁的堆积性河口。黄河三角洲是中国暖温带保存最完整、最广阔、最年轻的原生湿地生态系统,具有自然资源丰富、生态位置独特和生态系统脆弱的特性,黄河口是目前中国河流三角洲中唯一具有重大保护价值的原始生态系统。黄河三角洲面积约为 750 000 hm^2,黄河口是东北亚内陆及环太平洋迁徙鸟类重要的越冬、中转和繁殖地(Barter,2002)。分布有丹顶鹤、白头鹤、金雕等中国重点保护鸟类 272 种,其中属于国际间协议重点保护的鸟类在 65% 以上。黄河口的原生性湿地及珍禽生境,在中国和世界生物多样性保护中有占有重要位置,为此中国政府于 1992 年在黄河口划定了 1 530 km^2 的国家级湿地自然保护区,并列入《中国生物多样性保护行动计划》加以重点保护。

由于中国东部较大的土地压力,黄河三角洲土地利用变化很大。1983 年 10 月 1 日,新兴石油工业城市东营市正式成立,管辖范围包括整个黄河三角洲。目前,东营市有人口 50 万人。1964 年,中国第二大石油公司胜利石油管理局成立,其许多油井和设施分布在自然保护区之内。由此可见,石油开发与湿地管理密切相关。近年来,由于泥沙减少、河道开挖、城市化、石油污染等,黄河三角洲陆上湿地呈急剧减少趋势。

2.3 黄河三角洲自然保护区

黄河三角洲自然保护区面积 153 000 hm^2,主要保护对象是沿海新生湿地生态系统和珍稀、濒危鸟类。自然保护区分南北两部分(见图 1),其中核心区面积 79 200 hm^2(图中深色),缓冲区面积 10 600 hm^2,试验区面积 63 200 hm^2(图中浅色),除科学考察和研究外,核心区严禁进入。自然保护区周围分布有较多的村庄,由于地理位置偏僻、土壤盐碱化等,居民生存条件较为恶劣,因此非法开垦、放牧、狩猎等活动频繁发生。近年来,由于经济的发展和生活水平的提高,海产食品的市场需求日渐增加,导致越来越多的人到自然保护区捕捉鱼、虾、蟹及其他的软体动物——这些都需要加强自然保护区管理。随着海产品价格的增长,当地人民建立了几个不同规模的市场用来购买和批发水产品,据粗略估算,约 8 000 多人到自然保护区的 131 km 海岸线捕捉软体动物,每天捕捉的人数可达有 10 000 人左右,来自自然保护区的海产品占东营整个海产品市场的 20%(陈,等,2005)。这些活动提高了当地人民的生活水平,同时也产生了生态和管理问题。

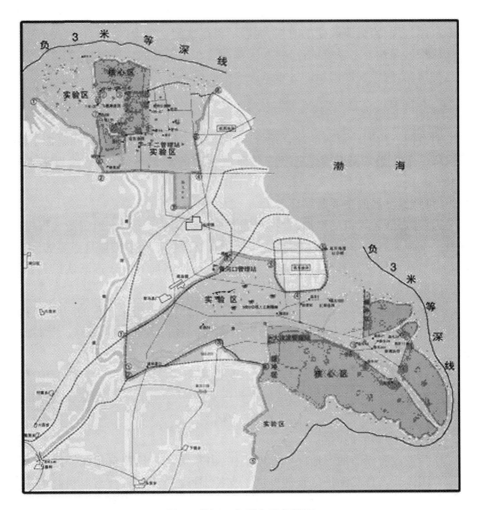

图1　黄河三角洲自然保护区

　　从自然价值观点看来,这个区域最重要的特征是它独特的生态系统,在中国,新生湿地是唯一以原始生态学状态的区域。

　　在自然保护区栖息的鸟类中,黑嘴鸥(约有100对)被列入国际珍惜保护鸟类,还有栖息许多珍稀罕见的鸟类,如丹顶鹤,每年大约有800只丹顶鹤到达自然保护区,其中200只在此越冬,主要聚集在自然保护区的北部。白鹤是自然保护区的候鸟,在每年3月和10月从这里中转迁徙。每年11月到来年3月,有700~800只大鸨、2 000只白天鹅在此越冬,每天10月至来年4月,有6 000只灰鹤在此越冬。

野大豆是中国国家级保护植物,在自然保护区内,野大豆也很丰富。

由于海岸侵蚀,近 20 年来,自然保护区的北部面积减少了 50%,这也许是一个自然过程,当流路改变的时候,泥沙不再运载到这个地区,然而,这是有损于自然保护区湿地生态系统的连通性、完整性及在此栖息的珍稀物种,如果无法改变这种情况,应该发展出新的区域解决这个问题。

3 综合评估

对黄河三角洲的资源的综合评价,要保障其可持续发展,然而,问题在于,对于这样一个上游农业密集,高度依靠河道管理的动态环境,可持续发展如何评判。

3.1 可持续发展的主要薄弱环节

近年来,随着人口的增加,食物和能源的压力增大,导致土地资源大规模的开发。加强地方合作和当局支持,对于保护自然保护区免遭破坏是必要的,进一步提高自然保护区及其邻近区域生态景观质量,使当局及公众逐渐认识到自然保护区的价值。

淡水资源的匮乏对当地土地利用及湿地可持续发展带来严重的问题。除此之外,泥沙沉积的减少也是黄河三角洲的主要问题,而这也直接导致了海岸的蚀退。

最后,但并不意味着不重要,石油工业是这个区域的主要压力,作为该区域经济的主要因素,同时也是该区域的主要污染源,废弃排放占整个东营废气排放量的 40%,废水占 40%,工业固废占 43.9%。

3.2 加强生态功能的时机

作为被政府任命的湿地保护管理机构,山东黄河三角洲自然保护区管理局为地方团体介入自然保护区管理提供了支持,管理局经常联合当地利益相关者举行会议,在自然保护区管理、当地团体的协助等方面达成一致意见。

3.3 对湿地国际价值起胁迫的因素

油田开发是对自然保护区污染和干扰的一大威胁,而开采依然存在。现在迫切需要有效的合作。除非油田开发能够保证自然保护区的安全,否则自然保护区不可能达到保护目标。

除此之外,污染会通过食物链影响生态系统,随着当地经济的快速发展,污染不可避免地将成为沿海生态系统的一个主要威胁。

4 黄河三角洲可持续发展的潜力/可能性

从综合评价中,我们得出了有助于保护区域重要生态功能的三个重要条件和威胁三角洲可持续发展的三个主要开发行为。

4.1　黄河三角洲生态服务功能的三个主要条件

要保证黄河三角洲具有完整的生态系统,至少需要满足以下三个条件:

(1)对三角洲生态系统的自然序列,每年需要在适当的时间从黄河引入足够量的淡水和沙资源。鉴于上游800 km处的小浪底水库已经投入运行,黄河河道内维持一定的生态流量已成为可能。

(2)由于三角洲典型陆生生态系统形成较晚,目前在三角洲还存在着从滩涂到柳林的生境序列,不同的生境演替时期形成了目标种群适宜的格局。而这种动态的生境演替也表明本地区具有良好的生境质量(Van Looy et al.,2006)。图2为黄河三角洲滩涂演替序列。

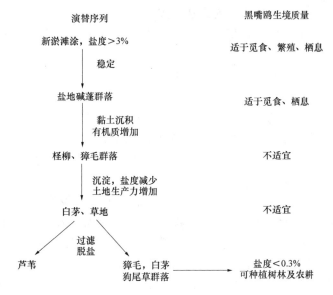

图2　黄河三角洲滩涂演替序列

(3)环境条件应当和水沙质量的最小标准保持一致。

4.2　对黄河三角洲可持续性发展构成威胁的三个主要压力

三角洲湿地生态系统功能目前受到实际威胁。

(1)区域内工业开发,目前主要集中在石油工业,是最主要的压力。不仅环境条件处于危险之中,而且生境的结构和连通性都受到工业开发的基建影响。

(2)第二个压力是为容纳人口数量的增加导致的土地利用方式的改变。

(3)第三个压力是全球气候的改变。虽然气候改变的影响还不十分清楚,但显然与黄河可利用淡水资源、海平面改变和风暴潮几率有关。同时,水沙资源的量预计也处于减少之中。

4.3 对于管理和进一步研究的建议

4.3.1 完成这三个主要条件需要做的研究

为满足可持续发展的三个条件,我们的建议如下:

(1)生态功能的首要条件是黄河供应淡水量及时间的合理定义。为此,对需淡水供应的区域采取不同水量供应的策略,使其变成适宜目标种群繁殖、觅食的栖息地(见图3)。这也是黄河水利委员会、黄河三角洲国家级自然保护区管理局、中国科学院、Alterra Wageningen UR 和 Delft Hydraulics 的近期研究目标。

(2)最理想的栖息地结构应该由栖息地目标种群的需要来规定。这需要由自然保护区管理局根据当地和国际上湿地的深入透彻的经验知识来确定。

(3)由于环境条件在目前的三角洲看上去似乎并不迫切——它也是黄河三角洲资产之一,因而这更应该受到强烈关注。这不仅是自然保护区管理局应当关注的事情,同时也应当是整个三角洲应当关注的事情。因为目标种群极易离开整个三角洲。

4.3.2 约束三个威胁性压力的政策要求

(1)工业发展应当与环境管理相同步。这对石油产业本身和地区和政府权力都是一项关键的考验,尤其对现今中国经济能源急需的今天来说更是如此。

(2)随着人类生活标准提高到一个新的层次,三角洲地区的土地利用方式也被进一步开发。理论上,如果三角洲保持自然增长,那么这些将不是什么问题。在这种情况下,渔业和农业的土地利用方式将会在自然演替的最后一个阶段之后形成一个开垦阶段,就像黄河河口千百年来一直发生的一样。然而在黄河水沙资源不再足够的时候,这一过程将被打断,因而急需一种有效的调节措施来维持这一过程。为此,公众意识急需提高,当地政府也应制定水量分配协议,例如采纳湿地公约提供的一些建议。

(3)气候变化的作用并不显著,但还是强烈建议考虑在黄河流量变化和渤海风暴潮改变的情况下的应对。

5 结论

相对于中国其他大河的三角洲,黄河三角洲仍有待开发。如何将三角洲社会和经济的发展协调置于可持续发展的方式是当地政府和公众的一大挑战。现在中国正在为最近10年的经济高速发展的代价而买单,而中央政府、山东省政府和当地政府都有意愿将黄河三角洲树立为地区可持续性发展的榜样。黄河三角洲自然保护区不论是出于对新生湿地生态系统、珍惜濒危鸟类的保护还是出于保持环境和经济的平衡发展来说,都是一个强有力的倡导者。

参 考 文 献

[1] Barter M. Shorebirds of the Yellow Sea. Importance, Threats and Conservation Status. Wetlands International Global Series 9, International Wader Studies 12. Wetlands International, ISBN 90 5882 009 2. 2002.

[2] Chen Kelin, Yuan Jun, Yan Chenggao. Shandong Yellow River Delta National Nature Reserve[EB/OL]. http://www.ramsar.org/cop7/cop7181cs05.doc. 2005.

[3] Geilen, N., H. Jochems, L. Krebs, et al. Integration of ecological aspects in flood protection strategies: defining an ecological minimum. River. Research & Applications, 2004,20,3: 269 - 283.

[4] 关元秀,刘高焕. 黄河三角洲盐碱地动态变化遥感监测[J]. 国土资源遥感, 2003,56 (2): 19 - 22.

[5] Kemink, E., Z. B. Wang, H. J. de Vriend, et al. Modeling of flood defense measures in the Lower Yellow River using SOBEK, International 1st Yellow River Forum on River Basin Management, Yellow River Conservancy Publishing House, Zhengzhou, China, 21 - 24 October 2003, ISBN 7 - 80621 - 676 - 6, Vol. II: 212 - 223.

[6] 刘高焕, H. J. Drost. 黄河三角洲图集[M]. 北京:测绘出版社,1996.

[7] 潘志强,刘高焕,周成虎. 基于遥感的黄河三角洲农作物需水时空分析[J]. 水科学进展, 2005,16(1):62 - 68.

[8] Pedroli, B., G. De Blust, K. Van Looy, et al. Setting targets in strategies for river restoration[J]. Landscape Ecology 17,2002(Suppl. 1): 5 - 18.

[9] Van Looy K., O. Honnay, B. Pedroli & S. Muller. Order and disorder in the river continuum. Continuity and connectivity contribution to biodiversity in floodplain meadows [J]. Journal of Biogeography,2006,33:1615 - 1627.

[10] Winterwerp J.C., H. J. de Vriend, Z. B. Wang. Fluid - sediment interactions in silt - laden flow, 1st International Yellow River Forum on River Basin Management, Yellow River Conservancy Publishing House, Zhengzhou, China, 21 - 24 October 2003, ISBN 7 - 80621 - 676 - 6, Vol. II: 351 - 362.

[11] 叶庆华,刘高焕,田国良. 黄河三角洲近40年土地利用变化的地理空间分析[J]. 中国科学(D), 2004, 47(11):1008 - 1024.

[12] 叶庆华,田国良,刘高焕. 黄河三角洲新生湿地陆地覆被的演替序列[J]. 地理研究, 2004,23(2): 255 - 264.

河口湿地栖息地多样性保护

Shang – Shu Shih[1]　　Yu – Min Hsu[2]

Gwo – Wen Hwang[2]　　Pin – Han Kuo[1]

（1. 中国台湾水教育国际学院；2. 台湾大学土木工程系）

摘要：利用航拍图片可以分析和评价台湾淡水河红杉湿地植被的时空变化。研究结果表明，由于红杉的蔓延生长导致了栖息地多样性降低。采取的相关措施和麦坡湿地试验保护了栖息地的多样性。此外，通过在南十字岛部分区域开展的树木清除试验，研究了红杉在河口环境中所起的作用。

关键词：红杉湿地　植被变化　部分树木清除试验

1　引言

该研究重点关注台湾三种红杉湿地。这三块湿地位于淡水河河口区域，分别是挖仔尾自然保护区、楚尾自然保护区和关渡自然保护区。研究区域的简图如图 1 所示。

由于红杉的高耐盐碱性和高的耐洪水性，再加上该植物树干挺拔，枝叶茂盛，所以，红杉是河口地区的优势物种。该研究除了运用卫星图片观测栖息地的变化情况，同时还研究了栖息地变化和红杉覆盖率变化的相关关系。此外，麦坡湿地试验为保护栖息地多样性提供了战略保证。

2　航片分析

本研究通过文献检索，结合 GIS 技术，对红杉覆盖区域进行了分类。利用 ERDAS Imagine 遥感图像处理系统软件计算了三块红杉湿地的植被覆盖面积，这三块湿地于 1986 年被列为自然保护区。

2.1　官渡自然保护区

图 2 和图 3 分别给出了关渡自然保护区植被覆盖面积和植被覆盖率随时间变化趋势。

从收集的数据和计算结果来看，除 1989 ~ 1990、1995 ~ 1996 年和 1998 ~ 2001 年以外，其他年份关渡自然保护区植被覆盖面积和植被覆盖率随时间变化

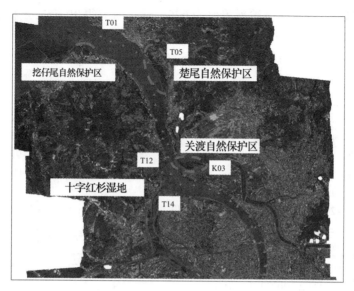

图1 淡水河十字岛红杉湿地三个自然保护区位置示意图

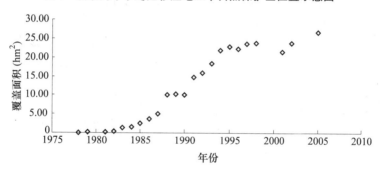

图2 关渡自然保护区植被覆盖面积随时间变化趋势

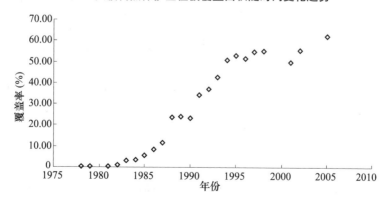

图3 关渡自然保护区植被覆盖率随时间变化趋势

均呈上升趋势。最大的植被覆盖率为62%,通过研究得出结论:当植被覆盖率超过50%时,红杉的生长速度将变缓甚至停滞。

表1给出了不同时间段红杉覆盖率的增长速度。

表1 不同时间段关渡自然保护区红杉覆盖率的增长速度

时间	年覆盖面积变化(hm²/a)	年增长率(%)
1978～1982	0.10	118.75
1982～1989	1.64	304.97
1989～1995	2.10	20.41
1995～1998	0.30	1.33
1998～2001	−0.79	−3.34
2001～2005	1.33	6.22
平均	1.21	24.20

注:年覆盖面积变化=(上一年的覆盖面积−本年的覆盖面积)/某时间段内总的覆盖面积;年增加率=年覆盖面积变化/上一年的覆盖面积

从表1可以看出,从1978年到1998年,红杉的覆盖面积呈增加趋势。最大的增加趋势出现在1982～1989年,最大增幅达305%。从计算结果来看,1982～1989年的潭水和疏浚工程好像没有对红杉的生长速度造成大的影响。由于树木的枯萎(*Anoplophora chinensis*(*Forster*))(Shau et al.,2000),1998～2001年间,红杉的生长速度变得缓慢。

2.2 楚尾自然保护区

图4和图5分别给出了楚尾自然保护区红杉覆盖情况随时间的变化趋势。

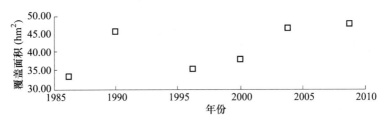

图4 楚尾自然保护区植被覆盖面积随时间变化趋势

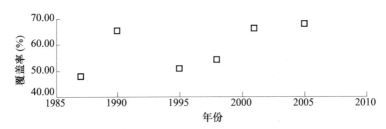

图5 楚尾自然保护区植被覆盖率随时间变化趋势

从图4、图5中可以看出,最大和最小的植被覆盖率分别是出现在 2005 年的 68% 和出现在 1987 年的 48%。另外,1990～1995 年之间出现了最大幅度的降低。由此可以得出结论:树阴能抑制红杉在该区域的蔓延和生长速度,从而导致覆盖率从 45% 到 70% 的变化。

表2 计算得出了不同时间段红杉覆盖率的增长速度。

表2 不同时间段楚尾自然保护区红杉覆盖率的增长速度

时间	年覆盖面积变化(hm²/a)	年增长率(%)
1987～1990	4.11	12.23
1990～1995	-2.06	-4.48
1995～1998	0.86	2.42
1998～2001	2.81	7.36
2001～2005	0.32	0.68
平均	0.80	1.66

注:年覆盖面积变化 =(上一年的覆盖面积 - 本年的覆盖面积)/某时间段内总的覆盖面积;年增加率 = 年覆盖面积变化/上一年的覆盖面积。

从表中可以看出,1990～1995 年之间,红杉的覆盖率降低,这说明在此期间红杉的生长速度呈减慢趋势。最大和最小的植被覆盖增长率分别出现在 1987～1990 年和 2001～2005 年。

2.3 挖仔尾自然保护区

图6 和图7 分别给出了挖仔尾自然保护区植被覆盖面积和植被覆盖率随时间变化趋势。

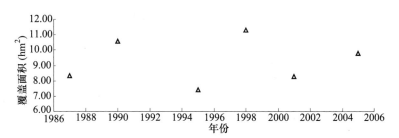

图6 挖仔尾自然保护区植被覆盖面积随时间变化趋势

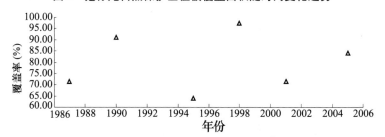

图7 挖仔尾自然保护区植被覆盖率随时间变化趋势

从以上调查可以发现,红杉的覆盖情况同红杉的蔓延和生长速度的增加与减少是相关的。也就是说,从 1987～1990 年、1995～1998 年,2001～2005 年三个时间段来看,红杉的覆盖率在增加。这种有趣的现象需要进一步的研究,需要更充足的理论依据。

红杉覆盖率增加值如表 3 所示。

表 3　不同时间段挖仔尾自然保护区红杉覆盖率的增长速度

时间	年覆盖面积变化(hm^2/a)	年增长率(%)
1987～1990	0.75	9.03
1990～1995	-0.63	-5.95
1995～1998	1.29	17.43
1998～2001	-1.00	-8.84
2001～2005	0.37	4.44
平均	0.08	0.98

注:年覆盖面积变化 =(上一年的覆盖面积 - 本年的覆盖面积)/某时间段内总的覆盖面积;年增加率 = 年覆盖面积变化/上一年的覆盖面积。

在这个区域,红杉最大增加幅度出现在 1995～1998 年,红杉最大减少幅度出现在 1998～2001 年。在这个区域,增加的趋势特征完全不同于关渡自然保护区和楚尾自然保护区。研究认为:出现这种情况主要是由于该区域比其他两个自然保护区具有更加明显的河口特征,例如更长的淹没时间、更高的含盐量以及更严厉的潮汐现象等。

3　相关的规定和麦坡经验

通过野外调查和文献检索(Lee et al.,2002;Shih, 2005)发现,关渡自然保护区、楚尾自然保护区和挖仔尾自然保护区的植被覆盖密度分别是 3.65 棵/m^2、1.35 棵/m^2 和 3.18 棵/m^2。台湾"河流沿岸人工植被覆盖密度规定"建议的红杉植被覆盖密度如表 4 所示。

表 4　现有植被覆盖密度和台湾"河流沿岸人工植被覆盖密度规定"建议密度

自然保护区	现有的植被密度(棵/m^2)	推荐植被密度(棵/hm^2)
关渡	3.65	2
楚尾	1.35	0
挖仔尾	3.18	0

从表中可以看出,现有植被覆盖密度远远大于台湾"河流沿岸人工植被覆盖密度规定"建议密度。所以,这个规定在保证红杉的覆盖密度和保护栖息地多样性方面不适用。

因此,该研究应用香港的"麦坡经验"提出了河口红杉湿地栖息地多样性保护战略。麦坡湿地野生动物教育中心和自然保护区出台的 2006 ~ 2010 年 (WWF,2006)管理规划指出,该规划是针对自然保护区提出的第三个五年计划,规划的制定是参考麦坡内海湾的管理规划思路制定的,麦坡内海湾被列在 Ramsar 公约的名单中;该规划的制定还听取了大量专家的意见,同时也是 WWF 从 1984 年被列在 Ramsar 公约名单上以来多年经验积累的结果。处于高潮线和低潮线之间的红杉,位于河口一侧的人工养殖塘的周围,受人为的干扰很少,特别是不受河道疏浚的影响。而位于陆地一侧的红杉受攀援植物的影响很大,影响最大的是一种叫鱼藤的植物,如果任这种植物蔓延生长,它将会覆盖在红杉表面,甚至会导致红杉的枯萎死亡。从调查来看,鱼藤最近几年的蔓延生长似乎和红杉在河道中的淤塞及深海湾的富营养化现象有关(WWF,2006)。在麦坡自然保护区无人工养殖塘的区域内,红杉的覆盖密度是 0.73 棵/m²。

4 红杉树采伐试验

依照相关的规定和麦坡经验,我们选 0.73 棵/m² 作为淡水河河口三角洲红杉湿地的最初保护目标。同时,红杉树采伐试验在十字岛(红杉湿地)启动,该试验的目的是评价红杉的恢复情况,调查大型无脊椎动物的生物量,观察水鸟在不同栖息环境中的生活习性,研究红杉在河口三角洲中的作用。

5 结语

该研究的重点是河口三角州湿地的栖息地多样性保护。该研究调查了三个自然保护区和十字红杉湿地现有的植被覆盖密度,根据栖息地多样性目标提出了理想化的植被覆盖密度。从历史的航片评价中可以看出,红杉的生长和蔓延速度在增加,这种增加在一定程度上降低了淡水河河口三角洲的栖息地多样性。根据台湾的相关规定和香港的麦坡经验计算最合适的红杉覆盖密度。目前,红杉覆盖密度的确定,红杉在河口三角洲中的作用正在十字红杉湿地的研究中加以验证。

参 考 文 献

[1] Chang C. J. , 2000, Using SPOT satellite data to investigate the mangrove coverage area change, Master thesis of department of institute of fisheries science, Taiwan University.

[2] Lee C. T. , Y. B. Chen, W. L. Chiu, T. T. Lin, C. W. Chen and Y. J. Wang, 2002, The vegetation coverage variations of Guandu Nature Reserve during 1986 – 1998, Taiwan Journal of Forest Science 17(1): 41 – 50.

[3] Shau G. J. , W. L. Chang, W. L. Chiu, H. L. Hsieh, W. L. Wu, M. S. Chien, K. L. Ma, H. R. Liu, H. Y. Wu, P. F. Li and S. C. Lin, 2000, The environment investigation and research of Guandu Nature Park(II), Taipei Government Report.

[4] Shih, 2005, Ecohydraulics model development and quantification of intertidal wetland, PhD thesis of department of civil engineering, Taiwan University.

[5] WWF, 2006, Management plan for the Mai Po marshes wildlife education center and nature reserve 2006 – 2010.

生态水质调查模式应用于江子
翠汇流口评估分析

施上粟[1]　胡通哲[2]　郭品函[1]　杨津豪[3]

(1. 中国台湾水教育国际学院(TIIWE);2. 兰阳技术学院土木工程系;
3. 台湾大学土木工程系)

摘要:生态型水质调查包括生物有机体,如鱼、水生昆虫、藻类,以及非生物水质,如溶解氧(DO)、生化需氧量(BOD)、固体悬浮物(SS)、电导率等。本文用修正的 ISC 模型模拟的生态型水质调查结果来了解江子翠汇流口的生态状况,结果显示水文及岸边植物得分相当低,其表明沿河水库、水坝及岸边非常少的植物及草地覆盖对沿河径向连续性产生了负面影响。5个次指标中,水质显示最高得分。影响导电率的潮汐效应可能是这个矛盾结果的原因。可能是由于更重要的两个要素溶解氧(DO)和生化需氧量(BOD)未被考虑,当前的 ISC 模型可能不能很好地表征污染性水质,未来可持续进行这方面的研究。

关键词:生态型水质调查　修正 ISC 模型

1　引言

生态修复是一项复杂的工作,首先要认识到自然的或人为的干扰,其破坏生态系统的结构和功能,或阻止其恢复到可持续的状态。河流恢复需要了解河流廊道生态系统的结构和功能,以及塑造他们的物理的、化学的、生物的过程(河流廊道恢复,美国农业部,2001)。对于河流修复,水生生态系统修复委员会(科学委员会,1992)认为,降低河流压力可以直接改善河道外生态环境和实现河流康复目标。

本研究打算提出一套全新的基于生态调查和分析基础上的环境条件。江子翠汇流口生物的和非生物的指示物得到调查,并被输入修正的 ISC 模型(Hu, et al.,2007)。分析结果为进一步研究提供可能,同时也为相关行政主管部门未来的决策提供依据。研究区的位置如图 1 所示。

2　对水质变化文献述评

江子翠汇流口位于大汉溪及新店溪交汇处,从此处往下开始称为淡水河。从台湾环境保护局网和 Shih 等的研究结果表明,淡水河水系污染最严重的部分

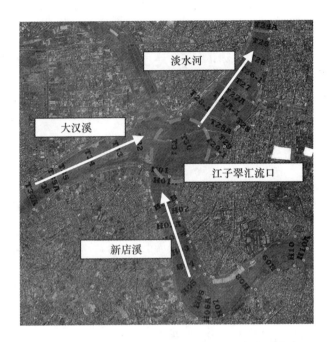

图 1　江子翠汇流口及淡水河系相关地理位置示意图

在江子翠汇流处。图 2 显示了淡水河水系污染状况。

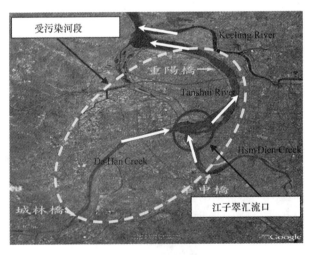

图 2　淡水河水系受污染河段示意图

　　泥沙及污染物沉积是这一地区的长期问题,其可能源于宽浅河道及低水流速度造成的较低污染物的输送能力。与此同时,来自于工业区或普通家庭的大量污染物注入大汉溪,以致该溪遭到污染。与这种差的水质条件对应的是,由于自然淤积,江子翠汇流处已形成了大量的三角洲地区。在三角洲之间的潮沟可以为候鸟提供筑巢和猎食之处。因此,本研究尝试勾画出生态栖息条件和非生物水质之间的完整性。选择 3 个生态水质指标,即 IBI、FBI 和 GI 来反映生物群条件或河流状况。鱼类是长期影响及宽阔栖息条件的良好指示器,因为他们有相对长的寿命及可运动性(Karr et al. ,1986)。鱼类群聚结构反映了综合环境健康状况。Karr 的 IBI 指标被用于评价鱼类群落组合(karr, 1981, 1991; karr et al. ,1986),见表1。

表1　基于生物完整性指标(IBI)的鱼类群落生物完整评定标准

评定标准	得分标准		
	5	3	1
物种数及组成			
1. 总的鱼类种数	310	4 ~ 9	0 ~ 3
2. 鲈鱼种数	33	1 ~ 2	0
3. 翻车鱼种数	32	1	0
4. 胭脂鱼种数	32	1	0
5. 排斥种数	33	1 ~ 2	0
营养成分			
6. 各个杂食动物百分比	< 60	60 ~ 80	> 80
7. 各个食虫动物百分比	> 45	20 ~ 45	< 20
鱼类丰度与劣化条件			
8. 样品中个体数目	3 101	51 ~ 100	0 ~ 50
9. 杂交种数目	0	1	32

　　FBI(Hilsenhoff,1988)即水生昆虫 Hilsenhoff 指数(科水平生物指数),由底栖大型无脊椎动物取样评估。底栖大型无脊椎动物综合反映中期环境变化影响。评价标准值及水平见表2。
　　水中的藻类一般有快速的生殖率和非常短的生命周期,这使它们成为非常有价值的短期指示物(Wu,1999;Wu 和 Kow,2002)。使用 GI 指数的优点在于,只需要鉴定为一级通用水平,而大部分传统指数需要鉴定物种。GI 指数得分与水平之间的关系如表2及表3所示。

表2　科水平生物指数(FBI)值和水平(Hu et al.,2007)

水平	FBI 值	级别
优秀	0~3.75	A
优良	3.76~4.25	B
好	4.26~5.00	C
中等	5.01~5.75	D
下中等	5.76~6.50	E
差	6.51~7.25	F
很差	7.26~10.00	G

表3　通用指标(GI)得分与水平(Hu et al.,2007)

类型	GI 得分	级别
微量污染	30 > GI > 11	B
轻度污染	11 > GI > 1.5	C
中度污染	1.5 > GI > 0.3	D
严重污染	GI < 0.3	E

3　基于生态野外调查和修正的 ISC 模型

3.1　野外调查

沿着淡水河已有8个点开展了野外调查。其中的4个被选做表征评估结果。每个试验点现场取样规程包括综合评估,其着重评价水质理化性质、栖息地参数,并分析鱼类、底栖无脊椎动物、藻类群落,以及分析水样的浊度、溶氧、酸碱度、总磷和电导度。物理特性包括总体土地利用文件编制,溪流条件定性描述、岸栖植物特征摘要信息,以及入流参数的量度,包括宽度、深度、水流和底质。鱼类通过电子收鱼器收集(8A/12V)(Hu et al.,2007)。收集的范围限制在每个采样点一边的100 m以内。收集到的鱼类放在曝气桶内鉴定、点数和测量大小。野外不能鉴别的鱼种放在10%的福尔马林溶液中保存,直至实验室鉴定能够完成为止。

当所有的收集工作完成后,剩余的鱼被放回河里。底栖大型无脊椎动物的收集从每一个样点的下边界开始,利用潜水艇网络采样器在可以到达的100 m范围内进行3次快速的冲刺收集直至上游。样品保存在10%的福尔马林溶液中供识别。每个有机体识别到科水平。从每个样品点随机分类的圆石或者漂砾收集藻类。用牙刷除去圆石或者漂砾上大约100 cm² 区域内的硅藻薄膜。经过溶解和过滤,样品被保存在3%~5%甲醛溶液中用于随后的实验室鉴定。通过物种多样性标准来探测群落结构和功能特征上的整合来评估应激物对入流压力及应激物的响应。对鱼类、底栖无脊椎动物以及藻类群落的评估提供对水体水质的了解(Hu et al. ,2007)。

3.2 ISC 模型

ISC 模型开发于 1995 年,后来作为河流状态的综合量度方法应用于澳大利亚及其他区域(Ladson et al. ,1999)。ISC 模型是基于河流 5 种组分的评估。每一种组分(一种次指标)被给出一个基于一组指示物评估的得分。ISC 模型已经应用于台湾的南势溪以检测工程的效果。然而 Chou 和 Huang(2003) 提出为了在台湾合理利用 ISC 模型需要对其进行改进。改进和开发的内容包括回顾以前的评估方法,以及与具有水文学、地貌学、水生态、岸栖植物和功能、水质及河流管理政策和实践的专家进行商讨。

修正的 ISC 模型的 17 项指示物被用于定量描述水流状况的各个方面。相关的指示物补偿了各个次指标,即水文、物理形状、岸边带、水质,以及水生生物(Hu et al. ,2007)。考虑河川内最小流量以维持水生生命是一个重要议题,特别像在台湾这样一个降水条件变化非常剧烈的地方(Wang et al. ,2000;Chou 和 Huang,2003)。因此,生态基流量要求的指标物种被加在水文次指标中以评定这个方面。由于在一条河流中生物多样性及大多数水生生物灵活性,可能没有一个比较明确的界限或单一最小流量。用于 ISC 模型的指针物种所需的生态基流量,是一种用于检测当操作仅考虑人类需要的人工结构时,是否考虑到河川维持最小流量。

在评估水生生物时,对确定应激物有不同反应的不同寿命的生物组成被用于理解生态系统的输入条件。基于野外调查和前面的计算,获得的 IBI、FBI 和 GI 值被用于水生生物次指标的输入条件。整个的 ISC 模型得分是次指标得分的加和,其处于 0~50 之间,得分越高,表明整个河川健康状况越好。图 3 概括了这些次指标的基础和选择的指标物。ISC 模型得分及相应的分级如表 4 所示。

表4　量度和评价的河流状况指数(ISC)(Hu et al. , 2007)

ISC 得分	评价	
45~50	优秀	A
35~44	好	B
25~34	中等	C
15~24	差	D
<14	很差	E

(1)HY 次指标(水文)。在淡水河水文次指标 HY = 渗漏 + 水坝 + 基流。

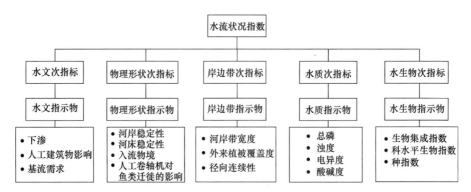

图3 在五个次指标(即水文、物理形状、岸边带、水质及水生生物)下,改进的指示物用于评估基于河流状况指数(ISC 模型)的综合环境条件量度。各个次指标的最大限值为10(Hu et al. ,2007)

考虑到相对为自然的河床,渗漏得分赋值为2;在新店溪及大汉溪建筑的水坝超过6个,且都没有建造鱼梯,其得分赋值为0。在淡水河水系的集水区有两座超过20年库龄的水库,没有足够的生态基流汇入河流,基流的得分赋值为0。因此,在这个研究中 HY 次指标计算为2。

(2)PF 次指标(外形)。物理形状次指标 $PF = \frac{10}{16} \times \left[\frac{1}{N_f}\sum_{f=1}^{x_f}(BANKS_f) + BEDS + IPHAB + AB_f\right]$,根据野外调查数据,在本研究中 PF 次指标值计算为5分。

(3)SZ 次指标(河边带)。河边带次指标 SZ = 宽度 + 连续性 + 碳当量值(CEV)。从航摄照片调查可以看到,沿着江子翠汇流带,仅有很少的岸栖植物存在,因此导致宽度得分为0,连续性得分也为0;从植物覆盖范围调查来看,外围植物入侵占了40%以上,因此 CEV 得分也为0。

(4)WQ 次指标(水质)。通过收集台湾环境保护局网及 Shih 等(2006)研究成果资料,WQ 次指标平均值为5.8。

(5)AL 次指标(水生生物)。Hu 等(2007)推荐水生生物次指标 AL = 1/3(IBI + FBI + GI)。从生态调查和评估的结果来看,得分或者说 IBI、FBI 和 GI 的值分别为16.8、0.06。因此 AL 次指标值为3.9。

集成上述 5 个次指标,ISC 模型值可以算得为18,其图解如图4所示。由于 ISC 模型值大于14且小于25,现有的水生环境处于"差"级以下。

4 结语

人类对水资源生物完整性的影响是累积的结果(Karr ,1981)。Karr(1981)

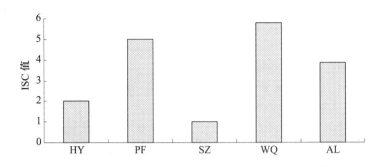

图 4　ISC 模型各次指标得分

指出,人类活动通过 5 个主要因素中的一个或多个因素来改变水资源的生物完
整性,即自然栖息地、季节性水流、系统食物基础、河流生物群之间的相互作用,
以及水的化学质量。这些可以在环境管理中提出的要素要求一个生态系统健康
的量度。生物评价提出通过生态系统物种数目及群落水平的健康和累积的影
响。美国环境保护局建议无论何时在实践上整合一个以上的群落成一个生态标
准计划。结果显示,水文及岸边植物得分相对偏低,其表明沿河水库及水坝的存
在和岸边带植被稀少,影响沿河流径向连续性。5 个次指标中水质显示最高得
分。影响导电度的潮汐效应可能是这个矛盾结果的原因。由于可能更重要的溶
解氧(DO)及生化需氧量(BOD)两要素未被考虑,当前的 ISC 模型可能不能正
确地反映水质状况。与此同时,正如本文对污染河流所做的那样,我们建议用
IBI 来表征或替换水生生物次指标(AL),一方面有利于现场调查结果的分析,另
一方面也有助于降低调查费用。

参 考 文 献

[1]　Chou, C. M., Huang, S. M., 2003, The evaluation process of ecological engineering
　　　method by Index of Stream Condition. J. Chin. Soil Water Conserv. 34 (1): 25 –39.

[2]　Hilsenhoff, W. L., 1988, Rapid field assessment of organic pollution with a Family – level
　　　Biotic Index. J. N. Am. Benthol. Soc. 7: 65 – 68.

[3]　Hu, T. J., H. W. Wang and H. Y. Lee, 2007, Assessment of environmental conditions of
　　　Nan – Shih stream in Taiwan, Ecological Indicators 7 (2): 430 – 441.

[4]　Karr, J. R., 1981, Assessment of biotic integrity using fish communities. Fisheries 6: 21 –
　　　26.

[5]　Karr, J. R., Fausch, K. D., Angermeier, P. L., Yant, P. R., Schlosser, I. J., 1986,
　　　Assessing biological integrity in running water: a method and its rationale. Ill. Nat. Hist.
　　　Surv. Spec. Publ. 5:1 – 28.

[6]　Karr, J. R. , 1991, Biological integrity: a long – neglected aspect of water resource management. Ecol. Appl. 1 (1) : 66 – 84.

[7]　Ladson, A. R. , White, L. J. , Doolan, J. A. , Finlayson, B. L. , Hart, B. T. , Lake, P. S. , Tilleard, J. W. , 1999.

[8]　Development and testing of an Index of Stream Condition for waterway management in Australia. Fresh Water Biol. 41 (2) : 453 – 468.

[9]　NationalScience Council, 1992, Restoration of Aquatic Ecosystems: Science, Technology, and Public Policy. National Academy Press, Washington, DC, pp. 8 – 15.

[10]　Shih, S. S. , C. P. Chen, T. J. Hu, M. F. Ya, H. W. Wang, G. W. Huang and J. H. Yang, 2006, Evaluating Habitat Quality and Flood Impact of Jian – Chi – Chei Confluence in Tanshui River System, Taiwan International Institute for Water Education (TIIWE).

[11]　USDA, 2001, Stream Corridor Restoration: Principles, Processes, and Practices. The Federal Interagency Stream Restoration Working Group (FISRWG).

[12]　Wang, C. M. , Lin,W. Y. , Ko, S. Y. , Chuang, C. K. , Tu, Y. Y. , Tsai, H. H. , 2000, Phase study of ecology and fish cinservation around Li – Chi Stream of Cho – Shui River System. Monthly J. Taipower's Eng. 91 – 111

[13]　Wu, J. T. , 1999, A Generic Index of diatom assemblages as bioindicator of pollution in the Keelung river of Taiwan. Hydrobiologia 397 : 79 – 87.

[14]　Wu,J. T. , Kow, L. T. , 2002, Applicability of a Generic Index for diatom assemblages to monitor pollution in the tropical river Tsanwun, Taiwan. J. Appl. Phycol. 14 :63 – 69.

淡水河流域洪水风险评估
的三角洲状况

Shang – Shu Shih[1]   Gwo – Wen Hwang[2]   Jin – Hao Yang[2]

（1. 中国台湾国际水教育学会；2. 台湾大学土木工程系）

摘要：本论文的研究目的在于评估淡水河中 Jian – Chi – Chei 汇合处洪水控制和河流中泥沙的沉积情况。通过使用准二维模型 NETSTARS 来研究泥沙的输移规律。结果表明没有洪水的风险。如果河流中引起三角洲形成的泥沙被清除的话，洪水的水位就会减少 9 cm。从历史上所拍摄的航空照片上来看，这个区域中泥沙沉积是一个长期的问题，因为渠道很宽而流速却很慢，这就使得移除泥沙变得很艰难，从而导致了这个问题。

关键词：数字仿真　泥沙　三角洲形成

1　简介

本论文的主要目的就是计算是否在淡水河中 Jian – Chi – Chei 汇合处由于三角洲的形成而导致洪水风险的提高。三角洲的形成也许会增加洪水的风险，而三角洲地带还为水鸟提供了栖息地。因此，如果没有导致三角洲形成的洪水，那么三角洲地带应该受到保护。无论是历史上的航空照片还是数字模型仿真都是完整的。准二维模型 NETSTARS 用来研究洪水风险和泥沙输移的特征。所研究的位置如图 1 所示。

2　航空照片分析

图 2 ~ 图 6 显示了过去的 Jian – Chi – Chei 交汇处，它们分别是从 2005 年、2003 年、2002 年、1997 年和 1992 年的航空照片中重新整理得到的。

汇合处形成的三角洲分布在 5 个地带，这 5 个三角洲系列的示意图如图 7 所示。

表 1 显示了在不同时期所形成的三角洲岛的面积，图 8 代表了 5 个三角洲岛在不同年份的总面积变化值。

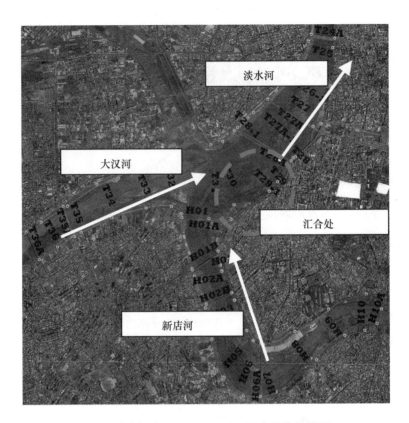

图 1　淡水河中 Jian – Chi – Chei 汇合处的位置图

图 2　2005 年 Jian – Chi – Che 交汇处航片

图 3　2003 年 Jian – Chi – Che 交汇处航片

 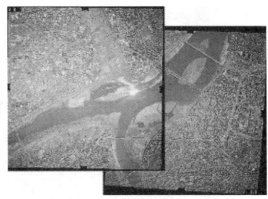

图4　2002 年 Jian – Chi – Che 交汇处的航片　　　　图5　1997 年 Jian – Chi – Che 交汇处航片

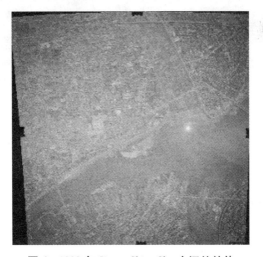

图6　1992 年 Jian – Chi – Che 交汇处航片

表1　在不同时期每个三角洲岛的面积

三角洲岛	面积(m²)				
	1992 年	1997 年	2002 年	2004 年	2005 年
1	*	53 831	36 565	58 412	21 812
2	*	198 677	174 044	228 213	165 279
3	*	842 524	200 498	1 123 902	342 281
4	539 218		443 112		437 449
5	*	138 019	89 527	278 465	119 678
总计	539 218	1 233 053	943 748	1 688 993	1 086 500
*备注	高潮	低潮	高潮	低潮	高潮

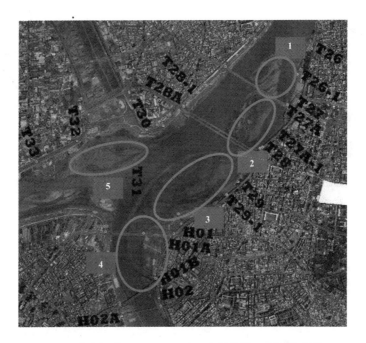

图 7　淡水河中 Jian – Chi – Chei 交汇处的三角洲分布图

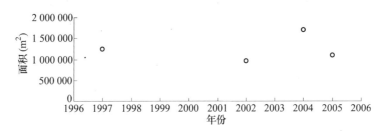

图 8　不同年份 Jian – Chi – Chei 交汇处三角洲岛总面积的年代变化

　　从图 8 中可以看出最大的面积出现在 2004 年,而最小的面积出现在 2002 年。台风在 2004 年的夏天给台湾带来了毁灭性的灾难,在 Jian – Chi – Chei 交汇处出现了大量的泥沙。那就是为什么 2004 年三角洲岛的面积最大。同时,从 1992 年的航空照片上看不到 1 号、2 号、3 号和 5 号三角洲岛,因为当时的高潮汐浸没了大部分的三角洲岛。

　　尽管在不同年份的水位是不同的,但是三角洲岛的面积并没有很大的不同。而且 Jian – Chi – Chei 交汇处的三角洲岛可以通过 1947 年的航空照片来研究,如图 9 所示。我们因此可以得出结论,交汇处的三角洲岛已经存在了至少 60 年。这个区域的泥沙也是一个长期以来一直存在的问题,它可能是由于较宽的河道有较低的流速,从而使泥沙输移能力较小导致的结果。

图 9　1947 年 Jian – Chi – Chei 交汇处的航空照片(Shih 等, 2006)

3　数字模型仿真

3.1　数字模型的介绍

　　这个模型的水力学模拟部分同 NETSTARS 模型相类似,NETSTARS 模型可以在网络上模拟运河的流动和沉积行为,是一个并不匹配的泥沙输移模型,主要由两部分组成:水力模拟和泥沙模拟。在泥沙输移中,悬浮泥沙和河床泥沙是分开的。这里设计了一个计算程序,使得在运河网络中,分离操作方法可以被使用。对于这个模型的主要描述如下所示,详细信息请参考 Lee 等(1996)。

　　控制方程:在非稳定的流动计算中通常使用圣维南方程式。它包括连续方程和一维动力方程:

$$\frac{\partial A}{\partial t} + \frac{\partial Q}{\partial x} = q \tag{1}$$

$$\frac{\partial Q}{\partial t} + \frac{\partial}{\partial x}\left(\alpha \frac{Q^2}{A}\right) + gA\frac{\partial y}{\partial x} + gAs_f - V_l q = 0 \tag{2}$$

式中:A 为运河的面积;Q 为流量;t 为时间;x 为流动方向的坐标轴;q 为单位长度的横向流入/流出量;α 为动力修正因子;g 为重力加速度;y 为水表面的上升;

$S_f = Q|Q|/K^2$ 为摩擦系数;$K = \dfrac{1}{n}AR^{2/3}$ 为运河的运输;n 为人类因素的系数;R 为水力的有效航行范围;V_l 为横向流入/流出的纵向速度。

通过使用 Preissmann 四点无穷积分,可以把方程(1)和(2)变成不同的方程式。

3.2　结果和讨论

表 2 中描述了进行和不进行三角洲清理泥沙时出现的 6 种情况。

表 2　Jian – Chi – Chei 交汇处 6 种泥沙清除的情形

状况标示	清除描述	相关的交叉地区	挖掘量(m³)
第一种情况	没有清除,当前情况	*	0
第二种情况	清除 1 号三角洲	T26 – 1、T27、T27A	3 416 585
第三种情况	清除 2 号三角洲	T +27A – 1、T28、T28 – 1、T28A	3 718 431
第四种情况	清除 3 号和 4 号三角洲	T29、T29 – 1、T30、T31	5 110 795
第五种情况	清除 5 号三角洲	T32、T33	1 718 405
第六种情况	清除 2 号三角洲,极端情况	T26 – 1 – T33	13 964 216

在水力仿真的稳定状态下,上游和下游的边界条件包括 200 年洪水的重复排放和河口水表面的升高在内,都被台湾水资源管理处(1996 年)所进行的研究中引证过。同时,上游和下游泥沙输移仿真的边界条件分别如图 10 ~ 图 12 所示(Lee 和 Shih,2004)。

水力仿真结果如表 3 所示。

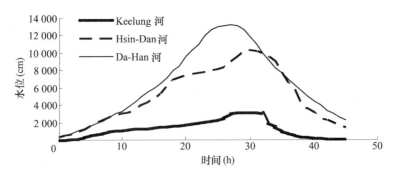

图 10　200 年的淡水河洪水水位曲线

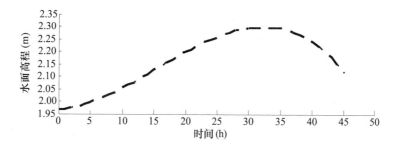

图 11　在 200 年的洪水事件中河口水表面升高的变化曲线

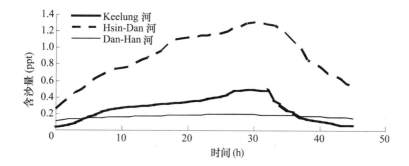

图 12　淡水河上游的泥沙来源于 Keelung 河、Hsin – Dan 河与
Dan – Han 河的变化曲线

表 3　淡水河 200 年回流期洪水仿真

断面编号	水表面上升量（m）					
	Case0	Case1	Case2	Case3	Case4	Case5
T026 – 1	7.16	7.16	7.16	7.16	7.16	7.16
T027	7.20	7.20	7.20	7.20	7.20	7.20
T27A	7.25	7.23	7.25	7.25	7.25	7.23
T27A – 1	7.31	7.27	7.29	7.31	7.31	7.26
T028	7.34	7.30	7.32	7.34	7.34	7.28
T028 – 1	7.35	7.31	7.32	7.35	7.35	7.28
T28A	7.37	7.33	7.33	7.37	7.37	7.29
T029	7.39	7.35	7.35	7.40	7.39	7.32
T029 – 1	7.43	7.39	7.39	7.43	7.43	7.35
T030	7.50	7.46	7.46	7.49	7.50	7.42
T031	7.54	7.51	7.50	7.53	7.54	7.45
T032	7.54	7.50	7.50	7.53	7.54	7.45
T033	7.70	7.67	7.66	7.69	7.70	7.62

当前状况的水表面上升量大约是 7.5 m，比沿河的沟渠上升量(10 m)小得多。因此，可以得出结论，当前的状态是没有危险的。另外，同当前状况比起来，极限状况下水表面上升的最大减少量仅有 9 cm。换句话说，从洪水的危险事项考虑，对三角洲到的清除并不是很恰当。相反，建议减少岛的升高和挖掘潮汐河的泥沙，从而为水鸟提供更好的栖息地。

泥沙输移仿真：图 13 和图 14 给出了泥沙输移仿真的结果，分别用 Yang's 规则表示整体泥沙输移过程，用 Mayer－Peter 和 Muller's 规则表示河床泥沙输移过程。

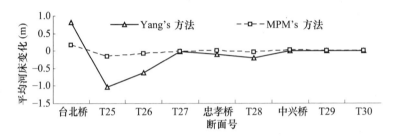

图 13　200 年洪水水位回流期后河床的平均变化

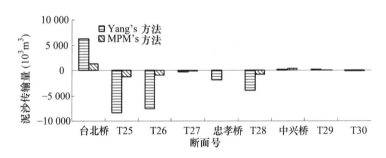

图 14　200 年洪水水位回流期后泥沙输移能力的变化

结果表明，用 Yang's 方法来表征河床变化比 MPM's 方法更重要。由于这个区域属于河流的下游，在洪水期悬浮物的集中程度相对较高。在这个区域，用 MPM 规则计算的河床泥沙输移结果比用 Yang's 规则计算的整体泥沙输移结果更合理。换句话说，河床变化和泥沙输移能力变化结果表明淡水河是河床的稳定斜坡。

4　结论

本研究尽力去评估形成三角洲的洪水的危险性。仿真的结果表明当前的洪水保护能力是安全的。即使挖掘掉所有的三角洲，水平面的升高量仅减少了 9

cm,这是洪水需求所带来的非常小的益处。从收集和分析的航空照片上看,我们可以发现 Jian – Chi – Chei 交汇处三角洲的形成是一个长期的问题。更重要的是生态栖息地的保护。这里推荐减少三角洲岛的升高量和挖掘潮汐河流,从而为水鸟的休息和生存提供更好的栖息地。

参 考 文 献

[1] Lee, H. Y. and S. S. Shih, 2004, Impacts of vegetation changes on the hydraulic and sediment transport characteristics in Guandu mangrove wetland, Ecological Engineering, 23 (2):85 – 94.

[2] Lee, H. Y. , W. S. Yu and S. J. Wang, 1996, Hydraulic, water quality and sediment transport characteristics of estuarine river (I), Hydrotec Research Institute of Taiwan University.

[3] Lee, S. Y. , 1998, Investigations of tidal characteristics and simulation of an estuarine channel network, PhD thesis of Department of Civil Engineering, Taiwan University.

[4] Meyer – Peter, E. and R. Muller, 1948, Formulas for Bedload Transport, IAHR, 2nd Meeting, Stockholm.

[5] Shih, S. S. , C. P. Chen, T. J. Hu, M. F. Ya, H. W. Wang, G. W. Hwang and J. H. Yang, 2006, Evaluating Habitat Quality and Flood Impact of Jian – Chi – Chei Confluence in Tanshui River System, Taiwan International Institute for Water Education (TIIWE).

[6] Water Resources Agency, 1996, Construction of Tanshui River model and assessment of Taipei flood protection ability project.

[7] Yang, C. T. , 1984, Unit Stream Power Equation For Gravel, Journal of the Hydraulics Engineering, ASCE, 110(12):1679 – 1704.

黄河三角洲自然保护区对淡水资源的有效利用

——以湿地恢复工程为例

单　凯　　吕卷章

（山东黄河三角洲国家级自然保护区管理局）

摘要: 黄河三角洲自然保护区以河口新生湿地生态系统为主要生态类型,具有年轻性、脆弱性、不稳定性等生态特点,在自然条件和人为因素的双重影响下,部分区域生态环境恶化,生态退化。在对黄河三角洲湿地生态系统分析的基础上,分析了生态退化原因,从生态演替的角度论述了淡水因子对湿地生态系统的影响,以湿地恢复工程为例,阐述了对淡水资源有效利用的途径,并对保护区实施湿地恢复的目的、原理、方法、工程设计及效果评估进行了说明。

关键词: 黄河三角洲　生态退化　生态演替　淡水因子　湿地恢复

山东黄河三角洲国家级自然保护区(以下简称保护区)位于山东省东营市黄河入海口处,是以保护河口湿地生态系统和珍稀、濒危鸟类资源为主体的湿地类型保护区。黄河三角洲是黄河挟带大量泥沙填充渤海凹陷形成的冲积平原,保护区位于黄河三角洲现行黄河入海口两侧,地理坐标为东经 118°33′~119°20′,北纬 37°35′~38°12′,总面积 15.3 万 hm^2。由于黄河每年挟带大量泥沙在黄河入海口处沉积成陆,从而使保护区面积逐年增大,是世界上土地自然增长最快的保护区。

1　生态特点

1.1　生态背景

黄河在黄河三角洲自然保护区内入海,海河相汇,泥沙沉积,形成了黄河入海口新生的湿地生态系统。黄河三角洲自然保护区作为一个新生的湿地生态系统,其生态系统具有以下典型特征:①年轻性。由于黄河三角洲成陆年幼,植物资源处于产生、发展的最初阶段,生态系统表现出年轻性的典型特征。②脆弱性。新生湿地作为陆地生态系统向海洋生态系统的过渡生态带,受海河动力的双重影响,黄河断流、风暴潮、海平面上升、干旱及人为干扰都会对未发育成熟的新生湿地生态系统构成威胁。③不稳定性。由于生态系统的发育时期短,各生态系统发育不成熟,其发生、发展、演替受外界生态因子和环境因子的影响大,常处于不稳定状态。

由于黄河三角洲新生湿地生态系统具有的这些典型特征,在自然条件尤其是淡水因子和人为因素的双重作用下,部分区域生态逆序演替,导致生态环境恶化,生态质量下降。

1.2 生态演替

作为新生的河口湿地生态系统,保护区湿地生态系统具有明显的陆地生态向海洋生态过渡的特点,并兼具两者的生态特点。依植被外貌和景观特征,保护区生态系统可划分为三种大的系统类型,各态系统类型按成陆年幼排序,其演替序列见图1:

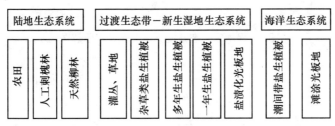

图1 保护区亚生态系统组成结构

2 淡水因子的重要性

黄河三角洲生态系统演替的主要原因是地下水埋深、矿化度和土壤的盐化程度,所有能影响地下水位和土壤含盐量的因素都能直接或间接地影响生态系统演替方向。地表基质是生态系统发育的载体,基底不稳定就不可能保证生态系统的演替与发展,咸、淡水的比例决定了土壤的盐渍化程度和地表基质的状况,影响着植被的生长、发育状况,影响生态景观格局的变化。综观保护区近几年生态类型的变化,主要由黄河提供的淡水因素成为影响保护区生态系统变化的直接因素,淡水因子是生态系统变化最重要的生态因子,其影响过程如图2所示。

一切影响土壤基质变化的因素最终导致生态系统结构、功能的变化,并反映在生态系统类型的变化上。影响土壤基质变化的因素是生态变化的驱动因素,而咸、淡水比例发生变化是保护区湿地生态系统类型变化的最直接动力。土壤基质改变过程见图3。

1976~1992年,黄河挟带大量泥沙沉积形成新生陆地550 km²,年均造陆32.4 km²,年均向海延伸2.2 km。黄河三角洲新生湿地是多泥沙的黄河淤积和海岸蚀退所形成,新生湿地生态系统的形成、发育总是伴随着土壤的脱盐过程而

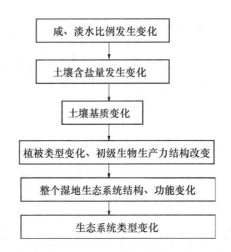

图2 保护区生态系统类型变化过程示意图

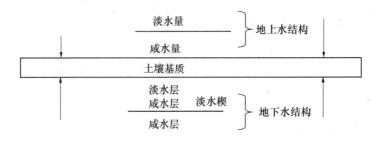

图3 保护区土壤基质变化过程示意图

进行。咸、淡水比例的变化都将导致保护区土壤基质变化,并最终影响到保护区生态系统过程的一系列变化。咸水的输水动力主要来源于渤海近海潮汐,淡水的输水动力主要来源于黄河,黄河输水能力的年度变化导致了保护区生态类型的变化,保护区对生态系统结构的保护和调整主要取决于对黄河淡水资源的有效利用。黄河断流的时间长短,黄河流量的多少,黄河注入渤海淡水、泥沙含量的多少直接影响河口湿地的生态质量和发展趋势。

3 对淡水因子的有效利用——湿地恢复工程

3.1 生态退化原因

生态恢复是针对生态退化而提出的。在保护区三种大的态系统类型中(参见图1),陆地生态系统由于成陆时间较长,土壤发育成熟,生态系统保持相对稳定。海洋生态系统受海洋动力的周期性潮汐影响,整体保持稳定,受黄河输水输沙能力的年度变化,在河口区域有年度沉沙造陆和蚀退的变化。作为过渡生态带的新生湿地生态系统,由于成陆年幼,生态系统发育不成熟,同时受海洋动力和黄河输水输沙能力的双重影响,此生态系统脆弱,对生态因子的变化极为敏感,表现出黄河三角洲新生湿地生态系统典型的年轻性、脆弱性、不稳定性等生态特点。

1996年黄河改现行流路入海,黄河南岸的大汶流管理站内,由于失去淡水供应,在海水入侵和淡水资源缺乏的双重作用下,咸、淡水的比例改变。此区域内的人为活动,尤其是道路的修建阻断了淡水的输入和咸、淡水的交换过程,导致咸水的比例升高,土壤的盐渍化程度加剧。在此生态背景下,此区域的新生湿地生态系统向盐渍化光板地和一年生盐生植被方向逆序演替。利用GPS航迹,以2007年GoogleEarth为底图对GPS航迹进行加载,制作的新生湿地生态系统景观格局图参图4。

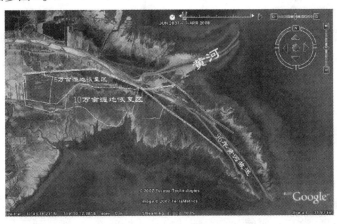

图4　保护区大汶流管理站新生湿地生态系统景观格局参照图

3.2　生态恢复的目的

恢复生态学是研究生态系统退化原因、退化生态系统恢复和重建的技术与方法、生态学过程与机理的科学。各种生态系统退化的原因不同,生态恢复的目的也不同。保护区的生态恢复是在对黄河三角洲生态演替规律分析的基础上,寻找影响生态系统退化的关键因子,利用人为的积极的干扰措施,为生态演替创造良好的外界环境,利用生态系统的自我调节、自我恢复机制,促进生态系统向着生物多样性方向演替。

为了实现这个目的,需要通过以下措施达到:

(1)实现生态系统地表基底的稳定性。

(2)改变咸、淡水的比例。恢复湿地良好的水状况,尤其是淡水的输入。

(3)恢复植被,提高初级生物生产量。

(4)为生态正向演替创造良好的外界环境。

(5)恢复健康的湿地景观。

(6)为生物多样性保护提供良好的生态环境。

3.3　生态恢复的原理与方法

湿地恢复是一项艰巨的生态工程,需要全面了解受扰前湿地的环境状况、特征生物以及生态系统功能和发育特征,以更好地完成湿地的恢复和重建过程。保护区退化的区域主要是作为过渡生态带的新生湿地生态系统(参见图1),其退化的原因是缺乏淡水资源,土壤盐渍化加剧,导致此区域景观格局变化。

保护区生态恢复是在对黄河三角洲原湿地生态系统分析的基础上,利用生态演替理论,分析影响湿地退化的关键因子,利用自我设计与人为设计理论(Self – Design versus Design Theory)和工程措施,为原生态系统的正逆演替创造外界环境,利用生态系统内部的自我调节、自我恢复机制,保证生态向生物多样性方向演替。其工程设计是通过引蓄淡水,恢复地表径流循环,增加湿地淡水,引变咸、淡水比例达到改良土壤基质的目的,为生态系统的正逆演替提供外在条件。

因此,保护区生态恢复的关键是对有限淡水资源的有效利用,总概而言,其目标为:

(1)利用引蓄淡水,改变地表径流;

(2)通过补充地下水,压低淡水楔层;

(3)最终达到改变土壤基质的目标,为生态系统的正逆演替提供外在条件。

3.4　生态恢复工程设计

为了恢复,没有必要使一个系统转换到原始状态,要恢复到百分百的原始状态是很困难的,而且几乎是不可能的。在实施生态恢复工程以前,必须考虑好生态恢复实施的目标。保护区的主体是湿地生态系统的保护和珍稀、濒危鸟类资源的保护,在鸟类资源中水禽是重点保护的主体。因此,生态恢复工程的设计必须满足两个要求:

(1)恢复湿地生态,创造水禽适宜的生境;

(2)水禽能得到有效保护。

恢复湿地生态,改良退化湿地是以提供充足的淡水资源为条件的。为此,必须采取必要的工程措施,筑堤蓄水,引淡压碱,改良土壤,降低土壤含盐量。2002年,保护区开始实施了5万亩湿地恢复,这一年正值首次黄河调水调沙实验,在黄河水量充沛的季节通过修筑堤坝的方式储蓄淡水。2006年,在5万亩湿地恢复取得成功经验的基础上,完成了10万亩湿地恢复的工程建设(参见图5)。

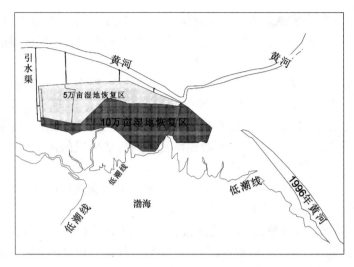

图 5　湿地恢复工程示意图

淡水的水量、湿地恢复区的水深、覆水时间会对土壤基质含盐量产生影响，并最终影响植被的分布。在湿地恢复区，引蓄了大量淡水，湿地退化时的生态演替方向由向盐渍化光板地、一年生盐生植被演替转为向多年生盐生植被演替（参见图 6），主要表现为形成了大面积的芦苇沼泽生境。

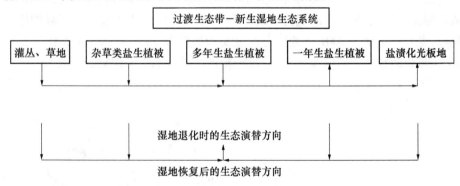

图 6　湿地恢复实施过程生态演替方向示意图

在湿地恢复实施过程中，长期的水淹伴随着土壤的脱盐过程，土壤的含盐量由高到低。在此过程中，由于芦苇的广适盐性和耐水性，成为适应此生态环境的优势群落。在长期覆水或保持此生态环境不变的情况下，芦苇沼泽生境可能是湿地恢复区群落演替的最终优势群落。单一的生境结构类型对以鸟类资源保护为主的生物多样性资源保护不利，生境的多样性是鸟类多样性的前提。为了有效保护鸟类资源，为水禽提供良好的栖息生境，水禽生境结构的调整也必须在湿地恢复工程实施中考虑。为了修正湿地恢复实施导致的单一生境对水禽保护的不利影响,在湿地恢复的实施中应用边缘效应理论和中度干扰假说理论为指导,在生境的空间结构上进行了必要调整。方法是:

(1)利用原地貌、地形,形成不同水深的水域。利用 GPS 航迹属性,利用 mapsource 软件以 50 m 为间距对 229 个位点的高程进行分析,得出湿地恢复区内的地形变化(图 7),由于湿地恢复区内高程的自然变化,在有水覆盖时,因高程的差异形式不同的水面,同时原湿地恢复区内自然形成的沟壑也形成了自然的水域。

(2)人工制造多度生态空间。在工程实施中人为制造的中间隔坝、沟渠、堆砌的土方等工程措施形成了多样的生境交错带。

(3)保持景观的完整性,避免景观破碎化。湿地景观破碎化和湿地景观异质性变化会降低水禽的生境质量,在湿地恢复工程设计中,除必要的隔坝外,尽量减少景观格局的分隔以保持景观的完整性。

3.5 效果评估——以丹顶鹤保护效果以例

保护区湿地生态恢复的主要目标是获得生态效益。生态效益的评估以生态质量的提高和鸟类资源保护的成效为参照。丹顶鹤作为湿地质量变化的指示物种,对生态质量的变化极为敏感,以其为指标,能直观地反映近几年湿地生态恢复的成效。1998 年至 2006 年不同时期(南迁期、越冬期和北迁期)丹顶鹤种群数量监测数据制定的变化趋势曲线说明(参见图 8),丹顶鹤数量呈明显的增长趋势,尤其在 1998 ~ 2001 湿地生态恢复实施以前和 2002 ~ 2006 生态恢复实施以后,丹顶鹤种群数量有显著变化,进一步证实了湿地生态恢复的成效。

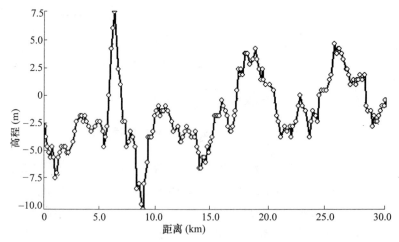

图 7　湿地恢复区高程变化图

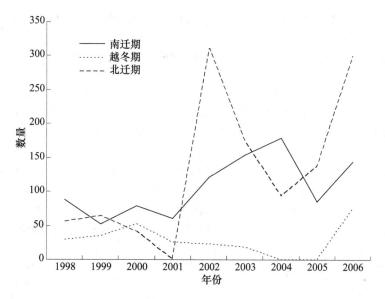

图8　丹顶鹤不同时期年度数据监测曲线

4　讨论

实施生态恢复必须根据生态退化的原因开展。湿地退化具有不同的原因,湿地恢复与重建应采取不同的针对性措施。保护区湿地退化的原因是缺乏淡水供应,在咸淡水比例改变的情况下,土壤盐渍化程度加剧导致生态退化。针对此原因,生态恢复的重点是解决淡水供应的问题,合理利用淡水资源。

生态恢复的实施要以生态学原理为指导。恢复生态学在一定意义上是一门生态工程学,或是一门在生态系统水平上的生物技术学。生态恢复的实施虽然以工程措施为保障,但其工程设计要以生态学基本原理为指导,实现湿地生态的综合效益。

生态恢复的实施要明确其恢复的目标和方向。湿地是经济—社会—生态综合体,当实施生态恢复时,新的生态环境会改变原有的生态演替方向,对新条件下生态演替的方向要有科学的预测,以便生态演替向着预定的目标和方向发展。

参 考 文 献

[1]　赵延茂,宋朝枢.黄河三角洲自然保护区科学考察集.北京:中国林业出版社,1995,13 – 57.

[2]　陈为峰,周维芝,史衍玺.黄河三角洲湿地面临的问题及其保护.农业环境科学学报,2003,22(4):499 – 502.

[3] 穆从如,杨林生,王景华,等.黄河三角洲湿地生态系统的形成及其保护.应用生态学报,2000,11(1):123 – 126.

[4] Liu Gaohuan, H. J. Drost. Atlas of the Yellow River delta. Beijing:The Publishing House of Surveying and Mapping,1996:75 – 76.

[5] 郗金标,宋玉民,邢尚军,等.黄河三角洲生态系统特征与演替规律.东北林业大学学报,2002,30(6): 111 – 114.

[6] 章家恩,徐琪.恢复生态学研究的一些基本问题探讨.应用生态学报, 1999,10(1):109 – 113.

[7] 曹文洪.黄河三角洲演变及其反馈影响的研究.泥沙研究,1997(4):1 ~ 6 Journal of Sediment Reasearch.

[8] 崔保山,刘兴土.湿地恢复研究综述.地球科学进展,1999(14):358 – 364.

[9] 赵可夫,冯立田,张圣强,等.黄河三角洲不同生态芦苇对盐度适应生理的研究.生态学报, 2000(5),795 – 799.

[10] 刘玉红,杨青,等.湿地景观变化对水禽生境影响研究进展.湿地科学,2003 (1):116 – 121.

[11] 罗新正,朱坦,孙广友.松嫩平原大安古河道湿地的恢复与重建.生态学报,2003(23):244 – 250.

[12] 陈昌笃.持续发展与生态学.北京:中国科学技术出版社,1993.

黄河河口区湿地修复规划决策中的景观生态学方法研究

黄　翀[1]　刘高焕[1]　王新功[2]　连　煜[2]　王瑞玲[2]

（1. 中国科学院地理科学与资源研究所；2. 黄河流域水资源保护局）

摘要：近年来，景观生态学方法在自然保护与恢复生态学研究中受到广泛重视。本文在中荷合作项目——黄河河口区生态环境需水量研究的框架下，应用景观生态学方法对黄河三角洲湿地修复进行了探讨。研究表明，景观生态学方法有助于从景观尺度上确立湿地恢复目标及其空间定位、模拟湿地生境演化以及评估湿地修复的生态后果。通过对不同水量配置预案的景观生态效应模拟、对比和分析，可以为黄河河口区生态需水规划决策提供有力支持。

关键词：景观生态学　黄河三角洲　湿地　修复　决策

1　引言

河口湿地不但是人类活动频繁密集的区域，而且是自然生态过程的密集地区，在调节气候、保护生物多样性、维持生态系统平衡等方面起着关键作用。黄河是世界上泥沙含量最高的大河，自 1855 年黄河由苏北北归重新注入渤海以来，在黄河径流泥沙和海洋动力的共同作用下，黄河尾闾在三角洲扇面上周期性频繁摆动和淤积造陆，形成了面积广阔的河口新生湿地。近年来，由于黄河流域地区经济的发展，工农业及生活用水需求快速增加，使进入黄河下游水量锐减。同时，由于全球气候变化的影响，下游河道频繁出现断流，使黄河三角洲湿地生态系统需水无法得到满足，直接导致了河口淡水湿地生态环境破坏、面积逐渐萎缩，甚至面临消失的危险。

为了减缓黄河下游断流和相应的生态破坏，黄河流域管理机构从 1999 年以来对全河的水量实行统一的调度和管理，以使利津以下恢复过流，这在一定程度上减轻断流的危险和河口地区用水不足。但是，这些与河口生态系统发展所需要的水资源最优配置仍然有一定的距离。开展生态需水量研究，包括合理的栖息地需水量、修复破坏的湿地生态系统和维持河口生态基本稳定需水量，并使其得到保证，已经成为新时期维持黄河生命功能一个重要内容，这也是黄河流域管理机构和当地政府关心和亟待解决的重要问题。

黄河河口区生态环境需水量(Yellow River Delta Environmental Flow Study, YRD – EFS)研究是由中国水利部黄河流域水资源保护局与荷兰水管理、公共事务和运输部共同资助完成的国际合作项目,旨在建立一套综合性、生态意义完备并且满足黄河水资源管理要求的区域环境水需求规划,用以指导黄河河口湿地生态系统修复及生物多样性保护。本文探讨了景观生态学方法在黄河河口区湿地修复规划决策中的应用。

2　研究区概况

黄河三角洲(图1)位于黄河入海口处,北临渤海,东临莱州湾,地处东经118°33′~119°20′、北纬37°35′~38°12′,是中国三大河口三角洲之一。黄河三角洲地区属于暖温带半湿润大陆性季风气候,年降水量550~600 mm,多集中在夏季,年平均蒸散量750~2 400 mm。在本地区,直接降水不足以形成和维系湿地的正常功能,黄河汛期洪水漫滩是黄河三角洲地区湿地发育演化的一个主要控制因素。由于历史上黄河尾闾多次决口漫流,在黄河三角洲地区形成了丰富的湿地资源,既有近海及海岸湿地、河流湿地、沼泽和沼泽化草甸湿地,又有以稻田、水库、坑塘等为主的人工湿地。为了保护这个全世界增长最快、中国暖温带最完整、最广阔的新生湿地生态系统,1992年10月经国务院批准建立了黄河三角洲国家级自然保护区,包括北部的一千二和南部的黄河口、大汶流三个部分。黄河三角洲自然保护区是我国面积最大的以保护黄河口新生湿地生态系统和珍稀品种鸟类为主体的湿地类型保护区。作为东北亚内陆和环西太平洋鸟类迁徙的重要中转站、越冬栖息地和繁殖地,黄河三角洲是《拉姆萨尔国际湿地公约》缔约国要求注册的国际重要湿地,是世界范围内河口湿地生态系统中极具代表性的范例之一。

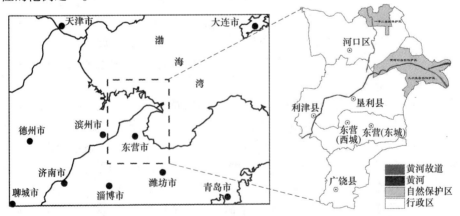

图1　黄河三角洲地理位置图

3 方法

景观生态学是近年来国际上迅速发展起来的一门新兴的交叉学科,是当前资源、环境、生态研究的一个热点。景观生态学是研究景观单元的组成、空间配置及其与生态学过程相互作用的综合性学科,强调空间格局、生态学过程与尺度之间的相互作用(邬建国,2000)。近年来,景观生态学的观点在自然保护与恢复生态学研究中受到广泛重视(Harms, 1993;Apeldoo, 1998;Laura, 2001;肖笃宁, 2003)。从景观生态学的观点看,传统的以物种为中心的自然保护途径缺乏考虑多重尺度上生物多样性的格局和过程及其相互关系,因而是片面的、不可行的。近年来的研究认为,物种的保护必然要同时考虑它们所生存的生态系统和景观的多样性和完整性(关文彬等,2003)。对于退化的生态系统或景观,除了需要保护外,还必须要修复其结构,恢复其功能(Mary, 2000;Charles, 2006)。国内学者对湿地保护与修复的理论研究较多(崔保山, 1999),但是,将景观生态学方法应用于湿地修复的实例研究尚不多见。肖笃宁等(2001)在将景观生态学方法应用于辽河三角洲滨海湿地开发与保护方面做了有益的尝试。

在本研究中,基于景观生态学的黄河三角洲湿地修复水需求规划决策框架包括三个组成部分(图2):政策层面、措施层面和评估层面。政策主要由决策者完成,包括公众参与、专家协商等。措施层面和评估层面主要是由科研人员及技术专家完成,主要用于模拟湿地水文动态过程及对不同水量配置下的湿地修复预案进行景观生态评价。

3.1 政策层面——湿地修复需水预案

景观尺度的决策是一个包含多目标、大数据集以及许多未知和不确定的过程。作为规划与决策的一种工具,预案研究能够帮助参与生态修复的管理人员识别决策目标,寻找问题解决途径,并评价不同政策行动的后果。在决策层面,首先,对黄河三角洲湿地景观生态现状及未来演化的可能趋势进行分析,在此基础上进行湿地修复预案的初步设计,制定修复目标并确定其空间定位;然后,这些预案再反馈到措施层面执行,并在评估层面对它们进行综合评价。

3.2 措施层面——水文过程模拟

水是湿地的生命线。湿地水文条件对湿地形成和发展、物种生存与繁衍以及湿地景观与功能的维系起着重要的作用。与土壤、地貌等演化较慢的自然环境要素相比,高度动态性是湿地水文条件的重要特征。一方面,洪水期地表水通过渗漏补给地下水,将营养物质和盐分输送到地下水排泄区,更新并维持地下水平衡。另一方面,在枯水期,地下水也可以向上补给地表水,保持土壤湿度,提供湿地植物生长所需水分,维持湿地生态系统的相对稳定性。水文过程在很大程度上决定了湿地景观结构和功能。措施层面从机理上对湿地水文过程进行模

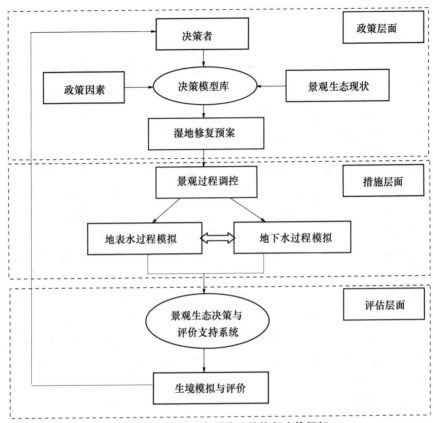

图2　基于景观生态学的湿地修复决策框架

拟,把握湿地地表水及地下水时空动态联系,为评估层面的湿地景观演化模拟及生境评价提供条件。

3.3　评估层面——景观生态评价

由于景观生态学的兴起和广泛应用,人们可以从景观层次上来对湿地生态系统进行评价。这种评价,除了要考虑湿地生态系统的自然要素指标外,还可以充分考虑人类对湿地生态系统的作用,如土地利用、工程干扰、湿地改良等,因而更具有实际指导意义。

在评估层面,本研究以景观生态决策评价支持系统(LEDESS)作为工具,对不同水量预案下的湿地修复景观生态效果进行模拟与评价。LEDESS 模型是荷兰 Alterra Green World Research 开发的一个基于 GIS 的专家系统。LEDESS 模型建模的景观生态学原理可以简单表达为:区域景观的植被过程取决于自然生态单元等立地(Site)无机自然条件以及相应的管理方式;自然生态单元与植被或地表覆被类型不同的组合和匹配方式决定着生境结构(Ecotopes),据此可确定其生境的适宜性(李晓文, 2001; M. van Eupen, 2002)。评估层面通过对不同水量预案可能得到的生境结构及生境适宜性进行评价,将其结果反馈到政策层面,通过对多个预案的排序分析,以支持湿地生态需水规划决策。

4 应用

自20世纪90年代以来,由于气候变化及人类活动的影响,黄河入海水量急剧减少,断流现象频繁发生。1995年,地处河口段的利津水文站,断流历时长达122天;1996年利津水文站先后断流7次,历时达132天(程进豪,1998)。入海水量的减少使汛期洪水对黄河三角洲湿地的淹水范围和时间明显减少。由于缺乏足够的淡水资源补给,黄河三角洲湿地土壤水盐失衡,植被逆向演替过程明显,天然湿生植被覆盖率降低,作为鸟类重要栖息地的芦苇沼泽和翅碱蓬滩涂大量消失,野生动物适宜栖息地遭到破坏,原有的湿地生态功能逐渐减弱或消失。加强黄河三角洲湿地生态修复研究已经迫在眉睫。

本研究通过向退化湿地引入一定量的黄河水进行淡水补给以代替洪水干扰作用作为修复黄河三角洲退化湿地、维持湿地生态系统健康的主要手段。通过向退化湿地引入一定量的黄河水,直接改变湿地水分条件和盐分条件,进而改善湿地的植被结构,提高鸟类栖息地生境质量,以达到湿地生态修复的目的。这里,"修复"意指通过人为措施调节,使一个受干扰的或全部改变了的状态恢复到先前存在的或改变的状态。本研究认为,在20世纪90年代初黄河三角洲自然保护区建立时,黄河入海水量尚能满足河口湿地生态系统健康发展。因此,确立的修复目标是将目前退化的黄河三角洲自然保护区芦苇湿地面积恢复到建区时的20 000多hm²(赵延茂,1995),重要保护鸟类的适宜栖息地面积和质量得到较大增加和改善。图3是根据黄河三角洲2005年9月SPOT5影像解译的自然保护区植被图。根据保护区目前的湿地植被类型和格局,参考湿地恢复目标,确定了湿地修复示范区空间范围(图4)。

鉴于黄河水资源日益严峻的形势,湿地修复需水不可能无限得到满足,必须要以黄河流域水资源管理综合规划为指导。本研究通过计算不同季节湿地植被尤其是芦苇的生理需水,设计了三种湿地修复生态需水预案,分别是预案A:枯水量2.78亿m³/a,预案B:平水量3.49亿m³/a,预案C:丰水量4.17亿m³/a。在修复区面积一定的条件下,不同水量配置预案产生的湿地淹没情况及地下水变化情况也是不同的。湿地的地表水淹没过程及地下水变化过程分别利用SOBEK水力学模型和MODFLOW地下水模型进行模拟。将模拟得到的地表水及地下水数据输入到LEDESS模型中,以当前植被结构为初始状态,综合考虑地表水、地下水及土壤盐分条件,建立基于水盐动态过程的植被演替专家模型,以模拟不同引水预案下的黄河三角洲湿地生境演变。图5(a)、(b)、(c)则是根据预案A、预案B、预案C模拟得到的自然保护区5年后可能的生境结构。图6为不同引水预案对黄河三角洲自然保护区湿地进行修复后的植被面积比较。

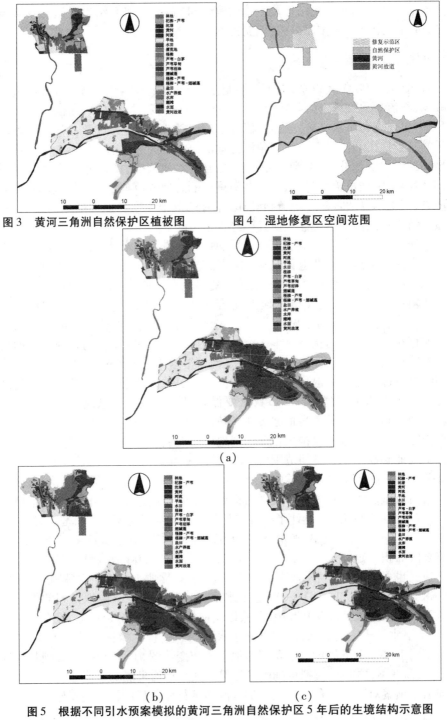

图3　黄河三角洲自然保护区植被图　　图4　湿地修复区空间范围

（a）

（b）　　　　　　　　　　　　　　（c）

图5　根据不同引水预案模拟的黄河三角洲自然保护区5年后的生境结构示意图

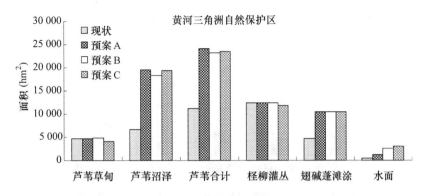

图6　三种引水预案对黄河三角洲自然保护区湿地修复比较

　　从图5和图6可以看出,三种引水预案都能够有效地提高芦苇湿地尤其是芦苇沼泽的面积,这对于以芦苇沼泽湿地为主要栖息地的鸟类如丹顶鹤等的生境保护和恢复具有显著作用。在三种预案措施下,芦苇沼泽面积从原有的6 600 hm^{2}增加到19 000 hm^2,广泛分布于引水补给区低洼处(图5);而芦苇草甸和柽柳灌丛的面积则变化不大,但是空间分布或景观格局则有很大不同。原有的芦苇草甸由于淡水补给大多演化为芦苇沼泽,而新生成的芦苇草甸则分布在补给区内地势较高部位及补给区周边(图5)。在潮上带及部分潮间带,由于淡水资源的补给,咸淡水混合的环境更有利于翅碱蓬的生长,在三种引水预案作用下,翅碱蓬滩涂面积也都有很大幅度的增加,从4 700 hm^2 增较到修复后的10 500 hm^2。因此,尽管芦苇湿地的增加是以牺牲部分裸滩涂为代价,但是,由于芦苇湿地淡水对滩涂的补给使翅碱蓬滩涂面积大大增加,因而并不会对以滩涂尤其是翅碱蓬滩涂为主要栖息地的珍稀鸟类如黑嘴鸥的生境造成太大影响。

　　就整个自然保护区而言,三种引水预案修复的各主要植被类型面积差别不大。但是,具体到自然保护区北部和东部,这种差别还是比较明显的。图7和图8分别为三种引水预案对北部一千二自然保护区和东部的黄河口及大汶流保护区植被结构的影响。

　　在北部一千二自然保护区,由于1976年黄河改道清水沟,刁口河停水近30年,原刁口流路形成的芦苇沼泽湿地基本上消退殆尽(图3),而芦苇草甸面积约为2 000 hm^2。从图7可以看出,在预案A和预案B情况下,芦苇草甸面积减少了约400 hm^2,同时,芦苇沼泽面积增加了约1 500 hm^2;而预案C情况下,尽管芦苇草甸面积减小了约900 hm^2,但是,预案C增加的芦苇沼泽面积则达到3 000 hm^2。因此,从对北部一千二保护区芦苇湿地的修复上看,预案C优于预案A和预案B。

　　在东部黄河口及大汶流保护区,三种预案增加的芦苇草甸面积接近,而芦苇沼泽湿地面积并没有随着引水量的增大而增加,甚至有减小趋势(图8)。其中,

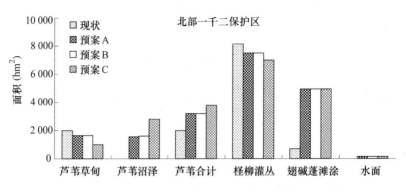

图7 三种引水预案对北部一千二保护区湿地修复比较

预案 A、预案 B 和预案 C 形成的芦苇沼泽面积分别为 18 000 hm²、16 800 hm²、16 500 hm²。与此同时,随着引水量的增加,形成的水面面积则越来越大,分别为 1 000 hm²、2 400 hm²、2 900 hm²。这也告诉我们,对芦苇湿地的修复并非引水量越大越好。引水量越大,湿地水深越大,当超过一定的阈值后会对芦苇生长形成抑制。这时,加大引水量只能增加水面面积,而芦苇面积则相应减小。不过,从景观生态学的角度,新增加的水面同样也是一种重要生境。就本研究实例来说,预案 B 和预案 C 增加的这种大面积的水面生境要远比由此造成的部分芦苇沼泽湿地损失更有意义。因为一方面芦苇沼泽核心区的水面可以在旱季作为湿地的水源和鸟类的饮水源,同时,水面还为大天鹅、小天鹅、疣鼻天鹅等许多游禽提供了理想栖息地。因此,对于东部自然保护区来说,预案 B 和预案 C 景观生态价值要优于预案 A。而从预案 B 到预案 C,尽管水量增加了 0.68 亿 m³/a,但是水面面积只增加了约 500 hm²。因此,预案 B 的生态经济效益要优于预案 C。

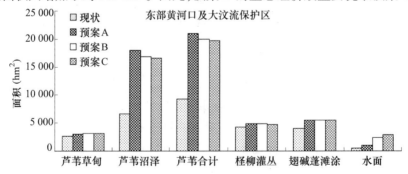

图8 三种引水预案对东部黄河口及大汶流保护区湿地修复比较

5 结论与讨论

景观生态学经过百余年的发展,形成了一套较为完备的理论基础,通过在生态学过程及景观空间格局等大范围多尺度上的研究,有力地推动了自然保护与生态系统修复研究的理论和实践。本文探讨了景观生态学方法在黄河河口区湿地修复规划决策中的应用。通过对不同引水预案的景观生态效果模拟表明,三种引水预案都能够有效地提高芦苇沼泽湿地的面积,这对于丹顶鹤等以芦苇湿地为主要栖息地的鸟类的生境保护和恢复具有显著作用。同时,由于芦苇湿地淡水对滩涂的补给,翅碱蓬滩涂生境也有大幅度的增加。对于北部一千二自然保护区芦苇湿地的恢复,预案 C 要优于预案 A 和预案 B,而对于东部黄河口及大汶流自然保护区,尽管预案 B 和预案 C 恢复的芦苇湿地面积略小于预案 A,但是预案 B 和预案 C 还能大面积地增加水面生境,因而,其景观生态效果优于预案 A。考虑到黄河水资源短缺的现状,预案 B 的生态经济效益要优于预案 C。

本研究表明,景观生态学方法对解决复杂的区域生态管理方面的问题是一个非常有效的途径。景观生态学方法应用于湿地生态修复决策研究时,一方面,可以根据历史和现实景观格局来建立恢复目标,并为恢复地点的选择提供空间依据;另一方面,还可以通过景观预案方法对不同修复措施下景观格局演化进行模拟,对恢复后的景观生态效果进行综合评价,为制定合理科学的湿地修复生态需水规划决策提供有力的支持。但是我们必须也要注意到,由于景观尺度上的生态与环境问题包含了许多不确定性因素,在应用景观尺度的决策时,很难得到确定性的答案,其研究侧重对未来各种可能性的探索并寻求实现的途径,而不是用于对未来的精确预测。同时,景观生态模拟和评价是一个基于专家知识的推理过程,知识库的科学性决定了景观生态评价及管理决策的正确性。如何同特定区域的实际情况相结合,并构建理论更为完备的景观生态评价方法是景观生态学方法应用于区域管理与决策的关键。

参 考 文 献

[1] Apeldoo rn R C, Jan P Knaapen, Peter Schippers, et al. Applying ecological knowledge in landscape planning: a simulation model as a tool to evaluate scenarios for the badger in the Netherlands. Landscape and Urban Planning, 1998, (41): 57 – 69.

[2] Charles Simenstad, Denise Reed, Mark Ford. When is restoration not? Incorporating landscape – scale processes to restore self – sustaining ecosystems in coastal wetland restoration. Ecological Engineering, 2006 (26): 27 – 39.

[3] Harms W B, Knaapen J P, Rademakers J G M. Landscape planning for nature restoration:

comparing regional scenarios. In: Vos, C & P. Opdam. Landscape ecology and management of a landscape under stress. IALE – studies 1. Chapman & Hall, London, 1993.

[4] Laura R. Musacchio, Robert N. Coulson. Landscape ecological planning process for wetland, waterfowl, and farmland conservation. Landscape and Planning, 2001(56): 125 – 147.

[5] M. van Eupen, et al. Landscape Ecological Decision & Evaluation Support System (LEDESS) Users Guide. Alterra – Report 447, Alterra, Green World Research, Wageningen, 2002.

[6] Mary E. Kentula. Perspectives on setting success criteria for wetland restoration. Ecological Engineering, 2000 (15): 199 – 209.

[7] 程进豪,王维美,王华,等. 黄河断流问题分析. 水利学报, 1998(5): 75 – 79.

[8] 崔保山,刘兴土. 湿地恢复研究综述. 地球科学进展, 1999, 14(4): 358 – 364.

[9] 关文彬,等. 景观生态恢复与重建是区域生态安全格局构建的关键途径. 生态学报, 2003(1): 64 – 73.

[10] 李晓文,肖笃宁,胡远满. 辽河三角洲滨海湿地景观规划预案设计及其实施措施的确定. 生态学报, 2001,21(3): 353 – 364.

[11] 邬建国. 景观生态学——格局, 过程, 尺度和等级. 北京: 高等教育出版社, 2000.

[12] 肖笃宁,胡远满,李秀珍. 环渤海三角洲湿地的景观生态学研究. 北京: 科学出版社, 2001.

[13] 肖笃宁,王根绪,王让会. 中国干旱区景观生态学研究进展. 乌鲁木齐: 新疆人民出版社, 2003.

[14] 赵延茂, 宋朝枢. 黄河三角洲自然保护区科学考察集. 北京: 中国林业出版社, 1995.

黄河三角洲湿地变化影响因素分析

史红玲　王延贵　刘　成

（国际泥沙研究培训中心）

摘要：黄河三角洲是世界上面积自然增长最快的新生湿地系统,黄河三角洲湿地因其独特的地位和作用而备受世界关注。本文详细介绍了黄河三角洲湿地分类、分布等基本状况及生态特点,总结了新构造运动、黄河水沙变化、自然灾害和人为开发等对黄河三角洲湿地变化的影响,并就相关问题提出了合理的保护措施。

关键词：湿地　黄河三角洲　影响因素　湿地保护

1　概述

湿地是地球上水陆相互作用形成的独特生态系统,是重要的生存环境和自然界最富生物多样性的生态景观之一。在抵御洪水、调节径流、改善气候、控制污染、美化环境和维护区域生态平衡等方面有其他系统所不能替代的作用,被誉为"地球之肾"、"生命的摇篮"、"文明的发源地"和"物种的基因库"。因而,在世界自然保护大纲中,湿地与森林、海洋一起并列为全球三大生态系统。

黄河三角洲资源丰富,有来自黄河的大量淡水资源,广袤的土地资源,丰富的石油、天然气及盐卤等矿产资源,还有适宜的水产鱼类、虾、蟹、贝类等海洋资源,是一个极具发展潜力的地区。同时,黄河三角洲是世界上面积自然增长最快的新生湿地系统,也是我国暖温带最年轻、最广阔、保存最完整和面积最大的湿地。湿地功能的发挥和保护与三角洲各种自然资源的开发及利用息息相关。

2　黄河三角洲湿地状况

2.1　黄河三角洲湿地类型

黄河三角洲湿地按不同的分类标准、分类方法和面积在不同年份、不同文献中有不同的统计数字,综合起来黄河三角洲湿地有三种划分统计方法。

（1）不论形成动力是自然还是人为,按湿地水位划分为潮上带湿地、潮间带湿地和潮下带湿地。统计如下：黄河三角洲湿地总面积为 4 500 km^2,其中 2000 km^2 为潮上带湿地,1 000 km^2 为潮间带湿地,而 1 500 km^2 为潮下带湿地。三种

湿地特征如下:

潮上带湿地:该区地面高程 3 ~ 5 m,地下水位 -1 ~ -5 m,矿化度约为 1 g/L,地面坡降为 1/8 000 ~ 1/10 000,有全年或季节性的水塘,积水 0.2 ~ 1.0 m 深。该区的水主要来自降雨和黄河,植被主要为水生和盐生植物。

潮间带湿地:该区地面高程 0 ~ 3 m,地下水位 -1 ~ 0 m,区域宽约 10 km,周期性地被海水淹没,土壤严重盐渍化,只能生长盐生植被。

潮下带湿地:该海洋带床底高程为 0 ~ -6 m,潮水位的变动和复杂的地形容纳了许多种类的鱼、虾、贝类和藻类。

(2)首先按形成动力划分为天然湿地和人工湿地,然后按积水持续时间的长短,将黄河三角洲湿地划分为常年积水、季节性积水及潮间带湿地,见表1。

表1　黄河三角洲湿地类型与面积

一级分类	二级分类	三级分类	面积(km^2)
天然湿地	常年积水	河流	100.33
		古河道及河口湖	49.07
		潮间带河口水域	84.25
	季节性积水或过湿	潮上带重盐碱化湿地	228.93
		芦苇沼泽	243.82
		其他沼泽	176.02
		疏林湿地	77.34
		灌丛	153.28
		草甸	161.11
	潮间带	潮间带滩涂	1 019.14
人工湿地	常年积水	水渠	267.9
		水库	144.1
		坑塘	188.46
		虾、蟹池	212.28
		盐场	191.03
	季节性积水或过湿	水田	37.21

注:不包含潮下带湿地类型。

(3)按湿地地理位置和形成特点,划分为滨海湿地、河口湿地、河流湿地、沼泽湿地、草甸湿地、灌丛疏林湿地等天然湿地,以及水库、稻田等人工湿地。具体见表2。

表 2 黄河三角洲湿地类型及面积

湿地类型		亚型	面积(km²)
自然湿地	滨海湿地	潮下带湿地	1 500.00
		潮间带滩涂湿地	1 220.61
		潮上带重盐碱化湿地	294.20
	河口湿地	潮间带河口湿地	147.05
		潮下带河口湿地	
	河流湿地	河道湿地	233.92
		古河道及河口湖湿地	332.78
	沼泽湿地	芦苇沼泽 + 香蒲沼泽	236.00
	草甸湿地	獐茅 – 芦苇草甸	382.47
		茅草草甸	146.74
	灌丛疏林	柽柳湿地	81.26
		柳林湿地	6.75
人工湿地	水库与水工建筑	水库	164.26
		坑塘	63.82
		渠道	787.01
	水稻田	稳定稻田	97.00
		不稳定稻田	20.00
	盐田		169.36
	虾池		353.28

由表1及表2可知,黄河三角洲湿地主要以滨海湿地、河流及河漫滩湿地等天然湿地为主。

2.2 黄河三角洲湿地分布

在黄河三角洲东部和北部等沿海地区,尤其在南起小岛河河口、北起马颊河河口的东部地区,滨海滩涂湿地、黄河现道与故道的河口湿地、黄河现道河漫滩湿地等分布集中连片,面积广阔;随着向内陆深入的中西部地区,由于距海远、地势高、人类开发等原因,除了少部分河道、低洼地外,主要为坑塘、水库、水稻田等人工湿地,分布零星分散,面积逐渐减少,见航拍图1及表3。

2.3 黄河三角洲湿地变化

进入20世纪80年代以来,总湿地面积和滩涂湿地总面积仍处在不断扩大之中,而芦苇湿地面积不断缩小;人工水库、坑塘等人工湿地的面积也在不断增加,而水田面积由增加转为递减,见表4。人类开发活动、黄河断流及水资源短缺等原因造成了这种现象的发生。

I. 自然湿地

I₁. 潮下带湿地

I₂. 潮间带湿地

II. 河口湿地

III. 河流湿地

IV. 沼泽湿地

V. 草甸湿地

VI. 人工湿地

VII. 农用地

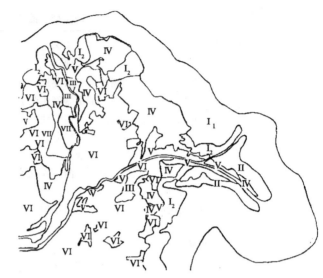

图1 黄河三角洲湿地分布(1996年汛前,岸线据卫星图像判读)

表3 黄河三角洲5县2区各类湿地面积统计 (单位:km²)

县(区)	水域	沟渠	苇地	盐田	虾池	滩涂
无棣县	47.8	123.44		129.48	84	209.27
沾化县	112.28	132.73	1.42	8.95	88.5	100.34
河口区	73.54	100.15	116.34		72.8	430.49
利津县	33.46	71.58	17.77			129.74
垦利县	73.6	142.01	79.12		52.84	326.58
东营区	106.88	156.5	18.96	8.33	55.29	110.55
广饶县	14.46	60.6	2.94	22.6		21.78
合计	462.02	787.01	236	163.36	353.28	1 328.75

表4 不同年份黄河三角洲部分湿地类型面积

年份	湿地类型面积(hm²)					
	水田	苇田	滩涂	盐场	水库	坑塘
1981	4 763.6	69 223.9	80 000.4	335.2	1 954.1	3 000
1990	25 409	32 721	86 068	2 627.5	12 831.6	14 410
1998	19 103	24 382	101 914	3 721	14 410	18 846

2.4 黄河三角洲湿地对生态多样性的作用

根据东营市环境保护科学研究所1996~1998年对黄河三角洲环境质量、生物多样性等进行的全面、系统的调查与监测结果,黄河三角洲近海海域共鉴定出浮游植物116种,浮游动物79种,底栖动物共222种,潮间带动物共192种,鱼类112种;淡水生物物种鉴定出浮游植物291种,浮游动物144种,底栖动物69

种,鱼类102种。黄河三角洲湿地面积广阔,浅海、滩涂湿地动植物和内陆湿地植物、昆虫类、鱼类、两栖类、鸟类物种多样性均较丰富,为鸟类的繁衍生息、迁徙越冬提供了优良的栖息环境,成为东北亚内陆和环西太平洋鸟类迁徙的重要中转站、越冬栖息地和繁殖地。1992年经国务院批准成立国家级自然保护区——黄河三角洲自然保护区,是以保护新生湿地生态系统和珍稀、濒危鸟类为主体的自然资源保护区,总面积153 000 hm²,其中,河流、积水洼地、滩等水域占65.1%,草地占15.0%,林地占11.8%,耕地占7.2%。

3 黄河三角洲湿地的影响因素

黄河三角洲的湿地是在新构造运动、黄河泥沙沉积、当地的降雨和径流及潮流作用下发展起来的。近几年水利工程量增多,人为作用影响加大,人工建造的湿地数量日益增加。

3.1 黄河口区新构造运动的影响

渤海海滨大部分地区覆盖黄河泥沙,海拔低于3~5 m。在新构造运动中,渤海湾以沉降为主,海湾平均深为18 m。海平面上升将直接淹没大片沿海湿地,引发更多的风暴潮和洪涝灾害,湿地生态环境进一步恶化。

由于黄河三角洲海岸主要是粉沙壤淤泥质海岸,在沉积结构和地貌动态上很不稳定,发育与否完全依赖泥沙来源大小。一旦泥沙来源减少,这种海岸湿地就容易被侵蚀。利用卫星影像对海岸后退量和面积进行的计量表明,除了黄河入海河口地区继续淤积以外,三角洲其他岸段20年来都出现不同程度的侵蚀后退。在三角洲的北缘,黄河钓口故道河口地区侵蚀后退率最快,以此为中心,向两侧逐渐减弱。过去黄河来水来沙量大,总体淤进大于蚀退。随着黄河断流和黄河来沙量逐年减少,加之海平面上升的影响,海岸蚀退将不断加快,甚至出现净蚀退的状态。

3.2 黄河口来水量减少的影响

黄河三角洲地区当地水资源较贫乏,其中降雨产生的地表径流量为4.485亿m³,区内90%以上地区地下水为咸水、微咸水和盐卤,能作为农业和生活用水的浅层及深层地下水仅有5 847.2万m³,且主要分布于小清河以南地区。黄河长达188 km的河段流经三角洲地区,提供了丰富的客水资源,由于自然和人为的影响,半个世纪以来黄河三角洲水量有减少的趋势。据1952~2005年利津站观测资料,黄河进入三角洲地区的多年平均来水量为313亿m³,20世纪70年代、80年代、90年代及进入21世纪以来,年平均水量分别为311亿m³、286亿m³、141亿m³和123亿m³。

黄河是黄河三角洲的主要客水资源,是湿地生态系统的缔造者和维护者。

黄河来水量的减少直接影响到湿地生态系统淡水水源的补给,打破了三角洲湿地土壤中水盐的平衡,使土壤含盐量上升,植物群落发生逆向演替,地表植物群落向耐盐生方向发展,植被覆盖率降低,导致河口原生湿地生态系统的退化,危及各种依赖于黄河水源的人工湿地。同时黄河来水量减少过多也导致河流自净能力降低,加剧了湿地生态系统和河口海域的污染程度,加大赤潮发生几率。

3.3 黄河口来沙量减少的影响

黄河含沙量高,挟带入海沙量大。但随着黄河入海水量的减少,进入黄河口的沙量也在急剧减少。同样据 1952~2005 年利津站观测资料统计,黄河进入三角洲地区的多年平均沙量为 7.78 亿 t,20 世纪 70 年代、80 年代、90 年代及进入 21 世纪以来,年平均沙量分别为 10.9 亿 t、9.0 亿 t、6.4 亿 t 和 3.9 亿 t。在黄河挟带的泥沙中,约有 50% 沉积在入海口,20% 沉积于河道内和三角洲面上,约 30% 被海流卷至 -15 m 以深的远岸海域。

黄河三角洲近海沿岸是一泥沙淤进造陆与海岸侵蚀后退的此长彼消的关系。据统计,1855 年以来,黄河三角洲新生陆地面积约 2 500 km^2,年平均造陆 22.5 km^2,1855~1954 年、1954~1976 年、1976~1992 年以及 1992 以后,年平均造陆分别为 23.6 km^2、24.9 km^2、14.7 km^2 和 8.6 km^2,随着黄河口泥沙补给量的大幅度减少,河口延伸与造陆速率均大幅度减少,一些海岸出现了严重的蚀退现象,并直接影响三角洲新生湿地面积的消长。若黄河泥沙入海量持续减少,加之海平面的上升和地面沉降,三角洲海岸的蚀退率将会加快,使新形成湿地速度减少,并有可能会成为滨海新生湿地面积蚀退最快的区域。

3.4 风暴潮及洪水灾害对湿地的影响

由于黄河尾闾流路多变,三角洲地势较低,生态环境脆弱,极易受到灾害的袭击,造成巨大的生命财产损失。黄河口地区的风暴潮主要为春秋季强劲的东北风和夏季台风造成渤海湾和莱州湾的涌潮与高潮在当地相遇。据当地统计,公元前 48~1949 年,莱州湾的风暴潮灾害就达 96 次,其中特大灾害 21 次。另外,由于河口地区地势平坦,黄海高程 3 m 以上的风暴潮侵入陆地可达数十公里。风暴潮灾害,往往使湿地的生物,尤其是植被受到影响,进而使动物、鸟类的生存地受到严重影响。风暴的发生对湿地的生成不利。

黄河河口的水灾害在历史上以洪灾为最重。据当地历史记载,1843~1949 年,历史记录最大的为 1846 年发生在三门峡的流量 36 000 m^3/s 的洪水,12 d 内洪水量达 120 亿 m^3 左右;1933 年发生过流量 22 000 m^3/s 的洪水,而艾山以下河道的过洪能力仅为 10 000 m^3/s,因而受灾严重。据统计,该段时间,仅黄河东营段大堤决口就达 70 次之多,其中漫堤达 52 次,冲决 22 次。洪水灾害也使湿地受到损害,生物被迫迁移。洪灾过后的一段时间里,也难以很快恢复。

3.5 人类活动对湿地的影响

黄河三角洲上的农业活动在不同程度上破坏了湿地生态环境,造成了生物多样性的降低。如湿地开垦、农业生产结构安排不合理、围滩造田、乱捕滥挖、过度放牧等。近年来为了扩大石油产量,方便开采,油田建设区随着黄河尾闾的淤积造陆而不断向河口湿地转移,不但直接侵占大量的湿地,也破坏了一些珍稀鸟类潜在的后备湿地生境。另外随着农业和油田开发,交通道路也快速发展,这也在一定程度上造成湿地生态系统的破碎化和岛屿化,破坏了湿地环境。目前对黄河三角洲湿地的污染主要有石油污染、工业"三废"污染、农业非点源污染、生活垃圾污染等。石油工业污染历来是本地区湿地污染的主要方面。随着黄河三角洲经济的迅速发展,工业污水和生活污水排放量日益增加,黄河三角洲地区的水质污染有加重的趋势。其中小清河和广利河综合污染超过国家 V 类标准。

4 黄河三角洲湿地保护

黄河三角洲湿地的保护应针对上述黄河三角洲湿地面临的主要问题进行。

4.1 合理利用黄河水沙资源

黄河是形成和维持黄河三角洲原生湿地生态系统的主导因素,并是其主要供水源。黄河下游进入三角洲水沙量的减少势必造成该地区湿地资源的退化。湿地与泥沙淤积关系密切。据测算,黄河三角洲当口门外 5 km 内平均水深为 3 m,年来沙量为 5 亿 ~ 6 亿 t 时,每年将新增湿地 $10 \sim 20 \ km^2$。黄河水资源科学、合理的分配对维持黄河入海沙量具有重要意义。首先在制度上,应加强对黄河水源区的保护,修订好黄河水各级分配和调水方案,统筹兼顾上、中、下游地区用水;其次,尽量建立节水型城市和大力发展节水型农业,消灭大水漫灌的现象;再次,要调整好产业结构,对于开展耗水量大的工农业项目要慎重,避免工农业发展与湿地过度争水,还水于湿地,使湿地生态系统处于良性可持续发展之中。1999 年后,黄河经过全流域合理调控已完全实现了不断流。

4.2 有效控制自然灾害

对于黄河多泥沙造成河口流路的频繁改道,致使河口湿地演绎变化复杂化的问题,要采取措施,稳定黄河流路,在更长时间内使黄河尾闾控制在一定范围内。清水沟是黄河口现行入海流路,至今已运行近 30 年,基本保持稳定。对于洪水和风暴潮灾害,人们常用构筑堤坝的方法来阻止。近年来建筑的导流堤使得淡水湿地向海突进了 30 km。加之近几年的水利工程,又以引水引沙为主,淤临淤背工程逐年增多,使得临河大堤内外均有大片的坑塘和草甸。河口地区人工建造的湿地面积增长较快,形成了黄河口地区湿地演进的一个特色。人工湿地可以调解河口地区生物的分布,有利于当地经济发展和生态环境的保护。

4.3　湿地开发与湿地保护协调进行,减小人为活动对湿地的影响

湿地是减缓这些灾害的重要生态系统,过分强调湿地资源开发可能会使当地的水文气候发生变化,珍稀野生动植物减少,原有的湿地栖息地丧失,最终给子孙后代留下的只有生态灾难。

湿地开发是为了满足当代人社会经济发展的需求,湿地保护是为子孙后代留下的生态环境资产。过度的资源开发与资源保护是矛盾的,可持续的开发与保护才没有矛盾。湿地开发应因"湿地"而宜,同时保证做到及时调整、替换和再造湿地,以维持区域湿地总量的平衡或增加。实践证明,建立保护区是目前最好的湿地保护方法。工、农业开发的同时,应增设自然保护区或扩大自然保护区面积的建设。作为侵占破坏本地区湿地的大户,油田建设要采取措施将建设用地压缩到最低限度,并保证每年油田占地不得大于三角洲湿地自然增长速度,同时制止在自然保护区内进行采油活动。

参 考 文 献

[1]　UNDP 支持黄河三角洲可持续发展总报告[R]. 东营,1997.
[2]　刘振乾,吕宪国,刘红玉.黄河三角洲和辽河三角洲湿地资源的比较研究[J].资源科学,2000,22(3).
[3]　赵延茂,宋朝枢.黄河三角洲自然保护区科学考察集[C].北京:中国林业出版社,1997.
[4]　崔保山,刘兴土.黄河三角洲湿地生态特征变化及可持续性管理对策[J].地理科学,2001,21(3).
[5]　邢尚军,张建锋.黄河三角洲湿地的生态功能及生态修复[J].山东林业科技,2005(2):69-70.
[6]　穆从如,胡远满,林恒章,等.黄河三角洲湿地生态系统的形成及其保护[J].应用生态学报,2002,11(1):123-126.
[7]　陈为峰,周维芝,史衍玺.黄河三角洲湿地面临的问题及其保护[J].农业环境科学学报,2003,22(4):499-502.
[8]　贾文泽,田家怡,潘怀剑.黄河三角洲生物多样性保护与可持续利用的研究[J].环境科学研究,2002,15(4).
[9]　丁东,李日辉.黄河口地区湿地的研究和保护[J].海岸工程,2001,20(3)
[10]　毛汉英,赵千钧,高群.生态环境约束下的黄河三角洲资源开发的思路与模式[J].自然资源学报,2003,18(4).
[11]　胡春宏,等.黄河水沙过程变异及河道的复杂响应[C].北京:科学出版社,2005:271-276.
[12]　王学金,郅兴桥,万鹏,等.黄河三角洲湿地利用与影响因素分析[J].人民黄河,2004,26(10).

黄河三角洲地区 NDVI 与 Albedo 时空分布特征研究*

李发鹏[1]　徐宗学[1]　李景玉[2,3]

（1.北京师范大学水科学研究院，水沙科学教育部重点实验室；
2.国土资源部土地利用重点实验室；3.中国土地勘测规划院总工办）

摘要：地表特征参数是数值气候模型和地表能量平衡方程中的重要参数，也是研究地表物质、能量平衡的基础，因此应用遥感方法反演区域地表特征参数日益受到重视。本文利用经过验证的 MODIS 科学组提供的 NDVI 和 Albedo 产品，分析了黄河三角洲地区的 NDVI 和 Albedo 的时空分布规律，揭示了其季节性变化特征。本文为 MODIS 数据在黄河三角洲地区的应用提供了案例，以便为进一步揭示黄河三角洲地区的物质、能量流动提供支持，最终为维持黄河三角洲健康、为维持黄河的健康提供依据和保障。

关键词：NDVI　地表反照率　黄河三角洲

下垫面物理性质在时空分布上的差异对地表能量、动量和质量的分布产生着极大的影响。描述下垫面的地表特征参数有植被指数、宽波段反照率和地表温度等，这些地表特征参数是数值气候模型和地表能量平衡方程中的重要参数。因此，准确估算这些地表特征参数具有十分重要的现实意义。

植被指数，特别是得到广泛应用的归一化植被指数 NDVI（Normalized Difference Vegetation Index），表征地表植被的数量和活力，反映了地表植被覆盖密度及土壤湿度等特征。目前应用较多的是 NOAA/AVHRR 的 NDVI 产品，而MODIS 针对 AVHRR NDVI 的不足作了较大的改进。MODIS NDVI 计算使用通道为分辨率 250 m 的第一通道红光波段（$0.620 \sim 0.670\mu m$）和第二通道近红外波段（$0.841 \sim 0.876\mu m$）。由于 MODIS 第一和第二波段光谱较窄，避开了近红外波段的水汽吸收带，而对稀疏植被区更加敏感。

地表反照率 Albedo 是指地表对入射太阳辐射的反射通量与入射太阳辐射通量的比值，主要受下垫面物理状况、入射辐射的光谱分布、太阳天顶角以及太阳光光谱等因素的影响，具有时空分异性，因而利用遥感资料求取区域地表反照

* **基金项目**：北京师范大学"京师学者"特聘教授启动经费。

率的方法日益受到重视。王开存等利用 MODIS 地表双向反射率分布函数参数产品(MOD43B1),计算了我国晴空地表反照率,并利用改侧地基气象站观测资料,对比验证了卫星反演得到的反照率。验证结果表明,卫星观测可以较好地监测反照率随时间的变化;MODIS 反照率与地基观测相符较好,平均离差为0.049。王开存等在青藏高原的验证实验和 Jin 等在美国的验证实验都表明,对 1 km 分辨率的反照率 MODIS 反演得到的地表反照率的精度介于 ±0.02 之间。

本文利用 MODIS 数据的 NDVI 和 Albedo 产品,探讨了其在研究区域内的时空分布规律,并初步检验了 MODIS 数据在该区的适用性,对黄河三角洲地区的地表特征进行了初步研究,以期在整体上把握该区的地表特征,为把握黄河三角洲地区的质量、动量流动特性,从而最终为维持黄河三角洲地区乃至整个黄河的健康提供依据和科学支撑。

1 研究区域

黄河三角洲位于渤海湾和莱州湾的湾口,地处 118°07′ ~ 119°10′E,37°20′ ~ 38°10′N 之间,是由古代、近代和现代三个三角洲组成的联合体,是我国三大河口三角洲之一。该区地处中纬度,背陆面海,受欧亚大陆和太平洋的共同影响,属暖温带半湿润大陆性季风气候;四季分明,雨热同期;四季温差明显,年均温 11.7 ~ 12.6℃;年平均降水量为 530 ~ 630 mm,但 70% 集中在夏季。其自然资源丰富,是我国重要的石油和商品粮生产基地。

考虑到资料收集的实际情况和行政区的完整性以及研究工作的方便,本文对黄河三角洲的研究以整个东营市作为研究区范围,即 117°31′ ~ 119°18′E 和 36°55′ ~ 38°16′N 之间,行政上包括一市、二区、二县,研究区位置如图 1。

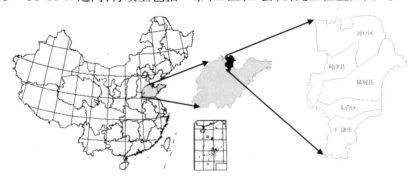

图 1 黄河三角洲地区位置图

黄河三角洲地区的土地利用类型主要有农田、林地、草地、湿地、水体、城镇建设用地和荒地等,其中农田、林地、草地、湿地占该区土地总面积的 80% 以上。研究区的主要作物有冬小麦、棉花、玉米、大豆、水稻等,主要种植制度有"冬小

麦 - 玉米"一年二熟,"冬小麦 - 大豆 - 春玉米(高粱、杂粮)"二年三熟,个别还有"小麦 - 水稻"一年一熟等形式,主要作物的种植年历如图2所示。

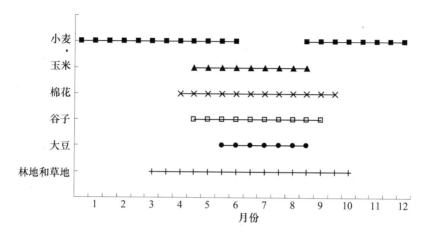

图2　黄河三角洲地区主要作物种植年历

2　资料选取

从卫星遥感资料确定地表反射率时消除大气效应是非常必要的,MODIS 第一次实现了真正意义上对卫星资料的大气订正。Liang 反演了包括 ASTER、AVHRR、ETM + 、TM、GOES、MODIS、MISR、POLDER 和 VEGETATION 等传感器在内的反照率,并将反演的结果与地表观测数据进行了对比验证。结果表明,大多数传感器反演的反照率标准误差大约为 0.2,完全能够满足地表参数反演的精度要求。又由于 MODIS 在反射波段的波段较多,在进行反照率从卫星窄波段到宽波段的转换时,精度相对较高。本文即采用 Liang 等的研究成果,将 MODIS 反照率从卫星窄波段转换到宽波段,公式如下:

$$\alpha = 0.160\alpha_1 + 0.291\alpha_2 + 0.243\alpha_3 + 0.116\alpha_4 + 0.112\alpha_5 + 0.081\alpha_7 - 0.0015$$

$$(1)$$

式中:α_1、α_2、α_3、α_4、α_5、α_7 分别为 $MODIS$ 第 1、2、3、4、5、7 通道的窄带反射率。

NDVI 在一定程度上消除了云等因素的影响,能较真实地反映植被指数的实际情况。MODIS 的 NDVI 产品计算公式如下:

$$NDVI = \frac{X_{nir} - X_{red}}{X_{nir} + X_{red}}$$

$$(2)$$

式中:X_{nir}、X_{red} 分别为近红外波段、红光波段的光谱反射率。

为了初步掌握黄河三角洲地区 NDVI 和 Albedo 的时间、空间分布规律,本文主要采用了 2001 年 1 km 空间分辨率的 MODIS 产品:MOD13A2 全球 1 km 分辨率

NDVI 16 天合成 L3 级产品,MOD43B3 全球 1 km 分辨率地表反照率 16 天合成 L3 级产品,资料的版本为 4.0。此次发布的资料为 MODIS 科学组推荐使用并经过验证了的资料,产品精度已经达到要求。由于 6 月份数据不全,本文暂不考虑 6 月份的情况。另外,本文还参考研究区的地形地貌、植被、土壤等统计数据,对遥感资料进行了一系列的数据订正、校准、空间插值和多时次合成等初步处理。

3 NDVI 变化特征

图 3 显示了 2001 年 11 个月份黄河三角洲地区的 NDVI 时空分布。研究区 NDVI 的变化范围为 0 ~ 1.00,各月的主要分布范围有所差别。

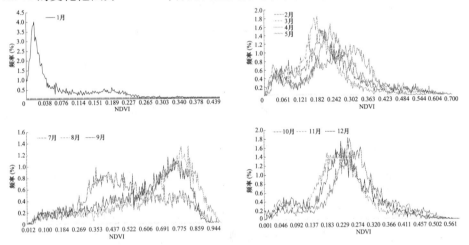

图 3   黄河三角洲地区月 NDVI 时间分布特征

1 月份万物凋零,大部分地区的 NDVI 为 0.00 ~ 0.48,平均 NDVI 仅为 0.08,大部分区域 NDVI 为 0.02 左右,反映了该区冬季土地裸露,植被覆盖较为稀疏(见图 2)。NDVI 较高值区域主要分布于研究区西部边缘以及南部广饶部分种植冬小麦农田的地区。另外,黄河三角洲自然保护区内冬季的 NDVI 也较高,反映了其较良好的植被覆盖程度。

随着作物生长及其他植被的复苏,2 ~ 5 月份的 NDVI 变化体现了较好的植被生长过程。2 月份 NDVI 的平均值为 0.65,随着作物生长,NDVI 逐渐增大,3 月和 4 月份达到 0.70 左右,随着作物和其他林草的生长,5 月 NDVI 达到 0.77。从其空间分布上也可以看出,由于种植冬小麦较多,研究区域南部的 NDVI 首先发生变化,随之是研究区域西部和中北部,这些地方受人类活动的影响较为显著,其 NDVI 的变化也反映了这一点。

7 ~ 9 月份的 NDVI 分布具有一定的相似性。7 月份研究区的 NDVI 为 0.01 ~

0.91,均值为 0.31,大部分地区的 NDVI 为 0.25 ~ 0.78,可占区域总面积的 85% 左右。7 月份 NDVI 分布范围较宽,反映了 7 月份小麦收割完毕,其他各种作物种植后正处于不同的生长期。NDVI 较大的区域位于西南部,而广饶南部的 NDVI 相较 5 月份有所降低,也证实了小麦收割的影响。8 月份的 NDVI 达到一年中的最大值,为 0.01 ~ 0.99,均值为 0.65。大部分地区的 NDVI 位于 0.8 左右,体现了较高的植被覆盖。这正说明 8 月份是研究区植物生长最茂盛的季节。在空间上,8 月份也是全年植被覆盖最好的季节,除北部和东部靠近海岸的裸露区域,全区植被覆盖都较好。9 月份 NDVI 较 8 月份有所降低,为 0.01 ~ 0.97,但植被覆盖仍然较高。表明 9 月份有些作物如大豆、玉米收割对 NDVI 的影响。9 月份全区植被覆盖较高,只有北部地区较 8 月份有所降低。

10 ~ 12 月份的 NDVI 分布具有较高的相似性。这三个月的 NDVI 相比于 7 ~ 9 月份有了明显的降低。10 月份 NDVI 为 0.01 ~ 0.88,均值为 0.38,大部分地区 NDVI 为 0.25 ~ 0.60,占研究区总面积的 82.10%。空间上,整个研究区 10 月份 NDVI 相较于 9 月份均有所降低。但是北部自然保护区内的 NDVI 降低不明显,这也反映了保护区内相对良好的植被覆盖。其他地区则有所降低,说明作物收割还在进行,并未完全收割完毕,影响了植被覆盖。11 月份 NDVI 为 0.01 ~ 0.85,均值为 0.30,大部分地区 NDVI 为 0.17 ~ 0.45,占研究区总面积的 78.87%。12 月份 NDVI 为 0.00 ~ 0.65,均值为 0.23,大部分地区 NDVI 为 0.04 ~ 0.40,占研究区总面积的 92.63%。11 月和 12 月的 NDVI 继续降低,植物枯萎严重,特别是在自然保护区内和沿海岸地带,NDVI 更低。其他地区相比于其他月份也较低。研究区域内南部和北部自然保护区内的植被覆盖较高,南部地区农业较为发达,冬小麦种植较为普遍,故其 NDVI 较高。北部的自然保护区则植被状况较好,反映在遥感影像上的 NDVI 也较高。

总体来看,研究区域北部和东部海岸带受海洋影响较大,分布有较多盐碱性较大的滩地,植被主要为盐碱性稀疏植被如柽柳等,植被覆盖全年均较差。而广饶市由于远离海岸,受黄河的洪涝灾害的影响也较小,因此其开发历史较长,早已被人类开垦为农田,具备较强的农业时令性季节变化,这在 NDVI 的变化中得到了验证。通过分析 NDVI 的季节性变化,也可发现研究区内的自然保护区的植被覆盖相对较好。

4　地表反照率 Albedo 变化特征

按照 Liang 等率定的转换公式(1),将 MODIS 窄带反照率转换为地表反照率。图 4 是各月地表反照率的频率分布图。为了更细致地分析研究区地表反照率的变化情况,以下对其时空分布进行详细的探讨。

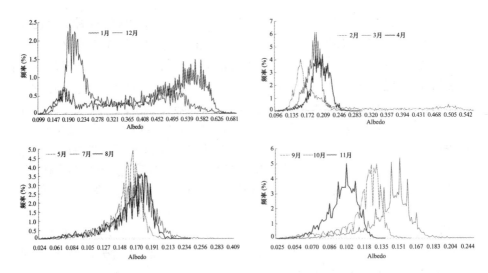

图4 黄河三角洲地区月 Albedo 时间分布特征

另外,根据有关资料,12 月份和 1 月份的地表反照率数值分布范围较宽(分别为 0.02~0.70 和 0.09~0.72),0.15~0.6 的分布频率都较高。两个月份的 Albedo 均呈现双峰型分布,12 月份的两个峰值为 0.16 和 0.48,1 月份的两个峰值为 0.18 和 0.56。双峰值的出现与冬季植被枯萎后出露大片裸地(见图 2)及降雪有关。这在 1 月份地表反照率的空间分布上也能得到验证。峰值大小在两个月内有所差别,12 月份大部分地区的 Albedo 在 0.16 附近,体现了裸地分布较广的特征。而 1 月份的 Albedo 在 0.56 附近的频率较高,体现了研究区域内冰雪主要发生在 1 月份的事实。在空间分布上,12 月份 Albedo 在中部地区广大裸土地上较高,而在靠近海岸地带由于受海洋影响,Albedo 相对较低。而广饶地区冬小麦分布区的植被覆盖较高,反映在 Albedo 上较低。1 月份的海岸带和水体附近的 Albedo 较低,体现了海洋对近岸地带的增温作用,而其他地区受冰雪的影响,其 Albedo 较高。

2~4 月份的 Albedo 相比与 12 月和 1 月份有降低的趋势,表明了植物生长对 Albedo 的影响。三个月的变化较有规律,分布范围趋于一致,但其各自的峰值却发生了较为明显的变化。2 月份 Albedo 峰值位于 0.16 附近,而 3 月和 4 月份的 Albedo 峰值分别为 0.17 和 0.19,体现了植物在这三个月内的缓慢生长以及地表水分变化的情况。在空间分布上,2 月份仅有广饶地区 Albedo 较高,反映了该区植被对水分的涵养,促成了土壤表层冰雪的生成,而其他裸露干旱地区的 Albedo 则较低。3、4 月份的 Albedo,特别是中部地区黄河两岸的 Albedo 较 2 月份有了较为明显的升高,体现了这个季节黄河来水量小,常发生春旱的特点,而南部广饶地区的 Albedo 有所降低,体现了作物生长的实际情况。

相比于 2 ~ 4 月份,5 ~ 8 月份的 Albedo 有了明显的降低,表明这三个月对植被生长的重要性。5 ~ 8 月份的 Albedo 变化具有相似性,分布范围都较窄(分别为 0.04 ~ 0.49,0.02 ~ 0.41 和 0.02 ~ 0.47),均是单峰型分布,峰值接近(分别为 0.19、0.18 和 0.18)。7、8 月份的 Albedo 有更大的降低趋势,表明植被生长更为茂盛。在空间分布上,这三个月也非常相似,在灌溉条件较好的黄河及其故道两岸和广饶地区,Albedo 较高。而在海岸滩地处和城镇分布区,虽然植被覆盖较低,但是含水量较高,其 Albedo 相对较低。

9 ~ 11 月份的 Albedo 变化体现出先降低又升高的趋势,三个月的 Albedo 均值分别为 0.15、0.14 和 0.15,峰值分别为 0.17、0.15 和 0.16。这种规律较好地体现了植被生长及其地表水分含量的变化情况。9 月份正处于收割期,地表覆盖复杂多样,Albedo 的分布范围也较宽,而且由于雨水较多,黄河及其故道两岸的 Albedo 较高。而在 10 月份,作物收割基本完毕,林草生长也达到极限,Albedo 的分布范围变窄,峰值也降低,大部分地区的 Albedo 相较于 9 月均有所降低。11 月份,农作物基本只剩下冬小麦(如图 2 所示),其他植被有所落叶、枯萎,故 Albedo 表现出升高趋势,特别是在西部旱地区域升高趋势较为明显。

总体来看,相比于 NDVI,Albedo 的季节性变化要复杂得多,反映了其影响因素的复杂性。研究区域北部和东部海岸带盐碱性较大的滩地,特别是受海洋水分影响较大的潮带,其 Albedo 全年都较低。与 NDVI 类似,南部地区的广饶由于开垦时间长,其 Albedo 的变化也具有较强的农业时令性变化特征,反映了此地 Albedo 主要受植被覆盖的影响。

5　结语

在初步比较了各种遥感数据地表参数产品精度的基础上,本文采用 MODIS 科学组的 L3 级产品,详细分析了黄河三角洲地区 NDVI 和 Albedo 的时空分布规律。结果表明:

(1)MODIS 科学组的 NDVI 和 AlbedoL3 级产品具备相当高的精度,基本反映了研究区的植被覆盖和地表反照率的变化规律。分析 NDVI 和 Albedo 的时空变化特征可知,二者基本反映了研究区土地利用类型变化和植被生长的规律。

(2)NDVI 时空分布规律分析显示,黄河三角洲地区的植被覆盖具有明显的季节变化特征。而且这种季节性变化与农作物的耕种活动具有较好的对应性。这一事实表明,研究区域受人类活动的影响较大,特别是农业耕作的季节性更替,对 NDVI 的年内变化影响更是显著。

(3)Albedo 时空分布规律分析显示,黄河三角洲地区的 Albedo 也具有明显的季节性变化,但其变化规律要比 NDVI 的变化复杂得多,表明 Albedo 的影响因素十分复杂。Albedo 不仅仅依赖于地表物理性质,而且还与太阳光的入射方式、太阳高度角以及太阳光谱等有关。

参 考 文 献

[1] Wang Kaicun, Liu Jiaomiao, Zhou Xiuji et al. Validation of the MODIS global land surface albedo product using ground measurements in a semi – desert region on the Tibetan Plateau, Journal of Geophysics Research, 2004, 109, D05107, doi:10. 1029/2003JD004229.

[2] Jin, Y. , C. B. Schaaf, F. Gao etal. Consistency of MODIS surface bi – directional reflectance distribution function and albedo retrievals: 1. Algorithm performance, Journal of Geophysics Research, 2003, 108(D5), 4158, doi: 10. 1029/2002JD002803.

[3] 许殿元. 黄河口遥感研究[M]. 北京: 气象出版社, 1990.

[4] Vermote, E. F. , N. Z. El Saleous, and C. O. Justice. Atmospheric correction of MODIS data in the visible to middle infrared: firstresults, Remote Sensing of Environment, 2002, 83,97 – 111.

[5] Shunlin Liang. Narrowband to broadband conversions of land surface albedo I Algorithms [J]. Remote Sensing of Environment, 2000(76): 213 – 238.

[6] Liang S, Shuey C J, Russ A L, et al. Narrowband to broadband conversions of land surface albedo II Validation[J]. Remote Sensing of Environment, 2002(84): 25 – 41.

改善黄河三角洲生态环境的根本途径

李泽刚[1]　杨　明[1]　王学军[2]　和瑞勇[1]

（1. 黄河水利科学研究院；2. 郑州市水利局）

摘要：黄河三角洲受历史流路频繁改道的影响，生态环境脆弱，经济十分落后。1949年以来，政府移民及石油开采带动了三角洲经济的发展，但由于实行了流路不断改道措施，三角洲范围内依然土地荒凉，植被稀少，生态环境并未得到改善，有的地方还恶化了，湿地退化，生物群落减少，原来陆地采油变成了海水中采油等，其根本原因是流路不断改道影响着人们的发展思路及其治理规划。

改善黄河口生态环境的根本途径，是稳定河口入海流路治理。为此，我们论述了河口流路不断改道的局限性，稳定流路治理的先进性和现实性，提出了稳定河口流路的治理措施。稳定流路的关键是建设河口水沙控制工程，这是开创河口治理新局面的基本条件。

关键词：生态环境　黄河三角洲　稳定流路

1　认识人工流路改道的落后性

众所周知，河流改道是对原河道的破坏，水流散乱也是对人类生存环境的破坏，既然如此为什么黄河口还实行人工改道呢？这个问题应从哲学的角度来认识，即任何事物都是一分为二的，实行人工改道是利用其有利的方面，而限制其不利的方面。同时，两个方面在一定的条件下是互相转化的。

平原河流，在自然发育过程中，开始就是水流挟带泥沙，在填充低洼地或填湖和海形成冲积平原，同时也形成了冲积河流。而在河流的稳定阶段，仍将继续其复杂的冲积过程，一般在平均含沙量大于0.6 kg/m³的河流，河床将不断地淤积抬高，在大洪水时期，洪水漫滩淤积的结果，形成河床高地，河道稳定性变弱，发洪水时易造成河流的决口改道。河流所以能因决口而改道，主要是决口处有水流落差及新流路水流坡度比老河道大。但是，在河流改道点以下，又开始了新的河流造床过程。在天然条件下，河流不断改道，人无法定居，三角洲上流路不断改道，人也无法定居，因此流路改道造成三角洲荒芜，经济无法发展。黄河三角洲经济比长江三角洲落后，主要是流路不断改道的结果。

黄河下游河道，历史记载有七次大改道，改道点在郑州附近，也就是河流刚出山口的地方，以下形成了约25万km²的冲积平原。其中有六次是洪水自然决口改道,河口门摆动范围,北到海河口,南到淮河口。有一次是人为扒口改道,那就是1938年6月国民党军队炸开花园口大堤,黄河水倾泄夺淮河入海,造成5.4万km²黄泛区,1 250万人流离失所,无家可归。可想而知,黄河下游洪水决口,洪水泛滥,在人口众多的今天将是一场极大的灾难。目前,黄河下游虽然"地上悬河"程度比较高,但河道长度比较大,两岸大平原上人口比较多,要想实行人工改道影响太大,很难实施,从而实施"四不"保护措施,使黄河下游河道长治久安。

黄河口实行人工流路改道,是清朝靳辅治河时提出,距今已有300多年,有三个基本条件:其一,三角洲地区土地荒芜,人烟稀少,流路自由改道,洪水横流,造成的影响很小;其二,三角洲上的河道也是冲积性河流,河床较高,改道口处有一个自然落差,改道口以下的汊河水流比降较大,可加速泄洪;其三,新汊河的河道发育较快,一般当年主河槽水深较大,通航条件较好,有利于漕运。由于具备上述三个有利条件,虽然新汊河演变很快,好景不长,但可使用不断改道来弥补。

黄河近代三角洲,在1949年以前,人烟稀少,土地荒芜,流路也是不断地自由改道,但是1949年以后,移民人口逐渐增多,农、牧业逐渐发展,为了方便生产,1953年实施了第一次人工裁弯并汊神仙沟。20世纪60年代以后,油田的开发带动了三角洲经济的大发展,1963年底河口凌汛发生冰水淹孤岛的灾情,不得已于1964年元旦紧急破堤泄凌减灾,改道刁口河。1967年黄河汛期河口出现异常高水位,洪水漫流水淹河口区油田,经济损失很大,此后开始制定河口入海流路规划,1976年5月有计划地截流改道清水沟。然而,胜利油田发展很快,到20世纪80年代(有50多个)油田就布满整个三角洲,不断的人工流路改道也受到限制,因此提出了稳定入海流路的问题。

稳定入海流路的提出,已经充分显示了生产发展的巨大推动力,促进河口治理水平的提高。但是,人们的认识往往落后于实践,对这种发展规律认识不足,对人工流路改道的局限性认识不足,并不能顺利地实现转换,所以至今坚持已经落后的流路改道方法,究其原因,主要还是抱着一种希望,那就是,想利用人工流路改道的局部的落差,产生暂时的溯源冲刷,减轻黄河下游近口段的防洪压力,实践证明收效甚微,例如,在黄河口实行了三次人工流路改道其间,黄河下游防洪大堤连续加高了三次,平均10年加高一次,与河口流路"10年一改道"的自然改道频率一样。显然,从理论到实践都证明,不断的流路改道行为,在三角洲经济已经发展的情况下,没有任何积极意义,只能干扰三角洲经济建设,从根本上制约三角洲经济的持续发展和生态环境的改善。

2 稳定流路的先进性

平原河流,稳定流路是文化进步的象征,因为原始社会,河流是乱流的,人不去治水,而是纯粹的躲避洪水,水来了人就走,水去了人就来,后来人类定居下来,发展生产,才开始治水,防止水灾,治理河道。

稳定的河道具有自然的合理性。回顾历史,世界上所有的冲积河流,在河流出峡谷后,进入开阔地的初期,河道都是散乱的分流状态,进入受水体(湖泊和海洋)的三角洲河段,初期河道也都是散乱的分流状态。例如,在"再说长江"的系列报道中,提供了世界第二条大河的许多历史图片,可以看到长江的荆江河段和长江口三角洲上河段河道都有过散乱的分流时期;同样黄河出桃花峪进入下游,这也正是大家熟悉的,现实能见到的,河南段的河道至今游荡宽度达 20 km,历史上无大堤挡着时,将是大范围泛滥分流局面,黄河近代三角洲上河道我们更熟悉,在河口门段是经常多汊分流,在每次流路改道时,改道点以下,河道也都是散乱的分流状态。但是,不管是长江、黄河及其他河流,都如黄河三角洲上河道的发育过程一样,大洪水过后,在中常水流的作用下,汊道逐渐归并,总会形成一条适应过洪能力的归顺河道。

稳定的中水河道是最好的河道,它是有效治理的基础。因为每条流路河道的发育过程,一般都有三个发育阶段,即初期河道散乱、游荡,中期河道单一、相对稳定,后期河道再次散乱,其中以中期河道形态最好、行河时间最长。从人类社会发展的角度看,初期和后期河道散乱游荡,人们无法居住,也无法开展农耕和其他劳作,而中期河道,是适应中常洪水的河道,河道宽度小,河道的断面状态好,稳定时间长,是人们安居乐业、最有利于发展生产的环境。因此,人们不屈不挠地治理中水河道,防止散乱,千方百计地让水流规顺,从而采取了疏浚河道,修筑堤防等限制洪水泛滥的有效手段。

现代化经济的发展更需要稳定流路。因为现代化经济发展,需要更好的投资大环境。我们的国家要把经济搞上去,发展成世界经济强国,需要和平的大环境。对于黄河三角洲的经济发展来说,流路不断改道就无法发展生产,只有流路稳定才能形成最好的投资环境。虽然黄河入海沙量比较多,河口流路自然变迁频繁,但是随着社会的发展,资源消耗量的增大,技术的进步,有能力控制河口泥沙淤积,有能力控制河口流路稳定,为三角洲经济的持续发展创造长期安全的环境。

3 稳定流路治理的现实性

3.1 黄河三角洲经济已经初步发展

黄河口近代三角洲经济已经初步发展,其重要标志如下:

标志之一,三角洲石油开采,并且大规模发展,1961 ~ 2001 年,胜利油田找到大小油田 69 个,黄河尾闾是主要石油产区,目前原油生产能力 2 650 万 t/年,成为中国第二大油田。

标志之二,工业发展,1964年胜利石油会战以来,石油工业迅速发展,现已具有相当规模的、现代化的石油工业。1983年建立东营市以后,地方工业得到初步发展。1998年工业总产值达472.21亿元,其中石油工业产值227.74亿元,地方工业产值244.47亿。

标志之三,农业发展,粮食生产,虽然农业生产水平尚低而不稳,但发展较快。1983年,东营市粮食总产44.61万t,农民人均纯收入290元;到2001年,粮食总产达84.03万吨,农民人均纯收入2 981元,全市国内生产总值501.50亿元,分别是1983年的1.88倍、10.28倍和24.16倍。

标志之四,渔业发展,水产养殖的滩涂面积10.2万 hm^2,占山东滩涂面积的37.5%;15 m等深水线浅海面积4 800 km^2,占山东浅海面积的58.5%。1998年的人均水产品产量110.6 kg。

标志之五,交通基础设施建设,公路建设超前发展,公路密度近60 km/100 km^2;东营 - 淄博铁路长88 km;东营港有三个3 000 t级通用泊位,通过能力150万t,还有原油接卸位一个,能力100万t,1992年开辟了东营 - 大连滚装运输航线。1997年东营港列为一类对外开放口岸;另外,还建有一个简易机场,完成2 400 m×48 m混凝土跑道,因配套工程尚未完善,还未正式使用。

标志之六,通信与邮政建设,通信设施超前发展,到2001年,东营市已有数字微波通信线路1 244条,长途电话线路1 473条,程控电话交换机容量达128 000门。

标志之七,对外开放步伐加快,已同20多个国家和地区建立了经贸合作关系。

3.2 黄河口防洪工程体系基本建成

黄河安危事关大局,1967年汛期河口出现异常高水位,洪水淹没河口区油田,造成巨大经济损失,自此以后黄河口治理一直围绕采油安全,不断地加强堤防建设。1976年改道清水沟后,培修了南、北防洪大堤,抢修了护滩控导工程,整个改变了流路的防洪形势。1989年完成了稳定清水沟流路的治理规划,1992年国家计委批准实施,1999年底完成规划的第一期治理工程:南、北防洪大堤延长到清7断面,并加高加固,达到防10 000 m^3/s洪水的设防标准;河道护滩整治工程现已做到清4断面。2006年通过专家组验收,一致认为工程质量合格,标志着一期工程的完成,基本建成了河口防洪工程体系,为黄河入海流路的稳定奠定了基础。

3.3 海堤建设比较完整

黄河三角洲是淤泥质海岸,在不行河的海岸段,在海洋动力作用下,侵蚀十分严重,同时黄河口是风暴潮的多发区,由于滩涂平坦,风暴潮侵没范围较大,达 20～30 km,每次都造成巨大经济损失,因此对海岸的保护和海堤的建设十分重视。

黄河三角洲海岸线北起套儿河口,南至小清河羊角沟老码头,全长 350 km,东营市现已建海堤 253 km,其中未护坡的土堤长 124 km,砌石和混凝土板护坡的土堤长 129 km。胜利油田从 20 世纪 70 年代至 2001 年末,共修建各类海堤 160 km。到 2002 年末临海海堤长 118 km:其中孤东围堤 17 km,桩西海堤 37 km,河口海堤 64 km。总起来说,除河口门附近外,海岸上都建有海堤。

3.4 区内水资源匮乏

东营市水资源匮乏,多年平均水资源(包括地表水和地下水)总量 5.32 亿 m^3,人均 296.5 m^3,为全国的 10.98%。同时地表水质较差,区内 10 条河流严重污染,水污染综合指数 10 以上;地下水在小清河以北为咸水区,矿化度比较高,大于 2 g/L。

黄河水是客水资源,水质较好,但近年来黄河入海水量大幅度减少,黄委实行水量计划分配,分给山东省年引黄水量 70 亿 m^3,山东分配给东营市年引黄水量 7.8 亿 m^3(包括油田),而东营市以 1999 年为现状年,社会各部门用水定额,按农业、工业、生活、城区河湖及生态环境需水情况分别需水量,保证率取 $P = 50%$、75%、90% 时,需水量分别是 11.75 亿 m^3、13.33 亿 m^3 和 15.00 亿 m^3。

3.5 河口段河道萎缩严重

1986 年以来黄河入海水沙量一直很枯,河道也一直处于淤积萎缩过程,1984 年河道断面的平滩面积 2 000～2 500 m^2,平滩流量约 5 000 m^3/s,到 1995 年河槽的过水面积仅约 1 200 m^2,2 000 m^3/s 就可以漫滩。在滩面横比降比较大的情况下,河口防洪形势十分紧张。

3.6 河口海岸环境发生变异

21 世纪黄河入海水沙量继续减少,虽然河口海岸淤积延伸减缓,但同时行水河口仍不断淤积延伸,而不行河的海岸段严重蚀退,水沙分配失衡,海岸演变出现畸形发展趋势;同时由于洪水减少湿地退化,生态环境(包括陆地和海域)更加恶化。

4 稳定河口流路的治理措施

黄河入海水沙塑造了黄河三角洲,扩大陆地面积约 2 500 km^2,扩大了人们的生存生活空间,但流路的不断改道,不仅使河口段河道稳定性差,防洪形势年年紧张,而且又制约着三角洲环境的改善和经济的发展。因此,黄河口治理必须突破流路不断改道的旧框框,采取稳定流路的措施。这里的稳定流路不同于加强河道整治延长流路寿命,而是采取工程措施,将河口治理与水沙资源综合利用结合起来,遏制河口淤积延伸,长期稳定河口流路。

因为现在的稳定流路不控制河口淤积延伸,因此称相对稳定流路,即便是清水沟流路稳定超过30年,防洪工程标准已经很高,可以防御大洪水,但是其间小水比较多,河床不断淤高,河槽萎缩严重,河道过洪能力减小,不足2 000 m³/s就漫滩,河口的防洪形势,依然很紧张。也就是说,单纯加强河口河道整治,延长流路的有限寿命,不仅三角洲经济发展总是受到很大的威胁,而且生态环境也很难从根本上得到改变,如此下去生态将长期处于十分脆弱状态。到头来还因影响近口段防洪水位,不得不进行流路改道,实际上还是没跳出流路不断改道的怪圈,因此它必然深深地影响环境改善和经济发展。在科学技术大发展的时代,应该从经验教训中走出来,开创河口治理的新局面。

长期稳定河口流路的关键技术,就是设法建设河口水沙控制工程,为实现进入河口地区的水沙量有计划的调度,实现水沙资源的综合利用创造基本条件。

黄河口水沙控制工程,根据清水沟流路的治理现状及黄河口的动力环境,宜建在流路西河口(流路改道轴点)附近,辐射黄河三角洲4 500 km² 待开垦的荒碱地和整个三角洲海岸线。其水利枢纽工程,由3 000 m³/s分洪闸和一个橡胶坝组成。目前清水沟流路已经具备了防御大洪水的能力,利用刁口河故道作为分洪道。基本运用方式是大于3 000 m³/s流量的洪水走清水沟流路注入莱州湾,小于3 000 m³/s流量的洪水走刁口河注入渤海湾。

通过水沙量合理调度,黄河口水沙控制工程的管理目标是:①实现清水沟流路河口海岸的冲淤动态平衡;②增大清水沟流路河道的过洪能力;③实现水沙资源的综合利用,为改良盐碱地、保护侵蚀海岸和保护湿地提供方便等;④不产生负面影响。这样一来,既消除了河口淤积的反馈影响,创造安全环境,又提供"河床不抬高"下边界控制条件,实现黄河口三角洲经济持续发展和黄河下游安全"双赢"。

国外河口三角洲水环境及生态
现状对我国的启示

童国庆[1]　张华兴[2]　孙丽娟[1]　李宏伟[1]

(1. 山东黄河河务局;2. 黄河水利委员会国际合作与科技局)

摘要:本文介绍了美国、澳大利亚等国外河口三角洲治理的概况,重点描述了目前河口治理所面临的水环境和水生态问题,分析了美国、澳大利亚、荷兰等国家先进的河口管理经验,从中得出对我国河口三角洲治理的启示。

由于人口的增长和人类活动的破坏,世界上很多河口三角洲的生态系统严重退化。消失的海岸、沉降的三角洲、受污染的水域,再加上台风的袭击,使成千上万的人被迫迁移到其他地方。本文探讨了当前国外河口治理的经验,以指导我国的河口三角洲的治理。

关键词:河口三角洲　生态系统　河口治理　经验

1　国外河口概况

2005 年卡特里娜台风(Katrina)袭击美国新奥尔良海口,造成 50 多万人无家可归,并被迫迁移到别的地方。1989 年科罗拉多州南部的 Hugo 龙卷风造成 100 多亿美元的损失,这些灾难事件标志着人类在河口三角洲居住的危险性。有专家预测,由于海平面的升高、大陆架的下沉和强台风的袭击,到 2050 年之前,地球上居住于河口三角洲的上亿人口将会面临这样的灾难。

美国佛吉尼亚州国土保护部门的杰森·爱尔克逊(Jason Ericson)及其他研究人员指出,孟加拉国的孟加拉湾、中国的长江三角洲、越南的湄公河河口、埃及的尼罗河河口、印度的哥达瓦里河河口正在下沉。作为河口三角洲,海岸线是海水位和海岸泥沙沉积相互作用的结果,世界上很多三角洲的下沉出除了由于人们从大陆架抽取石油和水以外,还与人们在河流的上、中游修筑拦河大坝减少河流带到入海口的泥沙有很大关系。

很多河流上游的拦河坝和引水渠减少了到达河流入海口的水量和沙量,更严重的是人们在大陆架上开采石油和淡水时,使河口三角洲处于下沉状态。这些地区的海平面上升比平均水平的每年 1.5 ~ 2 mm 要多得多。杰森·爱尔克逊和他的同事们研究了世界上主要的 40 个处于这种危险状态的河口三角洲。

结果发现:68%的河口三角洲是主要是由于河口泥沙缺失而导致的下沉,20%的主要是由于人们开采石油和淡水,而12%河口三角洲存在着严重的海水水位升高的问题。三角洲的下沉再加上风暴潮的袭击使问题更加严重。

美国达拉斯(美国得克萨斯州东北部城市)大学的 Janok Bhattacharya 教授指出:中国东部太平洋沿岸直到印度沿海地区人口密集,也是世界经常遭受强台风的地方,但是该处海岸的内地有高大的山脉使入海的河流挟带很多水沙,保持了这些地区大多数的三角洲大陆架的沉降平衡。但是有些地区的集中发展,导致了进入河口地区水量和沙量的减少,例如中国的长江流域等。

2 国外河口生态和水环境

2.1 河口水环境恶化

世界上很多河流入海口地区的水环境正在恶化,海口三角洲质量下降的原因很多也很复杂,但是人口的增多和人类活动的影响是其中最主要的因素。

在美国,50%以上的人口居住在河口三角洲的海滨城市,这些地区的人口增长比内地要快得多。人口的增加和扩张造成部分海滨生态栖息地的消亡,例如部分湿地和河流入海口地区的消失。在美国,75%以上的海上出口商品和80%~90%渔业产品来源于河口三角洲的海滨城市,由于过度捕杀、生态条件恶化或由于污染和入海水流的水质变化造成的破坏,使生态环境遭到空前的破坏。这些生态问题成为影响美国经济的一个显著因素。

河口三角洲海滨生态结构和种类的断裂性变化引起了人们的关注。生物多样性的变化是反映海滨生态系统遭受破坏程度,美国的35%的河流入海口都在萎缩,10%正在受到威胁。这些地区的生态环境正在受到点源性污染和非点源性污染的威胁。来自城市、农场、郊区和森林的洪水使问题更加严重。

人口的增加,一方面减少了河口三角洲生态系统的面积,另一方面通过人类活动造成对水环境的污染和破坏。反过来,被破坏的环境又给人类的生存带来危机,在人口稠密和商业发达的海滨地区,尤其是风暴多发区和保护措施不到位的海滨区,如沙坝小岛,生命和财产处于不安全状态,需要经济支持。在台风到来之前必须及时搬迁才能避免一些台风损失。很多城市的防浪堤老化,是影响未来经济发展的又一重要因素。

2.2 三角洲生态栖息地退化

为了达到海滨生态健康,必须保持、维持和恢复海滨健康生态环境和生物多样性。然而过度捕捞、生态栖息地退化,尤其是河流入海口和相应湿地的消失和退化,使美国渔业已经受到严重影响。三角洲的鱼类在减少,海产品加工业也处于低谷状态。溯河产卵的渔业(如西太平洋的蛙鱼)也显著减少,生物多样性受到破坏,物种生病和灭绝的几率增大。

2.3 清洁的海水受到影响

要保持一个健康的海滨,我们必须有清洁的海水来维持海洋资源,以保证海洋生物安全地繁衍、保证海产品不受污染,进而保证健康的经济活力。

清洁海水是海滨健康生态的必需条件,没有清洁的海水,例如游泳和海上娱乐将会变得对身体有害,不安全的海产品会危及人类健康,海滨旅游业也会受到冲击。

要保持清洁的海水,我们必须懂得污染海滨水质的因素,以及他们影响海滨生态作用机理。鉴于影响海滨水水质因素的复杂性,所以在局部、区间或区域范围做系统的研究、监测和评估是非常重要的。

3 国外河口治理的一些经验

3.1 澳洲

澳大利亚政府对自然保护非常重视,从1996年起,筹集建立了12.5亿澳元的自然遗产基金,重点用于保护土地、植被、河流、生物多样性和海岸海洋等自然遗产。为了指导各州的河口生态保护,2002年又颁布了《河口管理办法》等重要文件。澳大利亚大量土地曾被开发为农耕地,清除了原有的天然植被,造成土壤盐分随地下水位上升,表层土含盐量增加。土壤盐碱化不仅吞噬耕地,而且造成水体污染,直接威胁河口生态,政府将拨款7亿美元治理盐碱,主要措施是恢复植被、造林和发展农用林业等。

《河口管理办法》旨在减少河流带入重点海滨的污染。该管理办法被相应的州政府认同,并且与世界环保的要求相一致。《河口管理办法》的执行需要三个阶段:

首先,制定《水质改进方案》,其要求与"国家河口三角洲水质保护要求"一致,并和其他的需要投资和及时兴建的项目一起提供给有关各方,包括澳洲政府、州和地方政府、社区和环境组织讨论。在方案的制定过程中,会制定很多的小项目用以支持方案的制定完成,包括方案的准备、方案实施分析和建立监测和决策支持系统(包括样例考察)等。

其次,对方案通过的项目进行投资,澳洲政府将会对效益最明显的项目进行投资,同时,寻求各州政府执行相应的水质策略以使水质在长期的范围得到持续的维护,在对实施项目进行投资的同时,政府会支持关键性的研究,并且开展相应的活动。

最后,《河口管理办法》每7年需要更新一下。

《水质改进方案》草案需要被澳洲政府和相关的当地政府接受和认可,形成共识以减少排入河流的污染。草案框架是建立在国家水质管理策略和国家对生态用水分配原则基础上的。

《河口管理办法》在澳洲州政府和相应的行政区,特别是一些急待解决问题的河口地区执行,《河口管理办法》为海滨环保所涉及到的流域管理、综合环境流量、水质等设定了新的基准。一旦方案被证明是可行的,澳洲政府会通过议会和法律保证方案的执行,例如,要确保澳洲有名的大堡礁水质,根据《河口管理办法》,昆士兰州有控治排污的任务。

澳洲政府已经投资了一系列相关的项目以治理澳洲西南部的河口三角洲。例如 Peel - Harvey 的项目,主要包括 Peel - Harvey 的水质改进项目,Peel - Harvey 流域的水敏感设计、Peel - Harvey 水质监测项目等。

3.2 荷兰屯田还归于海

荷兰计划将河口三角洲部分围海造成的屯田还归于海,着手沿海湿地恢复工程。1990 年由荷兰农业部制定《自然政策计划》,准备用 30 年的时间恢复自然。其中的"生态系长廊"计划,就是要将过去的湿地与水边连锁性恢复,建立起南北长达 250 km 的"以湿地为中心的生态系地带"。

3.3 东欧治理多瑙河入黑海河口

多瑙河全长 2 857 km,流域面积 81.7 万 km^2,流经 17 个欧洲国家,其三角洲是欧洲第二大湿地。现有 13 个欧洲国家是湿地公约的缔约国,也是多瑙河国际保护委员会成员。截至 2001 年底,为河口湿地保护已建立起 5 个专家组:事故警报组、减少污染物排放组、排放控制监测实验组、流域管理组和生态专家组。

3.4 秘鲁处理污水保护海滩

秘鲁每天产生约 200 万 m^3 的工业和生活废污水,未加处理直接排放到太平洋,如首都利马郊区的贫民区是利马最大的排污区域,对附近海滩造成严重污染。目前秘鲁正筹集 5 亿美元巨资用于在建的一座及拟建的两座污水处理厂以保护海滩。

3.5 美国

如前所述,美国很多河口三角洲生态系统遭到严重的破坏。河口生态丧失和功能退化的主要原因有人为活动和自然威胁,如排水、河流渠化、淤积堆填、堤坝建设、农业耕作、码头建设、建筑施工、引进外地物种、伐木、开矿、放牧以及地表下陷、海平面上升、干旱、飓风等。

如今,联邦政府通过法律(如净水法)、经济鼓励和控制措施、湿地合作项目和建立国家野生动物保护区等措施保护河口湿地。例如建立夏威夷珊瑚礁保护区。由于污染、滥捕、滥采和气候变暖,全世界珊瑚以及海洋动物面临危机,约有 1/4 的珊瑚被破坏。美国决定建立 33.9 万 km^2(约占美国珊瑚礁总面积的

70%)的东北夏威夷岛珊瑚礁生态系统保护区,区内有海龟、鸟类、海豹、鲸鱼等。

4 对我国的启示

从国外河口治理的实例,我们可以得到以下启示。

4.1 国外河口的治理更加注重河口生态的保护

河口三角洲位于海河相接处,通常有大面积的湿地,容易受到海河相互作用的影响,加上人类活动和风暴潮汐的影响,维持生态平衡就更加困难。随着河口三角洲湿地面积的减少和污染的加剧,直接影响湿地中的生物生存,随之而来的是海河生物多样性的迅速丧失,河口三角洲的功能也逐渐下降,并导致资源丧失,生态环境恶化,甚至影响经济发展和人类的居住等。从各国的经验看,成功的河口治理都十分注重河口生态的保护。例如美国建立夏威夷珊瑚礁保护区,荷兰建立的"以湿地为中心的生态系地带"等。

4.2 河口三角洲的治理要制度化、法律化

目前,许多国家(例如澳洲)对河口三角洲的保护已经制度化、法制化,我国至今还没有制定关于河口三角洲的专项法律。因此,当务之急是制定可持续发展战略的河口三角洲开发利用政策,积极开展河口三角洲生态保护立法工作,逐步建立三角洲保护与合理利用秩序,以求实现河口三角洲保护管理的法制化、规范化和制度化。

4.3 重视水污染防控体系的建设

从澳洲等各国的河口三角洲治理的实例来看,重视水污染防控体系建设是他们的一个共同特点。河口三角洲位于河流的最下游,是河流上游和中游污染的累积承受者,河流上游和中游的轻度污染就会导致河口三角洲的重试污染。因此,河口三角洲污染防治是一个全河性、跨行政区的系统工程。要求各河段的通力合作。

在加强对各河段的污染控制和防治的同时,在水资源优化配置、调整用水结构、普及现代节水技术、提高水资源有效利用率等方面下功夫。保护河口湿地生态环境,严禁盲目开发和破坏湿地,在条件成熟的地区实施退田还湖、还林、还草、还湿地等恢复工程。

建议建立流域水环境监测系统,加强流域水资源统一管理、生态系统维护与建设以及环境保护,以流域为单元,水土资源保护统一立法、规划、管理。

4.4 充分利用河口模型

如澳洲等国家的河口决策支持模型,充分利用计算机等高科技工具建设河口数字模型,模拟海河相互作用,地下水演变、污染监控和河口生物群落的控制。

可以引用国家现在的，并且适用比较好的软件，例如丹麦的 MIKE SHE 模型等，在有条件的地方也可以自主研发适合当地特点的软件，例如黄河以其河流多沙和善于迁徙而闻名于世，国外没有可以直接利用的软件，必须结合黄河自身特点，在国外相关软件的基础上进行开发。

黄河河口生态需水初步研究

王新功 连 煜 黄锦辉 王瑞玲 葛 雷 娄广艳

（黄河流域水资源保护局）

摘要：黄河河口生态需水量是一个动态的概念,其值随着生态保护目标、规模及人们对生态环境功能要求的提高而增加。在分析河口生态环境需水量组成及特征的基础上,根据黄河河口主要保护生态单元及其生态功能要求,采用生态学方法对黄河河口近期保护水平条件下的生态环境需水量进行了计算,并对生态环境需水量进行了年内时间分配。结果表明,黄河河口最小、适宜生态环境需水量分别为 47. 03 亿 m^3、68.16 亿 m^3 的要求,利津断面最小生态流量 11 月至翌年 3 月为 75 m^3/s,4 ~ 6 月最小应为 415 m^3/s,非汛期平均最小生态流量为 200 m^3/s。

关键词：黄河河口 生态需水 湿地

　　河口生态系统位于河流生态系统与海洋生态系统的交汇处,海陆间的交互作用使得河口生态系统具有独特的环境特征和重要的生态服务功能,同时,也使得其成为相对脆弱的生态系统。近年来,由于黄河进入河口地区的水沙资源量减少、河道渠化、农业开发和城市化影响等原因,黄河河口生态系统出现了严重退化的状况,威胁黄河河流生命的维持,直接影响三角洲地区的经济社会的可持续发展。2003 年,黄河水利委员会提出了"维持黄河健康生命"的治河新理念,明确在流域和区域管理中要"满足黄河三角洲生态系统良性维持要求的径流过程塑造",在黄河水资源管理中要优先保证"河流生命的基本水量",以保护河流生态系统的完整与稳定,促进三角洲生态系统的良性循环。然而,黄河水资源天然短缺,合理配置有限的黄河水资源急需我们回答出黄河河口生态需水量的多少,迄今为止,这一问题还没有明确的答案。本研究在河口生态需水组成及特征分析的基础上,采用生态学、水文学方法对河口生态环境需水量进行了初步的研究,以期为黄河水资源优化配置提供技术支持,为河口生态环境保护提供科学依据。

1 研究区概况

　　黄河三角洲泛指黄河在入海口多年来淤积延伸、摆动、改道和沉淀而形成的一个扇形地带,属陆相弱潮强烈堆积性河口。位于中国山东省北部莱州湾和渤海湾之间,其范围大致界于东经 118°10′~119°15′ 与北纬 37°15′~38°10′ 之间,为研究方便,习惯上又根据年代不同以及具体地理状况分为近代三角洲和现代三角洲。近代三角洲是指以宁海为顶点,北起套儿河口,南至支脉沟口的扇形地带,成 135° 角,面积约为 6 000 km²,海岸线长约 350 km,现代黄河三角洲以垦利渔洼为顶点,西起挑河,南达宋春荣沟,面积约 2 400 km²。黄河三角洲动植物资源及湿地资源丰富,其中黄河三角洲国家级湿地自然保护区位于黄河入海口两侧新淤地带,是以保护黄河口新生湿地生态系统和珍稀濒危鸟类为主体的湿地类型保护区,总面积为 15.3 万 hm²。黄河口湿地生态系统在作为珍稀濒危鸟类的栖息地及河口生物多样性维持方面起着十分重要的作用。

2 计算原理与方法

2.1 河口生态环境需水量的概念及组成

生态环境需水量是指维持生态环境系统平衡和正常发展,保障生态系统基本功能正常发挥所需的水量。鉴于生态系统类型的不同,生态环境需水量可分为河流生态需水量、湖泊生态需水量、湿地生态需水量、干旱区生态环境需水量等类型。河口生态系统是一个开放性的巨系统,它需要与上一级及其他系统间保持良好的交流,同时,河口的开放性也要求河口生态系统有能力实现与陆域生态系统及海洋生态系统间的物质、能量交换。因此,河口的生态环境需水量与河流、湖泊等其他类型的生态环境需水量有着显著的不同。孙涛等(2004)认为,河口生态环境需水量的计算目标是确定维持河口生态系统健康所需的水量,计算中应包括水循环消耗、生物循环消耗和河口生物栖息需水量 3 种类型;刘静玲等(2005)提出了河口生态基流量的概念,指出河口生态基流量是指维持或恢复河口生态功能所需的最小入海流量,按照其功能划分包括保证蒸发与渗漏需水的基流量、保证水生植物需水的基流量、保证底栖动物需水的基流量、保证径流量/潮流的基流量、保证恢复生物栖息地需水的基流量、保证防止海水入侵需水的基流量、保证提供旅游和景观娱乐需水的基流量等。可见,由于河口生态系统的结构及功能的复杂性,其生态需水的组成也较为复杂,河口生态需水不仅仅是满足某个生态单元的需水要求,而是满足河口不同生态单元生态需水要求的综合水量,在计算具体河口生态需水时,需针对不同河口生态系统状况及保护功能要求开展研究,并避免重复计算。

根据黄河口生态系统的特征、功能及生态环境需水量要求对象的不同,研究认为黄河口生态环境需水量应主要满足以下几方面的需求:一是维持一定规模河口湿地以保证河口生态稳定性的水量需求;二是维持河口近海水生生物繁衍生存及其生物多样性的水量需求;三是维持河流连续性最低水量需求(河道基流);四是输沙及防止海岸侵蚀的水量需求等。防治岸线侵蚀用水涉及到黄河全流域的水沙资源量、黄河入海流路等问题,且与河道冲沙用水有重复,情况较为复杂。因此,本次河口生态环境需水重点考虑前三方面的水量需求,不再考虑防止岸线侵蚀用水。

2.2 河口生态环境需水量的特征

2.2.1 河口生态需水量的阈值特征

对于任一生态系统,生态环境需水量都是由最小(下限)和最大(上限)需水量临界值(阈值)限定的一系列区间值构成,其下限是最小生态需水量,上限是最大生态需水量,介于上限值和下限值之间的值就是合理生态需水量(杨志峰等,2004)。一旦超越阈值,系统的某些物质平衡关系就会遭到破坏,系统的某些基本功能就会明显减弱,系统的健康就会受到损害并趋于恶化甚至衰亡。面对不同的系统和不同的功能需求,生态环境需水量可以不同的形式出现。河口生态需水的主要目的在于确定河口生态系统健康的最佳需水特征,把握河口的生态需水规律,确定河口生态需水的阈值范围,从而最适地满足不同生态功能的河口需水要求。因此,根据黄河口生态系统主要生态单元生态需水要求,本次研究把河口湿地生态需水划分为理想、最小及适宜生态需水三个等级。

2.2.2 水量水质并重

河口生态环境需水量首先应满足河口各生态保护目标对水量的要求,同时,也要满足一定的水质要求,以满足河口近海水生生物及其栖息地对污染物、泥沙与营养盐等的限制或需求。

2.2.3 河口生态需水量的时空差异性

河口地区年内季节间气候的变化及降雨量、蒸发量和生物种群分布的周期性变化,使得生态系统需水量随时间变化,河口生态系统的动态平衡也要求河口生态环境需水量的变化符合河口径流自然分配状况,同时,由于地形、地貌及河口规模的不同使得,不同河口生态系统或不同生态单元对水量、水质及相应时间变化的要求不同,生态环境需水量具有空间差异性。

2.3 河口生态需水量的计算方法

(1)湿地保护规模的确定。不同的湿地保护规模、保护质量所需的水量差别较大,黄河水资源匮乏,要使黄河有限的水资源得到高效利用,达到生态保护与经济发展的双赢,必须确定不同水平年湿地合理的保护规模。借助遥感、GIS 技术我们分析了 1984~2004 年近 20 年黄河河口湿地的面积变化及其与黄河水资源的关系,同时结合黄河河口湿地保护现状,确定黄河河口湿地理想状态下应恢复到 20 世纪 90 年代初的水平,近期重点恢复黄河渔洼断面以下与黄河水力联系密切的淡水湿地,面积约 7.87 万 hm^2,占现代黄河三角洲湿地总面积的 51%。

（2）湿地生态需水量的计算。目前用来研究湿地生态环境需水量的方法可以概括为两种：一是基于湿地生态系统组成的计算方法（生态学方法），另一种是基于湿地生态系统整体的计算方法（水文学方法）。前者对于草甸沼泽型湿地计算较为理想，而后者主要适用于湖泊型湿地。根据黄河三角洲湿地类型多样、分布较为分散的特点，研究认为采用生态学方法进行湿地生态需水计算较为适宜，同时在湿地生态需水计算的实践中，考虑河口湿地生态系统的完整性及生态功能特征，吸收水文学方法的优点，综合两种方法的优势，规避两种方法的不足。

河口湿地生态需水包括植被蒸散发需水、湿地土壤需水、野生生物栖息地需水及补给地下水需水等 4 个部分，其中湿地植被需水与生物栖息地需水为其主要组成。植被蒸散发需水是指植物的蒸腾水量及土壤、水面蒸发水量之和，是湿地每年耗的水量；土壤水是指维持湿地土壤基本特征所需的水量；野生生物栖息地需水量是鱼类、鸟类等栖息、繁殖所需的基本水量。不同部分湿地生态需水计算方法见表 1，湿地植被需水量参数见表 2，栖息地需水量参数及计算见表 3。

表 1　湿地生态需水量计算公式

需水量类型	计算公式	说明
植被蒸散发需水	$\mathrm{d}W_p/\mathrm{d}t = A(t)ET_m(t)$	$\mathrm{d}W_p$ 为植被需水量；$A(t)$ 为湿地植被面积；ET_m 为蒸散发量；t 为时间
湿地土壤需水	$Q_t = \alpha\gamma H_t A_t$	Q_t 为土壤需水量；α 为田间持水量或饱和持水百分比；H_t 为土壤厚度；A_t 为湿地土壤面积
野生生物栖息地需水	$W_q = A_t B_t H_t$	W_q 为生物栖息地需水量；A_t 为湿地面积；B_t 水面面积百分比；H_t 为水深
补给地下水需水	$W_b = KIAt$	W_b 为补水需水量；K 为渗透系数；I 为水力坡度；A 为渗流剖面面积；t 为计算时段长度

表 2　湿地植被需水量参数

湿地类型	面积（万 km²）	年均蒸散量（mm）	年均降水量（mm）
芦苇湿地	276	1 200 ~ 1 900	550
灌丛及其他	511	1 000 ~ 1 800	550

表3 生物栖息地需水量计算

指示物种	代表生境	水深要求（m）	水面比例（%）	需水量（亿 m^3）		
				最小	适宜	理想
丹顶鹤	芦苇沼泽	0.5～2.0	30～90	1.26	5.12	7.08

（3）河口海域及鱼洄游生态需水量。

①黄河鱼类洄游需水。黄河下游的洄游性鱼类主要有鲚鱼、银鱼和鳗鲡等，20世纪80年代中后期，黄河三门峡以下仍有凤鲚产卵场，少时捕获有鳗鲡和刀鲚。黄河鲫鱼是黄河河口近海重要的洄游性经济鱼类，每年春从渤海集群进入黄河到东平湖作生殖洄游。关于黄河鱼类生存栖息与水资源水文要素响应关系没有更深入的研究。本次河口鱼类洄游生态需水计算选择具有代表性的鲫鱼为指示物种，认为如果可以满足鲫鱼洄游的生态需水，也就会满足其他水生生物的生态需水。

国外 R2CROSS 法，基于保护浅滩生境的生态水量计算方法中，生物学家根据生态学需要推荐的平均流速为 0.3 m/s，但是这主要是针对冷水鱼类和水生无脊椎动物的栖息生存需求。国内有关研究表明，鱼类产卵洄游的适宜流速为 1～1.5 m/s。以平均流速计算的生态需水必须保证河流具有相当部分的水域，其流速不低于鱼类洄游产卵的最小流速要求。以此为参考依据，选定利津断面为计算水文断面，建立水位、流量、流速之间的关系，估算黄河口适宜生态流量。计算结果为：在适宜鲫鱼洄游的流速 1～1.5 m/s 时，通过利津断面的水量为 26.4亿～65.3亿 m^3（4～6月），也就是说，满足黄河口水生生物生态需水量为 26.4亿～65.3亿 m^3（4～6月）。

②河口海域生态需水。黄河口及其附近海域的鱼类有80余种。河口是河流与海洋的交互区，是径流与潮流相互作用的区域。来自陆地的河水径流与海水在河口区相互混合，水的盐度从河水的接近于零连续增加到正常海水的数值，水体中的生物群落也处于陆地淡水与海洋生态系统之间的过渡状态。盐度是反映河口生态环境健康的最敏感因子之一，对河口生物的生存和分布影响深远。保持河口水域合理盐度是河口生物栖息地对水量的基本需求。河口近岸海域的低盐度区域是幼鱼和无脊椎动物的育苗场，还是洄游鱼类重要的产卵场，盐度升高，会破坏它们的栖息地和产卵场环境。因此，维持河口近海水生生物生态需求的水量可以概化为维持河口近海适宜盐度的上游来水量。4～6月是鱼虾产卵、孵化的高峰季节，海水的适宜盐度为23‰～277‰之间，一般情况下黄河口及其附近海域的盐度在30‰左右，此期间的盐度要求对鱼虾的产卵、孵化具有重要意义。据有关资料统计，该阶段入海流量为300～500 m^3/s，涨潮时感潮河段的

盐度为 25‰ 左右,相应口门外附近海域的盐度为 30‰左右;低潮时淡水水舌突出于口门以外海域,感潮段完全受淡水控制,盐度基本为零,相应口门外附近海域的盐度为 25% ~ 27‰。由此可计算出相应的入海流量为 23.6 亿 ~ 39.3 亿 m³,即可基本满足鱼虾产卵、孵化所需要的海水盐度要求(崔树斌等,2002)。

入海水量关系到鱼类洄游、近海水生生物生存繁衍以及渔业养殖等,涉及海洋、水产、水利等多个专业与部门,需要多学科、多部门协同研究,问题极其复杂。因此,本次研究根据以上研究成果综合确定河口海域生态需水范围为 30 亿 ~ 60 亿 m³,此时既满足了近海生物对盐度的生理需求,也同时满足鱼类洄游的需水要求。

③河道基流及冲沙用水。河道基流是指径流过程线中基本稳定的水流部分,是河道内常年出现的水量,完全由地下水补给。由于黄河下游为"地上悬河",黄河河口地区河道基流与其他河流有所不同,这里所指的河道生态基流,是指维持河流水流连续性及河流景观最低需求的水量。输沙用水是指维持冲刷与侵蚀的动态平衡必须在河道内保持的水量。本次研究河道生态基流及输沙用水采用了以前的研究成果:河道基流非汛期(11 月至翌年 3 月)河道最小生态流量按 50 m³/s,4 ~ 6 月因有最低入海水量要求,7 ~ 10 月有输沙用水要求,故不再重复计算河道生态用水;7 ~ 10 月输沙用水采用崔树彬、宋世霞在《黄河三门峡以下水环境保护研究》的成果。

3 计算结果分析

采用前面的计算方法,分别计算出黄河口不同类型的生态环境需水量,同时根据黄河河流生态系统的季节性特征,把黄河口生态环境需水划分为 4 ~ 6 月、7 ~ 10 月、11 月至翌年 3 月三个时段,7 ~ 10 月为黄河的汛期,其他时段为黄河的非汛期。计算结果及其季节分配见表 4。

从表 4 可知,不考虑输沙用水,黄河河口最小生态需水量、适宜生态需水量分别为 47.03 亿 m³、68.16 亿 m³,将最小生态需水换算成流量数据,即可知不同时段通过黄河利津断面进入河口地区的生态水量要求,结果为:11 月至翌年 3 月如不考虑工农业取用水,最小生态流量应不低于 75 m³/s,4 ~ 6 月最小生态流量应不低于 415 m³/s,非汛期平均最小生态流量为 200 m³/s。考虑输沙用水,黄河河口生态需水量为 197 亿 ~ 247 亿 m³。

黄河水利委员会在黄河水量调度中,根据以前的研究成果,按照利津断面最小流量 50 m³/s 进行控制,以表征黄河不断流。但是此成果并没有考虑非汛期(11 月至翌年 6 月)湿地的生态需水量,作为许多水禽越冬、栖息地黄河河口湿地,11 月至翌年 6 月期间河口湿地的生态需水要求应该得到最低满足,以维持河口湿地的生物多样性及生态功能的正常发挥。由此看来,按 50 m³/s 进行控制的不断流只是物理学意义上的不断流,要保证黄河生态学意义上的不断流,必须综合考虑河口地区各关键生态单元或生态系统的不同时段的最小生态需水量。

表4　黄河河口不同等级生态需水量　　　　（单位:亿 m³）

需水时段	水量特征	河道基流	湿地生态需水	近海生物需水	输沙用水	黄河河口总生态需水量	
						不含输沙用水	含输沙用水
非汛期（11月至翌年3月）	最小需水量	6.52	3.15			9.67	9.67
	适宜需水量	6.52	6.49			13.01	13.01
	理想需水量	6.52	9.23			15.75	15.75
非汛期（4~6月）	最小需水量		2.63	30		32.63	32.63
	适宜需水量		5.41	40		45.41	45.41
	理想需水量		7.69	60		67.69	67.69
汛期（7~10月）	最小需水量		4.73		150	4.73	154.73
	适宜需水量		9.74		150	9.74	159.74
	理想需水量		13.85		>150	13.85	>163.85
全年	最小需水量	6.52	10.51	30	150	47.03	197.03
	适宜需水量	6.52	21.64	40	150	68.16	218.16
	理想需水量	6.52	30.77	60	>150	>97.29	>247.29

4　讨论

黄河河口生态需水是一个动态的概念,一方面河口生态需水随着生态系统保护目标、规模(如湿地保护规模)及人们对其生态功能要求的不同而变化;另一方面,湿地水面面积在年内与年际之间有所波动是一种正常的自然现象。因此,河口生态需水量是不可能是一个较为固定的数值,其波动幅度较大,计算结果也证明了这一点。本研究把计算的河口生态需水量反馈到利津断面,得出利津断面全年不同时期最小、适宜生态流量,可以为黄河水量统一调度、水资源优化配置提供技术支持,在实际水量调度中,需要考虑黄河进入河口地区水资源的实际及小浪底水库的运行方式,对非汛期个别月份利津断面水量相机进行调整。

本次研究计算的最小河口海域生态需水量,只是仅仅满足了河口鱼类洄游及口门附近海域鱼虾产卵、孵化的基本水量需求,河口海域入海水量是一个涉及多部门、多学科的复杂问题,需要进一步地深入研究,同时,由于目前对河口生态系统结构与功能及其需水机理与规律的研究尚少,因此仍有很多问题如湿地合理保护规模的确定、关键物种需水特性、生态水量配置所带来的生境适宜性变化等,也有待于今后进一步研究。

参 考 文 献

[1] 孙涛,杨志峰,刘静玲.海河流域典型河口生态环境需水量研究[J].生态学报,2004,24(12):2707 – 2715.

[2] 刘静玲,杨志峰,肖芳,等.河流生态基流量整合计算模型[J].环境科学学报,2005,25(4):436 – 441.

[3] 杨志峰,崔保山,刘静玲,等.生态环境需水量理念、方法与实践[M].北京,科学出版社,2004.

[4] 郭跃东,何岩,等.扎龙国家自然湿地生态环境需水量研究[J].水土保持学报,2004,18(6):163 – 174.

[5] 崔树彬,宋世霞,等.黄河三门峡以下水环境保护研究[R].黄河流域水资源保护局,2002.

1992 年特大风暴潮后一千二自然
保护区人工刺槐林地动态变化分析

刘庆生[1]　刘高焕[1]　姚　玲[2]

（1. 中国科学院地理科学与资源研究所；
2. 武汉大学资源与环境学院）

摘要：利用 1992 ~ 2001 年的 9 景多时相 Landsat TM/ETM + 影像，结合黄河三角洲一千二自然保护区历史数据，对 1992 年 9 月和 1997 年 8 月两次特大风暴潮后人工刺槐林动态变化进行分析。总的来说，遭受 1992 年 9 月特大风暴潮后，一千二自然保护区人工刺槐林地面积在不断减少。在 1992 年 9 月特大风暴潮之前，一千二自然保护区人工刺槐林地总面积约为 307.44 hm^2。但遭受 1992 年 9 月特大风暴潮后，人工刺槐林地总面积下降到 1993 年 10 月的 176.85 hm^2 和 1995 年 10 月的 110.34 hm^2。尽管在 1996 年 9 月人工刺槐林地总面积有所恢复，为 138.69 hm^2，但 1997 年 8 月再次遭受特大风暴潮的侵袭，林地遭受重创，人工刺槐林地总面积急剧下降，1997 年 10 月为 41.31 hm^2，1998 年 5 月为 34.02 hm^2，1999 年 6 月为 38.70 hm^2，2000 年 5 月为 29.70 hm^2。由此可见，抵御人工刺槐林地不受特大风暴潮的侵害对于一千二自然保护区林地生态系统健康是非常重要的。

关键词：人工刺槐林　一千二自然保护区　特大风暴潮　动态变化

1　引言

　　黄河三角洲自然保护区是以保护新生湿地生态系统，珍稀、濒危鸟类为主体的国家级自然资源保护区，由两个独立的部分组成：一部分位于黄河三角洲北部，1976 年之前黄河故道附近（一千二自然保护区）；另一部分位于黄河三角洲东部，现黄河入海口附近（大汶流自然保护区）（刘高焕等，1997）。一千二自然保护区，依托一千二林场，于 1992 年 10 月被批准成为国家级自然资源保护区，随后于 1999 年一千二林场被山东省人民政府批准成为生态公益林场。在一千二自然保护区，由于 1976 年黄河改道行水清水沟流路，断绝了水沙沉积物的供应，北部海岸线逐渐蚀退。

　　刺槐是一种中等尺寸的落叶树，容易被移植，生长快速，喜阳、耐旱、耐盐碱、耐热、耐污染、固氮,适宜在多种土壤上生长,经常被用做防风固沙、水土保持的优良树种,因此被广泛栽种,遍及全国各地。在黄河三角洲,人工刺槐是首要的造林树种,自20世纪70年代中期开始就被广泛种植,形成两个大的林场,即一千二林场和孤岛林场,林地主要分布在两个自然保护区和黄河故道附近,到1999年建成了华东平原地区最大的人工刺槐林地,总面积达12 000 hm^2(王树民,2002)。但是,在20世纪90年代黄河三角洲的许多地方已经发现人工刺槐枯梢或死亡的现象,其发生的原因既有刺槐生理特征因素(老而枯),又有土地利用或其他人为(例如污染压力、石油开发、火灾、乱砍乱伐)和自然(气候条件如干旱、风暴潮,病虫害如大袋蛾)多种因素,相当复杂。在一千二自然保护区,特大风暴潮是人工刺槐林地受到的最为主要的自然灾害。

黄河三角洲地区的风暴潮主要来自强劲的东北风造成渤海湾与莱州湾的涌潮与高潮在当地遭遇。由于河口地区地势平坦,3 m以上的风暴潮侵入陆地可达数十公里(刘高焕等,1997)。1960~1999年,3 m以上的风暴潮已发生了5次,分别为1964年、1969年、1980年、1992年和1997年(《东营市水利志》编纂委员会,2003)。根据一千二林场的历史记录,1992年9月1日爆发的特大风暴潮共毁林533.3 hm^2,直接经济损失达100万元人民币,1997年8月20日的特大风暴潮毁林866.7 hm^2,林场遭到了重创。除了风暴潮对人工刺槐林的直接破坏外,两次风暴潮淹没了一千二林场的大部分地区,土质开始发生次生盐渍化,因而在风暴潮后一段时间内影响到人工刺槐的生长。本研究试图揭示这种影响,利用1992~2001年的9景多时相Landsat TM/ETM+影像,结合黄河三角洲一千二自然保护区历史数据,对1992年9月和1997年8月两次特大风暴潮后人工刺槐林动态变化进行分析。

2 研究方法

2.1 数据收集

结合人工刺槐当地物候期(陈坤军,1998)、所获取的Landsat TM/ETM+影像数据质量和特大风暴潮发生的时间,选择了9个不同时期的影像(6景Landsat TM:1992年8月24日,1993年10月30日,1995年10月4日,1996年9月20日,1997年10月9日,1998年5月5日;3景Landsat ETM+:1999年6月25日,2000年5月2日,2001年8月9日)进行分析。

2.2 图像预处理

首先,利用1:5万地形图,将1999年6月25日的影像进行几何精纠正,投影设置如下:Transverse Mercator,中央经线为117°,比例因子为1;椭球体为:

Krasovsky;假东:500 000 m。然后,将1999年6月25日的影像作为参考影像,对其余八景影像进行几何精纠正,总的配准精度小于0.5个像元。为了减少工作量,进一步利用一千二自然保护区边界对所有影像进行子区裁切,获得只包括一千二自然保区的图像。

2.3 人工刺槐林地信息提取

由于人工刺槐林地只占整个一千二自然保护区的很小一部分(见图1(a)),因此图像拉伸增强后目视解译的方法被用来从多时相 Landsat TM/ETM + 影像上进行人工刺槐林地信息提取。为了提高目视解译的准确度和精度,首先高斯拉伸(用从给定的窗口(图1(b)中的黑色正方形即为本次所指定的窗口)计算出来的统计数据(将高斯拉伸应用到整个图像)被用来进行扩大人工刺槐林地与周围地物之间的差异。然后,对增强过后的图像进行高通滤波,提高图像的清晰度,增强边缘,为目视解译服务,结果见图1(b)。

(a)   (b)

图1　1992年8月24日 Landsat TM 原始数据和增强后数据 RGB432 假彩色合成图像

9景不同时相影像目视解译结果见表1和图2、图3。总的来说,遭受1992年9月特大风暴潮后,一千二自然保护区人工刺槐林地面积在不断减少。在1992年9月特大风暴潮之前,一千二自然保护区人工刺槐林地总面积约为307.44 hm^2。但遭受1992年9月特大风暴潮后,人工刺槐林地总面积下降到1993年10月的176.85 hm^{2}和1995年10月的110.34 hm^2。尽管在1996年9月人工刺槐林地总面积有所恢复,为138.69 hm^2,但再次遭受1997年8月特大风暴潮的侵袭,林地遭受重创,人工刺槐林地总面积急剧下降,1997年10月为41.31 hm^2,1998年5月为34.02 hm^2,1999年6月为38.70 hm^2,2000年5月为29.70 hm^2。因为人工刺槐林地发生枯梢、死亡,健康状况较差,且在2001年新的林业规划实施,所以残存人工刺槐林地被采伐。

表1　1992~2001年人工刺槐林地面积统计　　　　（单位:hm²）

时间	1992-08-24	1993-10-30	1995-10-04	1996-09-20	1997-10-09	1998-05-05	1999-06-25	2000 05-02	2001-08-09
面积	307.44	176.85	110.34	138.69	41.31	34.02	38.70	29.70	0
年面积变化	0	-130.59	-66.51	+28.35	-97.38	-7.29	+4.68	-9.00	-29.70

3　结论与讨论

特大风暴潮对人工刺槐林地的直接损毁是巨大的,这表现在发生特大风暴潮后的1年内人工刺槐林地面积急剧下降,如发生1992年特大风暴潮后的1993年10月30日和发生1997年特大风暴潮后的1997年10月9日影像所示,见表1、图2和图3。这种损害首先从近海一侧开始,然后向内陆扩展,到2001之前,仅仅分布在地势较高处的人工刺槐林地得以保留,见图3。因为两次特大风暴潮淹没了一千二林场的大部分地区,土质开始发生次生盐渍化,因而在风暴潮后一段时间内影响到人工刺槐生长,林地总面积仍不断下降。但是,由于刺槐萌蘖力强、生长迅速、具有自我改造能力,林地面积下降的幅度会变缓,如1995年10月4日和1998年5月5日。正是由于刺槐的这种特性,1992年特大风暴潮后第4年,也即1996年人工刺槐林面积开始恢复(1996年9月恢复面积约28.35 hm²),1997年特大风暴潮后第2年,也即1999年人工刺槐林面积开始恢复(1999年6月恢复面积约4.68 hm²)。1997年特大风暴潮后人工刺槐林地比1992年特大风暴潮后恢复时间早两年,其原因可能是一千二林场在1998年实施了围堤蓄水压碱脱盐工程。由此可见,抵御人工刺槐林地不受特大风暴潮的侵害对于一千二自然保护区林地生态系统健康是非常重要的。令人可喜的是一项新的林地恢复和保护规划自2001年开始就在一千二自然保护区开始实施了。

本次研究表明,通过图像拉伸增强后目视解译的方法可以从影像上成功地提取人工刺槐林地,而多时相Landsat TM/ETM+影像数据足以用于特大风暴潮对人工刺槐林地变化影响详细评估之前的特大风暴潮后人工刺槐林地动态变化监测分析。

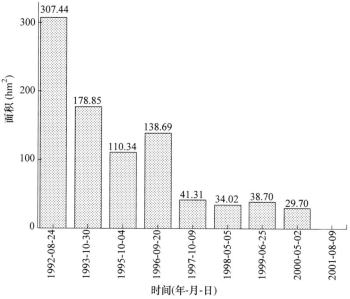

图2　1992～2001年人工刺槐林地面积变化柱状图

图3　1992～2000年人工刺槐林地动态变化图

参 考 文 献

[1]　《东营市水利志》编纂委员会 . 东营市水利志[M]. 北京:红旗出版社,2003:67 – 89,

　　110 –118.

[2]　陈坤军. 东营市园林树种物候期观测[J]. 山东林业科技(增刊),1998:12 – 14.

[3]　刘高焕,汉斯·德罗斯特. 黄河三角洲可持续发展图集[M]. 北京:测绘出版社,1997:
　　69,75 – 76.

[4]　王树民. 加快黄河三角洲造林绿化步伐[J]. 国土绿化,2002(3):18.

黄河三角洲湿地植被退化关键
环境因子确定

赵欣胜　崔保山　杨志峰　贺　强

（北京师范大学环境学院环境模拟与污染控制国家重点联合实验室）

摘要：利用 41 个样地 18 个植物种的多度矩阵对黄河三角洲芦苇湿地植物群落进行双向指示种 TWINSPAN 分析。结合实际生态意义，采用第三级的划分结果，结合实际生态学意义，将黄河三角洲湿地植物群落共划分为 7 个类型，通过各环境因子之间的相关性分析，得出黄河三角洲土壤含盐量主要是 Na^+、Cl^-，其次是 K^+ 和 Mg^{2+}，通过典范对应分析，黄河三角洲湿地植被退化趋势主要有两个方向，一是由于缺少淡水造成的旱生植被大量繁殖，以旱生低盐环境的植被为主，一是海水侵袭导致的盐生植被大面积繁殖，主要以淹水高盐和旱生高盐环境为主。正是这些不同的水淹交互环境造成了黄河三角洲湿地植被分布的差异性，并由此产生了湿地植被退化问题。得出黄河三角洲湿地植物群落退化关键环境因子为淡水缺乏和海水入侵导致的，也说明湿地生态需要控制海水入侵和引来淡水资源。

关键词：典范对应分析　退化　环境梯度　黄河三角洲　湿地

据统计，已有 50% 的原始湿地在地球上消失，由于湿地保护不力，大量湿地丧失或退化，引发了一系列的生态环境问题，如频繁的洪涝灾害、湿地生物多样性锐减、污染加剧、富营养化等，湿地区可持续发展受到严重威胁。由于几乎所有的湿地都已受到人类活动或多或少的干预，仅仅停止干扰被动保护已不可能，况且干扰也难以完全避免，因此用正确的策略和技术恢复、重建、管理湿地，促进其结构与功能的良性发展已成为湿地保护的必由之路。对于自然湿地，其退化原因往往难以确定，从宏观上有大气候的影响，这方面的控制难以通过短期内解决，因此探讨湿地植物退化环境因子对黄河三角洲湿地植被的群落类型的影响十分重要。

植被分类和排序是目前植被研究的焦点之一，植被分类和排序能够较为客观地反映植物与环境间的关系。双向指示种分析是 20 世纪 80 年代以来植被分

基金项目：国家重点基础研究发展计划（973）项目“湿地系统生态需水动力机制及整体模拟”（No. 2006CB403303），国家自然科学基金项目（40571149）。

类最为常用的方法,典范对应分析是目前国际上最新的研究植被与环境关系的分析方法。但目前这些方法多应用于对山地、森林、草原、沙地等方面,很少有将这些方法应用于湿地植被分类和湿地植被与环境关系的研究,特别是在湿地植被退化方面的研究。本文首先运用双向指示种分析方法划分了黄河三角洲湿地植被的群落类型,然后通过典范对应分析分析了影响湿地植被分布的关键因子,确定了黄河三角洲湿地的主要环境梯度,为黄河三角洲湿地植被恢复、湿地生态建设等提供了科学依据。

1 研究区与实验方法

1.1 研究区概况

黄河三角洲国家级自然保护区(北纬 37°40′ ~ 38°10′,东经 118°41′ ~ 119°16′)地处我国山东省东营市黄河入海口,见图1,总面积 15.3 万 hm²,是以保护黄河口新生湿地生态系统和珍稀濒危鸟类为主体的自然保护区。属暖温带季风性气候区,具有明显的大陆性季风气候特点。四季分明,冷热干湿界限极明显,春季干旱多风回暖快,夏季炎热多雨,秋季凉爽多晴天,冬寒少雪多干燥。年平均气温 12.1℃,无霜期 196 天,年平均降水量 551.6 mm,年均蒸发量为 1 962 mm。

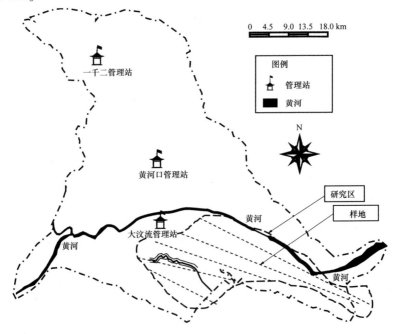

图1 研究区及采样设置示意图

黄河三角洲主要植被类型为芦苇(Phragmites communis)群落、芦苇 – 荻

（Miscanthus sacchari florus）群落、穗状狐尾藻（Myriophyllum spicatum）群落、柽柳（Tamarix chinensis Lour）群落、翅碱蓬群落及二色补血草（Limoninum bicolor Bunge）群落等，其中沼生芦苇群落、柽柳群落及翅碱蓬群落分布较广。芦苇湿地是黄河三角洲国家级自然保护区的重要组成部分，是丹顶鹤（Grus japonens）、白鹳（Ciconia boycia）等多种国家重点保护鸟类的重要栖息地。为恢复退化的芦苇湿地，黄河三角洲国家级自然保护区管理站对部分退化湿地通过筑坝修渠引黄河淡水洗盐、排盐，逐渐使芦苇湿地得到恢复。

1.2 实验方案与数据收集

1.2.1 样方布设

本研究野外调查于 2006 年 8 ~ 9 月展开。实验区位于黄河三角洲自然保护区大汶流管理站南侧。随机布设 5 m × 5 m 样地共 41 个，每个样地随机取 50 cm × 50 cm 调查样方 5 个，见图 1。

1.2.2 数据采集与测量

对于上述每一调查样方，记录其植被组成、数量，并估计其各植物种的多度。在每个样地内随机设置 5 个采样点，于 0 ~ 20 cm 土层处采集表层土样（淹水时采其底泥）。将同一样地的 5 份土样混合均匀，用于土壤指标的测量。

用标尺测量水深（以土壤表面为基准，高于土壤表面为水深，低于土壤表面为水埋深；本文中统一用"水深"（Water Depth）表示，水深为正值，表示水面于土壤表面以上，水深为负值，表示水面于土壤表面以下）。土壤 pH、全盐量、Na^+、Mg^{2+}、Ca^{2+}、Cl^- 的测定采用 5∶1 水土比土壤浸出液。其中土壤 pH 采用便携式 pH 计；土壤盐分的测定采用便携式盐度测定仪测定浸出液盐度（mg/L），并转换为土壤盐分（g/kg）；Na^+、Mg^{2+}、Ca^{2+} 采用等离子体色谱法；Cl^- 采用硝酸银滴定法。土壤总碳（TC）、总氮（TN）采用干烧法（元素分析仪）。土壤总磷（TP）采用 HF – $HClO_4$ 消煮法分解后，利用等离子体色谱法测定。土壤速效钾采用 NH_4OAc 浸提，等离子体色谱法进行测定。土壤有机质的测定采用重铬酸钾容量法——稀释热法。详细实验方法参考文献[11]。

1.3 数据分析方法

用 MOPED 进行双向指示种分析，群落分类图用 Microsoft Excel v2003 和 R 语言 ade4 包进行绘制，用 R 语言 ade4 和 vegan 包进行典范对应分析，并用 SYSTAT v12 进行环境因子相关性分析。

2 结果与讨论

2.1 黄河三角洲退化区植物群落的数量分类

利用 41 个样地 18 个植物种的多度矩阵对黄河三角洲芦苇湿地植物群落进

行双向指示种分析。采用第三级的划分结果,结合实际生态学意义,将黄河三角洲湿地植物群落共划分为 7 个类型(见图 2 和图 3),并依据各层的优势种和划分的指示种命名。

```
                233334      1132331331222224 1211111223
                514412391236891548677059136270789023460 58
                --------------------------------------------------▶
      4   QH    --------------------------2-------------      00
      5   BXC   -------------------23322-----------------      00
      6   JP    --------------------222----------------2---     00  ---▶
      1   ERT   3-------2--------------------------------      010
      8   CJP   33-333323-3333233222333-----------------      010
     18   WZ    ------------------3----------------------      010  ---▶
      3   LBM   2-----31------------2--2----------22-----      011
      7   CL    32333322232--2-2-31-33---2-2--222----2---     011  ---▶
     14   LW    2------2233333-2-232-233333-33333333332      10   ---▶
      9   ZY    --------------3--------------1--1222------     1100 ---▶
     13   D     -----------------------23-333333-3        11010 ---▶
     16   HHL   --------------------2-33223---------       11010 ---▶
      2   JMC   --------------------221--2--------        11011
     10   SC    --------------------------1----------       11011
     11   LC    --------------------------1----------       11011
     12   BM    -----------------------2----3-------       11011 ---▶
     15   XP    --------------------2223---22--22---       111
     17   HWZ   ------------------3333--2----------        111
                ▲▲   ▲▲  ▲▲ ▲▲ ▲ ▲▲▲ ▲ ▲▲
                --------------------------------------------------▶
                0000000000000000000000111111111111111111
                0000000000000000011111000000111111111111
                000000000011111111000110000001000111111111
                0111111111101111111    000011        00
```

图 2　双向指示种分析分类结果

注:LW—芦苇(Phragmites communis (L.) Trin);XP—香蒲(Lepiironia rticulate (Retz)Domin);HWZ—穗状狐尾藻(Myriophyllum spicatum);D—荻(Miscanthus sacchari florus);FZM—假苇拂子茅(Calamagrostis pseudophragmites (Hall. f.) Koel.);ERT—戟叶鹅绒藤(Cynanchum. sibiricum Willd);JMC—苣荬菜(Sonchus brachyotus);ZY—钻叶紫菀(Aster tataricus);SC—球穗莎草(Cyperus glomeratus L.);LBM—罗布麻(Apocyman venetum);YDD—野大豆(Glycine sojasieb);CMX—草木樨(Melilotus suaveolens Ledeb);CL—柽柳(Tamarix chinensis Lour);CJP—翅碱蓬(Suaeda heteroptera);BXC—二色补血草(Limoninum bicolor Bunge);JP—碱蓬(Suaeda glauca Bunge);QH—青蒿(Herba Artemisiae Annuae)

(1)**群落Ⅰ:柽柳 - 翅碱蓬群落**。该群落主要分布在黄河三角洲湿地的未恢复区,是典型的柽柳灌木丛群落。柽柳和翅碱蓬为建群种,青蒿、二色补血草、碱蓬等草本斑块状伴生于柽柳的下层。只有样地 9 中出现假苇拂子茅,且没有碱蓬和青蒿。

(2)**群落Ⅱ:柽柳群落**。该群落主要分布在黄河三角洲芦苇湿地未恢复区和恢复区过渡地区,由于土壤盐分过高,该地区仍以盐土生植物为主。柽柳、翅碱蓬为建群种,仍有较多的碱蓬和二色补血草斑块分布于柽柳的下层,但青蒿的优势度明显下降。相反,芦苇开始普遍出现,一般分布于水边高地,斑块状分布。荻和罗布麻也有出现,但优势度较低。

(3)群落Ⅲ:芦苇－翅碱蓬群落。该群落主要分布在土壤脱盐后的沙质高地,以旱生植物为主,是盐生植物群落向水生植物群落转变的过渡带,因此物种最为丰富。仍然有少量柽柳、翅碱蓬、二色补血草等盐生植物的存在,但在该群落中也出现了少量湿生植物,如醴肠、球穗莎草、钻叶紫菀等,但以广适性的水生植物芦苇及旱生植物罗布麻、苣荬菜等为主,是该群落的建群种。荻和野大豆、戟叶鹅绒藤、草木樨等也普遍出现。

(4)群落Ⅳ:芦苇－香蒲－狐尾藻群落。该群落主要分布在长年或短期积水地区,以水生植物为主,是湿地植被演替的终极。在水深 0.30 m 以下地区往往以芦苇为单优势种,块状香蒲群落和荻群落伴生其中,翅碱蓬、醴肠、柽柳零星分布;在水深超过 0.30 m 的地区,往往以狐尾藻为单优势种。

(5)群落Ⅴ:芦苇－柽柳－翅碱蓬－补血草群落。该群落主要分布于黄河三角洲受海水侵蚀沟波及范围内,淡水资源匮乏,土壤含盐量极高,局部能够形成白色的盐结晶。

(6)群落Ⅵ:补血草－翅碱蓬－柽柳群落。该群落主要分布于湿地退化区,盐度较高,没有其他植被生存。

(7)群落Ⅶ:荻－芦苇－旱柳群落。该群落主要分布于黄河南岸,呈线条状分布。

2.2 环境因子之间的相关性分析

表 1 为各环境因子之间的相关性分析。从表中可以看出,土壤含水量(MS)与水深呈极显著正相关,与 pH 值呈显著相关;水深(WD)与各环境因子显著性并不明显,但多数相关系数呈负值,主要原因是水深对降低环境因子,特别是盐分的含量有一定关系。pH 与 Ca^{2+} 含量呈负相关,说明 Ca^{2+} 含量过高会降低 pH 值,这与传统上 Ca^{2+} 含量越高 pH 越大的看法有所差异,可能是其他环境因子的干扰导致的,但尚无可靠的科学依据解释这一问题。土壤含盐量(SS)与 Na^+、Cl^- 含量呈极显著正相关,与 K^+ 和 Mg^{2+} 呈显著相关,说明黄河三角洲土壤含盐量主要是 Na^+、Cl^-,其次是 K^+ 和 Mg^{2+},进一步说明如何控制 Na^+、Cl^- 是进行湿地补水洗盐工程的关键技术之一。全碳(TC)与 K^+ 和土壤有机质(SOM)呈极显著相关,与 Ca^{2+} 呈相关;K^+ 与 Na^+、SOM 呈极显著相关性,与 Cl^- 显著相关;Na^+ 与 Mg^{2+}、Cl^- 呈极显著相关;Mg^{2+} 和 Ca^{2+}、Cl^- 呈极显著相关;Ca^{2+} 和 Cl^- 呈显著相关。

表 1 环境因子之间的相关性及皮尔松检验

	MS	WD	pH	SS	TP	TN	TC	K+	Na+	Mg2+	Ca2+	Cl-	SOM
MS	1.000 0												
WD	0.722 1***	1.000 0											
pH	0.431 9*	0.099 9	1.000 0										
SS	0.000 8	-0.060 0	-0.085 0	1.000 0									
TP	0.089 2	-0.047 0	0.081 6	-0.074 0	1.000 0								
TN	0.146 5	0.308 4	-0.002 0	-0.175 0	0.005 7	1.000 0							
TC	0.297 6	0.281 5	0.202 6	0.233 0	-0.017 0	0.057 9	1.000 0						
K+	0.275 1	0.284 4	0.219 2	0.485 4**	0.026 0	0.125 9	0.695 2***	1.000 0					
Na+	-0.011 0	-0.192 0	0.263 0	0.805 3***	0.033 7	-0.140 0	0.235 4	0.542 3***	1.000 0				
Mg2+	-0.184 0	-0.473 0	-0.216 0	0.561 8**	-0.055 0	-0.237 0	-0.193 0	0.017 6	0.596 2***	1.000 0			
Ca2+	-0.333 0	-0.299 0	-0.637 0***	0.340 4	-0.071 0	-0.087 0	-0.417 0*	-0.387 0	0.099 5	0.654 4***	1.000 0		
Cl-	-0.055 0	-0.224 0	0.033 1	0.871 7***	0.234 1	-0.152 0	0.169 7	0.401 8*	0.869 7***	0.668 1***	0.357 8*	1.000 0	
SOM	0.210 6	0.149 7	0.196 1	0.279 0	0.234 6	0.213 7	0.806 3***	0.591 7***	0.325 3	-0.059 0	-0.264 0	0.348 5*	1.000 0

注：$***p<0.001$；$**p<0.01$；$*p<0.05$。各环境因子之间的皮尔松检验结果（所有检验的 $df=39$）如 $MS \times WD$（表示土壤含水量与水深之间的检验，其他类同）：$t=5.2548,p=5.588e-06$；$MS \times pH$：$t=2.4686,p=0.01805$；$MS \times SS$：$t=-0.3084,p=0.7594$；$MS \times TP$：$t=0.5105,p=0.6126$；$MS \times TN$：$t=0.5602,p=0.5785$；$MS \times TC$：$t=1.6366,p=0.1098$；$MS \times K$：$t=1.6163,p=0.1141$；$MS \times Na$：$t=-0.6264,p=0.5347$；$MS \times Mg$：$t=-1.0677,p=0.2922$；$MS \times Ca$：$t=-1.8973,p=0.06521$；$MS \times SOM$：$t=-0.678,p=0.5018$；$MS \times Cl$：$t=-0.3661,p=0.7163$；$WD \times TN$：$t=1.7794,p=0.08297$；$WD \times TC$：$t=1.6739,p=0.1022$；$WD \times K$：$t=1.4437,p=0.1568$；$WD \times Na$：$t=-1.5004,p=0.1416$；$WD \times Mg$：$t=-3.9704,p=0.0002992$；$WD \times Ca$：$t=-1.6451,p=0.1080$；$WD \times Cl$：$t=-1.583,p=0.1215$；$WD \times SOM$：$t=0.5058,p=0.6159$；$pH \times SS$：$t=-0.4614,p=0.6471$；$pH \times TP$：$t=0.3708,p=0.7128$；$pH \times TN$：$t=-0.4051,p=0.6876$；$pH \times TC$：$t=0.8907,p=0.3785$；$pH \times K$：$t=1.0762,p=0.2885$；$pH \times Na$：$t=1.7513,p=0.08775$；$pH \times Mg$：$t=-0.7715,p=0.4451$；$pH \times Ca$：$t=-4.5268,p=5.502e-05$；$pH \times Cl$：$t=0.373,p=0.7112$；$SS \times K$：$t=3.3023,p=0.002059$；$SS \times Na$：$t=7.9233,p=1.198e-09$；$SS \times Mg$：$t=3.3268,p=0.001923$；$SS \times Ca$：$t=1.9099,p=0.06352$；$SS \times Cl$：$t=9.8631,p=3.776e-12$；$SS \times SOM$：$t=1.77,p=0.08454$；$TP \times TN$：$t=0.0331,p=0.9738$；$TP \times K$：$t=0.1234$；$TP \times SOM$：$t=1.7769,p=0.0834$；$TN \times TC$：$t=0.4416,p=0.6612$；$TN \times K$：$t=0.6603,p=0.5129$；$TN \times Na$：$t=-0.4803,p=0.6337$；$TN \times Mg$：$t=-1.2824,p=0.2073$；$TN \times Cl$：$t=-0.2716,p=0.7874$；$TN \times Ca$：$t=-0.4743,p=0.638$；$TN \times SOM$：$t=1.4344,p=0.1594$；$TC \times K$：$t=5.3471,p=4.168e-06$；$TC \times Na$：$t=1.3058,p=0.1993$；$TC \times Mg$：$t=-0.9855,p=0.3305$；$TC \times Ca$：$t=-2.6166,p=0.01257$；$TC \times Cl$：$t=1.1457,p=0.2589$；$TC \times SOM$：$t=7.6336,p=2.938e-09$；$K \times Na$：$t=3.9315,p=0.0003359$；$K \times Mg$：$t=4.1921,p=0.0001535$；$K \times Ca$：$t=-2.3526,p=0.02378$；$K \times Cl$：$t=2.5456,p=0.01498$；$K \times SOM$：$t=3.6241,p=0.000827$；$Na \times Mg$：$t=4.2417,p=0.0001320$；$Na \times Ca$：$t=0.4174,p=0.6787$；$Na \times Cl$：$t=9.7253,p=5.598e-12$；$Na \times SOM$：$t=1.9003,p=0.06481$；$Mg \times Ca$：$t=4.7942,p=2.392e-05$；$Mg \times SOM$：$t=-0.3135,p=0.7556$；$Ca \times Cl$：$t=2.0547,p=0.04665$；$Ca \times SOM$：$t=-1.5355,p=0.1327$；$Cl \times SOM$：$t=2.3774,p=0.02243$。

2.3 黄河三角洲湿地植物群落退化关键环境因子确定

以41个样地的植被组成多度矩阵和水深(WD)、土壤盐分(S)、有机质含量(SOM)、pH、Na^+、Mg^{2+}、K^+、Ca^{2+}、Cl^-、全氮量(TN)、全碳量(TC)、全磷量(TP)等环境因子矩阵两个矩阵进行 CCA 分析,结果见表2、表3 和图3、图4。

表2 植物种类排序轴与环境因子排序轴相关性

	植物种类第1排序轴 SPEC AX1	植物种类第2排序轴 SPEC AX2	环境因子第1排序轴 ENVI AX1	环境因子第2排序轴 ENVI AX2
植物种类第1排序轴 SPEC AX1	1.000 0			
植物种类第2排序轴 SPEC AX2	0.028 0	1.000 0		
环境因子第1排序轴 ENVI AX1	0.926 3 ***	0.000 0	1.000 0	
环境因子第2排序轴 ENVI AX2	0.000 0	0.826 2 ***	0.000 0	1.000 0

表3 环境因子与植物种类及环境因子排序轴相关系数

环境因子	植物种类第1排序轴 SPEC AX1	植物种类第2排序轴 SPEC AX2	环境因子第1排序轴 ENVI AX1	环境因子第2排序轴 ENVI AX2
MS	− 0.155 6	0.548 3 **	− 0.168 0	0.663 7 **
WD	− 0.504 9	0.473 3 *	− 0.545 1 **	0.572 8 **
pH	0.163 5	0.439 2 *	0.176 5	0.531 6 **
SS	0.645 5 ***	0.199 6	0.696 8 **	0.241 5
TP	0.203 9	0.072 1	0.220 2	0.087 2
TN	− 0.343 4	0.030 4	− 0.370 7	0.036 8
TC	0.030 7	0.364 6	0.033 2	0.441 3 **
K^+	0.188 5	0.571 1 **	0.203 5	0.691 3 ***
Na^+	0.649 5 ***	0.412 8 *	0.701 2 ***	0.499 7 *
Mg^{2+}	0.550 1 **	0.010 3	0.593 8 **	0.012 5
Ca^{2+}	0.250 8	− 0.386 0	0.270 7	− 0.467 2 *
Cl^-	0.663 2 ***	0.221 3	0.715 9 ***	0.267 9
SOM	0.198 0	0.271 9	0.213 8	0.329 2

CCA 排序图能够很好地揭示植物种分布与环境梯度之间的关系,环境因子用带有箭头的线段表示,连线的长短表示植物种类分布与该环境因子关系的大小,箭头所处的象限表示环境因子与排序轴之间的正负相关性,箭头连线与排序轴的夹角表示该环境因子与排序轴相关性的大小。在分析植物种类和环境因子之间的关系时,可以作出某一植物种类与环境因子连线的垂直线,垂直线与环境因子连线相交点离箭头越近,表示该种与该类环境因子的正相关性越大,处于另一端的则表示与该类环境因子具有的负相关性越大。

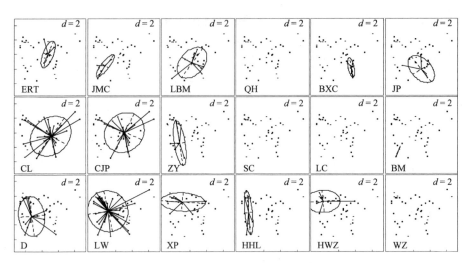

图3 各物种形成单优群落变幅数量图

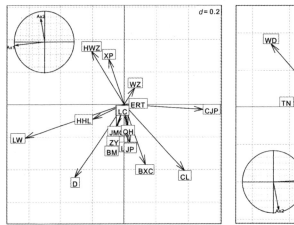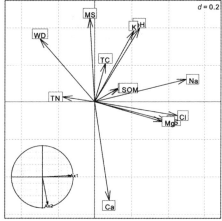

图4 CCA排序轴图

CCA 排序同时给出了植物种类排序轴和环境因子排序轴、其中植物种类第 1 排序轴与环境因子第 1 排序轴、植物种类第 2 排序轴与环境因子第 2 排序轴都具有非常显著的正相关关系(相关系数分别为 0.926 3、0.826 2)(见表2)。从表2可以看出,环境因子中的水深与环境因子第 1 排序轴呈显著负相关关系(相关系数为 -0.545 1)。土壤含盐量(SS)、Mg^{2+} 与环境因子第 1 排序轴呈显著正相关关系(相关系数分别为 0.696 8 和 0593 8),而 Na$^+$、Cl$^-$ 则与环境因子第 1 排序轴呈极显著正相关关系(相关系数分别为 0.701 2 和 0.715 9);环境因子中的土壤含水量(MS)、水深(WD)、pH 以及土壤全碳量与环境因子第 2 轴呈显著正相关关系(相关系数分别为 0.663 7、0.572 8、0.531 6 和 0.441 3),K$^+$ 与环境因子第 2 轴呈极显著正相关关系(相关系数为 0.691 3),Na^+ 与环境因子第 2 轴呈显著正相关关系(相关系数为 0.499 7),Ca^{2+} 与环境因子第 2 轴呈显著负相关关系(相关系数分别为 -0.467 2),其他均无明显相关关系。土壤含盐量(SS)、Na^+、Cl^- 与植物种类第 1 排序轴呈极显著正相关关系(相关系数分别为 0.645 5、0.649 5 和 0.663 2),Mg^{2+} 与植物种类第 1 排序轴呈显著正相关关系(相关系数为 0.550 1),土壤含水量(MS)、K^+ 与植物种类第 2 排序轴呈较显著正相关关系(相关系数分别为 0.548 3 和 0.571 1),水深(WD)、pH、Na^+ 与植物种类第 2 排序轴呈显著正相关关系(相关系数分别为 0.473 3、0.439 2 和 0.412 8),其他环境因子与植物种类第 1 排序轴和植物种类第 2 排序轴均没有相关性。

在群落样方的 CCA 排序图上,可以将各物种形成单优群落变幅数量图反映到其中,有利于我们分析是什么因素导致黄河三角洲湿地植被退化的,并结合双向指示种分析分类结果最终形成 7 个植物群落类型,具体见前面的研究成果。

从典范对应分析排序图上可以看出,黄河三角洲湿地植被退化趋势主要有两个方向,一是由于缺少淡水造成的旱生植被大量繁殖,以旱生低盐环境的植被和旱生高盐环境为主,另一个就是淹水低盐和淹水高盐环境。正是这些不同的水淹交互环境造成了黄河三角洲湿地植被分布的差异性,并由此产生了湿地植被退化问题。

通过 CCA 分析(见图 4)可以看出,CCA 第 1 排序轴实际上主要反映了黄河三角洲水深、土壤盐分的梯度变化,而 CCA 第 2 排序轴主要反映了黄河三角洲 Ca^{2+} 和 pH 的梯度变化。得出黄河三角洲的主要环境梯度表现为与 CCA 第 1 排序轴高度相关的水深和土壤盐分。沿着第 1 排序轴,水深逐渐升高,土壤盐分逐渐降低,以柽柳、二色补血草、碱蓬、翅碱蓬等为代表的盐土生植物群落,逐渐演变为以芦苇、狐尾藻、香蒲等为主的淡水生植物群落。图 5 表明黄河三角洲湿地植被的退化原因主要是海水入侵导致的土壤含盐量过高造成的淡水资源相对减少导致的,以土壤含盐量、Na^+、Cl^- 影响最大。

3   结论

(1)通过双向指示种分析,将黄河三角洲芦苇湿地植被共划分为 7 种群落类型:柽柳 - 翅碱蓬群落、柽柳群落、芦苇 - 翅碱蓬群落、芦苇 - 香蒲 - 狐尾藻群落、芦苇 - 柽柳 - 翅碱蓬 - 补血草群落、补血草 - 翅碱蓬 - 柽柳群落和荻 - 芦苇 - 旱柳群落。

(2)通过典范对应分析排序,黄河三角洲湿地植被退化的主要原因是土壤含盐量(SS)、Na^+ 和 Cl^- 含量过高导致的,也就是淡水缺乏和海水入侵导致的。

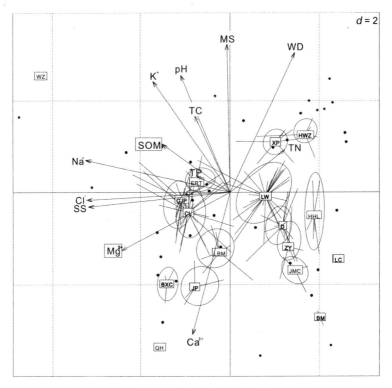

图5　群落样方的典范对应分析排序

致谢:

感谢中国黄河三角洲管理局吕卷章主任、刘月良总工,大汶流管理站路峰副站长及王立东同志在数据、文献资料和工作中给予的帮助,同时感谢北京大学环境学院摆亚军博士在数据处理上提出的良好建议。

参 考 文 献

[1]　张峰,张金屯.我国植物数量分类和排序研究进展[J].山西大学学报(自然科学版),2000,23(3):278-282.

[2]　张先平,王孟本,佘波,等.庞泉沟国家自然保护区森林群落的数量分类和排序[J].生态学报,2006,26(3):755-761.

[3]　张金屯.数量生态学[M].北京:科学出版社,2004.

[4]　郭水良,陈建华,王芬,等.金华山树种分布与环境的典范对应分析[J].华东师范大学学报(自然科学版),2002,3:98-103.

[5]　赵群芬,陈光升.重庆四面山常绿阔叶林群落多样性与海拔梯度的关系[J].四川师范大学学报(自然科学版),2004,27(4):405-409.

［6］　王琳,张金屯.欧阳历山山地草甸的生态关系[J].山地学报,2004,22(6):669-674.

［7］　朱源,邱扬,傅伯杰,等.河北坝上草原东沟植物群落生态梯度的数量分析[J].应用生态学报,2004,15(5):799-802.

［8］　杨晓晖,张克斌,侯瑞萍,等.半干旱沙地封育草场的植被变化及其土壤因子间的关系[J].生态学报,2005,25(12):3212-3219.

［9］　刘康,王效科,杨帆,郭然,等.红花尔基地区沙地樟子松群落及其与环境关系研究[J].生态学杂志,2005,24(8):858-862.

［10］　舒莹,胡远满,郭笃发,等.黄河三角洲丹顶鹤适宜生境变化分析[J].动物学杂志,2004,39(3):33-41.

［11］　鲍士旦.土壤农化分析[M].北京:中国农业出版社,2000.

黄河三角洲平原型水库水质变化规律与水质修复技术

李来俊[1] 徐永林[1] 张人杰[2]

(1.山东省胜利石油管理局供水公司;2.山东大学胶体与界面化学研究所)

摘要:通过对近年水质检测数据进行统计分析,得出影响引黄水库水质变化的成因主要是水源系统的特点、水力停留时间、水库周转水量以及引黄水质,根据水源现状及水质变化规律,探索了对水库水质进行修复的技术。研究结果显示,藻类、高锰酸盐指数、溶解氧等指标有明显的季节性变化规律,氮、磷与藻类含量存在一定的线性关系。

关键词:引黄水库 水质 修复

1 引言

胜利油田地处黄河下游的三角洲平原上,由于受海水入侵的影响,浅层地下水是又苦又涩的苦咸水。黄河末梢水成为黄河三角洲地区的唯一水源。由于受黄河水质、引水条件以及黄河断流的影响,自 1970 ~ 1999 年,胜利油田以黄河为引水水源兴建大中型水库 11 座,小型水库 110 座,水库总库容 4.5 亿 m^3。受水源系统特点、停留时间、水库周转水量的影响,水库水质与引黄水质存在差异。为此笔者根据近年水质检测结果对引黄水质及黄河三角洲平原型水库水质进行分析,找出水库水质变化规律,探索水质修复技术。

2 水源概况

2.1 引黄流程

黄河水经提升(自流)由引黄干渠输送到水源地,经沉沙后送入水库蓄存。

2.2 水库状况

选取供水量大、有代表性的 5 座水库进行分析(见表 1)。辛安水库于 1980 年 6 月建成投产,经过多年运行,淤积较为严重,实际库容已由建库时的 2 000 万 m^3 缩减为现在的 1 400 万 m^3。民丰水库由 6 座小型水库组成,总设计库容 543 万 m^3,6 座水库于 1968 ~ 1982 年陆续建成,由于该水库群无沉沙工程,浑水入库,淤积较为严重。利津水库于1991年11月建成投产,蓄水深度3.5 m,设计总库容2 000万 m^3,由于同期未建沉沙池,现水库内淤积120万 m^3 左右的泥沙。纯化、耿井水库建有沉沙池,引黄原水在沉沙池经过沉降,再引入水库。在分析的5座水库中,纯化水库建库时间最短,蓄水深度最深,属中形地上湖泊式"深水高坝"平原水库。

表1 胜利油田水库基本情况表

序号	名称	建库时间	设计库容 (万 m^3)	水面面积 (km²)	平均深度 (m)	库形
1	民丰水库	1968~1982	543	2.86	3.5	地上湖泊式
2	辛安水库	1979~1980	2 000	6.41	4	半地下条带式
3	利津水库	1988~1991	2 000	6.1	3.5	地上湖泊式
4	耿井水库	1989~1991	2 000	3.36	5.67	地上湖泊式
5	纯化水库	1998~2000	3 341	3.62	8.3	地上湖泊式

3 引黄水质与水库水质对比分析

3.1 引黄水质现状

近10年来,随着黄河流域社会经济的快速发展,流域废污水排放量急剧增加,加之天然来水量偏少,黄河流域水质污染日益加重,2003年、2004年度黄河水资源公报显示,黄河入海段水质为Ⅳ类,主要超标项目为氨氮、化学需氧量、高锰酸盐指数等。

通过对2003年8月~2006年8月份17次引黄水质检测结果进行统计,对照《地表水环境质量标准》(GB 3838—2002)Ⅲ类水体的要求,引黄水质存在总氮、高锰酸盐指数、化学需氧量、氨氮、六价铬、铁超标现象(见表2)。从检测情况来看,不同时期的引黄水质存在较大差异,如一般化学指标的铁、锌及毒理指标的铜、铬等相差倍数都在15倍以上。

表2 2003年8月~2006年8月份黄河水质超标项目统计

检验项目	单位	国家标准	平均值	最大值	最小值	超标频率(100%)
高锰酸盐指数	mg/L	≤6	3.84	6.36	1.76	11.8
化学需氧量	mg/L	≤20	14.1	35.2	8.3	5.9
氨氮	mg/L	≤1.0	0.756	2.39	0.13	23.5
总氮	mg/L	≤1.0	4.58	7.41	2.23	100
铬(六价)	mg/L	≤0.05	0.051	0.091	0.011	35.3
铁	mg/L	≤0.3	0.56	3.19	0.16	47.1

3.2 水库水质现状

按照《地表水环境质量标准》(GB 5749—2002)Ⅲ类水体的水质标准(总磷执行湖、库标准,标准值0.05 mg/L),将2003年8月~2006年8月与引黄水质同期的水库水质检测结果进行统计(见表3),5座水库都存在总氮、总磷超标现象,除纯化、耿井水库外,其余3个水库存在高锰酸盐指数、铬(六价)超标,另外,耿井水库、民丰水库存在五日生化需氧量超标,利津水库存在pH值、五日生化需氧量超标,辛安水库存在pH值、氯化物超标。

表3 2003年8月~2006年8月引黄水质与水库水质主要指标统计(平均值)

检验项目	单位	国家标准	纯化	耿井	民丰	利津	辛安	引黄水
pH 值		6 ~ 9	8.36	8.40	8.32	8.43	8.40	8.16
溶解氧	mg/L	≥5	9.77	9.82	9.04	8.98	8.73	8.47
高锰酸钾指数	mg/L	≤6	3.27	3.58	4.11	4.40	5.57	3.84
化学需氧量	mg/L	≤20	8.64	9.58	13.43	14.93	17.83	14.1
五日生化需氧量	mg/L	≤4	1.43	1.56	2.11	2.25	2.28	—
氨氮	mg/L	≤1.0	0.135	0.222	0.308	0.292	0.255	0.756
硝酸盐	mg/L	≤10	1.95	2.26	2.53	0.921	1.043	3.5
总氮	mg/L	≤1.0	2.43	2.84	3.17	1.52	1.90	4.58
总磷	mg/L	≤0.05	0.016	0.024	0.038	0.035	0.036	0.054
铜	mg/L	≤1.0	0.007	0.008	0.007	0.007	0.007	0.013
锌	mg/L	≤1.0	0.012	0.010	0.012	0.010	0.011	0.020
铬(六价)	mg/L	≤0.05	0.010	0.015	0.020	0.018	0.017	0.051
硫酸盐	mg/L	≤250	146	134	129	145	140	135
氯化物	mg/L	≤250	158	110	106	125	241	94
氟化物(以 F 计)	mg/L	≤1.0	0.70	0.70	0.694	0.726	0.791	0.625
铁	mg/L	≤0.3	0.037	0.109	0.15	0.132	0.093	0.56
藻类	万个/L	—	611	946	2 744	1 412	4 092	—

3.3 黄河水质与水库水质对比分析

引黄水在水库蓄存一段时间后水质与引黄水质存在较大差异,由表3可明显看出,各水库pH值、氯化物、氟化物均高于引黄水;高锰酸盐指数纯化、耿井水库低于引黄水,民丰、利津、辛安水库均高于引黄水;纯化、耿井、利津水库化学需氧量低于黄河水;5座水库中的总氮、氨氮、硝酸盐氮、总磷及铜、锌、铁、铬等金属离子均低于引黄水。

4 原因分析及水质变化规律

胜利油田水源系统有以下几个特点:①水库库容大、蓄水深度小;②原水在水库内停留时间长;③水库因蒸发和渗漏损失的水量大;④受水价提升、节水意识、污水回灌影响,水库周转水量逐年下降;⑤油田水库大多建有沉沙设施,黄河水体含有大量泥沙,具有较大的比表面积,对许多物质具有吸附作用,引黄水在沉沙池沉降,部分物质特别是一些金属离子因被吸附随泥沙而沉积。由于以上水源系统特点,水库水质与引黄水质存在明显的差异性。

(1)藻类。油田水库较为突出的水质问题是藻类污染,辛安水库、利津水库尤为突出,2004年全省引黄水库藻类污染调查,以藻类总数计,辛安水库藻生物量最多。一方面油田大多数水库成库时间长,库容大,蓄水深度浅,水停留时间长,客观上具备了水质富营养化的基础条件;另一方面,引黄水质差,氮、磷等营养物质含量高,加剧了藻类的大量滋生。从图1可以看出,1~5月份藻类总数较少,藻类主要以硅藻、裸藻、蓝藻为主,6~7月份,藻类总数有所增加,8~10月份,水温适宜,阳光充足,藻类总数明显出现爆发式增长,2004、2005年度,民丰水库、辛安水库藻类总数超过了1亿个/L,其中蓝藻的优势地位更加明显(以辛安水库为例,见图2)。从11月份开始,藻类总数明显减少。

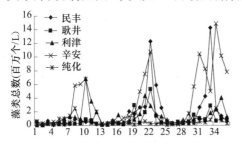

图1 2003年1月~2005年12月 藻类总数月度曲线图

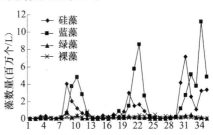

图2 2003年1月~2005年12月辛安 水库优势藻类月度曲线图

大量繁殖的藻类死亡后沉积,7~10月份,水温升高,溶解氧下降,死亡藻类有机残体厌氧发酵,氮、磷等营养物质又重新释放出来,成为二次污染源,加剧了藻类的滋生。由图1可以看出,水库藻类污染有日趋严重之势,藻数量逐年增高。

(2)氮、磷。氮在水库水体中的循环有以下4个方面:①氨化作用;②硝化作用;③反硝化作用;④同化作用。磷的变化主要有3个方面,一是吸附沉淀;二是沉积物释放;三是被水生植物吸收。

由图 3、图 4 可以看出,水库水体中的氮随外界环境和条件在不停地转换或循环,总氮和硝酸盐氮变化趋势基本一致,硝酸盐氮在总氮中所占比例较高,它们在含量关系上有一定的联系。1~6 月份,水温较低,藻类含量相对较少,溶解氧含量高,硝化作用强,硝酸盐氮含量相对较高;藻类爆发的 8~10 月份,一方面浮游植物对硝酸盐氮吸收作用强;另一方面,水温高,溶解氧低,反硝化作用强,硝酸盐氮含量相对较低。氨氮变化趋势(见图 5)不及硝酸盐氮明显,这可能与 8~10 月份水温高、水体底部溶解氧低、氨化作用强有关。

水体中总磷变化趋势(见图 6)不及氮的变化明显。一方面,藻类旺盛的新陈代谢作用可吸收大量的氮,相比之下磷的吸收较少;另一方面,温度、pH 值、水动力条件以及生物扰动作用等因素,都可能造成沉积物中的磷向水体扩散,从而对水体的营养状况有着一定的影响。

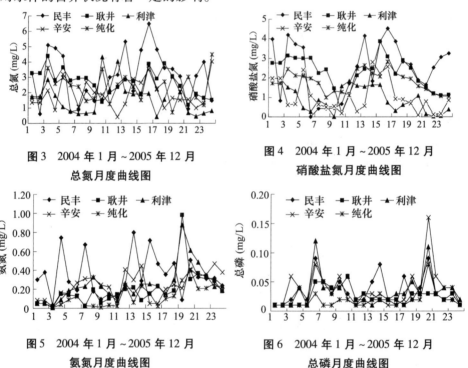

图 3　2004 年 1 月~2005 年 12 月
总氮月度曲线图

图 4　2004 年 1 月~2005 年 12 月
硝酸盐氮月度曲线图

图 5　2004 年 1 月~2005 年 12 月
氨氮月度曲线图

图 6　2004 年 1 月~2005 年 12 月
总磷月度曲线图

(3)重金属。水库水体中铜、锌、铁、铬等重金属离子均低于引黄水,说明部分重金属离子随泥沙沉积。每年的 7~10 月份,水库水体中重金属离子含量略高于其他月份(见图 7)。因为 7~10 月份水温普遍较高,溶解度随温度升高而增大,部分金属离子重新从沉积物中释放出来。由于金属离子在沉积物中的不断富集,水库水体中金属离子呈现逐年上升的趋势。

（4）有机污染物。高锰酸盐指数、化学需氧量、五日生化需氧量是表示水质污染度的重要指标，又往往作为衡量水中有机物质含量多少的指标。其值越大，说明水体受有机物的污染越严重。

从统计结果来看，纯化、耿井水库高锰酸盐指数、化学需氧量均低于引黄水，五日生化需氧量较低，一方面耿井、纯化水库建有沉沙池，部分有机物质在沉沙池随泥沙沉降；另一方面两座水库建库时间短，蓄水深度大，生态系统较为完善，水体自净能力强。对2003年1月~2005年12月检测数据进行统计（见图8），纯化、耿井水库高锰酸盐指数有逐年下降的趋势，但下降趋势逐渐趋缓。

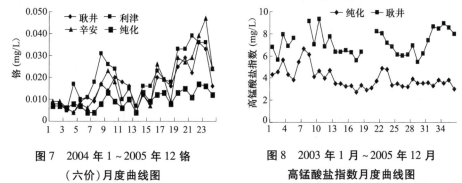

图7 2004年1~2005年12铬（六价）月度曲线图

图8 2003年1月~2005年12月高锰酸盐指数月度曲线图

利津、民丰、辛安水库高锰酸盐指数、化学需氧量、五日生化需氧量相对较高，一方面3座水库未建沉沙池，淤积较为严重，沉积物中含有较为丰富的营养物质；另一方面3座水库建库时间长，蓄水深度浅，藻类含量高，生态系统不够完善，水体自净能力相对较弱。

水库水体中主要污染物高锰酸盐指数（见图9）、化学需氧量、五日生化需氧量、细菌总数、大肠菌群（见图10）等有明显的季节性变化规律。夏季水温高，微生物活动增强，细菌易于繁殖，藻类总数增加，此时水中高锰酸盐指数、化学需氧量、五日生化需氧量增大，水中溶解氧浓度降低（见图11），水质变差。

（5）氯化物。黄河三角洲地处盐碱之地，水库周边地区及库底土壤属于盐化土壤，其含盐量一般在0.6%~3.0%，以NaCl为主，盐化土壤是造成氯离子含量高的一个源头；另一方面，水库库容大，蓄水深度小，占地面积大，蒸发浓缩作用是造成氯化物、溶解性总固体含量高的另一个原因。如辛安水库为半地下条带式结构，其独特的地质特征和建库形式，造成了水库水含盐量较其他水库高。以上两方面的原因，也造成了水库水氟化物高于引黄水。

（6）pH值。水库水为天然的缓冲溶液，因而其pH值变化幅度较其他参数小。一般来说，水的pH值变化与水生生物的活动、水温、空气中CO_2分压的变化和底质中有机碎屑的腐解有关。与黄河水相比，各水库水体pH值均有上升，并且与藻类总量存在一定的线性关系。这是因为藻的大量繁殖和生长通过光合作用消耗了水中的 CO_2，影响了水中的碳酸盐平衡，导致水体酸度降低。

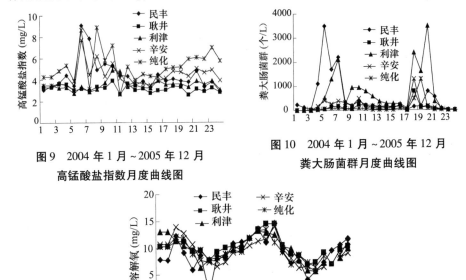

图9　2004年1月~2005年12月
高锰酸盐指数月度曲线图

图10　2004年1月~2005年12月
粪大肠菌群月度曲线图

图11　2004年1月~2005年12月溶解氧月度曲线图

通过以上分析，引黄水在水库停留一段时间后，受停留时间、周转速度、水源系统特点、环境等多方面因素影响，水体中的一些指标存在一定的变化规律，如藻类、高锰酸盐指数、化学需氧量、五日生化需氧量、溶解氧、硝酸盐氮、细菌总数、大肠菌群等有明显的季节性变化规律。另外，受引水量、引水频次、引黄水质的影响，不同水库部分指标的变化规律存在差异。

5　水质修复技术

影响水库水质的因素主要有三方面：一是黄河来水本身的质量；二是水源系统的特点；三是水库存水的周转速度。

改善水库水质应采取综合治理措施，首先，应根据黄河来水流量及水质具体情况科学选择取水时机；其次，来自黄河的原水经数公里至数十公里不等的明渠引至水库，应加强库区及渠道的环境保护，防止污染物排入水体，根据可能发生的突发性污染事故做好预案；第三，合理使用水库，根据用水情况合理调配水量，加快水库周转速度；第四，掌握水源变化规律与污染的因果关系，进行生态修复。

（1）水草捕捞。将富营养化物质从水体中转移出来，防止水生植物死亡沉积库底厌氧发酵，造成二次污染。

（2）引黄水库较为突出的水质问题是藻类污染,氮、磷元素是植物生长必需的营养物质。治理氮、磷最好的办法是植物生态处理或植物生态修复。在沉沙池(无沉沙池水库群,可在引黄水入库处)建人工湿地生化处理系统,大量种植适合当地的芦苇、蒲草等水生植物,利用自然地理和人工湿地相结合技术处理入库水体,消耗水中富营养化物质,削减入库污染总量。同时,芦苇、蒲草等水生植物对重金属离子也有较好的吸收作用,通过收割芦苇、蒲草达到净化水库水体的目的。

（3）合理放养草鱼、鲢鱼及鳙鱼等鱼类,解决浮游植物特别是藻类污染问题。油田水库建库时间长,营养物质在库内富集,浮游生物生长迅速,如果不能很好利用,将会自然死亡,恶性循环,从而造成富营养化和水质二次污染。按照生态平衡原理,合理投放食用不同浮游生物的鱼种进库,进行生态修复,用产品的形式让富营养物质出库,既能清洁水库,又能收获渔产,可以做到一举两得。近几年,我们通过投放鲢鱼、鳙鱼等滤食性鱼类,在水库生态修复方面做了一些有益尝试,收到一定效果。

（4）利津、辛安、民丰水库群由于建库时间长,无沉沙设施,水库淤积严重,水体自净能力弱,大量的淤积泥沙对水库的正常运行构成了潜在的威胁,消除这种潜在威胁的主要方法是排沙清淤。通过排沙清淤一方面可以增大水库蓄水量;另一方面,将沉积物中的营养物质、重金属等污染物质从水体中彻底清除,减少二次污染。

6 结论

（1）本文通过对引黄水质与黄河三角洲平原型水库水质的对比研究,得出水库水质的变化主要是由水源系统的特点、水停留时间、水库周转水量及引黄水质引起的。

（2）受停留时间、周转速度、水源系统特点等多方面因素影响,水库水体中的藻类、高锰酸盐指数、化学需氧量、五日生化需氧量、溶解氧、硝酸盐氮、细菌总数、大肠菌群等有明显的季节性变化规律。

（3）水库水质受水停留时间、蓄水深度影响较大,民丰水库水停留时间短,蒸发浓缩,底泥释放能力弱,各项指标与引黄水质较为接近,氮磷平均比(83:1)接近于引黄水质(85:1);纯化水库蓄水深度大,自净能力强,高锰酸盐指数、氨氮、藻类总数含量低。

（4）采取综合治理方式改善水库水质,根据水源水质变化规律建立水源地水资源保护体系,采取工程措施调水,加快水源周转速度,增大蓄水量,提高水环境容量和水体自净能力。通过水草捕捞,科学合理放养草鱼、鲢鱼等鱼类以及种

156

植芦苇、蒲草等水生植物,利用自然地理和人工湿地相结合的技术对水库水质进行修复,达到《地表水环境质量标准》Ⅲ类水体要求。

参 考 文 献

[1] 贾瑞宝,周善东,等.城市供水藻类污染控制研究[M].济南:山东大学出版社,2006.
[2] 乔光建.朱庄水库水质时空变化规律分析[J].水科学与工程技术,2003(1).
[3] 赵可夫,等.黄河三角洲不同生态型芦苇对盐度适应生理的研究[J].生态学报,2000(5).
[4] 雷衍之.淡水养殖水化学[M].南宁:广西科学技术出版社,1992:42 – 76.

黄河三角洲自然保护区植被
格局时空动态分析

宋创业[1,2]   刘高焕[1]

（1. 中国科学院地理科学与资源研究所；

2. 中国科学院研究生院）

摘要：本文以 1986 年、1993 年、1996 年、1999 年、2005 年五期 Landsat TM 影像为数据源，采用监督分类与非监督分类方法，结合野外植被调查数据，对黄河三角洲自然保护区的植被进行分类，获取黄河三角洲自然保护区的植被图。然后运用景观生态学中的景观指数来描述植被格局的变化，选择的景观指数包括类别所占百分比（Class percent of landscape）、类别面积（Class area）、斑块数量（Number of patch）、斑块平均面积（Mean patch size）、大斑块指数（Largest patch index）、面积加权平均形状指数（Area weighted mean shape index）等 6 个指标，对黄河三角洲自然保护区的植被格局时空动态进行了分析，并计算了植被变化速率。研究结果表明，植被覆盖区域的面积减少，植被斑块数量增加，斑块平均面积减小，植被格局向斑块化、细碎化发展。黄河来水量的减少以及人为活动的干扰对植被格局的变化有重要影响。

关键词：黄河三角洲   植被格局   遥感   GIS 分析   时空动态

植被作为生产者，在地面覆被类型中占有重要的位置。植被通过分布、生产力、群落结构和演替等多方面响应气候变化并指示着气候变化的幅度，是全球气候变化和生物地球化学循环等大尺度生态学问题研究的重点。近年来，IPCC 一直强调加强气候变化区域响应研究的重要性，因为区域尺度上深入系统的研究是认识全球气候变化对区域和全球人类生存环境影响的基础（黄秉维，1993）。而植被变化本身就是区域乃至全球变化研究的一个重要方面，植被动态研究在全球变化研究中占有相当大的比例（Nemani et al. , 1993；Duncan et al. , 1993）。

传统的植被研究方法为实地考察，这种方法耗时长、效率低，尤其不适于大范围和难以到达地区的调查（Cannel 和 Jackson，1985；Eriksson et al. ,1994）。相比之下，遥感方法具有费用低、速度快、效率高的特点，并且不但可以调查植被的现状，还可以监测其变化，预测其未来，在植被动态研究中得到了广泛应用。遥感信息源（MSS、TM、SPOT、NOAA AVHRR 等）在时间、空间序列上的连续性及宏观效应，为应用遥感技术进行植被动态监测提供了有利条件（Ardo,1997）。

植被遥感手段的连续性、真实性、实时性和动态性深受业界人士肯定,大量有关植被遥感的研究工作在国内外展开(Ardo, 1992;Anderson et al., 1993;Ahern et al., 1991;Zhuang et al.,1993)。

黄河三角洲位于渤海湾南岸和莱州湾西岸,处于大气、河流、海洋、陆地等多种动力系统共同的作用带上,是多种物质、能量体系交汇的界面,造就了其生态系统易变性、不稳定性和脆弱性(叶庆华等,2004)。黄河三角洲陆地形成时间较晚,地下水位、土壤含盐量及养分含量变化较快(关元秀等,2001)。自然植被多为耐盐的草本植物和灌木,植被的空间分布没有明显的经向或纬向分异规律(李元芳,1991;赵善伦等,1995)。生态演替系列短,生态系统结构比较简单,自身存在着先天不稳定性与敏感性(李栓科,1989)。同时黄河三角洲地区自然资源丰富,是山东省农业、石油和海洋开发的重点地区,在开发过程中,尤其是农业开发中,人类对黄河三角洲生态系统的干预日益增强(张高生等,2000),因此自然环境的演化和人类的干涉导致三角洲自然植被格局发生着迅速的演化。

本研究利用遥感技术和地理信息系统,结合野外植被考察,以黄河三角洲国家级自然保护区的植被为研究对象,分析了该区1986~2005年植被格局的变化,并对其变化的原因进行分析,以期为该地区湿地资源的合理利用及可持续发展等提供科学依据。

1 研究区概况

黄河三角洲国家级自然保护区位于山东省东营市的黄河入海口处,北临渤海,东靠莱州湾,地理坐标为东经118°33′~119°20′,北纬37°35′~38°12′(见图1)。自然保护区总面积为153 000 hm²。黄河入海口在自然保护区境内,黄河挟带大量泥沙入海,使黄河三角洲自然保护区的面积在逐年增大,是世界上土地面积自然增长最快的、成陆最年轻的自然保护区。

气候特点:黄河三角洲自然保护区属暖温带季风型气候区,主要特点是季风影响显著,四季分明,冷热干湿界限明显,春季干旱多风回暖快,夏季炎热多雨,秋季凉爽多晴天,冬寒少雪多干燥等,具明显的大陆性气候特点。年均温12.3℃,极端最高温度41.9℃,极端最低温-23.3℃,年均无霜期199 d,年均降水量为542.3 mm,蒸发量为1 926.1 mm,蒸降比为3.6:1。

土壤特点:黄河三角洲国家级自然保护区土壤的形成发育是在三角洲成陆过程中,不断受到黄河改道、海水侵袭潜浸润等多种因素的影响,使保护区内的土壤形成了以潮土和盐土为主的土壤类型。

本区属北温带落叶阔叶林带,森林覆盖率约为4%,自然植被为草甸植被,尤以盐生草甸占显著地位,群落优势种主要有白茅(Imperata cylindrica)、芦苇

（*Phragmites australis*）、獐毛（*Aeluropus sinensis*）、翅碱蓬（*Suaeda heteroptera*）等，还有一大批经济、灌木树种和野生植物有待开发利用。

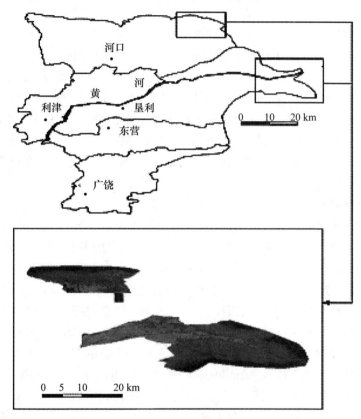

图1　研究区位置

2　数据获取和处理

2.1　数据

本研究采用的数据包括：1986 年、1993 年、1996 年、1999 年、2005 年的五期 Landsat TM 影像；覆盖黄河三角洲地区的 1∶5 万地形图；2000～2006 年获取的植被调查数据。

2.2　分类前准备

对数字图像进行必要的拉伸和增强处理，以提高图像的可判读性。用 1∶5 万地形图对数字图像做地理校正，选取了 25 个地面控制点（GCP），在误差小于 1 m 的条件下，用双线性内插法对图像进行 30 m 重采样。从校正好的影像上以自然保护区的矢量图切出覆盖研究区的子域，以便减少数据量，提高处理速度。

2.3 影像分类方法及分类后处理

先对合成影像进行非监督分类,用分类结果生成模板,作为监督分类的初始模板。在此基础上,增加新训练样区,删除不具有代表性的训练样本,合并同一类地物的训练样本,反复试验,达到提取有用信息的目的。

遥感影像的监督分类和非监督分类执行时,所依赖的标准仅仅是光谱值上的差异,而没有其他的空间信息以及地物自身特征信息,因此分类结果中总会存在一定程度的误分和混分的情况,所以还要对分类后图像进行分类后处理。针对分类结果中产生的一些面积很小的图斑和孤点,我们应用 GIS 分析功能中的聚类统计(Clump)和去除分析(Eliminate)将小于 3 个像元的图斑合并到相邻的最大类中。最后参考在 2000～2006 年之间做的野外考察数据结合目视判读,对分类结果进行检验,对于明显误分的地物进行手动赋值。

2.4 精度评价

精度评价是指比较实地数据与分类结果,以确定分类过程的准确程度。最常用的精度评价方法是基于误差矩阵(Error Matrix)的方法,误差矩阵是一个 N 行 × N 列矩阵(N 为分类数),用来简单比较参照点和分类点。矩阵的行代表分类点,列代表参照点,主对角线上的点为分类完全正确的点。对分类图像的每一个像素进行检测是不现实的,需要选择一组参照像素,参照像素必须随机选择。我们采用分层随机采样法,对常规监督分类和综合分类的结果进行评价。监督分类结果评价中选择了 191 个样点,且保证每类地物不少于 15 个样点;综合分类结果选择了 120 个样点,保证每类有 10 个以上的样点。将遥感影像数据目视判读结果和野外调查数据作为真实数据,用基于误差矩阵的精度评价方法,对分类结果进行评价。结果表明,分类精度在 85% 左右,Kappa 系数均达到最低允许判别精度 0.7 的要求(Lneas 和 Frans J M,1994)。

3 植被格局时空变化分析

本文研究中采用景观生态学中的景观指数来描述植被格局的变化,选择的景观指数包括类别所占百分比(Class percent of landscape)、类别面积(Class area)、斑块数量(Number of patch)、斑块平均面积(Mean patch size)、最大斑块指数(Largest patch index)、面积加权平均形状指数(Area weighted mean shape index)等 6 个指标。通过 Fragstats3.3 景观分析软件实现上述指数的运算。在计算景观指数的同时,计算了植被变化速率:

$$P = \frac{100}{t_2 - t_1} \ln \frac{A_2}{A_1}$$

式中:P 表示植被变化速率;A_1、A_2 分别表示在 t_1、t_2 时刻的植被覆被面积。

4　结果与分析

4.1　遥感影像分类结果

参照《山东植被》和《黄河三角洲自然保护区科学考察集》将黄河三角洲自然保护区土地覆被分为 7 种类型(见图 2 ~ 图 6):刺槐群落(*Ass. Robiniapserd oacacia*)、柽柳群落(*Ass. Tamarix chinensis*)、芦苇群落(*Ass. Phragmites australis*)、翅碱蓬(*Ass. Suaeda heteroptera*)、农田、裸地、水域。各类型的含义如下。

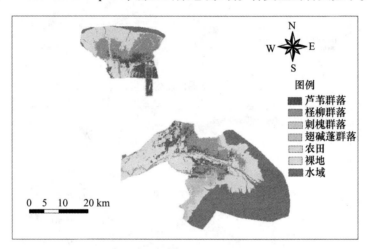

图 2　1996 年遥感影像分类结果

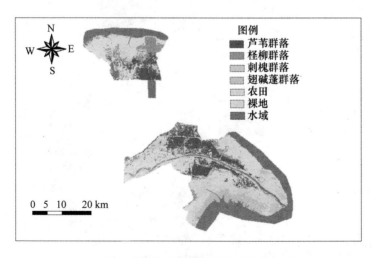

图 3　1992 年遥感影像分类结果

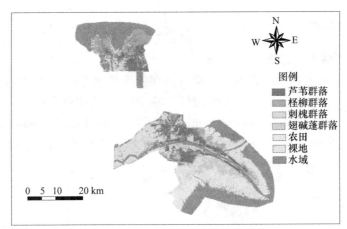

图4　1996 年遥感影像分类结果

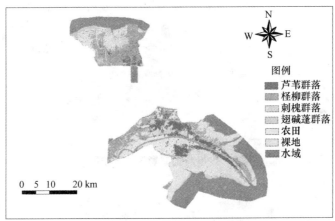

图5　1999 年遥感影像分类结果

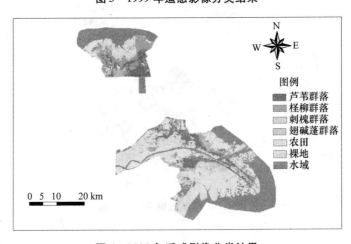

图6　2005 年遥感影像分类结果

刺槐群落:刺槐林主要分布于河成高地上,大部分为人工造林形成。

柽柳群落主要分布于潮间带以上,与翅碱蓬群落、芦苇群落呈复区分布或交错分布,土壤多为滨海盐土,地面开始抬高,地下水埋深 1.5~2.5 m。群落总盖度变化很大,低者仅有 5%,高者可达 100%,一般 65% 左右,建群种为中国柽柳。群落种类组成也有很大差异,少则 2~3 种,多者达 10 余种,主要有柽柳、翅碱蓬、芦苇、羊角草(*Lindernia angustifolia*)、鹅绒藤(*Cynanchum sibiricum*)、狗尾草(*Herba Setariae*)、獐毛(*Aeluropus sinensis*)、二色补血草(*Limonium bicolor*)等,群落高度一般 110 cm 以上。

翅碱蓬群落是淤泥质潮滩和重盐碱地段的先锋植物,向陆可与柽柳群落呈复区分布,地势一般比较低洼。地下水埋深一般 0.5~3.0 m 或常有季节性积水,土壤多为滨海盐土或盐土母质,土壤盐分较重。群落总盖度因土壤含盐量和地下水埋深的变化而有很大差异,在滩涂和轻度盐渍土环境常零星分布,群落盖度不足 5%;而在盐分含量较高的环境中则常常形成翅碱蓬纯群落,盖度可达100%。群落种类组成比较单调,一般仅 2~3 种,主要是柽柳和芦苇,群落高度15~50 cm。

芦苇群落的生态适应幅度极广,在黄河三角洲有沼生芦苇群落和盐生芦苇群落。沼生芦苇群落广泛分布于河口湿洼地和滨海沼泽地,群落生境都有季节性积水现象。芦苇高 120~150 cm,盖度 85%~98%,为芦苇纯群落,伴生种类很少,主要有翅碱蓬、二色补血草和柽柳。

农田包括水田和旱田;裸地主要为潮滩以及一些无植被区域;水域包括水库、河流、盐田和养殖场水体等。

4.2 植被格局动态

首先对植被的总面积、斑块数量和斑块平均面积进行了分析。综合图 7~图 10 可以看出,从 1986 年到 2005 年,植被面积均减少。与 1986 年相比,2005年植被覆被的面积减少了 14 851.31 hm²,平均每年植被面积减少 0.54%,植被覆被所占的百分比从 33.35% 下降到 23.27%(见图 8)。植被空间格局分析表明,植被分布斑块的数量(见图 9)从 1986 年的 4 103 个增加到了 2005 年的8 078 个,平均每个斑块的大小从 112 hm² 下降到 21 hm²(见图 10)。

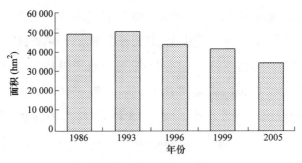

图 7　植被面积变化（1986～2005 年）

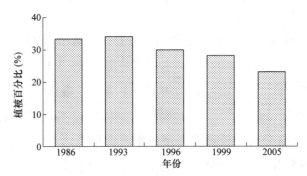

图 8　植被百分比变化（1986～2005 年）

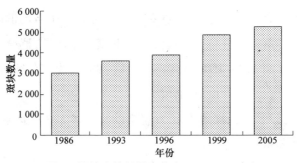

图 9　植被斑块数量变化（1986～2005 年）

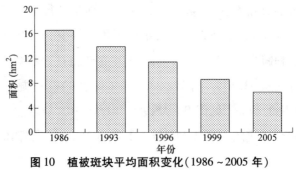

图 10　植被斑块平均面积变化（1986～2005 年）

4.3　各种植物群落分布格局变化分析

　　刺槐群落、柽柳群落、芦苇群落和翅碱蓬群落是黄河三角洲自然保护区四种分布最为广泛的植被类型，其分布区的环境因子差异较大(如地下水位、地下水的含盐量等)，因此自然环境的变化对其分布格局的影响也是不一致的。从表1～表4可以看出，刺槐群落的面积在1993年达到最高，为5 620.41 hm²，在随后则出现不同程度的下降，到2005年降到2 775.31 hm²；刺槐群落分斑块数量在1996年和1999年下降，而在2005年增长至965个，其平均每个斑块的面积在1996年和1999年上升，而2005年也明显下降，呈现破碎化趋势。所占植被覆被面积的比例、大斑块指数和面积加权形状指数也出现不同程度的下降。柽柳群落的面积、平均斑块面积、所占比例、大斑块指数和面积加权形状指数均呈上升趋势，而斑块数量则明显下降。对于芦苇群落，除了斑块数量上升以外，其余各个指标明显下降；翅碱蓬群落的斑块数量上升，而其余各指标均下降。

表1　刺槐群落分布格局变化(1986～2005年)

年份	面积 (hm²)	斑块数量	斑块平均面积 (hm²)	植被所占 百分比(%)	大斑块指数	面积加权平 均形状指数
1986	2 477.43	326	7.59	1.68	0.52	286.31
1993	5 620.41	687	8.18	3.82	0.69	368.11
1996	2 413.53	118	20.45	1.64	0.27	227.42
1999	3 112.92	226	13.77	2.12	1.21	110.88
2005	2 775.31	965	2.88	1.89	0.18	54.3

表2　柽柳群落分布格局变化(1986～2005年)

年份	面积 (hm²)	斑块数量	斑块平均面积 (hm²)	植被所占 百分比(%)	大斑块指数	面积加权平 均形状指数
1986	27 325.08	1 417	19.28	18.58	7.72	7 515.03
1993	9 680.67	1 420	6.81	6.58	2.16	1 152.83
1996	11 117.79	1 417	7.85	7.56	2.17	1 162.13
1999	26 465.76	1 692	15.64	17.99	7.63	6 733.58
2005	13 864.94	1 539	9.01	9.43	4.39	3 243.4

表3　芦苇群落分布格局变化(1986～2005年)

年份	面积 (hm²)	斑块数量	斑块平均面积 (hm²)	植被所占 百分比(%)	大斑块指数	面积加权平 均形状指数
1986	13 623.93	1 073	12.7	9.26	2.32	1 306.18
1993	21 337.65	919	23.22	14.51	4.26	3 179.04
1996	19 463.58	1 159	16.79	13.23	4.29	3 468.03
1999	11 794.41	1 078	10.94	8.02	1.26	906.31
2005	13 202.01	1 277	10.34	8.98	1.72	1 162

表4 碱蓬群落分布格局变化(1986～2005 年)

年份	面积 (hm²)	斑块数量	斑块平均面积 (hm²)	植被所占 百分比(%)	大斑块指数	面积加权平 均形状指数
1986	5 629.32	158	35.63	3.83	1.82	1 685.22
1993	13 568.94	586	23.15	9.23	6.46	6 718.59
1996	10 921.86	1 193	9.16	7.43	3.51	2 607.09
1999	10 199.43	1 854	5.5	6.93	0.77	242.12
2005	4 362.19	1 471	2.97	2.97	0.69	3.5

5 讨论

黄河三角洲位于黄河入海口,是黄河挟带的大量泥沙在入海口处沉积所形成,黄河的来水量对黄河三角洲自然环境的演变以及植被格局的动态有着重大的影响(田家怡和王民,1997)。

黄河来水量的变化受制于自然因素和人类活动因素。从自然角度来看,黄河流域气候差异大,大部分地区属于干旱、半干旱地区,面积约为 65 万 hm²,占流域面积的88%,东部半湿润地区面积约9万 hm²,占流域面积的 12%左右。在这种不利的气候条件控制下,流域降水量偏少,年均降水量仅467 mm。黄河径流主要源于降水,这决定了黄河水资源的先天不足。水资源时空分布不均,年际变化大(崔树强,2002)。

近年来,全球气候趋于变暖,黄河流域的降水量也随之减少。据统计资料分析,黄河水资源的主要产流区在兰州市以上地区,多年平均降水量为 488 mm。20 世纪 80 年代减少为 458 mm,比多年平均值降低了 6%,而中游河段 80 年代的降水量比多年平均值低 5%。全球气温升高,地表土壤含水量少,降水后的地表下渗加大,削减了地表产流量,造成黄河径流减少(李海民,1999)。

黄河流域水土流失严重,水土流失使河流含沙量增加,河道淤高,水流流速减缓。因为河床组成为松散堆积物,空隙率很大,而河床高程高于沿岸地表高程,水压差大,水流下渗随着流速的减缓而增大,所以水流下渗量沿流向逐渐增加。缓慢的水流使得同体积的水流在太阳下暴露的时间延长,加大了河道表面的蒸发量;另一方面,下渗到沿岸地表的水流又被强烈的蒸发作用所蒸发,这样就形成了一个恶性循环。由于河床的淤高,中下游流域的水流无法汇入到黄河干流,使黄河中下游干流水量进一步减少(王爱军和朱诚,2002)。

黄河途经的9省(市)的工农业生产和居民生活用水大部分以黄河为主要水源。黄河流域城市人口高速增长,工业用水与生活工业用水保持着12% ～12.5%的增长率。农业灌溉用水也大幅度增加。所以,黄河中上游地区用水量的增加减小了黄河径流量（崔树强,2002）。黄河中游是严重的水土流失区。自20世纪60年代以来进行了大规模的水土保持,而且有了明显的减沙效果。产生减沙效果的同时也减少了入黄水量。

综上所述,自然环境的变化与人类活动共同作用造成了黄河径流量的减少,黄河径流量的减少导致直接渗入补给黄河三角洲地下水水量减少,地下水位下降。芦苇、翅碱蓬等湿生植物分布区的地下水位较高(吴志芬和赵善伦等,1994),地下水位的下降造成适宜芦苇、翅碱蓬等分布的区域减少,芦苇群落和翅碱蓬群落的分布区面积减小,斑块数量增加,斑块平均面积减小,生境向斑块化、细碎化方向发展。而柽柳群落分布区的地下水位较低,地下水位的下降形成了更多适合柽柳生长的区域,所以柽柳群落分布区的面积、斑块面积以及所占的百分比均增大。

黄河三角洲地区自然资源丰富,是山东省农业、石油和海洋开发的重点地区。近年来,随着当地经济的发展,人口数量也急剧上升,人类活动对黄河三角洲生态系统的干预日益增强(张高生等,2000),必然对黄河三角洲自然植被格局产生一定的影响。

参 考 文 献

[1] Ardo J et al. Satellite – based estimations of coniferous forest cove changes: Krusne Hory, Csech Republic[J]. Ambio, 1997, 26 (3):158 – 166.

[2] Ardo J. Volume quantification of coniferous forest compartments using spectral radiance recorded by Landsat Thematic Mapper[J]. Int. J. Remote Sensing,1992,13:1779 – 1786.

[3] Anderson G L, Hanson J D, Haas R H. Evaluating Landsat Thematic Mapper derived vegetation indices for estimating above-ground biomass on semiarid rangelands[J]. Remote Sens. Environ. 1993,45: 165 – 175.

[4] Ahern F J, Erdle T, Maclean D A, et al. Aquantitative relationship between forest growth rates and Thematic Mapper reflectance measurements[J]. Int. J. Remote Sensing,1991,12: 387 – 400.

[5] Cannel M G R, Jackson J E. Attributes of trees as crop plants. Natural Environment Research Council, Great Britain, 1985. 592.

[6] Dymond J R, Stephens P R, Newsome P F, et al. NPercentage vegetation cover of a degrading rangeland from SPOT[J]. Int. J. Remote Sensing,1992,13, 1999 – 2007.

[7] Duncan J, Stow D, Fanklin J,et al. Assessing the relationship between spectral vegetation indices and shrub cover in the Jornada Basin, New Mexico[J]. Int. J. Remote Sensing, 1993,14:3395 – 3416.

[8] Eriksson L, Lacaze J F, Noack D,et al. Forestry, Wood and Wood – based Products, Pulp

and Paper. European Commission. EUR15922EN, 1994:315.

[9] Lneas I F J, Frans J M. Accuracy assessment of satellite derived land—cover data:A review [J]. Photo grammetric Engineering & Remote Sensing,1994.60(4):410 – 432.

[10] Nemani R, Pierce L, Running S. Forest ecosystem processes at the watershed scale: Sensitivity to remotely-sensed Leaf Area Index estimates. Int. J. Remote Sensing,1993, 14:2519 – 2534.

[11] Zhuang H C, Shapiro M, Bagley CF. Relaxation vegetation index in non-linear modelling of ground plant cover by satellite remote-sensing data. Int. J. Remote Sensing, 1993, 14:3447 – 3470.

[12] 黄秉维.如何对待全球变暖问题.自然地理综合工作六十年——黄秉维文集[M].北京:北京出版社,1993.

[13] 叶庆华,刘高焕,田国良,等.黄河三角洲土地利用时空复合变化图谱分析.中国科学:D辑,2004,34(5):461 – 474.

[14] 关元秀,刘高焕,刘庆生,等.黄河三角洲盐碱地遥感调查研究.遥感学报, 2001, 5(1): 46 – 53.

[15] 李元芳.废黄河三角洲的演变[J].地理研究,1991,10(4):29 – 35.

[16] 赵善伦,叶景敏,吴志芬.孤岛采油厂植被调查[M].济南:山东出版社,1995.

[17] 李栓科.近代黄河三角洲的沉积特征[J].地理研究, 1989, 8(4):45 – 511.

[18] 张高生,等,黄河三角洲自然保护区生物多样性及其保护[J].农村生态环境,1998,14(4):16 – 18.

[19] 崔树强,黄河断流对黄河三角洲生态环境的印象[J].海洋科学,2002(26)7:42 – 46.

[20] 李海民,黄河断流的成因分析[J].陕西师范大学学报, 1999,27(3):122 – 144.

[21] 田家怡,王民,窦洪云,等.黄河断流对三角洲生态环境的影响与缓解对策的研究[J].生态学杂志,1997,16(3):39 – 44.

[22] 王爱军,朱诚.黄河断流对全球气候变化的响应[J].自然灾害学报,2002,11(2):103 – 107.

三角洲黄河干流水资源保障条件研究

张建军　黄锦辉　闫　莉　郝岩彬　程　伟

（黄河水资源保护科学研究所）

摘要：黄河三角洲约90%的水资源需求量依赖黄河供给。由于大堤的约束，三角洲黄河干流河段两岸没有排污口和支流汇入，水体水质主要取决于其上游小浪底水库下泄水量、水质及小浪底以下河段沿岸排污状况。本研究以利津断面的水质代表三角洲黄河干流水质，对小浪底至利津河段6个重要断面进行了水质评价、水质沿程变化分析以及利津断面水质保障条件论证，研究结果表明，在现有排污条件下，当小浪底下泄流量达到230 m³/s以上时，利津断面水质保证率为82%；小浪底下泄水质不超过IV类水质时，利津断面III类水质保证率均在80%以上；当利津断面水量大于或等于88 m³/s时，水质保证率达到87%。

关键词：黄河　三角洲　小浪底　利津　水量　水质

黄河三角洲地区径流和地下水资源量极其有限，约90%的水资源需求量依赖黄河供给，黄河来水水质、水量直接影响着该地区的工农业生产和国民经济发展，因此明确三角洲黄河干流水资源保障条件，保证其水质目标的实现，对三角洲地区的经济社会可持续发展具有重要意义。

1　研究河段概况

根据黄河水功能区划，三角洲黄河干流河段包括河口保留区和黄河山东开发利用区的部分河段，水质目标为III类水质。该河段由于大堤的约束，两岸没有排污口和支流汇入，水质主要取决于其上游的小浪底水库下泄水量、水质及小浪底以下河段沿岸排污状况，因此本次研究河段范围上至小浪底断面，下至黄河入海口。

小浪底以下河段位于小浪底大坝至入海口，全长895.7 km，是典型的游荡性河道，摆动频繁，泥沙含量高，淤积严重，河道险工多。小浪底至花园口是黄河由山区进入平原的过渡河段，由桃花峪附近黄河流域收口，下游河床抬高，河床高出大堤背河地面3～5 m，形成悬河。

该区间主要有伊洛河、沁河、汜水河、蟒河、天然文岩渠、金堤河等支流汇入，其中伊洛河、沁河污染严重，输污量较大，对该河段水环境影响严重。

2 研究方法的确定

利津断面是黄河入海前的最后一个监测断面,且其下游没有排污口,因此该断面水质可以代表三角洲水质。为探寻满足三角洲黄河干流水功能区划Ⅲ类水质目标的保障条件,必须明确在现有排污状况下,利津断面水质、水量与小浪底下泄水质、水量的响应关系。

本研究利用研究河段内小浪底、花园口、高村、艾山、泺口、利津6个常规断面2002年11月~2005年10月水质监测资料,选取pH值、溶解氧、高锰酸盐指数、COD_{Cr}、BOD_5、氨氮、挥发酚、氟化物、石油类等9项参数作为评价因子,对各断面各月、汛期、非汛期、全年分别进行评价。

在水质评价的基础上,利用统计学原理,对利津断面进行水质论证,详细考察了小浪底下泄水量、水质对利津断面水质的影响,进而提出了确保利津断面水质目标的具体要求。

3 研究河段水质评价

3.1 水质评价结果

对黄河干流小浪底至利津6个断面水质状况进行评价,结果见表1。

水质评价结果显示,研究河段汛期水质相对较好,除花园口断面以外,其他断面水质均满足Ⅲ类标准;非汛期水质较差,沿程各断面均为Ⅳ类水质,利津断面水质不能满足水质功能目标;从全年平均情况来看,小浪底、花园口、高村水质为Ⅳ类,高村以下断面水质均达到Ⅲ类标准。

3.2 水质沿程变化

COD、氨氮是研究河段的主要污染因子,因此分别点绘这2个因子汛期、非汛期、年平均浓度沿程变化,以反映研究河段水质沿程变化状况,见图1和图2。

由图1可以看出,COD浓度在小浪底断面较小,至花园口断面时达到最高,这是由于沿途伊洛河、沁河、新蟒河等污染严重支流和排污口的汇入,使得水体COD浓度急剧升高;花园口以下河段属地上"悬河",两岸废污水难以汇入,属自净降解河段,COD浓度逐渐下降,至高村时基本稳定,高村以下河段COD基本保持不变。不同水期COD浓度差别比较明显,非汛期各断面均劣于Ⅲ类水质标准。

由图2可以看出,研究河段氨氮浓度沿程总体呈下降趋势,花园口断面氨氮浓度略高于其他断面。年平均和汛期研究河段氨氮浓度基本可以满足Ⅲ类水质标准;非汛期水质较差,高村及其以上断面氨氮浓度均不满足Ⅲ类水质标准。

总体来看,在不同水期,研究河段水质均以花园口断面最差,花园口以下河段污染物浓度逐渐降低,现有排污状况下,利津断面水质基本可满足Ⅲ类水质标准。

表1　研究河段水质现状评价结果

监测断面	水期	水质类别	主要超标因子
小浪底	汛期	Ⅲ类	
	非汛期	Ⅳ类	COD、氨氮
	年平均	Ⅳ类	COD
花园口	汛期	Ⅳ类	COD
	非汛期	Ⅳ类	COD、氨氮
	年平均	Ⅳ类	COD、氨氮
高　村	汛期	Ⅲ类	
	非汛期	Ⅳ类	COD、氨氮
	年平均	Ⅳ类	COD
艾　山	汛期	Ⅲ类	
	非汛期	Ⅳ类	COD、氨氮
	年平均	Ⅲ类	
泺　口	汛期	Ⅱ类	
	非汛期	Ⅳ类	COD、氨氮
	年平均	Ⅲ类	
利　津	汛期	Ⅲ类	
	非汛期	Ⅳ类	COD、氨氮
	年平均	Ⅲ类	

注:调水调沙期间,高含量泥沙对水质监测有较大的影响,因此评价时剔除了调水调沙的相应月份,共3个月。以下相同。

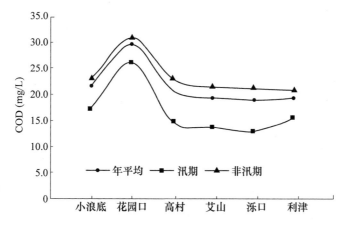

图1　研究河段不同时段 COD 沿程变化

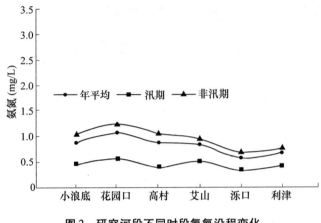

图2　研究河段不同时段氨氮沿程变化

4　利津断面水质保障条件论证

4.1　小浪底下泄水量—利津断面水质响应关系

4.1.1　论证思路

多年监测资料显示,利津断面水质状况与小浪底水库下泄水质、水量关系密切,因此在现有排污条件下,小浪底断面可视为下游河段水质的控制断面。

分析利津断面Ⅲ类水质保障下的小浪底下泄水量条件,可通过小浪底断面流量与相应时段利津水质监测数据对比分析,确定小浪底下泄最低控制流量 $Q_{末}$,若 $Q_{末}$ 对应的水质 C 满足Ⅲ类水质标准,则可确保三角洲黄河干流水质符合标准。论证思路示意图见图3。

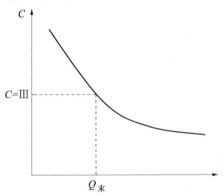

图3　水量保证条件分析思路示意图

4.1.2　分析方法

通过如下步骤确定小浪底下泄最低控制流量 $Q_{末}$。

在这里引入水质保证率的概念,即:将水质评价所利用的3年33个月流量样本按从大到小的顺序排序,按日流量样本序列将各月水质指标监测值与流量对应排列。

对应的水质 – 水量样本里,若在某一流量 Q_1 以上各流量样本均水质达标,对应的水质保证率为 100%;

若在某一流量 Q_2 以上仅一次流量样本水质不达标,对应的水质保证率为 $(n_2 - 1)/n_2 \times 100\%$,$n_2$ 为流量 Q_2 以上流量样本数;

若在某一流量 Q_3 以上有 2 次流量样本水质不达标,对应的水质保证率为 $(n_3 - 2)/n_3 \times 100\%$,$n_3$ 为流量 Q_3 以上流量样本数;

……

若在某一流量 Q_n 以上有 m 次流量样本水质不达标,对应的水质保证率为 $(n - m)/n \times 100\%$,n 为流量 Q_n 以上流量样本数。

4.1.3　论证结果

总体上,利津断面水质与对应小浪底下泄流量具有较好的相关关系,如图 4 所示。当小浪底下泄水量低于 230 m³/s 时,对应水质差,达标率低。现有排污状况下,利津断面总体水质保证率为 76%,当 $Q_{末} \geqslant 230$ m³/s 时,对应的水质保证率为 82%,当小浪底下泄流量低于 230 m³/s 时,利津断面的水质保证率仅为 55%。因此本研究认为,为保证利津断面水质,小浪底断面水量不应小于 230 m³/s。

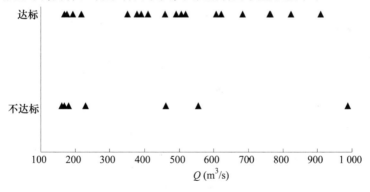

图 4　小浪底下泄水量对应利津断面水质达标情况图

4.2　利津断面水量—水质响应关系

同理可得利津断面对应水量的水质达标情况,如图 5 所示。现有排污状况下,当利津断面水量小于 68 m³/s 时,水质保证率仅为 44%,水量大于或等于 88 m³/s 时,水质保证率达到 87%,因此本研究认为,为保证利津断面水质,则利津断面水量应大于 90 m³/s。

4.3　小浪底下泄水质—利津断面水质

现有排污条件下,当小浪底下泄水质为劣 V 类时,利津断面 Ⅲ 类水质保证率

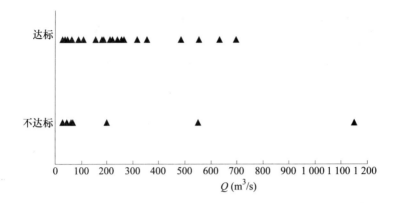

图 5 利津断面对应水量的水质达标情况图

仅为29%,而当小浪底下泄水质不超过Ⅳ类水质时,利津断面Ⅲ类水质保证率达到83%以上。小浪底下泄水质—利津断面水质状况见图6。

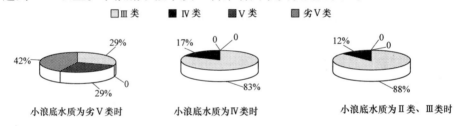

图 6 小浪底下泄水质对应利津断面水质达标情况

5 成果对比

河口生态环境需水研究专题在考虑河口近海鱼类、河口三角洲湿地需要,同时满足河段的水生态和水环境功能需求的条件下,给出了黄河干流小浪底及其以下5个重要水文断面的推荐水量,如表2所示。其中小浪底、利津两断面的最小生态环境流量与本次研究成果非常接近。

表 2 黄河小浪底以下河段生态环境需水量

序号	水文断面名称	适宜水量（m³/s）	最小水量（m³/s）
1	小浪底	450	260
2	花园口	480	300
3	高村	370	140
4	泺口	300	100
5	利津	300	100

6 结语

综上所述,本研究认为,为保证三角洲黄河干流Ⅲ类水质的要求,小浪底下泄水量不应低于230 m^3/s,水质不低于Ⅳ类水质标准,利津断面入海流量不应低于90 m^3/s。

另外,由于黄河小浪底以上河段及小浪底至花园口河段有大量废污水汇入黄河,三角洲仍然存在遭受突发性污染事件污染的可能。因此,建议切实加强黄河河口以上河段水资源保护工作,将该河段入黄污染物控制在水域纳污能力之内。

参 考 文 献

[1] 郝伏勤,黄锦辉,李群. 黄河干流生态环境需水研究[M]. 郑州:黄河水利出版社,2005.

黄河三角洲自然保护区丹顶鹤
生境适宜性变化分析

曹铭昌[1,2]   刘高焕[1]

（1. 中国科学院地理科学与资源研究所资源与环境信息
系统国家重点实验室;2. 中国科学院研究生院）

摘要:基于建立的黄河三角洲自然保护区丹顶鹤生境分布图,考虑人为干扰,选取一系列的景观格局指数,分析 1993~2005 年黄河三角洲自然保护区内丹顶鹤生境变化规律及其原因。结果表明,12 年来,保护区内的人为干扰不断加大,以道路建设干扰最为显著。无论有无人为干扰,1999 年丹顶鹤生境适宜性最差,适宜生境面积大量丧失,生境破碎化严重。无人为干扰时,2005 年生境适宜性要好于 1993 年,而有人为干扰时,则比 1993 年差。导致保护区内丹顶鹤生境丧失及破碎化的主要原因是淡水来源充足及人为活动影响。
关键词:丹顶鹤 黄河三角洲自然保护区 生境适宜性 生境破碎化

1 引言

生境是动物生活和繁殖的场所,生境的优劣对于它们的生存与繁衍非常重要(颜忠诚、陈永林,1998)。近些年来,随着人类活动的加强,地区生态环境发生变化,引起物种生境丧失和破碎化,并导致物种濒危或绝灭,全球物种多样性不断丧失。丹顶鹤是世界上珍稀濒危鸟类之一,被列入国际自然保护联盟濒危物种红皮书并被列为易危物种,是中国的一级保护动物。国际和国内对丹顶鹤的保护和研究从来就没有停止过,其研究涉及繁殖、迁徙、越冬等生长发育各个阶段,主要集中在栖息地选择、繁殖期行为、越冬期行为和领域行为等方面。丹顶鹤是一种湿地鸟类,对人类活动的敏感性决定了它们只能栖息于人类活动干扰较少的湿地上,湿地环境的变化对其生存与繁衍有着重要的影响。黄河三角洲自然保护区内有着丰富的湿地和生物资源,每年吸引着大量水禽(包括丹顶鹤在内)来此繁衍生息。然而自保护区成立以来,由于自然因素和人为因素的影响,区内湿地环境发生了很大变化,丹顶鹤栖息、越冬及迁徙生境也随之发生很大改变。生境的改变对来此栖息、越冬的丹顶鹤有着非常重要影响。因此,本文借助地理信息系统与遥感技术,并结合景观生态学原理,对保护区内丹顶鹤栖息、越冬及迁徙的生境进行分析与评价,并探索引起丹顶鹤生境变化的主要因素,从而为丹顶鹤的保护提供科学依据。

2 研究区概况

黄河三角洲国家自然保护区地处中国山东省东北部的黄河入海口,北临渤海,东靠莱州湾,是以保护黄河口新生湿地生态系统和珍稀、濒危鸟类为主体的国家级自然保护区。保护区始建于 1990 年 12 月,1992 年 10 月经国务院批准为国家级自然保护区,包括现黄河入海口和 1976 年之前黄河入海故道两部分,下辖黄河口、一千二、大汶流 3 个管理站。据统计,保护区总面积为 15.3 万 hm²,其中现行黄河入海口 115 462 hm²,黄河故道处 37 538 hm²。保护区内大面积的浅海滩涂和沼泽,丰富的湿地植被和水生生物资源,为鸟类的繁衍生息、迁徙越冬提供了优良的栖息环境,使之成为东北亚内陆和环西太平洋鸟类迁徙的重要中转站与越冬栖息地。保护区还是东亚鸟类迁飞网络的主要保护区,是东亚 –澳洲涉禽迁徙网络的成员,也是"中国 MAB"生物圈保护区。区内还坐落着我国第二大油田——胜利油田,石油资源的开发强度逐年加大,再加上近年来黄河流量锐减,对保护区内的水禽生境影响很大。

保护区内独特的河口湿地生态系统、丰富的咸淡水资源、较高的生产力,孕育了该地区丰富而又独特的水禽群落,而在众多的水禽中,鹤类资源尤为突出,其中丹顶鹤就是该区种群数量较大的物种之一。该区是目前丹顶鹤越冬的最北限,每年有 200 只左右在此越冬,有 800 只左右迁徙经过,是丹顶鹤越冬和迁徙的重要地区之一,在保护丹顶鹤上具有重要的国际意义(赵延茂、宋朝枢,1995)。丹顶鹤每年秋末 10 月下旬至 12 月上旬,春季 2 月上旬至 3 月上旬数量较为集中,冬季 1 月份也有不少数量在此越冬。

3 研究方法

3.1 数据源及处理

主要的数据来源有 1993、1999、2005 年 3 个时相的 TM 数据,TM 数据通过在 1:5 万地形图上选取控制点进行几何校正,校正后的图像在实地调查的基础上,采用监督分类和非监督分类相结合的方法,辅以目视解译获得本区 3 个时相的土地利用/覆被数据。主要的土地利用/覆被类型有林地、柽柳灌丛、芦苇草甸、芦苇沼泽、翅碱蓬滩涂、柽柳 – 翅碱蓬滩涂、光板滩涂、盐田、虾池、深水水域、农田、居民点、道路等。

3.2 丹顶鹤适宜生境的确定

丹顶鹤为一种湿地物种,以往研究表明,丹顶鹤喜好的生境主要为湿地沼泽、沿海滩涂等人为干扰较小,水源、食物充足的湿地生境类型。因此,基于丹顶鹤的生境需求,以及保护区内土地利用/覆被分布状况,我们将保护区内丹顶鹤生境分为三种类型:适宜生境、次适宜生境、不适宜生境。适宜生境包括芦苇沼泽、低矮柽柳—翅碱蓬滩涂、翅碱蓬滩涂等;较适宜生境包括芦苇草甸、盐田、虾池、光板滩涂等;不适宜生境则包括农田、林地、柽柳灌丛、深水区域等。通过对不同土地利用/覆被类型归类,便可得到丹顶鹤潜在生境分布图(图1)。

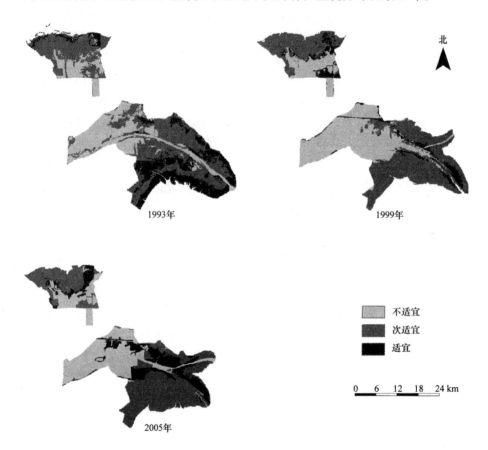

图1 无干扰下丹顶鹤生境适宜性分布图

此外,丹顶鹤对人类活动干扰十分敏感。有研究表明,正常情况下,对于其越冬及迁徙来说,能接近人工建筑物的最近距离分别为:离路为200 m,离油井为300 m(肖笃宁等,2001)。针对这一特点,考虑4种不同人为干扰对丹顶鹤生境的影响,分别为主要道路、乡村道路、居民点,以及农业活动。对主要道路和居民点建立300 m缓冲区,乡村道路和农业活动(农田)建立200 m缓冲区。通过排除不同干扰对丹顶鹤生境的影响,便可得到丹顶鹤的实际生境分布图(图2)。

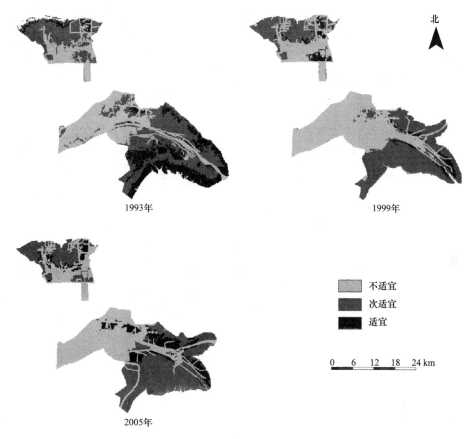

1993年   1999年

北

不适宜
次适宜
适宜

0 6 12 18 24 km

2005年

图2　人为干扰下丹顶鹤生境适宜性分布图

3.3　分析方法

　　基于建立的丹顶鹤生境分布图,结合景观生态学原理与方法,用景观空间格局分析软件 Fragstats 3.0 软件计算相关景观格局指数,对丹顶鹤生境进行分析与评价。本文根据指数之间相互独立的原则,选取了能较好反映各种生境类型景观结构特征的几种常用景观格局指数。其中反映生境面积变化的指数为生境类型总面积(TA);反映生境破碎化程度的是生境类型的斑块数(NP)、斑块密度(PD)、平均斑块面积(AREA_MN)等;反映生境边界形状的指数为平均分维数(FRAC_MN)、周长－面积比分维数(PAFRAC)等;反映生境类型斑块之间隔离程度的是平均斑块最近距离(ENN_MN)。

4　结果与讨论

4.1　丹顶鹤适宜及次适宜生境面积变化分析

　　分别计算 3 个时期人为干扰前后丹顶鹤适宜及次适宜生境面积大小,结果见表1、表2、表3。从表1可知,无人为干扰条件下,12年来保护区内丹顶鹤适宜生境面积及比例呈现先减少后增加的趋势,1993年适宜生境面积为22 661.2 hm²,而1999年适宜生境面积锐减到7 317.5 hm²,2005年则增长到18 796.9 hm²。次适宜生境面积变化不大,但其面积还是以1999年最少,分别比1993、2005年少5 823.2 hm²、3 396.9 hm²。不适宜生境面积也以1999年最多,占整个保护区面积的43.6%。

表1　无人为干扰条件下丹顶鹤不同等级适宜生境面积比较

年份	总面积		适宜生境		次适宜生境		不适宜生境	
	hm²	%	hm²	%	hm²	%	hm²	%
1993	116 700.7	100	22 661.2	19.4	57 152.5	49.0	36 887.0	31.6
1999	103 833.1	100	7 317.5	7.0	51 329.3	49.4	45 186.3	43.6
2005	112 509.3	100	18 796.9	16.7	54 726.2	48.6	38 986.2	34.7

表2　排除人为干扰后丹顶鹤适宜生境面积比较

年份	排除道路干扰			排除农业活动干扰			排除居民点干扰			合计	
	适宜 (hm²)	减少面积 (hm²)	减少率 (%)	适宜 (hm²)	减少面积 (hm²)	减少率 (%)	适宜 (hm²)	减少面积 (hm²)	减少率 (%)	减少面积 (hm²)	减少率 (%)
1993	21 616.3	1 044.9	4.6	21 614.3	2	0.01	21 564.1	50.2	0.2	1 097.1	4.81
1999	4 567.5	2 750	37.6	4 445.7	121.8	1.7	4 435.6	10.1	0.14	2 881.9	39.44
2005	12 149.3	6 647.6	35.4	11 743.2	406.1	2.2	11 707.6	35.6	0.18	7 089.3	37.78

表3　排除人为干扰后丹顶鹤次适宜生境面积比较

年份	排除道路干扰			排除农业活动干扰			排除居民点干扰			合计	
	次适宜 (hm²)	减少面积 (hm²)	减少率 (%)	次适宜 (hm²)	减少面积 (hm²)	减少率 (%)	次适宜 (hm²)	减少面积 (hm²)	减少率 (%)	减少面积 (hm²)	减少率 (%)
1993	50 866.4	6 286.1	11	49 120.6	1 745.8	3	49 076.3	44.3	0.07	8 076.2	14.07
1999	43 264.3	8 065	15.7	42 853.3	411	0.8	42 816.9	36.4	0.07	8 512.4	16.57
2005	47 398.8	7 327.4	13.4	47 245.9	152.9	0.28	47 203.5	42.4	0.08	7 522.7	13.76

从表2、表3可知,由于人为干扰,1993～2005年期间,保护区内丹顶鹤适宜生境减少面积逐年增加,1993年由于人为干扰减少的面积为1 097.1 hm²,1999年为2 881.9 hm²,到2005则增至7 089.3 hm²。3种人为干扰中,道路干扰所占比例最大,由于道路干扰减少面积分别为1 044.9 hm²、2 750 hm²、6 647.6 hm²;居民点的干扰最小,减少比例接近于0,分别为0.2%、0.14%、0.18%。由于人为干扰,三个时期次适宜生境面积减少相差不大,减少面积分别为8 076.2 hm²、8 512.4 hm²、7 522.7 hm²,其中也以道路干扰比例最大,农业活动次之,居民点

最小。

4.2　丹顶鹤生境破碎化分析

从表4、图3可以看出,无论有无人为干扰,保护区内丹顶鹤适宜生境斑块数、斑块密度、平均斑块最近距离均先增加后减少,平均斑块面积则先减少后增加。这表明1993～1999年期间,保护区内丹顶鹤生境破碎化程度加剧,生境斑块相互之间隔离程度大大增加,而1999～2005期间,保护区内丹顶鹤生境适宜性得到很大提高,生境破碎化程度和生境斑块之间隔离程度得以降低。同时也可以看出,每个时期人为干扰下的适宜生境斑块数、斑块密度均比无人为干扰条件下要高,平均斑块面积则反之,且表现出逐年增长的趋势。这表明,人为干扰加剧了保护区内的适宜生境破碎化程度,使适宜丹顶鹤生存的生境越来越破碎化,其中尤以2005年最为显著,由于人为干扰,适宜生境斑块数从38块增加到132块,斑块密度从0.009 1增加到0.031,平均斑块面积则从494.65 hm^2 锐减到88.69 hm^2。此外平均分维数、面积－周长分维数变化表明,从1993～2005年期间保护区丹顶鹤适宜生境斑块形状趋于简单,越来越规则,斑块自相似性增加。干扰条件下比无干扰条件下适宜生境斑块形状更为复杂化,其中也以2005年最为明显。

表4　不同时期丹顶鹤适宜及次适宜生境景观格局指数比较

生境类型		年份	NP	AREA_MN	PD	FRAC_MN	PAFRAC	ENN_MN
干扰前	适宜生境	1993	80	283.27	0.018 3	1.132 6	1.546 3	247.69
		1999	128	57.17	0.031 3	1.112 1	1.563 3	282.03
		2005	38	494.65	0.009 1	1.104 3	1.272 4	231.84
	次适宜生境	1993	141	405.34	0.032 2	1.120 5	1.434 4	157.90
		1999	83	618.43	0.020 3	1.119 2	1.376 4	303.94
		2005	98	558.43	0.023 6	1.079 6	1.221 8	226.90
干扰后	适宜生境	1993	101	213.51	0.021 3	1.112	1.393 9	249.08
		1999	166	26.72	0.040 5	1.088 7	1.351 4	275.97
		2005	132	88.69	0.031	1.075 4	1.196 9	254.92
	次适宜生境	1993	241	203.64	0.050 8	1.094 5	1.296 2	186.58
		1999	209	204.87	0.051	1.075 1	1.255	265.50
		2005	105	449.56	0.024 7	1.070 1	1.163 5	238.20

次适宜生境在无人为干扰下,1993～2005年期间,斑块数、斑块密度均为先减少后增加,平均斑块面积先增加后减少;而在人为干扰下,斑块数、斑块密度一直减少,斑块数从1993年的241块减少到2005年的105块,斑块密度从0.050 8减至0.024 7。平均斑块面积从203.64 hm^2 增至449.56 hm^2。这表明,在无人为干扰下,保护区内丹顶鹤的次适宜生境以1999年最好,而在人为干扰下,则为2005年最好,无论从斑块数、斑块密度还是平均斑块面积来看,2005年丹顶鹤次

适宜生境适宜性均要高于 1993 年与 1999 年。此外,由平均斑块最近距离可以看出,无论存在干扰与否,1999 年斑块之间的隔离程度最大,2005 年次之,1993 年最小。平均分维数、面积－周长分维数变化表明,丹顶鹤次适宜生境形状也趋于简单,变化趋势与适宜生境形状变化大体相同。

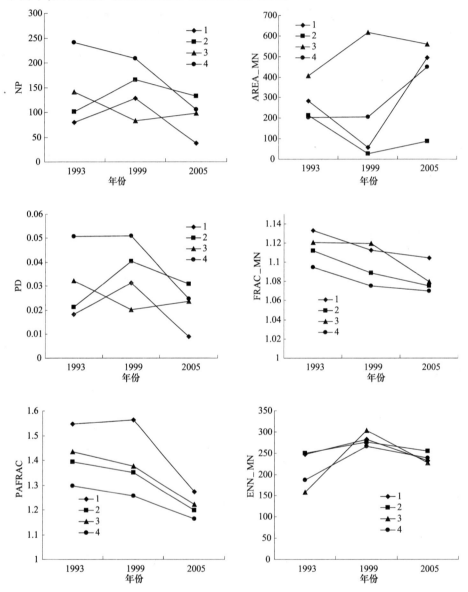

图 3　不同时期丹顶鹤适宜及次适宜生境景观格局指数比较

1. 无干扰下的适宜生境；2. 有干扰下的适宜生境；
3. 无干扰下的次适宜生境；4. 有干扰下的次适宜生境

综上所述,总体来看,无论有无人为干扰,1999 年保护区内的丹顶鹤生境适宜性最差,适宜生境面积最少,生境破碎化程度最高。无干扰条件下,2005 年丹顶鹤生境适宜性好于 1993 年,有干扰条件下则正好相反。这表明,2005 年保护区内人为干扰显著强于 1993 年,这也导致丹顶鹤生境适宜性的急剧恶化。

4.3 讨论

影响及驱动黄河三角洲自然保护区丹顶鹤生境适宜性变化的原因主要有两方面:一方面是自然因素影响,另一方面则是人类活动影响。自然因素主要是淡水因子,而引起淡水状况变化最主要的原因便是黄河断流,黄河断流直接影响到丹顶鹤赖以生存的湿地生态系统的淡水水源的补给。自 1972 年黄河首次出现断流现象到 1999 年的 28 年中,有 22 年出现断流,尤其 90 年代以来,黄河持续发生断流,断流时间不断延长,断流时间最长的一次是在 1997 年,利津站断流天数长达 226 天(杨立凯,2005)。从表 5 可以看出,自 1993 年以来,黄河断流逐年加重,尤其从 1995~1998 年,黄河断流天数都在 100 天以上。持续恶化的黄河断流不仅造成 1993~1999 年期间保护区内湿地功能退化,湿地面积萎缩,而且促使丹顶鹤适宜生境面积日趋减少,生境破碎化程度不断加大,虽然 2002 年保护区开始实施湿地生态恢复工程,使得大量退化湿地得以恢复,丹顶鹤的适宜生境大大增加,但是由于人类活动的加强,丹顶鹤生境质量并没有恢复到 1993 年的水平。

表 5　90 年代利津水文站黄河断流天数统计

年份	1991	1992	1993	1994	1995	1996	1997	1998	1999
断流天数	16	82	61	75	122	132	226	142	42

人类活动主要通过石油开发和农田开垦两方面对丹顶鹤生境造成影响。黄河三角洲坐落着中国第二大油田——胜利油田,丰富的石油资源和巨大的经济开发价值使其成为我国重要的油气开发基地。石油开发与自然保护等多重价值在同一时空条件下的相互冲突成为这一区域的鲜明特色。由于石油开发,必然会进行道路、居民地、工业建筑、油井设施等的建设,1993 年以来,保护区内新增道路 268 km(包括主要道路和乡村道路),油井数量增加了 236 座。这些人工设施的建成促使丹顶鹤的生境日趋破碎化,适宜丹顶鹤生存的生境越来越少,生境面积越来越小。此外,保护区内的农业开垦面积由 1993 年的 15 363 hm² 增加到 2005 年的 56 419 hm²,农田开垦活动使得这种丹顶鹤生境破碎化趋势进一步加剧。因此,如何协调区域经济发展、资源开发与野生动物生境保护矛盾是该地区迫切需要解决的问题之一。

综上所述,保护区内淡水因子变化是丹顶鹤生境变化的内在驱动力,淡水资源是否充足决定着丹顶鹤生境面积大小、生境破碎化程度高低、生境适宜性好坏。此外,人类活动强度的大小则外在地促使这种趋势进一步改善或恶化。

参 考 文 献

[1] 颜忠诚,陈永林.动物生境选择[J].生态学杂志,1998,17(2):43-49.

[2] Burkey T V. Extinction rates in archipelagoes: implications for population in fragmented habitats. Conservation Biology, 1995(9):527-541.

[3] Wilcove D S, Dubow J, Philips A, et al. Quantifying threats to imperiled species in the Unite States. B ioScience,1998, 48:607-615.

[4] Laurance W F, Lovejoy T E, Vasconcelos H L, et al. Ecosystem decay of Amazonian forest fragments: a 22 year investigation. Conservation Biology, 2002, 16:605-618.

[5] WCMC. IUCN Red List of Threatened Animals. IUCN, Gland, Switzerland. 1994.

[6] SSCPIUCN. IUCN Red List of Categories. IUCN, Gland, Switzerland. 1994.

[7] Collar N J, Crosby M J, Stattersfield AJ. Birds to Watch 2: The World List of Threatened Birds. Cambridge, UK: Birdlife International (Birdlife Conservation Series No. 4), 1994, 74.

[8] 李枫,杨红军,张洪海,等.扎龙湿地丹顶鹤巢址选择研究[J].东北林业大学学报, 1999,27(6):57-60.

[9] 马志军,刘希平.盐城生物圈自然保护区丹顶鹤栖息地的变化及其适应性[J].中国生物圈保护区,1998,5(2):5-8.

[10] 李文军,王子健,马志军,等.盐城自然保护区丹顶鹤越冬栖息地的分布研究[J].中国生物圈保护区,1997,4(3):3-7.

[11] 万冬梅,高玮,王秋雨,等.生境破碎化对丹顶鹤巢位选择的影响[J].应用生态学报, 2002,13(5):581-584.

[12] 刘振生,仇福臣,李晓民,等.扎龙自然保护区丹顶鹤繁殖期的个体行为[J].东北林业大学学报,2001,29(6):92-95.

[13] 张培玉,李桂芝.丹顶鹤的越冬地特点与保护研究[J].生物学杂志,2001,18(2):9-10.

[14] 李文军,王子健.丹顶鹤越冬栖息地数学模型的建立[J].应用生态学报,2000, 11(6):839-842.

[15] 刘白.江苏盐城海滩涂越冬丹顶鹤的数量分布[J].生态学报,1990,10(3):284-285.

[16] 李方满,李佩.丹顶鹤与白枕鹤的领域比较研究[J].动物学报,1998,44:109-111.

[17] 赵延茂,宋朝枢.黄河三角洲自然保护区科学考察集[M].北京:中国林业出版社, 1995,115-117.

[18] 李文军,马志军,王子健,等.自然保护区栖息地影响因素的研究[J].生态学报,1999, 3(19):426-430.

［19］ 李晓民. 哈拉海湿地丹顶鹤现状、受胁原因及保护［J］. 动物学杂志,2002,37(1):
64－66.

［20］ 吴建平,刘振生,李晓民,等. 扎龙保护区丹顶鹤繁殖行为观察［J］. 动物学杂志,2002,
37(5):42－46.

［21］ 肖笃宁,胡远满,李秀珍,等. 环渤海三角洲湿地的景观生态学研究［M］. 北京:科学出
版社,2001,106－107.

［22］ 杨立凯. 黄河断流对黄河三角洲地区农业生态环境的影响及对策［J］. 中国环境管
理,2005(3):27－30.

保护黄河三角洲湿地
促进水资源可持续发展

刘艳景[1]　杨丽霞[1]　宗继朋[2]

(1. 黄河河口管理局;2. 垦利黄河河务局)

摘要:黄河三角洲具有丰富的湿地资源,湿地保护与合理利用对保护生态环境安全、维护水资源可持续发展有重要意义。本文对黄河三角洲湿地进行了概述,从调节洪水、降低洪峰、补充地下含水层、改善水质、防止盐水入侵等方面论述了湿地作用,分析了湿地当前存在的问题,就如何保护与管理湿地提出了对策。

关键词:黄河三角洲　湿地　保护　水资源　可持续发展

湿地,是地球上水陆相互作用而形成的独特生态系统,有"地球之肾"和"生命摇篮"之美誉。与森林、海洋一并被列为全球3大生态系统类型,具有季节或常年积水、生长或栖息喜湿动植物等基本特征,是自然界最富生物多样性的生态景观和人类最重要的生存环境之一。它不仅为人类的生产、生活提供多种资源,而且在抵御洪水、调节径流、改善环境、控制污染、保护物种基因多样性、美化环境和维护区域生态平衡等方面具有其他系统不可替代的作用。黄河三角洲地处渤海之滨的黄河入海口,是黄河挟带的大量泥沙在入海口处沉积所形成,为全国最大的三角洲,也是我国温带最广阔、最完整、最年轻的湿地。

1　黄河三角洲湿地概况

黄河三角洲地处我国温带,位于东营市,辖东营、河口2区和广饶、利津、垦利3县,属于北温带半湿润大陆性气候,四季分明,气温适中,雨热同期,光照充足,年平均降水量533 mm,平均气温12.2℃。黄河三角洲地区由于黄河挟带泥沙的淤积,平均每年以2 000～3 000 hm² 的速度形成新的滨海陆地。湿地类型主要有灌丛疏林湿地、草甸湿地、沼泽湿地、河流湿地和滨海湿地5大类。

山东黄河三角洲国家级自然保护区于1992年10月经国务院批准成立,同年12月成立山东黄河三角洲国家级自然保护区管理局。建区以来,自然保护区有效地履行了保护管理、科研监测、宣传教育、拯救濒危灭绝物种和林业管理等职责,在保护珍稀濒危鸟类、保护新生湿地生态系统等方面发挥了重要作用。先后被批准加入"中国人与生物圈保护区网络"、湿地国际亚太组织"东亚—澳洲涉禽保护区网络"、"东北亚鹤类保护区网络",被国家列为湿地、水域系统 16 处具有国际意义的重要保护地点之一,被国家林业局确定为国家级示范自然保护区。山东黄河三角洲国家级自然保护区总面积 15.3 万 hm²(229.5 万亩),其中核心区 5.8 万 hm²(87 万亩),缓冲区 1.3 万 hm²(19.5 万亩),实验区 8.2 万 hm²(123 万亩)。区内分布各种野生动物 1 543 种,其中鸟类 283 种,包括留鸟 33 种,夏候鸟 63 种,冬候鸟 31 种,旅鸟 156 种。主要保护对象有丹顶鹤、白鹤、白头鹤、东方白鹳、大鸨、黑嘴鸥等珍稀濒危鸟类。在《中日保护候鸟及其栖息环境协定》所列的 227 种鸟类中,黄河三角洲自然保护区内有 155 种,占 68.3%;在《中澳保护候鸟及其栖息环境协定》所列 81 种鸟类中,黄河三角洲自然保护区内有 53 种,占 65.4%。区内共有种子植物 393 种,其中野生种子植物 116 种。具有代表性的木本植物有刺槐、旱柳、柽柳,草本植物有芦苇、碱蓬等。

黄河三角洲湿地生态系统,是我国长江、珠江和黄河 3 大江河三角洲中唯一一个具有重要生态保护价值的区域,是除河源区湿地外最具有保护价值的湿地。在黄河三角洲生态系统的平衡和演变中,淡水湿地是河口地区陆域、淡水水域和海洋生态单元的交互缓冲地区,是维持河口系统平衡和生物多样性保护的生态关键要素,也是河口生态保护的核心区域和重点保护对象,淡水湿地对维持河口地区水盐平衡,为鸟类提供迁徙、繁殖和栖息环境,维持三角洲生态发育平衡等,具有十分重要和不可替代的生态价值与功能。

2 湿地保护与水资源可持续发展

2.1 湿地的概念

目前,世界上关于湿地的定义可以分为两大类,一类是管理者给出的定义,最权威的是《湿地公约》中湿地的定义:湿地是指不论其为天然或人工,长久或暂时性的沼泽地、泥炭地、水域地带,静止或流动的淡水、半咸水、咸水,包括低潮时水深不超过 6 m 的海水水域。该定义给出了湿地明显的界限,具有法律上的约束力,在湿地管理上易于操作,对湿地管理具有重要意义。另一类是科学家从科学研究角度给出的定义,认为湿地是一类既不同于水体,又不同于陆地的特殊过渡类型的生态系统,为水生、陆生生态系统界面相互延伸扩展的重叠空间区域。湿地由特定的生物群落及其存在环境共同组成了一种动态平衡系统,该系统中,生产者是湿生、沼生、浅水生植物,消费者为湿生、沼生和浅水生动物,特定的微生物群为该系统中的分解者。湿地的土壤具有明显的潜育化,湿地与周围相邻的系统有密切关系,与它们发生物质和能量交换。

2.2 湿地是水资源可持续发展的重要基础

湿地对于水资源的可持续发展是至关重要的,湿地系统本身既构成独立的生态系统,它同时又是所在流域系统的一部分。湿地面临的生态问题也是流域存在的生态问题,保护黄河三角洲湿地也就直接保护了黄河区域的生态环境,进而将促进黄河水资源的长久健康发展。

(1)湿地对水资源具有净化作用。千万年来,湿地一直是地表水体净化的加工厂,这种作用被称做水的自净作用。黄河三角洲湿地有助于减缓水的流速,并且将径流带来的农用废物、人类废弃物和工业排放物与沉积物结合在一起,同时沉降。营养物被湿地植物吸收,经化学和生物学过程转换而储存起来,避免因营养过量导致湖水富营养化带来的溶氧减少、水质下降。有毒物吸附在小沉积物的表面或含在黏土的分子链内,有助于与沉积物结合在一起的污染物储存、转化,使水质得以净化。一些湿地植物能有效地吸收污染物,湿地中许多植物包括挺水、浮水、沉水植物,能够在组织中富集重金属的浓度比周围水体高出 10 万倍以上。水葫芦、香蒲和芦苇都已被成功地用来处理污水。

(2)湿地可以补充地下水,成为蓄水层的水源。我们平时所用的水有很多是从地下开采出来的,而湿地可以为地下蓄水层补充水源。当水从湿地流入到地下蓄水系统时,蓄水层的水就得到补充,成为浅层地下水系统的一部分。浅层地下水系统可为周围地区供水,维持水位,或最终流入深层地下水系统,成为长期的水源。如果湿地受到破坏或消失,就无法为地下蓄水层供水,地下水资源就会减少。

(3)调节河川径流,蓄积洪水。湿地在控制洪水、调节水流方面功能显著。在天气多雨,河流涨水的季节,湿地像"海绵"一样储存过量的水分。洪水被储存在湿地土壤内,或以表向水的形式保存于湖泊和沼泽中,直接减少河流洪水量。一部分洪水可在短时期内从储存的湿地中排放出来,在流动的过程中,通过蒸发和下渗成地下水而被排除。通过湿地的吞吐调节,在时空上分配不均的来水,可以避免水旱灾害。湿地的植被可以减缓洪水的流速,从而降低洪峰水位。

(4)防止盐水入侵。黄河三角洲地势比较低,下层基底是可渗透的,黄河三角洲湿地位于较深咸水层的上面。湿地淡水层的减弱或消失,会导致深层咸水向地表上移,影响生态群落的洪水和当地居民的水供应,促使土壤盐碱化。同时,湿地表面淡水适量外流可以限制海水的回灌,河流、渠道和沿岸植被也有防止潮水流入河流的功能。如果过多抽取或排干湿地,破坏植被,淡水流量就会减少,海水大量入侵河流,生活、工农业生产及生态系统的淡水供应就会受到严重影响。

3 湿地存在的问题

(1)污染加剧,严重危害湿地生态系统。污染是目前我国湿地面临的最严重威胁之一,大量的工业废水、生活污水的排放等不仅使湿地水质恶化,而且对湿地生物多样性造成严重危害。近年来,近岸海域水体也污染严重,总体呈继续恶化趋势。因水质污染和过度捕捞,近海生物资源量下降,近海海水养殖自身污染日趋严重。其中,尤以无机氮和无机磷营养盐污染最为严重,超标面很广,局部海域油类污染也较为严重,不仅破坏了海滨景观,也直接造成了生物多样性丧失。

(2)湿地管理协调机制不健全。湿地保护管理、开发利用牵涉面广、部门多,至今尚未形成良好的协调机制。不同地区、不同部门,因在湿地保护、利用和管理方面的目标不同、利益不同,各自为政,各行其事,矛盾较为突出,影响了湿地的科学管理。

(3)湿地环境影响评价缺乏科学统一的湿地评价体系和指标体系。长期以来,中国湿地研究、监测、保护、利用工作缺乏统一的湿地效益评价指标,所采取的观测和研究方法也不一致,因此对获得的数据资料进行系统分析比较困难;加之以往对湿地功能和效益的评价大多以定性描述为主,缺乏系统、定量的研究,对湿地生态、经济和社会效益价值评估的研究开展得也比较少,满足不了政府部门和社会公众对湿地的效益进行全面、系统、科学和准确评价的要求,极大地影响了湿地的保护和合理利用。

(4)基础研究薄弱,技术水平落后。目前湿地保护的基础研究还非常薄弱,特别是对湿地的结构、功能、演替规律、价值和作用等方面缺乏系统、深入的研究,制约了湿地保护与管理的进行。全国从事湿地研究的人员很少,人才严重缺乏。同时湿地保护、管理的技术手段也比较落后,缺乏现代管理技术和手段。

(5)水资源的不合理利用,使湿地生态环境用水得不到保证。黄河在实施调水调沙以前,水量干涸非常严重,1997年利津水文站累计断流天数达226天,占全年总天数的62%,严重影响了下游工农业生产和人民生活,也使黄河三角洲湿地的水源补给受到影响。在水资源利用中,我国农业用水约占总用水量的70%,但水的利用率却相当低,只有20%~40%,远远低于发达国家70%~80%的利用率水平;此外,传统灌溉方式往往还导致土地的次生盐碱化。我国的工业用水约占总用水量的20%,在工业生产中,中国的工业企业单位产值耗水量是发达国家的5~10倍,工业循环用水率很低,淡水资源浪费严重;同时,一些中小企业、乡镇企业将污水直接排入江河湖泊,既降低了水的利用率,又污染了湿地。

4 湿地保护与管理对策

黄河三角洲湿地保护是黄河三角洲生态环境保护的基础,对湿地进行全面调查和研究,获取湿地的现状和动态数据,从而对湿地进行全面与有效的保护,将是促进水资源可持续发展的重要措施。

4.1 利用各种途径,加强宣传教育,提高公众的湿地保护意识

对湿地保护和湿地资源的合理利用,很大程度上取决于公众和管理决策者对湿地重要性的认识。通过宣传教育活动,特别是提高公众对湿地功能的认识,强化公众的湿地保护意识和资源忧患意识,加强公众参与意识,才能有效保护和管理。建立湿地公园,采取湿地保护、生态修复措施,挖掘并向公众展示湿地的文化价值、美学价值,同时持续发挥湿地生态自然服务功能,是将湿地保护和合理利用有机结合,维护和扩大湿地保护面积行之有效的途径之一。

4.2 制定可持续发展的湿地开发利用政策

对于湿地开发利用要维护湿地生态环境的完整性,开发强度应不超过生态环境的更新及恢复的速度,以保护生态环境。在处理湿地保护与利用矛盾时,可运用湿地调整策略,即总量平衡、动态管理、生态恢复、功能补偿。本着实事求是的科学精神,做到合法合理,协调兼顾,持续发展。

4.3 完善湿地法规,加大执法力度

制定有关的湿地保护和合理开发利用的专门法规,完善配套法规;加大执法力度,把违法破坏湿地资源案件作为一项重要任务进行处理,做到执法必严,违法必究。

4.4 实行湿地保护与恢复

近年来,黄河三角洲自然保护区实施湿地恢复、储蓄淡水等工程,极大地改善了黄河三角洲的生态环境。实施的黄河三角洲10万亩湿地恢复工程,修建了14.2 km 的防潮坝、6 000 m 的围堰、总长 4 450 m 的中隔坝,并投资建设了1座两孔泄水闸。工程的建成改善了湿地生态、植被环境。

4.5 保证生态用水

自 2002 年实施调水调沙以来,约有 2 000 万 m^3 黄河水漫灌黄河三角洲湿地,大量淡水的注入,使黄河口湿地生态大为改观,三角洲保护区呈现一派生机勃勃的草原景观。2007 年黄河调水调沙期间,自然保护区借助黄河水位高的优势,引进 1 000 余万 m^3 黄河水蓄满15万亩湿地。大量淡水的注入,有效地缓解了湿地面积缩小的趋势和盐碱程度的加剧,改善了土壤质量和湿地水体状况。

参 考 文 献

［1］ 孔繁德．生态保护．北京：中国环境科学出版社，2005.

［2］ 《全国湿地保护工程规划》(2004～2030 年). 2004.

［3］ 杨永兴．国际湿地科学研究的主要特点、进展与展望．地理科学进展，2002，21（2）.

［4］ 郝伏勤，高传德，黄锦辉，等．黄河下游河道湿地浅析．人民黄河，2005，27（4）.

［5］ 常晓辉，张原锋，张建中．黄河湿地保护目标及其措施∥河流生态修复技术研讨会论文集．北京：中国水利水电出版社，2005.

黄河水资源利用及黄河三角洲生态保护浅议

卢林华　刘　玲　张岐云

（垦利黄河河务局）

摘要：洪水威胁、水资源供需矛盾加剧、水土保持和生态恶化等是黄河长期面临的三大问题，也是新世纪中国面临的三大水问题，用水形势十分严峻。东营市对黄河水资源进行了大规模开发利用，已建成较完善配套的水利体系，引水能力达 514 m³/s，建成万亩以上灌溉区 17 处，设计灌溉面积 21.75 hm²。修筑水库 658 座，库容达 8.31 亿 m³。目前存在的主要问题：水资源供需矛盾日益突出；水资源浪费现象严重；断流或小流量运行，导致生态条件老化。面对严峻的形势，我们认为应主要采取如下措施治理：①统一调度，协调各区域用水平衡；②多措并举，减少资源浪费；③坚持合理开发、保护生态平衡。本文对黄河三角洲的资源利用现状、存在的问题进行探讨，提出了实现黄河水资源合理利用及生态保护的几项措施。

关键词：黄河　水资源　利用　生态保护

1　黄河三角洲的生态现状

黄河三角洲的生态现状是指东营市范围内，环境质量总体状况良好，具有一定的环境自净能力，但区内状况不均衡。监测结果表明，东营市环境空气 SO_2、NO_2 年日平均值分别为 0.029 mg/m³ 和 0.022 mg/m³，达到国家环境空气质量二级标准，总悬浮颗粒物年均值 0.218 mg/m³，略超出国家二级标准；黄河径流及各大中型水库水质较好，达到国家地面水 Ⅲ 类水质标准，河流水体污染物含量达到五类水质标准。

黄河三角洲土地总面积 80.5 万 hm²，人均 0.47 hm²，目前尚有 35 万 hm² 荒碱地待开发利用，其中，600 hm² 以上成片的待开发土地达 26 万 hm²。对土地后备资源进行适宜性评价提出，宜农（耕地）土地 8.65 万 hm²，宜林牧 13.13 万 hm²，宜水产、盐业 13.22 万 hm²。另外，黄河在丰水年还以每年 2 000 hm² 的速度填海造陆，大片湿地保持了原生状态。黄河三角洲含有丰富的矿产资源，石油预测资源量 75 亿 t，其中 80% 集中在东营市及其浅海区；滨海地区浅层卤水储量达 74 亿 m³，地下盐矿床面积达 600 km²，具备年产 600 万 t 原盐的资源条件。

海岸线长 350 km,滩涂面积 12 万 hm²,分别占山东省的 1/10 和 2/3,−15 m 等深线浅海面积 4 800 km²。生物资源丰富,自然保护区内共有生物 1 917 种,其中属国家重点保护的野生动植物 50 种,列入《濒危野生动植物种国际贸易公约》的有 47 种。自然保护区共有植物 393 种(含变种)。植被面积 65 319 hm²,植被覆盖率为 53.7%,自然植被为主的面积达 50 915 hm²,占植被面积的 77.9%。自然保护区的人工植被主要是人工营造的刺槐林面积 5 603 hm²,与自然保护区周边地区的人工刺槐林连成一片,面积达 11 300 hm²,还有天然苇荡 3.3 万hm²。保护区内动物可分成陆生动物生态群和海洋动物生态群,共记录野生动物 1 524 种。其中海洋动物生态群,由于黄河河流入海处淡水注入,带来大量营养物质,使本海区内自然条件优越,软体、甲壳动物资源丰富,成为重要的鱼类产卵场和索饵场。大面积的浅海滩涂和沼泽,丰富的湿地植被和水生生物资源,为鸟类繁衍生息、迁徙越冬,提供了优良的栖息环境,成为东北亚内陆和环西太平洋鸟类迁徙的重要中转站、越冬栖息地和繁殖地。

黄河三角洲地区有丰富的石油资源,人口稠密,经济发达。黄河三角洲的开发利用在我国的国民经济中具有重要意义。黄河三角洲的淤积扩展与黄河来水来沙,以及入海流路的变化有着密切的关系。黄河利津站 1990 ~ 1998 年平均年输沙量为 4.14 亿 t,为近 50 年来最少的时期。特别是 20 世纪 90 年代中期以来的断流使黄河三角洲的淤积量大大减少,甚至出现负增长。根据黄河水利委员会山东河务局资料,1992 年 9 月 ~ 1996 年 10 月,平均年净淤进 13 km²,其中 1996 年 6 月 ~ 10 月净淤进 21.89 km²;1996 年 10 月 ~ 1997 年 10 月净淤进为 10.44 km²;1997 年 10 月 ~ 1998 年 10 月净淤进 10.89 km²。

2 黄河水资源利用现状

黄河三角洲是全国重点缺水地区之一,年均降水量 560 mm,其中在夏秋作物喜温需水的 7 ~ 9 月份,降水量占全年的 60%。多年平均水资源总量 173.06 亿 m³,其中,地表水 4.48 亿 m³,地下水 0.58 亿 m³;小清河、支脉河 8.6 亿 m³;黄河 1989 ~ 1998 年平均来水量 159.4 亿 m³,是黄河三角洲主要的客水资源,在经济、社会发展中占有重要的战略地位。据资料显示,1950 ~ 2005 年黄河进入黄河三角洲河段年均径流量为 319 亿 m³(利津站)。其中 20 世纪 50 年代利津站年均来水量为 480 亿 m³,到 80 年代减少为 277 亿 m³,90 年代利津站年径流量仅有 142 亿 m³,较多年平均径流量减少 45%。由于流量严重偏少,致使黄河下游频繁断流,1997 年断流最为严重,利津站断流 226 天,且断流河段上延至河南开封附近。从引黄形式来看,自 20 世纪 70 年代以来,沿黄地区对黄河水资源进行了大规模开发利用,到 2002 年,已建成了引、蓄、灌、排相配套的水利体系,已建成并投入运用的引黄涵闸共 16 座(不包括配套闸),扬水站 22 座,引提黄河水能力达到 514 m^3/s,建成万亩以上引黄灌区 17 处,设计灌溉面积 21.75 万 hm^2,全市已修筑平原水库 658 座,总设计库容 8.31 亿 m^3。近几年,引用黄河水量逐年增加,三角洲引黄灌溉面积不断扩大,和有限的黄河来水量相比较,供需矛盾日益尖锐。自 1999 年以来,黄河水资源实行综合统一调度,防止了黄河断流,缓解了下游地区的水资源紧缺状况,改善了黄河三角洲地区的生态环境,为国民经济的发展做出了巨大贡献。

3 水资源与生态保护存在的主要问题

(1)水资源供需矛盾日益突出。随着社会的发展和供水范围的不断扩大,黄河承担的供水任务已经超过了其承载能力,黄河水资源的供需矛盾日益尖锐。据资料显示,黄河河川年径流量为 580 亿 m^3,扣除维持黄河生态环境需水量 200 亿 m^3,和下游河道蒸发渗漏损失量 10 亿 m^3 后,剩余的可供水量为 370 亿 m^3,加上地下水可开采量 110 亿 m^3,则在无跨流域调水情况下,黄河可供水资源总量为 480 亿 m^3。而据专家预测,在采取了一系列节水措施后,流域及流域外供水区到 2010 年总需水量将达到 520 亿 m^3,远远超过了黄河的供水能力,水资源随黄河来水量的逐年减少而趋于短缺,供需矛盾日益突出。小浪底水库建成后国家对水资源的合理调控将使枯水期断流问题得到缓解,为保证工农业生产的淡水供应,必须考虑引蓄利用黄河汛期洪水。

(2)水资源浪费现象严重。由于部分灌区渠系老化,工程配套设施较差,管理粗放,大水漫灌等现象严重,灌溉水利用系数只有 0.4 左右,和先进国家的 0.7 ~ 0.8 相比,浪费十分严重。

(3)河道断流或小流量运行,导致三角洲生态条件恶化。

(4)内陆河淤积严重,造成排水不畅,土地盐碱化。

4 采取的措施

4.1 树立黄河主管部门管理权威,统一调度,协调各区域用水平衡

在黄河水资源紧缺的现状下,要统一调度干流和重要支流上的大型骨干水利工程,掌握全河水资源动态信息,在黄河水长期供求计划和黄河可供水量分配方案的宏观指导下,根据不同的管理需要和用水要求编制不同层次和不同方面的用水计划,全面实行计划用水制度,协调各区域用水平衡。据统计,黄河 1997 年断流 226 天、1998 年断流 142 天。1999 年黄河水量仅为多年平均值的 85%,由于黄河部门采取了全流域调控措施,断流仅 8 天,比来水情况相近的 1995 年减少了 105 天。2000 年以来,黄河没有断流。事实证明,服从黄河业务部门的

统一调度、统一管理、统一规划,是缓解黄河水资源紧张的一条有效途径。此外,根据最近几年水量调度的成功经验,还要采取以下措施。

4.1.1 进一步加强水量调度工作

在调度过程中严格执行总量调度、过程调度,根据气象因素引起的需求变化的随时调度,根据计划与实际用水情况的跟踪调度。在保障黄河生态所需水量的前提下。尽量减少黄河水资源的不必要浪费。

4.1.2 严格水量调度,提高调度精度

目前存在的问题是,用水单位把自己应承担的申报用水计划风险转嫁到调度部门身上。用水单位没有经过严密的调查论证,申报用水计划的随意性强,引不引都报计划,增大所谓的"安全系数",使水量调度的依据大大失真,有时造成水资源浪费。

4.1.3 减少或杜绝行政干预

要改变现在地方行政领导对水资源调度干预较多的局面。再好的政策如果得不到实施是没有任何意义的。要从政策法规上缓解黄河下游用水紧张的局面,就要不折不扣地执行黄河水资源调度指令,决不能行政干预政策的正常实施。

4.1.4 建立水量调度责任追究制度

科学调度、精细调度是黄河水资源科学、可持续利用的必然要求。对此,用水管理部门没有足够重视。应该加强宣传力度,加强沟通,制定制度,对那些申报用水计划与实际用水需求差别较大的、造成水资源浪费的用水户,要追究其责任。

4.2 采取各种措施,减少水资源浪费

采取措施,减少水资源浪费,不仅对推动当前社会经济健康快速发展和生态环境的保护有着极其重大的作用,而且是一个战略性举措。我个人认为,应该从以下几个方面入手。

4.2.1 减少水资源浪费,一靠立法,二靠执法,三靠普法

抓紧做好《中华人民共和国水法》配套法规建设,加快完善水法制体系。进一步加大执法力度,依法查处水事违法案件,加强水资源的污染防治工作,及时调处水事纠纷,做到有法必依、执法必严、违法必究,维护良好的水事秩序。

4.2.2 合理调整水价

黄河水价过低,人们不注意节约用水,造成了水资源的巨大浪费。在黄河总水量中,农业用水占78%,而在农业用水上中游总量中占61%,在这61%的水量存在严重的浪费现象。比如,宁夏灌区有耕地45万 hm^2,引水75亿 m^3;内蒙古河套地区有耕地60万 hm^2,引水50亿 m^3。若以内蒙古的引水水平计算,宁夏

每年可节水37.5亿 m³,为山东多年平均引水量的50%。全国人大环资委主任曲格平在谈到黄河治理的症结所在时坦率指出:"(由于水价过低,上、中游地区大灌大排,发展农业)过度开发,得不偿失。(为减轻农民负担)不提水价造成浪费,因小失大。"这两句话应该引起我们足够的重视和思考。

4.2.3 采取必要的工程措施

灌区输水渠道的防渗衬砌工程,在节约用水中起到了举足轻重的作用。作为位于黄河口腹地的垦利县来说,境内有胜利灌区、路庄灌区、西双河灌区、十八户灌区、五七灌区等5大灌区。目前,干渠采取了衬砌防渗的灌区有胜利灌区,衬砌长度干渠34.43 km,支渠 8 km;西双河灌区,全长 26 km 干渠全部衬砌。根据两灌区统计,其节水率达到20%左右,成效显著。目前节水改造的工程措施实施空间很大,包括没有改造的 3 大灌区干渠和已改造灌区的田间输水毛渠等。

4.2.4 鼓励老百姓用小白龙等节水灌溉办法灌溉

小白龙灌溉不仅是整个灌溉体系的有益补充,而且是重要的节水措施。其机动性强、花费少、弃水基本为零、节水效果明显。老百姓使用的小白龙灌溉,在整个灌溉范围内的比例达到20% ~ 36%。在和乡镇水利站技术人员和农民的座谈调研中得知,这种措施不仅节约了大量农田和投资,而且节约水在40% ~ 50%。

4.2.5 采取必要的非工程措施

一是加强用水管理。加强用水管理就要实施严格的计划用水、定额用水。各级政府要出台措施奖励节约用水户、处罚浪费用水者。二是实行严格引水计量和水费征收等。目前,地方政府为了所谓的农民利益,行政干预水资源管理部门、引水计量部门,对客观计量是一个很大的障碍,在水费征收上也有刁难,客观上鼓励了用水户浪费水资源,要加以改善。三是科学行政。地方政府为了抢占春灌有利时机,违反群众意愿指令性引水,造成了水资源的大量浪费,需要以科学发展观为指导,科学行政,做到既抢占了引水的最佳时机,又要使群众积极参与,将引出来的水用好。

4.2.6 坚持开源与节流并重

在尽量争取用水指标,保障河口地区工农业生产、生活用水的同时,注意对用水指标的科学调度、调配。借鉴内蒙古、宁夏水权转换试点的成功经验,尽快加以研究,从长远和战略的高度,出台政策,鼓励新增用水户投资节水改造工程,以取得节约部分水资源的使用权。

4.3 坚持合理开发,保护生态环境

正确处理资源开发与生态保护的关系,坚持在保护中开发,在开发中保护。经济发展必须遵循自然规律,近期与长远统一、局部与全局兼顾。进行资源开发

活动必须充分考虑生态环境承载能力,绝不允许以牺牲生态环境为代价,换取眼前的局部的经济利益。在加大生态环境建设力度的同时,必须坚持保护优先、预防为主、防治结合,扭转传统的边建设边破坏的环保被动局面。必须使各级各部门认识到环境保护的意义,环境恶化的危害,环境恶化逆转的难度。从而自觉遵守黄河水资源调度指令,确保黄河利津站不断流。

4.4 充分认识内河淤积对环境保护的危害

内河淤积,排涝通道堵塞,田间积水不能及时排出,从当时看,是农田减产,从长远看,它进一步加剧农田盐碱化进程,对生态损害不容忽视。所以,农业部门不仅要从保障农业丰收的角度,而且要从生态保护的角度,重视内河清淤,给涝水一个畅通的排泄通道。在施工过程中,综合考虑排水和防止海水倒灌等因素,使有利的方面最大化、不利的方面最小化。

黄河三角洲湿地恢复各预案对指示
物种生境适宜性的影响研究

王新功[1]　宋世霞[1]　王瑞玲[1]　韩艳丽[1]

朱书玉[2]　Michiel van Eupen[3]

（1. 黄河流域水资源保护局；2. 山东黄河三角洲国家级自然保护区管理局；

3. 阿尔特拉绿色世界研究，荷兰）

摘要：在遥感和 GIS 技术的支持下，结合野外实地调查，运用预案研究方法和景观生态决策支持系统的规划评价思想，针对黄河三角洲湿地水资源短缺造成生境退化的现状，制定了三个不同的湿地恢复情景，分别是 2005 年现状、恢复南部自然保护区（情景 A）、恢复南北部自然保护区（情景 B），并在情景 A、B 中设定了 6 个不同的补水方案，对各预案指示物种生境适宜性评价结果表明，现状黄河三角洲湿地作为珍稀鸟类繁殖栖息地其质量较差；预案 A2 以芦苇沼泽为主要栖息繁殖地的东方白鹳最适宜生境面积增加了 8 307 hm^2，但黑嘴鸥最适宜生境面积变化不大；预案 B2 东方白鹳适宜生境面积增加了 12 035 hm^2，黑嘴鸥的适宜生境面积增加了 298 hm^2，说明黄河三角洲两种典型生境——芦苇沼泽与翅碱蓬滩涂的质量均有很大提高，比较而言，预案 B 所取得的生态效果是最理想的。

关键词：黄河三角洲　指示物种　生境

生物多样性是生态系统保护的核心。生物多样性不只是物种多样性、基因多样性或生态系统多样性，也不是它们的简单相加而得的总和，而是一个具有等级、时空尺度和格局特征的复杂系统概念。地球上生物多样性危机与人类以史无前例的速度改变景观活动同时发生，从景观生态学的角度来看，传统的以物种为中心的自然保护途径（"自然保护的物种范式"）缺乏考虑多重尺度上生物多样性的格局和过程及其相互关系，显然是片面的、不可行的。物种的保护必然要同时考虑它们所生存的生态系统和景观的多样性与完整性（"自然保护的景观范式"，邬建国，2000）。因此，生物多样性保护逐渐由单一物种保护转向景观保护，景观逐渐成为生物多样性保护和管理的最佳空间尺度。

黄河三角洲湿地是东北亚内陆及环西太平洋鸟类迁徙的重要"中转站、越冬栖息地和繁殖地"，其特有的原生湿地生态系统在生物多样性保护、区域气候调节、蓄滞洪水等方面发挥着重要作用。然而，由于近几十年来，受黄河水量锐减及人类大规模开发的影响,黄河三角洲出现了湿地大面积萎缩退化、景观结构发生巨大改变等生态问题,严重破坏了鸟类的栖息环境,制约三角洲湿地生态功能的发挥,威胁三角洲生态系统的稳定与良性发展。本文结合当地自然保护区湿地生态恢复的实践与规划,拟定了黄河三角洲湿地恢复的不同预案,建立三角洲湿地景观生态决策支持系统(LEDESS 模型),选择东方白鹳、黑嘴鸥为指示物种,对不同恢复预案产生的生态效果进行了定量化评价,从景观生态学角度为该区域湿地及生物多样性保护提供科学依据。

1 研究区概况

黄河三角洲泛指黄河在入海口多年来淤积延伸、摆动、改道和沉淀而形成的一个扇形地带,属陆相弱潮强烈堆积性河口。位于中国山东省北部莱州湾和渤海湾之间,其范围大致界于东经 118°10′ ~ 119°15′ 与北纬 37°15′ ~ 38°10′ 之间,为研究方便,习惯上又根据年代不同以及具体地理状况分为近代三角洲和现代三角洲。近代三角洲是指以宁海为顶点,北起套儿河口,南至支脉沟口的扇形地带,成 135° 角,面积约为 6 000 km²,海岸线长约 350 km,现代黄河三角洲以垦利渔洼为顶点,北起挑河,南达宋春荣沟,面积约 2 400 km²。

黄河三角洲国家级湿地自然保护区位于黄河入海口两侧新淤地带,是以保护黄河口新生湿地生态系统和珍稀濒危鸟类为主体的湿地类型保护区,总面积为 15.3 万 hm²,其中核心区面积 5.8 万 hm²,缓冲区面积 1.3 万 hm²,实验区面积 8.2 万 hm²,自然保护区下辖三个管理站、黄河口管理站,一千二管理站与大汶流管理站。一千二管理站范围形成于 1976 年黄河入海流路改道前,黄河口和大汶流管理站范围为 1976 年黄河改道后的现行黄河入海口。

2 预案设计

2.1 LEDESS 模型的规划与评价思想

LEDESS 模型是一个基于栅格地理信息系统的典型空间明晰化模型,能系统地运用相关空间信息和生态学知识,对预案实施导致的生态后果进行空间模拟和定量分析,并将结果予以空间直观表达,使决策者能形象地看到各种可能的土地利用和生境管理方式造成的生态后果,从而提高决策的科学性。同时 LEDESS 模型还是一个基于知识库的专家模型,其整合了生境过程与景观管理的专家知识,对解决复杂的区域资源与景观生态管理方面的问题是一个非常有效的途径(肖笃宁等,2001)。

LEDESS 模型构建基于如下理论前提:植被动态是一个取决于生态地理单元、区域景观规划目标和管理措施的过程,而动物生境的适宜性则取决于植被结构。模型包括三个模块:①立地演替模块;②植被演替模块;③生境适宜性模块。三个模块之间的关系见图1。

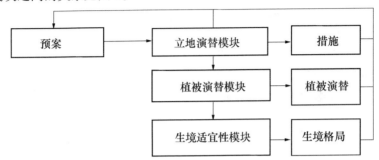

图1 LEDESS 模型各模块关系示意图

立地演替模块通过比较立地无机条件,以检测景观规划目标与实现手段之间生态需求的一致性和生态可行性,模块输出为经过一定措施改变后的立地条件图;植被演替模块依据立地条件、管理方式及输入本模块的知识库系统,用来模拟植被演替,模块输出为特定时间后所期待的植被组成;生境适宜性模块依据植被结构、立地条件来模拟指示物种的生境适宜性,输出结果包括针对不同物种的生境斑块的生境适宜性等级和各生境斑块的生态承载力。

本文借鉴景观生态决策与评价支持系统(即 LEDESS 模型)的决策与评价思想,对黄河三角洲湿地设定不同的水量配置恢复预案,采用专家知识库及综合评价方法,预测湿地生态补水后植被演替规律及自然生态单元变化,根据指示物种对不同自然生态单元生境适宜性的关系,判定预案实施后各指示物种的生境适宜性变化,并以空间直观形式表现出来,从而确定黄河三角洲湿地恢复的适宜方案及其管理措施。研究基础空间数据来源于 2001 年 TM 遥感卫片,植被类型来源于 2005 年 SPOT 影像,并结合 2005 年野外调查对景观类型进行了校核。

2.2 预案设计

2.2.1 主要考虑因素

预案制定主要围绕提高黄河三角洲自然保护区生境适宜性来界定恢复策略,每一种预案包括一系列措施的组合。在影响黄河三角洲湿地生态价值的关键因素中,一方面是黄河水资源,另一方面是人类的干扰,如道路建设、油田开发等,也是造成栖息地破碎化及质量下降的主要原因。可采取的措施有:①补水措施,包括不同类型湿地引水量、引水方式、引水位置等;②减少湿地恢复区干扰措施;③保护区实验区土地利用方式选择等。理论上可以有许多的措施组合,为保证策略制定的合理性及可行性,本次研究以湿地生态补水为主要措施,以减少干扰、植被恢复及土地利用方式调整为辅助措施。

2.2.2 预案制定

（1）补水范围。近几十年来,黄河来水量的大幅减少使洪水漫滩的几率大大降低,同时黄河下游河道的高度人工化阻隔了湿地与河流的天然联系,除少量河道内湿地外,黄河三角洲大多数湿地如不靠人工补水,湿地生态系统的良性发育便难以维持。然而,在流域用水量急剧增加、水资源供需矛盾日益尖锐的今天,要把三角洲湿地完全恢复到过去的状态是不现实的,尤其是在经济开发价值较大的河口三角洲地区。因此,合理确定湿地的保护规模与保护方式,使黄河有限的水资源得到高效利用,使区域生态保护与经济发展达到双赢,显得十分关键而必要。

1992 年国家级自然保护区建立时,黄河三角洲湿地处于一种相对较好的状态,湿地生态系统健康平衡。因此,在进行黄河三角洲湿地恢复时,研究确定以1992 年淡水湿地规模作为恢复参考,考虑黄河水资源实际及南部新生湿地不断增长的现实,确定本次研究湿地生态补水区域为自然保护区内退化的芦苇湿地及部分滨海滩涂,总面积为 236 km²（见图 2）,湿地生境适宜性评价范围是以渔洼为顶点的现代黄河三角洲。

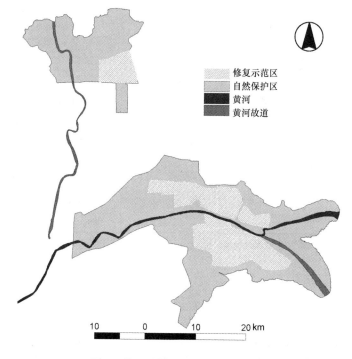

图 2　黄河三角洲湿地恢复补水区域

（2）补水要求及预案设计。黄河三角洲湿地主要生态功能为保护珍稀濒危鸟类的栖息地。因此,湿地生态恢复补水主要考虑代表性植被及鸟类栖息繁殖

的水量需求,根据河口湿地生态系统的季节性特征,把河口湿地生态需水分成
4～6月、7～10月、11月至翌年3月三个时段,不同时段需水范围要求见表1。
以2005年为现状年,提出2个预案,各预案规划目标见表2。

表1　湿地恢复水深需求

需水时段	平均需水水深(cm)	需水水深范围(cm)	需水原因
4～6月	30	10～50	芦苇发芽及生长期
7～10月	50	20～80	芦苇生长、鸟类栖息
11月至翌年3月	20	10～20	鸟类栖息

表2　各预案的规划目标及措施

特征	现状	预案 A (仅恢复南部保护区)			预案 B (恢复南北部保护区)		
		A1	A2	A3	B1	B2	B3
芦苇湿地面积(hm²)	9 600	19 900			23 600		
引水月份	6～7月	3～10月			3～10月		
补水方案	50 cm	最小水深	中等水深	最大水深	最小水深	中等水深	最大水深
需建设设施	抽水泵、引水渠、围堰	抽水泵、引水渠、围堰			抽水泵、引水渠、围堰		
减少干扰措施	无	关闭恢复区内道路、废弃油井			关闭恢复区内道路、废弃油井		

注:最小水深、中等水深、最大水深依据表1确定。

3　预案评价

3.1　指示物种选择

由于研究资料的缺乏,大多数情况下难以对研究区域内所有物种或类群的
生境变化进行研究,不少研究者通过选取指示种来评价环境变化对物种生境的
影响。指示种的选取一般遵循如下条件:①能代表某一类群生境需求;②与同类
群其他物种相比,对环境变化敏感,种群生存力脆弱。很多情况下,指示种也就

是区域内的濒危保护物种。本研究选取东方白鹳、黑嘴鸥作为黄河三角洲湿地水禽生境的指示物种。一方面这些物种对生境变化、植被演替等湿地环境变化非常敏感;另一方面,它们代表了黄河三角洲典型的生境类型,东方白鹳代表以芦苇沼泽为主要繁殖、栖息环境的淡水沼泽鸟类生态类群,而黑嘴鸥代表了以翅碱蓬为典型生存环境的滩涂鸟类生态类群。

东方白鹳(*Ciconia boyciana*),国家一级保护鸟类,仅分布在亚洲的大型涉禽,性温和而警觉,主要觅食鱼类、蛙类、蜥蜴和昆虫,东方白鹳繁殖生境较为典型,一般是在有稀疏树木生长的沼泽地带,尤其是集群地要求开阔而偏僻的水域沼泽环境。2003 年,东方白鹳开始成为黄河三角洲的繁殖鸟,这得益于自然保护区的前期湿地恢复工程建设,现繁殖期内东方白鹳有 60 只左右。

黑嘴鸥(*Larus ridibundus*)为珍稀濒危鸟类,世界上黑嘴鸥数量约 8 000 只,适宜生境为翅碱蓬滩涂,据 1998 年调查,在黄河三角洲地区繁殖的黑嘴鸥数量为 1 200 ~ 1 500 只,连续几年调查发现在此地区繁殖的黑嘴鸥数量基本稳定(赵延茂、宋朝枢,1995)。

3.2　生境适宜性评价

自然生态单元和地表覆盖物不同的组合类型、匹配方式决定了指示物种生境类型及生境适宜性等级,依据野外调查及有关文献,可确定不同自然生态单元与地表覆盖物组合(植被类型)与生境适宜性的关系,详见表 3。

表3　指示物种生境质量等级划分

生境等级	赋值	东方白鹳	黑嘴鸥
最适宜生境	100	核心繁殖地、觅食地:常年积水的芦苇沼泽	主要的核心繁殖区:翅碱蓬滩涂
次适宜生境	50	一般觅食地,迁徙停歇地:芦苇草甸、柽柳 - 芦苇群落	重要觅食地和停歇地:潮上带裸滩涂、柽柳 - 翅碱蓬群落
边缘生境	10	迁徙季节偶尔使用的觅食地及迁徙停歇地:滩涂	迁徙季节偶尔使用的觅食停歇地:柽柳 - 芦苇群落、芦苇沼泽
不适宜生境	0	人为干扰强烈或个体从不出现的生境类型:柽柳、杞柳林、水田、盐田及翅碱蓬等	人为干扰严重或个体从不出现的生境类型:柽柳、杞柳、白茅、农田等

各预案将导致区域的自然生态单元、地表覆盖物类型的变化并改变生境破碎化因素的影响,从而导致物种生境适宜性、生境质量的变化,并最终影响物种生境的生态承载力(李晓文等,2001)。依据植被生长所需要的适宜立地条件,以及湿地植被的自然演替规律,建立不同水盐条件下的植被演替知识表,并将其

转换为 LEDESS 模型的知识矩阵,在模型中预测不同补水条件下可能产生的自然生态单元与地表覆盖物类型。统计不同预案条件下各种植被类型的面积,依据表3所确定的生境适宜性等级划分标准,可得到不同预案条件下指示物种的生境适宜性变化见表4、表5,不同预案下最适宜生境面积见图3。

表4　各预案东方白鹳不同等级生境适宜性面积比较

项目	最适宜生境		次适宜生境		边缘生境		不适宜生境	
	面积（hm²）	比例（%）	面积（hm²）	比例（%）	面积（hm²）	比例（%）	面积（hm²）	比例（%）
现状	29 274	22.6	38 492	29.7	23 530	18.3	33 459	26.0
预案 A1	32 238	25.0	37 225	28.9	25 797	20.0	18 598	14.4
预案 A2	37 581	29.2	40 248	31.3	32 291	25.1	21 102	16.4
预案 A3	38 212	29.7	39 406	30.6	29 998	23.3	21 050	16.4
预案 B1	33 268	25.8	40 382	31.4	29 379	22.8	25 689	20.0
预案 B2	41 309	32.1	37 365	29.0	29 963	23.3	20 081	15.6
预案 B3	34 226	26.6	41 423	32.2	31 444	24.4	21 625	16.8

表5　各预案黑嘴鸥不同等级生境适宜性面积比较

项目	最适宜生境		次适宜生境		边缘生境		不适宜生境	
	面积（hm²）	比例（%）	面积（hm²）	比例（%）	面积（hm²）	比例（%）	面积（hm²）	比例（%）
现状	8 869	9.0	55 689	56.5	21 586	21.9	12 452	12.6
预案 A1	10 069	11.7	43 136	50.0	23 682	27.4	9 452	10.9
预案 A2	9 805	13.3	33 228	45.2	21 604	29.4	8 855	12.0
预案 A3	7 975	10.9	35 419	48.2	17 434	23.7	12 664	17.2
预案 B1	11 863	15.3	34 695	44.7	18 682	24.0	12 452	16.0
预案 B2	9 167	11.8	38 427	49.5	19 223	24.7	10 875	14.0
预案 B3	6 175	7.9	26 409	34.0	23 434	30.2	21 674	27.9

现状:表4、表5结果显示,就现状生境而言,东方白鹳的适宜类型主要为保护区内发育良好的芦苇沼泽,面积为 29 274 hm²,占全部生境面积的22.6%,较适宜生境为 38 492 hm²,占29.7%,黑嘴鸥的适宜生境类型为翅碱蓬滩涂、河口交汇处的滩地,适宜生境面积约 8 869 hm²,占全部生境面积的9%,较适宜生境为 55 689 hm²,占56.5%,说明黄河三角洲具有成为东方白鹳、黑嘴鸥理想的繁殖、栖息地的条件与潜力,尤其是具有黑嘴鸥理想繁殖栖息地的潜力较大,但最适宜生境面积较小也说明了黄河三角洲目前作为鸟类栖息地生境质量尚不

理想。

预案 A(南部保护区恢复):表4、表5及图3结果显示,只进行南部自然保护区的恢复,不同的补水方案下,东方白鹳最适宜生境面积均有所增加,预案 A2 增加 8 307 hm²,占全部生境面积的 29.2%,预案 A3 增加 8 938 hm²,占全部生境面积的 29.7%,次适宜生境面积也有不同程度的增加,而不适宜生境面积显著减少,表明退化的芦苇湿地、盐碱地经生态修复后,成为了适宜东方白鹳生存的生境类型,尤其是恢复区内高质量的芦苇沼泽湿地,转变成了东方白鹳理想的栖息地;对黑嘴鸥来说,A1、A2 最适宜生境面积有所增加,A3 稍有降低,预案 A1、A2、A3 比较说明,芦苇湿地的恢复对黑嘴鸥的栖息地也产生了有利的影响,但过多的补水反而不利于黑嘴鸥的栖息地质量的提高,原因在于过多的补水破坏了黑嘴鸥咸淡水交汇的滩涂生境。

预案 B(南北保护区恢复):表4、表5及图3结果显示,进行南北部自然保护区同时生态补水恢复,不同补水方案下,东方白鹳最适宜生境面积均有增加,其中 B2 增加 12 035 hm²,占全部生境面积的 32.1%,增加了近 10%,B1 与 B3 中最适宜生境面积也有不同程度的增加,而不适宜生境面积显著减少,表明退化的芦苇湿地、盐碱地已被湿地修复新产生的高质量的芦苇沼泽所替代,成为东方白鹳适宜的栖息地;对黑嘴鸥来说,不同补水方案下,B1 最适宜生境面积增加 2 994 hm²,B2 增加 298 hm²,但 B3 减少 2 694 hm²,表明适宜的生态修复对黑嘴鸥的最适宜生境产生了较为有利影响,但湿地过多的补水会改变黑嘴鸥原有滩涂生境类型,使得其适宜栖息地面积减少。

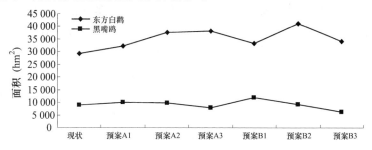

图3　各预案东方白鹳与黑嘴鸥最适宜生境面积比较

3.3　预案总体评价

各种预案下东方白鹳与黑嘴鸥最适宜生境面积比较见图3。从图3可看出,在现状条件下,黄河三角洲湿地作为珍稀鸟类繁殖栖息地其质量最差。在对自然保护区南部进行生态补水情况下(预案 A),三角洲生境质量有很大提高,以芦苇沼泽为主要栖息繁殖地的东方白鹳,适宜生境增加,不适宜生境大幅减少,黑嘴鸥最适宜生境也有所增加,但增幅较小。在对自然保护区南北部同时进行生态补水情况下(预案 B),东方白鹳适宜生境面积增加较为明显,黑嘴鸥的生境质量较现状也有一定提高,但过多的补水会使得其适宜栖息地面积减少;就不同补水方案来看,预案 A2 与 B2 两种指示物种最适宜生境面积增加最为明显,预案 B2 情况下,东方白鹳与黑嘴鸥的最适宜生境面积均有大幅增加,说明湿地生态补水对黄河三角洲两种典型生境—芦苇沼泽与翅碱蓬滩涂均带来了较好的生态效果,有利于湿地生物多样性的保护。综合来看,预案 B2 是最理想的生态恢复方案。

4　结果讨论

　　研究利用景观生态决策支持系统(LEDESS 模型),对不同湿地恢复预案情况下两种指示物种东方白鹳、黑嘴鸥的生境质量进行了定量化评价。结果显示,黄河三角洲湿地作为珍稀鸟类的迁徙地、越冬及繁殖地,其生境质量现状较差,这主要是由于黄河近年来进入河口地区水量减少、河流渠化及人类大规模的开发活动造成生境破碎化和退化的结果,在采取人工引蓄黄河水进行湿地生态修复的情况下,三角洲地区的生境质量可得到明显提高。黄河三角洲国家级自然保护区南北两部分,作为维持生态完整性的一个有机整体,同时进行生态补水(预案 B)所取得的生态效果最为理想,两种代表不同生境的指示性鸟类生境质量均有大幅度提高,在仅进行南部保护区生态补水(预案 A)的情况下,鸟类的生境质量也得到很大提高,但北部自然保护区黑嘴鸥的适宜生境将逐渐消失。不同的补水方案比较表明,补水过多或过少对三角洲湿地的生物多样性保护均不利,适宜的补水量有利于不同类型生境的维持与生物多样性的增加。

　　影响黄河三角洲生境质量的因素很多,除黄河水沙资源外,油田开发建设等人类活动导致生境破碎化是造成生境质量下降的重要因素,但黄河三角洲作为我国重要的能源(胜利油田)及农业开发基地,在国家经济发展中具有十分重要的战略地位。本研究湿地恢复预案仅仅在自然保护区一定范围内设定,恢复措施主要是有限的生态补水,对油田开发、道路建设等所造成的生境质量影响并没有作为重点考虑。很明显,如果能采取有效的减少生境破碎化的措施,黄河三角洲生境质量将会得到更大程度的提高。湿地恢复预案研究不仅可为黄河三角洲湿地生态保护提供不同的途径与方向,在黄河水资源供需矛盾日益尖锐的今天,湿地恢复适宜需水量及其效果的评价也为科学合理地利用有限的黄河水资源提供了技术支持。

参 考 文 献

[1]　邬建国.景观生态学——格局、尺度与等级.北京:高等教育出版社,2000.

[2]　肖笃宁,胡远满,李秀珍,等.环渤海三角洲湿地的景观生态学研究.北京:科学出版社,2001.

[3]　赵延茂,宋朝枢.黄河三角洲自然保护区科学考察集.北京:中国林业出版社,1995.

[4]　李晓文,肖笃宁,胡远满.辽东湾滨海湿地景观规划各预案对指示物种生境适宜性的影响[J].生态学报,2001,21(4):550-560.

近二十年来黄河现代三角洲
湿地景观的变化特征

江 珍[1] 刘志刚[2] 田 凯[3]

(1.黄河水利委员会人事劳动教育局;2.黄河水利委员会水土保持局;
3.黄河水利委员会国际合作和科技局)

摘要:湿地有着不可替代的巨大的生态功能,被喻为"地球之肾"。但在20世纪下半叶,湿地大面积萎缩退化,生态功能急剧退化。因此,通过对湿地进行景观生态分析,以求达到维持健康的湿地生态功能,已成为湿地研究的重要问题之一。本文选取1986年、1996年和2004年的秋季采样遥感数据,使用景观图谱分析方法,应用景观变化图谱模型,研究了20年来黄河现代三角洲湿地景观的时空变化规律。

关键词:湿地景观 变化 图谱 黄河现代三角洲

1 引言

湿地是生物多样性最丰富和生态功能最高的生态系统。它在涵养水源、基因库保存等方面,发挥着不可替代的巨大的生态功能,被喻为"地球之肾"。然而,在20世纪下半叶,湿地大面积萎缩退化和生态功能急剧退化。在此背景下,对湿地进行景观生态分析和研究,以求达到最大可能地维持健康的湿地生态功能,已成为湿地研究的迫切问题和重要问题之一(杨学军等,2001)。

黄河的填海造陆以及频繁改道,形成了独特的黄河河口湿地生态系统。黄河三角洲湿地总面积1 570 km^2。由于众多季节性河流在此入海口分汊较多,故多为自然湿地(张启德,1997;徐丽君,2006)。黄河现代三角洲蕴藏着丰富的湿地资源,是国际上以保护黄河口新生湿地系统和珍稀濒危鸟类为主体的重要湿地之一,同时还是黄河河流健康的重要标志(徐丽君,2006;丁大发等,2006)。但是,近20年来,随着黄河入海水沙量锐减、人类活动加剧及对湿地认识不足等,湿地原有的生态功能受到巨大的不同程度的破坏。如:植被大面积逆向演替;生物多样性受到威胁;湿地水盐失衡;入海口水沙失衡;对湿地重要性认识不足等。因此,维持健康的湿地生态问题已迫在眉睫。

本文旨在RS和GIS支持下,选取从中国科学研究院地理科学与资源研究所收集到的 1986 年、1996 年的 LandsatTM432 数据和 2004 年的 CBERS－1 卫星 CCD 数据,使用景观图谱分析方法,建立景观图谱模型,来研究 20 年来黄河现代三角洲湿地景观格局时空演变的特征。

2　湿地景观类型及分布

黄河现代三角洲湿地是为河口三角洲景观提供自然或人为异质性的斑块或廊道,其面积广阔,类型多样。根据 Ramsar 湿地分类系统、《中国湿地调查纲要》❶及黄河三角洲湿地的实际情况,可以划分为三级(白军红,2000)。利用中科院对 1986 年、1996 年、2004 年遥感影像的初步解译成果,就可以得到研究区的湿地景观类型、平均面积及分布(见表1)。

表1　黄河现代三角洲湿地景观类型、面积和分布

一级分类	二级分类	三级分类	平均面积(km²)	占湿地总面积(%)	分布
天然湿地	滨海湿地	低潮滩	168.95	11.04	低潮时水深不超过 6 m 的永久性滨海浅水域
		中潮滩	179.32	12.05	沿海高潮位与低潮位之间的潮侵地带
		高潮滩	97.31	6.10	以海水补给为主的潮上带盐碱地
		小计	445.58	29.19	
	河流湿地	河道湿地	37.18	2.38	黄河等各河流河道内
		河漫滩	240.41	15.22	黄河现行流路两侧,是以淡水补给为主的季节性积水区
		黄河故道(含湖泊)	30.71	1.99	黄河故道及河流附近的牛轭湖及河口湖,以淡水补给为主
		小计	308.30	19.58	
	沼泽	草本	—		河道沿岸及河口、水库、湖泊的河滩地
		灌丛	61.84	3.92	在黄河三角洲潮间带、潮上带以及内陆盐渍地
		疏林	78.59	5.11	黄河北侧中心路以西和黄河故道东侧
		小计	140.43	9.03	
	草甸湿地	芦苇	242.13	15.26	黄河等河流的河漫滩及滨海河口、滩涂地带
		小计	242.13	15.26	
	其他	盐碱滩	266.61	16.16	散布于整个三角洲区域,未受到人类活动影响
		小计	266.61	16.16	
人工湿地	水库	(含池塘)	23.93	1.47	黄河等河流中上游地势低注的地区
	水田		48.64	3.10	有水源保证和灌溉设施的耕地区域
	盐田		100.87	6.22	沿海区域及近河口地带
	小计		173.44	10.78	
湿地总计			1 576.49		

注:因为芦苇是黄河现代三角洲地区重要的湿地景观,具有重要的生态意义,所以本文将草甸芦苇和沼泽芦苇合之并单列之,以便统一分析。

---

❶ 《中国湿地调查纲要》是在 1995 年由中国林业部和中国科学院共同编写的。它与 Ramsar 湿地名录的分类系统相衔接,只在局部结合中国国情作些修改。主要有 5 大类:海岸湿地、河口海湾湿地、河流湿地、湖泊湿地、沼泽和草甸湿地。

由表1可知,黄河三角洲湿地总面积三年平均为1 576km²,集中分布于沿海且面积广阔;随着向内陆的深入,分布较零散,面积也逐渐减少。其中,湿地景观或斑块各类型的空间分布如下:在二级分类中,面积所占比例由大到小依次为滨海湿地(29.2%)、河流湿地(19.6%)、盐碱地(16.2%)、芦苇(15.3%)、人工湿地(10.8%)、沼泽湿地(9.0%);在三级分类中,面积较大的依次为盐碱地(266.61 km²)、芦苇(242.13 km²)、河漫滩(240.41 km²)、中潮滩(179.32 km²)、低潮滩(168.95 km²),均超过10%。

3 景观图谱方法

景观信息图谱是高层次上的信息表达和研究手段,能够以各种不同形式的图形,简练而深刻地概括和反映景观客体的时空变化规律。因此,景观信息图谱是将图形思维和信息思维高度结合的一种行之有效的新方法(叶庆华,2003)。

3.1 数据处理

本文选取从中国科学研究院地理科学与资源研究所收集到的1986年、1996年的LandsatTM432数据和2004年的CBERS – 1卫星CCD数据❶(见表2)。在ARC/INFO中,首先对三期黄河现代三角洲湿地的遥感影像进行分类,再对矢量数据进行编辑、检验和修正,最后对研究区进行边界统一修订和归一化处理。在图谱分析之前,还需要将三期数据都转换成grid数据格式,取30 m × 30 m格网单元进行重采样,统一空间分辨率。

表2 遥感影像数据列表

影像类型	日期(年 – 月 – 日)
LandsatTM	1986 – 10 – 05
7 个波段30 m 分辨率	1996 – 09 – 20
ETM +	
7 个30 m 分辨率波段和一个15 m 分辨率的全色波段	2004 – 05 – 02

3.2 景观信息图谱方法

景观信息图谱单元通常是由"相对均质"的地理单元和"相对均质"的时序单元共同构成的(叶庆华,2002),是建立数理模拟模型、反演历史世界、理解和认识现实世界以及推导和预测未来世界地理规律的基本时空复合体单元。对于记录那些划分出来的"最均一过程"和"最均质空间"的图谱单元,则称为"最小景观信息图谱单元",它最大限度地保证了空间上的"同质性"和其上所发生事

❶ CBERS – 1 CCD 数据432 合成具有与LANDSAT 卫星TM 相应波段基本相同的地物光谱特性,可与LANDSAT TM 相配合使用(叶庆华, 2003)。

件过程的"单一性"、"不可分性",可以采用能够同时反映空间差异和时序变化过程的状态变量 $P(P_1, P_2, P_3, P_4, \cdots, P_n)$ 进行描述,这是景观的地理过程分析与景观空间格局的一体化研究方法,是利用地学信息图谱进行景观"空间与过程研究"的算法依据。图谱单元的合成过程见图2。

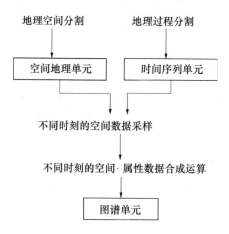

图2 图谱单元的合成过程

3.2.1 确定基本时序单元

因为不同采样时刻对应着景观单元属性 P 的不同状态,所以对于特定景观过程的研究往往要依赖于采样时间间隔。一般而言,对于某一景观来说,将其发生的某个景观事件或者某一属性特征发生、发展、变化的全部或者部分时间序列——景观过程进行划分,直到"不可再分"的"最小子过程",即事件或者属性的变化状态已经达到了最"均一"状态,这个时间尺度就是这一景观过程的"最小时序单元"(鲁学军,1998;李军,2000)。采样时间尺度(即时序单元)的确定是以这个"最小时序单元"为依据的。在此,依据研究目的、选择最佳时空尺度是保证"格局与过程"复合研究顺利进行的必要条件。

时序单元的划分方法可以根据所研究景观过程的不同发展阶段来划分,也可以选取不同的时序单元逐一试验/分析、检验/调整时间尺度,以便能更好地反映景观过程的演化规律(通常是在对景观过程本身并不了解的情况下进行)(叶庆华,2001)。因此,在研究现代黄河三角洲湿地演化过程中,限于湿地数据的可获得性,根据黄河来水(以1987年为界)、水量统一调度(1999年)和调水调沙试验(2002年)实施情况,选取了 1986~1996 年 1996~2004 年为两个时序单元来分割湿地景观的演化过程。

3.2.2 确定基本空间单元

目前,景观单元的产生主要有三种方法:即填图法、叠置法和规则网格法,采用具有一定分辨率的离散的规则网格作为基本单元。实际上,规则网格法得到的网格单元应该是在一定的分辨率条件下,能够识别出的最小空间单元(CELL),并不具有实体意义。但是这样的空间单元(CELL)是产生"相对均质"景观单元的"细胞",每一类空间单元(CELL)就是代表了一类"相对均质"的景观单元。通过操作这样的空间单元(CELL)也就达到了对"均质"景观单元进行操作的效果,而且具有更大的灵活性。虽然其精度受到网格分辨率的影响,但由于非常适合计算机处理,所以在采用 GIS 作为工具的单元研究中经常采用这种方法。

在研究黄河现代三角洲湿地景观变化时,本文将采用规则网格法来确定基本空间单元,把所有数据都转换成 grid 数据格式,取 $30\ m \times 30\ m$ 格网单元,进行重采样,统一空间分辨率。

3.2.3 合成空间·属性·过程一体化数据

在确定了研究景观过程或者景观事件的时序单元(即时间尺度)和空间单元以后,就可使用这一时间尺度作为采样间隔,充分利用各种先进的技术手段,结合地学实况调查、历史地形图以及各种可能获取的各采样时刻的数据和图像,经过统一标准化和归一化处理,采集基本景观单元不同取样时刻的属性特征值,并利用地理信息系统生成各采样时刻地理单元的空间·属性一体化数据。然后将不同采样时刻上自然地理单元的空间·属性一体化数据依时间先后为序进行匹配、融合,或者进行地图代数运算,就可得到"空间·属性·过程"一体化数据,即图谱,其空间·属性·过程的"相对均质单元"就是基本图谱单元。

现代黄河三角洲湿地变化系列图谱的合成是在 Arc/info GRID 模块中,利用地图代数运算方法,对相关数据进行地图代数运算。方法是以时间序列为轴,对每一个空间单元的 Value 值进行操作,将时间上相邻的各期数据两两合成,生成一个 2 位数编码或者 4 位数编码的"空间与过程"复合数据,即"时空复合体"(叶庆华,2001),这就是相应时间尺度/采样间隔的湿地景观图谱。此时,每个空间单元的属性值具有 2 位或 4 位编码,它记录了自己在不同采样时刻的状态。该属性值是空间·属性·过程一体化数据,其基本单元就是图谱单元。

3.2.4 景观信息图谱分析

利用空间统计分析的各种算法提取需要的数据,对"空间与过程"的演化特征进行数据分析,以得到在景观过程动态变化中地表事物之间规律性的空间关系。本文的景观信息图谱分析主要有:

(1)不同时序单元的景观图谱。它的每一个图谱单元都记录了该空间/地域单元在这个时序单元中的起始和终止状态;

(2)图谱单元景观信息列表。主要是湿地景观变化类型表,按其面积进行

大小排序,由图谱运算得到;

(3)空间统计分析图表,分析各景观信息图谱在不同地域单元上的图谱特征,研究景观发育过程与地域空间格局之间的相互关系。

其中,第一部分是整个图谱分析的核心。这样,借助于各个时期的湿地景观信息图谱,就基本上能了解现代黄河三角洲湿地演化过程的景观信息图谱特征,以及这些变化过程在不同地域单元上的空间格局特征和景观信息特征,进而在景观"空间格局与变化过程"的时空复合特征研究上进行探索。

4 湿地景观变化图谱结果

经过 ARC/INFO 的数据处理和图谱单元的整合过程,不同时序单元内黄河现代三角洲湿地景观变化的图谱结果如下。

4.1 第一个时序单元(1986~1996 年)

依据 1986 年和 1996 年遥感解译数据和图谱单元的整合过程,首先可以得到第一个时序单元(1986~1996 年)黄河现代三角洲湿地景观变化图谱(略)。其次,通过图谱运算并按面积大小进行排序,就可以得到在 1986~1996 年黄河现代三角洲湿地景观主要变化类型排序(表3)。最后,通过进一步研究转移信息,可以得到在 1986~1996 年黄河现代三角洲湿地景观类型面积转移矩阵(表4)。此外,通过空间信息可以查寻到每一个湿地类型转移的空间位置。

表3　1986~1996 年黄河现代三角洲湿地景观主要变化类型排序

编号	变化格网数	变化比率(%)	累积百分率(%)	面积(km²)	图谱单元类型
1	213 525	15.38	15.38	192.17	滨海湿地-盐碱地
2	187 875	13.53	28.91	169.09	非湿地-滨海湿地
3	161 687	11.64	40.55	145.52	非湿地-盐碱地
4	152 868	11.01	51.56	137.58	非湿地-草甸湿地
5	110 736	7.98	59.54	99.66	非湿地-人工湿地
6	82 578	5.95	65.49	74.32	滨海湿地-非湿地
7	64 803	4.67	70.15	58.32	沼泽-非湿地
8	57 624	4.15	74.30	51.86	非湿地-河流湿地
9	57 445	4.14	78.44	51.70	非湿地-沼泽
10	39 770	2.86	81.30	35.79	滨海湿地-草甸湿地
11	38 650	2.78	84.09	34.79	人工湿地-非湿地
12	38 192	2.75	86.84	34.37	草甸湿地-滨海湿地
13	31 523	2.27	89.11	28.37	草甸湿地-河流湿地
14	20 907	1.51	90.61	18.82	盐碱地-滨海湿地
15	16 929	1.22	91.83	15.24	河流湿地-草甸湿地
16	16 157	1.16	93.00	14.54	草甸湿地-盐碱地

表4　1986～1996年黄河现代三角洲湿地景观类型面积转移矩阵　　（单位：km²）

类型	滨海湿地	河流湿地	沼泽	草甸湿地	盐碱地	人工湿地	非湿地
滨海湿地	267.45	2.85	5.88	35.79	192.17	11.93	74.32
河流湿地	1.37	230.57	0.13	15.24	0.45	0	4.89
沼泽	0	12.82	36.71	2.22	5.13	0.14	58.32
草甸湿地	34.37	28.37	9.66	92.26	14.54	1.22	5.31
盐碱地	18.82	0.10	0.61	1.21	83.58	9.33	8.92
人工湿地	0.37	0.25	0.21	2.44	0.06	27.74	34.79
非湿地	169.09	51.86	51.70	137.58	145.52	99.66	—

4.2　第二个时序单元(1996～2004年)

同理,依据黄河现代三角洲湿地1996年和2004年的数据,就可以得到第二个时序单元内湿地景观变化图谱(略)。第二个时序单元内黄河现代三角洲湿地景观主要变化类型排序见表5。第二个时序单元内黄河现代三角洲湿地景观类型面积转移矩阵见表6。

表5　1996～2004年黄河现代三角洲湿地景观主要变化类型排序

编号	变化格网数	变化比率（%）	累积百分率（%）	面积（km²）	图谱单元类型
1	210 223	19.08	19.08	189.20	盐碱地 - 非湿地
2	138 415	12.56	31.65	124.57	滨海湿地 - 非湿地
3	128 768	11.69	43.34	115.89	滨海湿地 - 盐碱地
4	70 566	6.41	49.74	63.51	草甸湿地非湿地
5	68 836	6.25	55.99	61.95	非湿地 - 沼泽
6	68 555	6.22	62.22	61.70	非湿地 - 人工湿地
7	65 757	5.97	68.18	59.18	盐碱地 - 人工湿地
8	60 301	5.47	73.66	54.27	盐碱地 - 沼泽
9	47 025	4.27	77.93	42.32	非湿地 - 草甸湿地
10	41 805	3.79	81.72	37.62	滨海湿地 - 人工湿地
11	28 625	2.60	84.32	25.76	非湿地 - 滨海湿地
12	23 421	2.13	86.45	21.08	草甸湿地 - 河流湿地
13	23 229	2.11	88.56	20.91	盐碱地 - 滨海湿地
14	17 240	1.56	90.12	15.52	人工湿地 - 非湿地
15	14 209	1.29	91.41	12.79	沼泽 - 草甸湿地
16	11 650	1.06	92.47	10.49	河流湿地 - 非湿地

表6　1986~2004年黄河现代三角洲湿地景观类型面积转移矩阵　（单位：km²）

类型	滨海湿地	河流湿地	沼泽	草甸湿地	盐碱地	人工湿地	非湿地
滨海湿地	202.69	3.65	0	7.03	115.89	37.62	124.57
河流湿地	0.15	309.02	0.14	1.19	0.25	5.53	10.49
沼泽	0	1.42	81.78	12.79	0	0.02	8.90
草甸湿地	5.41	21.08	2.93	182.38	3.58	7.86	63.51
盐碱地	20.91	3.60	54.27	6.34	107.96	59.18	189.20
人工湿地	0.01	0.00	0.03	1.88	0.07	132.53	15.52
非湿地	25.76	6.65	61.95	42.32	8.05	61.70	—

4.3　整个时序单元（1986~2004年）

近20年来，黄河现代三角洲湿地景观一直变化着。为了解20年来湿地景观的变化过程，除了考虑相邻时序单元之间的湿地景观类型变化外，还有必要研究20年来每一个采样时刻上每一个空间单元湿地景观的状态及其演化历程。因此，依据黄河现代三角洲湿地景观1986年、1996年和2004年数据，得到了20年来的湿地景观变化过程图谱（略）。1986~2004年黄河现代三角洲湿地景观类型面积转移矩阵见表7。

表7　1986~2004年黄河现代三角洲湿地景观类型面积转移矩阵　（单位：km²）

类型	滨海湿地	河流湿地	沼泽	草甸湿地	盐碱地	人工湿地	非湿地
滨海湿地	138.87	6.08	10.00	29.87	94.70	103.31	207.55
河流湿地	0.78	228.82	0.07	1.51	0	7.94	13.48
沼泽	0	16.06	43.02	0.25	0.88	7.40	47.74
草甸湿地	7.67	39.27	11.15	61.73	35.21	3.87	26.85
盐碱地	6.67	0.87	43.89	0	50.50	13.65	6.99
人工湿地	0	0.03	0.07	1.93	0	24.46	43.22
非湿地	100.94	54.31	92.89	158.64	54.50	143.81	—

5　湿地景观变化图谱特征

在不同时序单元内的黄河现代三角洲湿地景观变化图谱特征如下。

5.1　第一个时序单元湿地景观变化（1986~1996年）

从表3和表4可知，1986~1996年间湿地景观最主要的变化是从非湿地演变为其他湿地类型，占全部变化面积的52%，即655.41 km²。其中，新生的滨海湿地最多，占变化面积的14%（169.09 km²）；新生的盐碱地次之，占变化面积的12%（145.32 km²）；新生的草甸湿地（芦苇）则占变化面积的11%（137.58 km²）。其次是滨海湿地的盐碱化，占全部变化面积的15%，即

$192.17\ km^2$。这类盐碱地主要分布在黄河现代三角洲黄河故道和现行河道之间。第三大变化是从滨海湿地演变为非湿地(海域等),占全部变化面积的6%,即$74.32\ km^2$。这类非湿地主要分布在黄河故道入海口附近。

5.2 第二个时序单元湿地景观变化(1996~2004年)

从表5和表6可知,1996~2004年间湿地景观最主要的变化是从各湿地类型演变为非湿地的过程,占全部变化面积的42%,即$412.18\ km^2$。其中,盐碱地演变为非湿地的最多,占变化面积的19%($189.20\ km^2$);由滨海湿地演变为非湿地的次之,占变化面积的13%($124.57\ km^2$)。这类非湿地主要分布在黄河故道和现行河道之间,或分布在黄河故道和现行河道入海口附近的海岸带。

其次为非湿地和盐碱地开垦或开发为人工湿地,占全部变化面积的12%,即$120.88\ km^2$。其中,非湿地开垦或开发为人工湿地的略多,占变化面积的6%($61.70\ km^2$);盐碱地开垦或开发为人工湿地次之,占变化面积的6%($59.18\ km^2$),多开发为人工盐田。由非湿地开发的人工湿地多分布在黄河故道两边或现行河道的南部。

此外,1996~2004年间湿地景观第三大变化是滨海湿地的盐碱化,占全部变化面积的12%,即$115.89\ km^2$。这类盐碱地主要分布在黄河现行河道南入海口的南部或黄河故道入海口两侧。

5.3 整个时序单元湿地景观变化(1986~2004年)

从表7中可知,1986~2004年间湿地景观最主要的变化是从非湿地演变为各类湿地类型,占全部变化面积的52%,即$605.09\ km^2$。其中,新生的盐碱地最多,占变化面积11%($158.64\ km^2$),主要分布在黄河故道两侧;新生的人工湿地次之,占变化面积的10%($143.81\ km^2$),多是中型或小型的水库和盐田,分布在三角洲内陆;新生的滨海湿地再次之,占变化面积的7%($100.94\ km^2$),主要分布在黄河现行河道的两侧。

其次,1986~2004年间湿地景观第二大变化是由滨海湿地演变为其他类型湿地(非湿地、人工湿地和盐碱地等)。其中,演变为非湿地的占面积变化的15%($207.55\ km^2$),演变为人工湿地的占面积变化的7%($103.31\ km^2$),演变为盐碱地的占变化面积的6.8%($94.70\ km^2$)。这类变化主要分布在黄河故道入海口附近海岸带,或黄河故道和现行河道之间海岸带,或者黄河现行河道南面的部分海岸带。

此外,1986~2004年间黄河现代三角洲湿地景观呈现出两个时空演变系列。一个是沿海岸带到内陆的滨海湿地→盐碱地→沼泽或草甸湿地(芦苇)→人工湿地,另一个是沿河床向外方向的河流湿地→草甸湿地(芦苇)→沼泽→人工湿地。在近20年间,除了少数没有发生变化的湿地外,黄河现代三角洲的大多数湿地(研究区的66%)都发生强烈的变化。滨海湿地和河流湿地是两个未发生变化面积较大的湿地类型。

5.4 图谱变化小结

5.4.1 第一个时序单元(1986~1996年)

(1)非湿地显著地演变为滨海湿地、盐碱地和草甸湿地,变化面积为655.41 km²。新增的湿地主要分布在黄河现行河道沙嘴,或在黄河故道两侧,或在黄河故道和现行河道之间。

(2)滨海湿地明显地演变为盐碱地,变化面积为192.17 km²。新增的盐碱地主要分布在黄河故道和现行河道之间。

(3)黄河故道入海口附近的滨海湿地面积明显地被侵蚀了74.32 km²。

5.4.2 第二个时序单元(1996~2004年)

(1)各湿地类型显著地演变为非湿地,变化面积为412.18 km²。其中黄河故道和现行河道之间的盐碱地减少了189.20 km²,黄河故道和现行河道入海口附近的滨海湿地减少了189.20 km²。

(2)非湿地和盐碱地明显演变为中小型的人工湿地,变化面积为120.88 km²。其中新增的中型盐田约占新增人工湿地的90%。由非湿地转化来的人工湿地主要分布在黄河故道两侧或黄河现行河道的南面。由盐碱地转化来的新增人工湿地主要分布在黄河故道和现行河道之间。

(3)滨海湿地明显盐碱化,变化面积为115.89 km²,主要分布在黄河故道两侧或现行河道南面。

5.4.3 整个时序单元(1986~2004年)

(1)黄河现代三角洲湿地景观呈现出两个时空演变系列。一个是沿海岸带到内陆的滨海湿地→盐碱地→沼泽或草甸湿地(芦苇)→人工湿地,另一个是沿河床向外方向的河流湿地→草甸湿地(芦苇)→沼泽→人工湿地。

(2)黄河现代三角洲湿地景观不稳定,约有66%的湿地发生强烈的变化。滨海湿地和河流湿地是两个未发生变化面积较大的湿地类型。

(3)第一大变化是从非湿地演变为盐碱地、人工湿地和滨海湿地,第二大变化是从滨海湿地演变为非湿地、人工湿地和盐碱地。表明盐碱地和人工湿地快速增长,滨海湿地是面积转移最大的湿地类型。

6 结语

总之,根据上述讨论,可以得到以下结论:

(1)黄河现代三角洲湿地景观呈现出两个时空演变系列。一个是沿海岸带到内陆的滨海湿地→盐碱地→沼泽或草甸湿地(芦苇)→人工湿地,另一个是沿河床向外方向的河流湿地→草甸湿地(芦苇)→沼泽→人工湿地。

(2)滨海湿地和河流湿地是两个未发生变化面积较大的湿地类型,多位于黄河故道入海口附近,黄河现行河道入海口附近或两侧。然而,1986~2004年间黄河现代三角洲湿地发生强烈的变化(66% 研究区)。

• 滨海湿地显著减少了1.3倍,变化面积为335.50 km²。主要分布在黄河现代三角洲的东北部,或在黄河故道入海口,或在黄河现行河道的南面。

• 盐碱地明显增加了1.9倍,变化面积为113.24 km²。主要分布在黄河现代三角洲的东北部,在黄河故道的两侧,或在黄河现行河道的南面。

• 人工湿地增长速度最快,高达3.6倍,变化面积达238.54 km²。主要分布在黄河现代三角洲的西北部,黄河故道两侧,或在黄河现行河道的南面。

参 考 文 献

[1] 白军红,余国营,等.黄河三角洲湿地资源及可持续利用对策[J].水土保持通报,2000,12(6),6-9.

[2] 李国英.维持黄河健康生命[M].郑州:黄河水利出版社,2005.

[3] 鲁学军,等.地理学认知内涵分析[J].地理学报,1998,53(2).

[4] 徐丽娟.黄河三角洲湿地生态需水研究[D].北京:中国科学研究院,2003.

[5] 叶庆华.黄河三角洲景观信息图谱时空特征[D].北京:中国科学研究院,2006.

[6] 张启德.辽宁省自然资源及其可持续发展[M].北京:科学出版社,1997.

[7] 赵延茂,宋朝枢,等.黄河三角洲自然保护区科学考察集[J].北京:中国林业出版社,1995.

[8] Yu G Y. Views of some basic scientific problems of wetland research[J]. Progress in Geography,2001,20(2),177-183.

[9] Huang G L, P He and M Hou. The present research and its prospects of wetland in Chinese Estuary[J]. Chinese Journal of Applied Ecology,2006,17(9), 1751-1756.

[10] Yang Y X. The progress of international wetland science research and priority field and prospect of Chinese wetland science research. Advance in Earth Sciences,2002,17(4), 508-514.

密西西比河三角洲结合海岸侵蚀保护的洪水风险管理展望*

马广州[1] 黄波[2] 杨娟[3]

(1.黄河水利出版社;2.山东黄河勘测设计研究院;
3.黄河勘测规划设计有限公司)

摘要:三角洲地区通常是比其他地区更为年轻,自然状态上更动态与易变,但它却是各国重要的工业、运输与休闲基地。近年来,由于气候变化如海平面上升、不可预料和更频繁风暴潮的发生以及经济发展与人口增长而带来的基础设施与财产价值的不断增加,三角洲地区面临着更大的洪水风险。这就要求基于地区发展、水管理和环境影响评估方面新的战略与方法来应对洪水问题。

密西西比河三角洲遭受着河流洪水、飓风引起的风暴潮以及严重的海岸流失的威胁。2005年飓风Katrina发生后,洪水的综合管理要求采取可持续的、长期的和综合措施和各部门更广泛与深入的参与。本文在研究密西西比河三角洲情势及问题分析的基础上,介绍了结合海岸侵蚀防护的洪水风险管理的综合措施,包括"多条防线"战略、改进的防洪工程结构、土地利用管理及淡水与泥沙的再配置等,随后提出了自己的一些建议。

关键词:洪水风险 海岸侵蚀 防洪 湿地恢复 土地利用 密西西比河三角洲

1 概述

多数国家的沿海地区通常是人口密集和经济相对发达,而且是重要的工业、运输和休闲的地区。世界上三分之二的主要的大城市集中在沿海地区。最近几十年,一方面随着沿海地区人口的增长、生活水平的提高及城市化和工业化的进程,基础设施与财产的价值也在不断增加;另一方面,全球气候变化如全球变暖、海平面上升、不可预料及更频繁的暴雨、飓风和洪水,加上人类活动的负面影响,使得沿海地区面临着更大的洪水风险。

基于防洪、土地利用、水管理和环境影响评估的地区发展已经变成了全球范围的挑战。许多国家制定了新的计划与措施来解决和协调沿海地区防洪与地区发展问题。

---

* 本文基于硕士论文《莱茵河、黄河与密西西比河三角洲洪水风险管理与土地利用比较研究》。

在密西西比河整个防洪体系中,两个具体案例就是新奥尔良市的防洪与防止海岸侵蚀的工程,并考虑社会经济的将来发展及环境影响。2005 年 Katrina 飓风的发生唤醒了美国乃至世界上各个层面部门重新考虑和研究洪水管理与海岸侵蚀的战略问题,提出了许多规划与项目,包括多个国际交流合作项目。本文将在研究和分析密西西比河三角洲问题的基础上,总结防洪与生态恢复措施,进而提出自己的建议。

2 密西西比河三角洲

密西西比河流域是世界第三大流域,仅次于亚马孙河和刚果河流域,总流域面积为 4 760 000 km²,包括美国大陆 41% 的面积(31 个州)和 2 个加拿大州的一部分(见图1)。

今天的密西西比河三角洲形成于 550 年前,通过淤积游荡的自然过程而成为美国最年轻的地区,主要位于路易斯安那州的南部,由冲积平原、支流、海湾、湖泊和天然土脊组成,属于低地,地面居海平面 -3~2m。大部分人口集中在狭窄的高地如天然土脊,被湿地与沼泽地所包围。目前演进最活跃的三角洲被称为"鸟足",延伸至墨西哥湾(见图1)。

密西西比河流域

图1 密西西比河流域与三角洲地区

密西西比河是路易斯安那州沿海的工业、基础设施、生态系统和文化的命脉。航运与港口(占 19% 的美国水上贸易和 20% 的进出口货物运输)、石油与天然气工业(提供 1/3 的国家石油和天然气和 50% 的化工冶炼)(DNR,2006)、渔业(占 26% 的商品渔业)、休闲娱乐以及湿地资源(占美国总湿地面积的 25%)等充分表明了密西西比河三角洲对整个国家经济的重要贡献。

但路易斯安那州沿海却是美国最贫穷的地区之一。三角洲地区以长期贫穷、迟缓的经济发展、高失业率及种族间隔离带来的诸多问题为特征。同时,这一地区也代表了墨西哥湾沿岸最为脆弱的地区之一。工程建设引起的地形地貌的改变、自然沉降及气候变化的综合作用对地区发展、自然资源和生物多样性造成了很大的影响。

3 洪水风险

密西西比河三角洲的洪水风险主要来源于密西西比河大洪水及暴风雨和飓风引起的风暴潮。

来自密西西比河的洪水(1849年、1850年、1882年、1912年、1913年、1927年和1973年洪水)曾对三角洲地区造成严重的威胁。但近些年来,随着相对完善的防洪工程的建设和联邦政府对防洪工程的建设与管理的更多参与和投入,洪水损失已经大大地减少了。

相比较而言,飓风引发的风暴潮却成了洪水管理中的首要问题。根据以前飓风的记录,密西西比河三角洲极易遭受飓风的直接侵袭。平均16年就有一次飓风袭击此地区,有时一年有几次发生。目前,在应对飓风造成的洪水问题方面还有以下不足:

(1)飓风预报的局限性。飓风的着陆点和强度变化很快,难以准确预测,防洪的准备期很短。气候变化也增加了对飓风发生频率和强度的不确定性。

(2)飓风引起的洪水问题在美国历来被认为是"地区问题"。联邦政府对飓风防护工程的建设重视不够,地方上也没有很好地做好管理与维护。

(3)海岸流失特别是湿地流失使得地方失去了自然防线,在面对风暴潮的侵袭更为脆弱。

从地形来看,密西西比河三角洲是典型的低地区域,地面接近海平面或低于海平面数米(图2)。以新奥尔良市为例:新奥尔良市的80%土地位于海平面以下,地面平均高程为海平面以下1.8 m。自从1718年建市以来,就一直面临着复杂的洪水管理问题。新奥尔良市的地形像一个碗形,市中心位于碗底,低于海平面3 m。飓风引起的风暴潮和Pontchartrain湖的风浪从北部威胁着城市,密西西比河洪水从南边影响着城市的安全。整个城市区域由大堤、防浪墙和钢板门(高于临界洪水位)所环绕。城市一旦受淹,洪水不得不用水泵来抽排出低地。长时间的浸泡会造成基础工程及财产的严重损失。飓风Katrina造成的洪水用了半年时间才完全排完。

近年来土地的快速沉降使防洪形势更为严峻。最近对新奥尔良市的地面高程勘察显示,"考虑土地下沉速度与海平面上升,新奥尔良市及其邻近地区将由目前低于平均海平面1.5~3 m变为2100年的低于平均海平面2.5~4 m甚至更低"。地面的沉降威胁着城市的安全,并给城市抵抗强飓风引起的风暴潮带来更大困难。

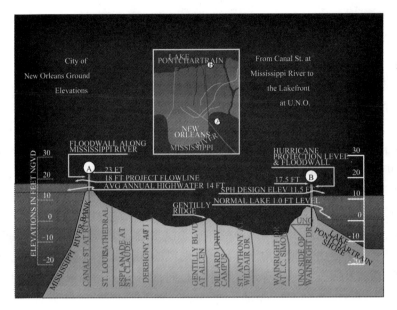

图 2　新奥尔良市的地形与洪水现状

4　海岸侵蚀

20 世纪期间,路易斯安那州沿海地区流失了 4 800 km² 多的土地,相当于华盛顿特区的 25 倍多。1990~2000 年间的土地流失每年近 66 km²,相当于每半个小时就有一个足球场的面积由珍贵的沿海湿地而浸没海中(近 50 年来已流失了整个湿地的 25%)。这一流失占 20 世纪 90 年代整个美国大陆沿海湿地流失的 80%。路易斯安那州部分地区海岸线因此而向内陆退缩 52 km。

科学家预测如果按这一流失速度继续下去的话,甚至加上当前的恢复工程,到 2050 年路易斯安那州沿海地区将会再流失 1 800 km² 的湿地、沼泽与岛屿。特别是如果遭遇最恶劣的海平面上升假定,土地流失会更多,甚至在有些地方已经没有什么可以流失的了。

为了探求影响土地流失的主要因素,开展了许多研究并一致认为,密西西比河三角洲土地流失与沿海生态系统的恶化是沿海人类活动与自然变化累积影响的结果,它们严重地削弱了三角洲的堆积形成过程,将沿海地区净造陆的条件而转变为净流失。

(1)从密西西比河输送到三角洲的水沙大大减少。20 世纪密西西比河沿岸防洪堤与航运工程的建设阻止了洪水季节水沙向邻近湿地的漫流。这些工程一直延伸到河口,并将造陆所需要的水和粗沙直接排入墨西哥湾的深海区,使得湿地得不到持续发展必需的泥沙与营养物。

（2）相对海平面上升与土地下沉。由于气候变化引起的海平面上升及沿海地区的土地较大的下沉（3～9 mm）造成的海平面相对上升，使得湿地沉没于海潮涨落过渡区，阻浪岛屿向后缩退变得更加细弱。一些岛屿在过去的50年间已经被完全淹没，更多地处于完全淹没的边缘。

（3）石油天然气的开采与航运工程建设引起的海水侵入。沿海地区的开发活动加速了三角洲地区的生态环境的萎缩。为石油天然气开采所建渠道、管线及油井的维护以及航运活动都从某种程度上造成了湿地的流失。人工渠道和相应的废弃物直接造成了10%～30%的湿地损失。

湿地通过吸纳风浪涌水而提供了天然的风暴潮缓冲区，明显地降低了频繁的热带风暴与小规模飓风引起的风浪袭击。沿海湿地缓冲区的日益消失使得内陆城镇对飓风的袭击更为脆弱。科学家从1993年飓风Andrew后收集的资料统计得出，每6～7 km的湿地平均能降低风浪高0.3 m。在路易斯安那的低地平原，这样对风浪的减弱就意味着这一地区是从风暴潮中获得生存还是遭受明显的损失的关键。

5　洪水管理与湿地恢复的综合措施

飓风Katrina造成的洪水损失已经表明：①洪水风险与环境恶化紧密相连；②单个部门的努力是不能解决洪水问题和海岸侵蚀的。

人们开始从持续性、长久性和综合治理角度，考虑结合海岸生态恢复的飓风防护规划。除了已经开展的项目如"沿海湿地规划、保护与恢复行动"（CWPPRA）、路易斯安那沿海地区（LCA）生态系统恢复规划、沿海影响资助项目（CIAP）、飓风防护提案和美国陆军工程师兵团（USACE）路易斯安那沿海保护与恢复（LACPR）研究等，一些国际交流项目（如美国与荷兰）也在进行，他们互相介绍本国在沿海及三角洲地区洪水管理方面取得的经验与教训。

显然，各个部门都不能独自承担洪水管理的重任。对于密西西比河三角洲的洪水管理，需要各部门更广泛和更深入地参与来达到在洪水控制的综合管理。对于每一个新项目都需要采取综合措施来进行实施。

5.1　飓风防护的"多条防线"战略

阻浪岛屿、有生命力的沼泽地、邻近小岔流的天然隆脊和柏树湿地为降低和减轻风暴潮的袭击提供了自然过渡区，再加上人工防洪堤与其他防洪措施，就会让人们在洪泛区内安全地生产生活。

（1）风暴潮防护的自然防线的概念是基于水力原理。当涌浪流过种满植物的湿地，高度会被有效减低。

（2）历史上工程学中的"翻页规则"就已经用来评估路易斯安那沿海地区浪

涌的潜在减轻作用,据估计每流过 66 km 的湿地,浪涌高度降低 0.3 m。

5.2　防洪工程结构的改进

在密西西比河三角洲的飓风防护上,必须平衡好防洪与湿地保护这两大都较为紧迫的需求。一方面,居民们需要风暴潮的防护。离开了防护堤人们无法生产生活。为了避免严重的后果,在高风险区域建设防洪堤等工程防护措施是必要的。另一方面,应该考虑到跨越湿地而建设防洪堤阻止了自然水流,保护人们的安居乐业的同时却导致了土地的进一步流失。为了找到兼顾两者的方法,就需要运用创新的思路来建设现代防洪系统。它与曾在历史上主导路易斯安那州防洪规划的传统的土质筑堤完全不同。人们已经认识到潮汐交换与自然水文过程对维持湿地生态系统的重要性,大堤开始采用创新的设计。要使大堤的建设适应河口三角洲的状况,就必须重视下列几个重要方面:

(1)采用新的防洪堤的设计方法来尽量减少大堤建设对河势及水文过程的影响。

(2)建设防洪工程时,可通过其他措施的配合如沿岸的引水与排水工程等,来保持整个流域水系的功能和可持续性。但其生态保护与恢复工程应防犯大堤外低地的洪水发生。例如,一旦防洪堤建起,应保持输往大堤外湿地的水流,如有必要还要加强水沙的自然循环和交换。而因为湿地对风暴潮和波浪的缓冲作用,带有堤外湿地的防洪堤比单独的防洪工程对洪水的进犯有更大的防护余地。

(3)应该严格加强土地利用控制,保持湿地的自然状态。社会的发展也要尽量减少对湿地的影响,也就等于降低了人们生命和财产遭受洪水的风险。

5.3　合理的区域开发与土地利用管理以减少洪水风险

由于洪水风险 = 洪水发生可能性 × 洪水损失,因此防洪工程与恢复的湿地也不能完全免除风暴潮、河流洪水还是降雨引起的洪水风险。防洪堤也无法抵抗飓风带来的强风破坏。因此,在密西西比河三角洲,无论建多少防洪堤和恢复多少湿地,风暴潮引起的风险是始终存在的。在许多地方,非工程措施有时能提供比花费数年才能建好的防洪工程更好、更快的保护。在大洪水情况下减少洪水损失的较为有效的措施是加强土地利用管理。

5.3.1　土地利用规划与分区

防护工程内的湿地区域需要保持原始状态而不受人类活动的影响。如果听任在防洪堤附近或湿地区域的发展,洪水防护工程的建设其实反而增加了洪水的风险。这样不仅在洪水安全和经济发展方面增加了风险,而且使湿地退化从而减少了洪水的容蓄能力。一旦国家和州政府批准建设防洪堤,当地政府就要强化合理的土地利用规划和区划规定,以确保防洪系统建设更好地服务于地区的长期持续发展。虽然在路易斯安那州的地方政府中土地分区并不普遍,但它是保护沿海湿地的另一条途径。州的法规及部门政策应该鼓励地方管理者来合法地为区域的土地利用分区,有些地方已经着手进行。

目前并不是三角洲所有需要防洪堤来抵抗大的风暴潮的居住区都能得到保护,有些区域防护工程的建设和维护是极其困难的。另外,有时是联邦和州政府没有足够的资金来照顾全面。因此,那些人口和财产的集中居住区如新奥尔良、荷马、拉法耶和查尔斯湖等城镇将受到比其他地方更高标准的工程保护。政府应该支持和鼓励人们从低地区或滩区迁移出来,这样不仅减少了洪水损失,也保留了防洪工程外重要的自然缓冲区。

5.3.2 为防洪工程建设而获取土地权的方式

路易斯安那州沿海地区 80% 的土地为私人所有。这些土地所有者的权利包括采矿权必须作为工程规划、建设和运行的一部分而加以重视。在私有的土地上进行工程建设有多种公平公正的解决方式。第一种是为工程建设收购必要的地域;第二种是允许采矿权与地面使用权的分离。州政府可以购买地表的土地权而保留土地所有者的地下(包括采矿)权利。

在不能达成一致意见的情况下,土地的征用也是一种选择。自然资源部和运输发展部根据修订的建设法第 19 章都有权征用土地。在关乎公共利益的项目建设中还有另一种获取土地权的办法,被当局称为"快拿"。当执行方与土地所有者就安置问题不能协商一致时,"快拿"政策允许执行方对土地的拥有提供补偿,并向土地所有者提起诉讼以获取土地权。

5.3.3 建筑物的抬高与翻新

飓风 Katrina 之后,路易斯安那州的居民在家园恢复时必须满足提高的建筑物标准,包括抬高他们的房子以避免风暴潮带来的损失。居民可从当地县的应急预备办公室获得减灾资金。这些资金可以用来抬高、翻新或出钱出让遭受洪水破坏的房屋(见 www. FEMA. gov)。全州范围的强制超高标准(这一标准意味着需要在建设房屋时比联邦应急管理局的基本洪水高程高出 0.3 ~ 0.6 m)是帮助居民应对风险的另一参考。这些措施的采取使房主降低了风暴潮带来的损失而减少保险费用的支付。

5.3.4 回填或封堵不重要的石油和天然气沟渠

这一措施是关闭沿海不重要的石油和天然气渠道,恢复湿地的自然水文状态,改变渠道建设带来的负面影响。废弃的渠道和那些清除后并不会对石油产品生产造成明显影响的渠道,经确认后进行土地原状恢复,以减少海潮侵入与淡咸水交换造成的负面影响。恢复工作包括永久封堵、恢复两岸的退化以及通过专门的挖淤工程来回填湿地。

5.4 水沙再配置以恢复湿地

此措施旨在增加泥沙在密西西比河三角洲浅海地区的沉积,恢复三角洲的造陆与增长。营造持续的三角洲增长系统需要重新建立最初的造陆过程。两类工程形式——从密西西比河的大型调水工程与航运渠道群的建设将成为今后研究的重点。大型的河流调水工程将潜在地增大了密西西比河的可用水沙量来维持生态系统。引调工程的地点、引调能力及出口管理应经过认真考虑,以便在满足航运需求的同时优化引调规划。

5.4.1 水沙引调工程

解决海岸侵蚀与湿地流失最为有效的办法就是通过控制工程或大堤引水口从密西西比河中引水进入湿地。河水将阻挡海水的侵入并为沉降的湿地提供新的表层沙。两个重要的引水工程 Caernarvon 和 Davis Pond 已经运行。其他的引水工程、大堤引水口及虹吸工程都已经规划在不久的将来建设。

在闸门引水不便的地方可以用管线来虹吸高的河水位穿过大堤引到低的沼泽地。由于虹吸安装花费较少,但维护不便,虹吸方案在东奥尔良县湿地的重建以及新奥尔良市唯一的沼泽地建设中得到提议。截止到 2003 年 8 月,美国陆军工程师兵团、路易斯安那州及联邦其他机构在整个三角洲地区计划、施工与运行的各类引调工程共 25 处。

5.4.2 疏浚材料的有益利用

有益利用指利用疏浚材料来建造湿地的机械行为,它是项目开发与建设的主要目的,而且是恢复沿海湿地和减少土地流失的很好的方法。美国工程师兵团新奥尔良管区(USACE－MVN)每年都有大量的河道运行与维护任务,在航道的维护疏浚中平均每年要挖出 6 000 万 m^3 的物质。虽然不是全部的疏浚物质都能用来恢复沿海生态系统,但每年仍有 2 500 万 m^3 的物质可以用来改善沿海湿地。

另外,专门的、有目的的疏浚也是一个可行的办法,用来在传统的湿地营造过程不会发生或无法实行的地区造陆。它的目的就是利用疏浚物质去恢复、创造和改善沿海湿地。

5.4.3 密西西比河可用资源量

密西西比河每年可用泥沙量比起五六十年前已大大减少(减少约 80%)。将来泥沙量的增加也不在人们期待之中。另外,本已减少的泥沙的大部分当前都被送入墨西哥湾的深海区而无法利用。为了更好地利用密西西比河的可用资源,在规划中应注意:

(1)在冬季、春季与早夏,引水工程的同时最大可引用量通常限制为 14 000 m^3/s。晚夏与早秋的引水通常是有限的或无水可引。

(2)沿河引水工程的引用规模必须保证在河道末端的总流量维持在 7 000 m^3/s 以上,以控制河道末端的海水侵入。

（3）多个引调工程相配合以获得可用水沙资源的最优化利用。

（4）应该预留较富裕的引调能力，以便随时引调，并允许为造陆和营造湿地而进行的突然与择时的引调。

（5）平均来说，测得的悬浮质泥沙约 7 200 万 m³ 和估计有 1 380 万 m³ 未测量的泥沙可供湿地恢复所用。悬移质泥沙可以通过引水工程来获取和利用。但未测量的床沙只有在河道的泥沙富集区建设引水工程并通过深度引水口才能引用得到。

（6）利用床沙最有效的办法是直接挖运或在近河口区建设巨大型的引水工程。

6 结论与建议

（1）三角洲地区的自然状况比其他地区更为动态和易变。由于防洪安全及经济发展（航运与石油天然气开采）的需要，人类活动已经显著地改变了密西西比河三角洲的河流系统和地形地貌。这些改变造成了对自然过程的破坏和生态系统的恶化。从某种程度上，它们非但没有减少而且增加了沿海地区的洪水风险。

（2）随着防洪工程的建设及维护费用的增加及气候变化带来的工程措施的不确定性，防洪非工程措施（如防洪准备、土地利用）等越来越重要，它能有效减少洪水损失。

（3）我们应该认识并尊重河流系统与三角洲生态系统的自然演变过程，给自然环境以更大的空间，以获得长久的防洪安全。在防洪工程的规划中，应认真考虑有关措施来减少或改善对生态环境的负面影响。

（4）在防洪与生态环境脆弱的地区，应采取合理的、明智的和有限制的发展战略，来适应自然条件和自然资源状况，以减少洪水损失和对自然资源的过度开发。

（5）在密西西比河三角洲应采取一定的措施来恢复水沙的自然流动过程和修复生态系统。例如沿河的水沙输移工程的建设来阻止海水入侵和恢复湿地。

（6）洪水控制是综合水管理的重要的一部分，多个组织与机构在不同的方面参与其中。技术解决方案必须在配套政策的协助下，基于现实阶段的社会政策状况才能得以很好的实施。

（7）联邦政府应该在大型防洪工程的建设和投入上起主导作用，特别是在地方难以负担的情况下。因此，联邦政府应担负起新奥尔良的综合防洪体系的建设任务，以更好地应对下次洪水的到来。

参 考 文 献

[1] Gerry Galloway. USA: flood management—Mississippi River[J]. WMO/GWP Associated Progra mme on Flood Management,2004.

[2] DICK DE BRUIN. Similarities and differences in the historical development of flood management in the alluvial stretches of the lower Mississippi basin and the Rhine basin[J]. Irrigation and Drainage 55(S1),2006.

[3] Richard Campanella. Geographies of New Orleans. Louisiana,2006.

[4] CPRA (Coastal Protection and Restoration Authority of Louisiana). Integrated Ecosystem Restoration and Hurricane Protection: Louisiana's Comprehensive Master Plan for a Sustainable Coast (Draft.)[EB/OL]. www. louisianacoastalplanning. org,2007.

[5] John M Barry. Rising Tide[J]. SIMON & SCHUSTER. New York, NY,1997.

[6] Ivor van Heerden. The storm. VIKING, New York,2006.

黄河三角洲湿地生态治理浅析

孙　娟　李强坤　张　霞　胡亚伟

（黄河水利科学研究院）

摘要：黄河三角洲湿地是黄河河口重要的生态系统，具有维持生物多样性、蓄洪防旱、调节气候、降解污染、防治自然灾害等多种功能，黄河三角洲湿地的存在和变化直接对黄河河口生态环境产生影响。通过对黄河三角洲湿地的现状、特点、变化原因等方面的分析，阐述了黄河三角洲湿地生态治理的特殊性和必要性，明确了当前黄河三角洲湿地的保护措施和目标。

关键词：黄河三角洲　湿地　生态治理

　　黄河三角洲位于山东省东北部，是1855年黄河在铜瓦厢决口夺大清河入海后形成的扇面区域。黄河三角洲湿地是维持黄河三角洲生态环境的重要区域，在《中国生物多样性保护行动计划》中被列入了中国湿地生态系统的重点保护区域。作为我国河口湿地中最年轻的湿地，黄河三角洲湿地有着多种的成因类型、多样化的植物群落和种类繁多的动植物资源，并在调节区域水热状况等方面有着重要作用，对黄河三角洲具有不可替代的影响，是我国乃至世界上需保护的重要湿地生态系统，但是其生态脆弱性较大，受外界因素影响极易发生变化。在黄河三角洲大规模开发的今天，加强黄河三角洲湿地生态系统的保护具有重要意义。

1　黄河三角洲湿地现状及特点

　　湿地是介于陆地和水生环境之间的过渡区域，是地球上水陆相互作用而形成的独特生态系统，是自然界最富生物多样性的生态系统和人类最重要的生存环境之一，与森林、海洋一起并列为地球的三大生态系统。湿地与人类的生存、繁衍、发展息息相关，它不仅可为人类的生产、生活提供多种资源，而且具有巨大的环境功能和效益，在抵御洪水、调节径流、蓄洪防旱、控制污染、调节气候、控制土壤侵蚀、促淤造陆、美化环境等方面有其不可替代的作用，被誉为"地球之肾"。健康的湿地生态系统，是生态安全体系的重要组成部分，对实现经济与社会可持续发展非常重要。

　　黄河三角洲处于海陆交界、咸淡水交汇的地带，属于北温带半湿润大陆性气候,在水陆交互作用以及人为扰动的影响下形成了复杂多样的湿地类型,是中国暖温带湿地最广阔、最集中的地区。由于黄河挟带泥沙的淤积,黄河三角洲平均每年以 2 000 ~ 3 000 hm² 的速度形成新的滨海陆地。目前黄河三角洲湿地总面积约为 747 139. 4 hm²,其中浅海湿地面积最大,占湿地总面积的 41.22%,湿地面积位居第二的是滩涂湿地(包括海涂和河涂湿地),占湿地总面积的 24.64%。该地区湿地分为 9 类:①浅海湿地;②滩涂湿地;③河流湿地;④湖泊与水库湿地;⑤坑塘湿地;⑥水田湿地;⑦沟渠湿地;⑧沼泽和草甸湿地;⑨路边湿地。

由于湿地类型的丰富,黄河三角洲湿地具有较丰富的生物多样性,据调查,黄河三角洲湿地中共有维管植物 64 科 185 属 318 种及变种,蕨类植物 12 种,裸子植物 2 种,被子植物 304 种,同时还生活着大量的陆生脊椎动物大约 300 种,陆生无脊椎动物 503 种,水生动物 800 余种。由于黄河三角洲湿地具有植被与生物多样性的特点,在《中国生物多样性保护行动计划》中,黄河三角洲被列入了中国湿地生态系统的重点保护区域。同时黄河三角洲地区的浅海滩涂、沼泽湿地和陆地植被与生态环境特点为鸟类的繁衍生息和迁徙越冬提供了多样化的栖息环境,是东北亚内陆和环太平洋鸟类迁徙的重要停歇地、越冬地和繁殖地。

2 三角洲湿地生态环境变化原因分析

黄河三角洲湿地生态环境的变化与黄河整个流域的水文变化有着相当的联系,同时当地对土地、矿产的开发也对三角洲湿地生态环境产生了一定的影响,三角洲湿地自身的生长特点也是引起湿地生态环境不断变化的因素之一。

2.1 黄河来水对三角洲湿地的影响

黄河是河口生态系统的主要淡水补给源,黄河水资源对河口湿地植被系统有着重要的生态作用。

2.1.1 来水量减少对黄河三角洲湿地生态环境产生影响

20 世纪 70 年代至 90 年代末,由于黄河上游来水量减少,黄河频繁断流,直接导致黄河河口地区水资源匮乏,致使河口生态环境恶化。从 1972 ~ 1999 年的 28 年中,黄河下游有 22 年断流,据利津站统计,在 1990 ~ 2000 年之间,利津站来水量年平均只有 125.8 亿 m³,是多年平均值的 40% 左右。黄河多年断流对三角洲生态环境产生了很大的影响,主要表现在以下三个方面:

(1)破坏湿地生态的自然演变过程。黄河三角洲湿地属于黄河不断改道、淤积和摆动形成的新生陆地,生态系统十分脆弱,促使生态良性发展主要依靠黄河的水沙资源。黄河来水是湿地生态系统存在和发展的基础,缺水会严重阻碍湿地植被发育和生长,同时危及湿地内各种软体动物、浮游生物以及鱼类的生长,从而影响珍稀鸟类的食物来源;黄河断流,使湿地生态系统的物质循环和能量循环中断,阻碍湿地的自然演替,并使湿地面积减少或消失。

(2)影响湿地植被和生物的正常生长。黄河来水减少会对湿地产生较大影响,植被群落的更替有可能出现逆向。黄河来水减少乃至发生断流,受黄河水补给的湿地淡水补给量减少,可促使湿地生态系统发生逆向演替,生态恶化。黄河故道两岸曾是低盐肥沃的土地,1976年黄河改道后,海潮的侵袭、冲刷已将原来的老河口削去大部,同时海水沿老河道倒灌,两岸土壤返盐,地下水含盐量也在增大,原来的中、轻度耐盐植被逐渐为高度耐盐植被所取代,甚至成为裸地。同时,黄河来水减少对河口附近的鱼类也产生了一定的影响,根据已有的研究,黄河口及其附近海域的鱼类数量分布与海水的温度和盐度具有很密切的关系,而河口海水的温度和盐度与黄河补充的淡水资源具有很大的联系,黄河断流,淡水资源得不到及时补充,使鱼类生存环境恶化,数量减少甚至灭绝。

(3)导致海岸侵蚀加剧。黄河三角洲海岸为淤泥质海岸,是在河流与海洋的共同作用下形成的。海岸受黄河入海流路摆动的影响较大,特别是三角洲前沿受黄河入海泥沙和海洋动力的影响,冲淤变化剧烈,在黄河行水区域随着河口的淤积延伸,不断演变推进。黄河断流,泥沙得不到及时补充,使大部分岸线都处于侵蚀后退状态,行水流路的淤积速率也大为降低,甚至发生蚀退。20世纪80年代以来,随着黄河断流的不断加剧,下泄泥沙的锐减,黄河三角洲原生湿地不仅其生态系统的结构和功能正面临新的挑战和严重威胁,而且受海水侵蚀,大面积后退,潮间带湿地范围减少。

总之,由于黄河断流,泥沙淤积降低,三角洲的动态平衡遭到破坏,海岸蚀退更加明显,湿地的稳定发育受到影响,同时由于断流导致入海淡水减少,海水入侵加剧,土壤盐碱化加重,对三角洲湿地的发育与功能产生负效用,湿地退化,影响生物多样性及陆地与海洋生态系统的生产能力,最后的结果是导致湿地生态系统萎缩。近几年通过实施黄河水量统一调度管理,黄河下游的断流现象有所缓解,但是还是无法提供充足的水资源。

2.1.2 污染导致水质下降,影响黄河三角洲生态系统

1980年以来,黄河流域的"小造纸"、"小化工"等重污染型企业发展很快,同时由于没有有效的监督管理,使得污染治理没有及时跟上,大量的未经处理或达不到排放标准的污水废水被直接排放到黄河的干支流,导致水质逐渐恶化。据2000、2001年公布的年度水资源公报所示,黄河达到Ⅲ类水标准的分别占46.7%和43.7%。在某些水质污染严重的地区由于城市工业废污水排放量大,一些主要排水河道的水质已超过Ⅴ类,甚至在水样中检测出具有致癌性的有毒物质。严重的水质污染已经给当地带来了很大的生活影响。这些污染严重的水顺流而下,对黄河三角洲的土壤、水质造成污染,影响了湿地植被的生长环境和

水土条件,改变了物种的生长平衡。

2.2 湿地生态环境自身演变特点

湿地动态消长的原因包括自然和人为因素两个方面。黄河三角洲以自然因素为主。由于黄河每年由黄土高原挟带约 10.5×10^8 t 泥沙输入河口地区,大约 2/3 淤积在三角洲和滨海地带,1/3 运送到内海,巨量的泥沙致使黄河尾闾遵循"淤积—延伸—抬高—摆动—改道"的规律进行演变,流路的不断变迁造就了扇形的三角洲。自 1855 年以来,黄河尾闾决口、改道 50 多次。在黄河径流泥沙和海洋动力共同作用下,河口尾闾不断淤积延伸摆动改道循环演变,新的陆地面积不断出现。黄河三角洲的这种演变特点,使其湿地生态系统具有以下几个特点:原始性、自然性、年轻性、完整性、不稳定性等。三角洲湿地的构造原理决定了陆地生态系统从无到有,陆地资源不断增长,地貌不断变化,近岸海域旧的生态平衡不断被打破,生态系统经常处在变化中,结构复杂化,表现出明显的多变性和复杂性。不少湿地景观发育处在初级阶段,其结构和变化表现出明显的原始性,景观和生态系统在时间和空间上都是年轻化的,生态系统的演替从原生演替开始,演替过程明显、完整,这些因素使得黄河三角洲湿地表现出明显的生态系统不稳定、生态承受力微弱的缺点。

2.3 人为破坏

黄河三角洲湿地处于不断生长的过程中,处于相对的动态过程中,它的生态环境比较脆弱。修建黄河大堤、垦殖、城建、高速公路、海堤、石油开采等人类活动都剧烈地改变着该区域的微地貌形态,湿地生态系统受到影响。尽管已经采取了许多保护和治理措施,次生裸地仍在增加,污染问题仍未解决,人为造成的生境破碎化现象仍然比较严重。如有的油田开发产生的落地油、污油等通过地表径流可能输送至湿地;有的农业开发本身就是对湿地的改造利用;有的农业开发导致的水土流失可能使附近湿地萎缩乃至消失;有的道路建设可能通过影响地表径流、地下径流的流向而影响湿地的水分补给。研究证明,湿地虽然具有排污、降污能力,但这种能力是有限的。区域资源开发,尤其是油田开发对稻田、虾蟹池、坑塘、水库等人工生态系统的影响严重。根据调查,在大雨季节,因积水过多,将挟带的油污漫溢到附近的稻田、虾蟹池和坑塘、水库而污染植株和水体,经逐年积累,造成水体和土壤的污染。黄河三角洲土地肥沃,具有很好的利用价值,但是由于对三角洲的开发利用中的急功近利和无规划,致使三角洲的景观格局发生了改变,对湿地环境产生影响。由于三角洲土地盐碱化现象比较普遍,影响了黄河三角洲湿地植被的正常生长。

3 湿地治理

根据我国湿地保护的总体目标,黄河三角洲湿地的保护关键是提供足够的水量和适宜的水质,保护湿地的面积或规模,运用污染控制、土地利用方式调整等措施,全面维护湿地生态系统的生态特性和基本功能,加强湿地及其生物多样性的保护与管理,同时采取人工创建恢复湿地的生态措施,为湿地生态系统健康恢复创造有利条件。

3.1 补充足量的淡水资源

黄河是形成和维系黄河三角洲湿地生态系统的重要因素。近年来,黄河来水量呈减少趋势,1972 年以来黄河断流状况不断加重,黄河三角洲湿地已明显受到影响。当黄河来水量充沛时,黄河挟带大量泥沙补充被侵蚀的海岸,河水漫滩,三角洲中较为低平的湿地得到富含有机质的水源补给,生物的生存环境产生良性循环。河流径流量大,可以使水体环境容量和稀释自净能力提高,使河水污染情况减轻。满足河口湿地生态演替的基本补给用水需要,是实现河口生态稳定的基础条件,因此黄河水对黄河三角洲湿地具有很重要的影响力,黄河的水量、水质变化直接波及到三角洲的水资源变化。

加强黄河水的统一管理调度,保障黄河来水已成为保证黄河三角洲湿地的亟待解决的问题。在黄河水资源高度紧张的背景下,黄河湿地保护必须纳入全流域水资源管理的整体规划,要制定与湿地保护相联系的流域水资源管理战略,要确保湿地保护的生态用水。以区域水资源承载能力和水环境容量为基础,通过加强对水资源的合理调配和管理,开展退化湿地的恢复和治理等措施,以能维持生态系统自然特性的方式,科学、合理、可持续地利用三角洲湿地,使湿地保护和合理利用进入良性循环。

3.2 恢复植被结构,保护生物多样性

黄河三角洲湿地主要的功能是净化水质、降解内陆河流污染物质,提高环境质量,蓄滞洪水等。存在的环境问题是分布不均,水分补给差,土壤盐碱化,植被稀少,逆向演替。由于新生土壤次生盐渍化严重,在这种土壤条件下形成的天然植被以草甸为主,主要有湿生植被和盐生植被两种类型,包括 10 余种群落。其特点是,群落稳定性差,种类组成单调,植被组成以草本植物为主。由此构成的湿地生态系统结构不稳固,生态功能脆弱。进行生态修复应当因地制宜,保障水源补给,保护原生植被,并进行人工辅助繁育更新,引种和选育耐盐植物,增加植被种类,提高植被覆盖率。对滩涂地的垦殖导致湿地内的生态系统逆向演替,对新生的湿地环境破坏作用很明显,应在适当的地段实行生态恢复,促使生态系统顺向演替。

3.3 加强对淡水湿地的保护

随着天然湿地面积的减少,景观斑块的破碎化,湿地能纳洪蓄水的面积也不断减少,其蓄水调洪能力亦不断下降,从而造成湿地生态功能的变化。生态环境

脆弱,生物多样性降低,对该区生态环境产生严重的不良影响。在黄河三角洲生态系统的平衡和演变中,淡水湿地是河口地区陆域、淡水水域和海洋生态单元的交互缓冲地区,是维持河口系统平衡和生物多样性保护的生态关键要素,也是河口生态保护的核心区域和重点保护对象。淡水湿地对维持河口地区水盐平衡,提供鸟类迁徙、繁殖和栖息生境,维持三角洲生态发育平衡等,具有十分重要和不可替代的生态价值与功能,因此加强淡水湿地的保护就至为重要。根据卫片调查资料,20 世纪 80 年代中期前,河口淡水湿地面积长期稳定在 200 万 hm^2 左右,其核心区域的淡水水生植被面积达到 160 万 hm^2,其中直接依赖黄河地表径流的湿地面积 20 余万 hm^2。90 年代后,淡水湿地向盐沼湿地逆向演替的速度加快。至 21 世纪初,淡水湿地面积减少约 100 万 hm^2,其水生植被面积下降为 48 万 hm^2,对河口三角洲的稳定构成了一定的威胁。

3.4 加强宏观控制,做好保护规划,加强湿地生态系统的动态监测与研究

不同成因类型、不同演替状态、不同地理位置的湿地生态系统具有不同的资源、环境功能,需要加强宏观控制,做好保护规划。黄河三角洲大规模开发活动将可能显著影响湿地的资源、环境功能,加强开发活动的湿地保护规划建设,在发展经济的同时切实保护好三角洲湿地生态系统的资源、环境功能。

湿地对于河流生态系统具有重要作用,维持黄河健康生命的重要任务之一就是要保持黄河河流生态系统的良性发展。加强黄河湿地监测研究,对于保护湿地和维持黄河健康生命具有重要意义。根据黄河三角洲湿地生态系统的类型、分布和生态功能,选择典型的湿地生态系统作为监测对象进行动态监测,监测其水文模式、污染状况、物种状况及群落动态等,并进行动态分析研究,将监测、研究结果及时反馈有关部门,以迅速采取对策与措施,保障黄河三角洲湿地生态系统的良性循环。

4 结语

人类社会和湿地在长期的相互作用中已形成了紧密的联系,湿地对区域经济的发展具有重要的作用。湿地面积的减少、湿地水质的改变、湿地生物多样性的降低已成为湿地退化的主要过程。为防止这些过程的进一步恶化,保护现有湿地,恢复退化湿地,已经成为发挥湿地生态、社会和经济效益的最有效手段。保持黄河河口三角洲生态平衡,已成为维持黄河健康生命的重要标志。

参 考 文 献

[1]　中国生物多样性保护行动计划总报告编写组. 中国生物多样性保护行动计划[M]. 北京:中国环境科学出版社,1994.

［2］　蔡学军,张新华,谢静.黄河三角洲湿地生态环境质量现状及保护对策[J].海洋环境科学,2006,25(2):2.

［3］　高吉喜,李政海.黄河三角洲生态保护面临的问题与建议[M]//中国水利学会,黄河研究会.黄河河口问题及治理对策研讨会专家论坛.郑州:黄河水利出版社,2003.

［4］　李冰.浅谈黄河河口水资源生态的问题及其治理[EB/OL].http://www.paper.edu.cn.

［5］　韩言柱,田凌云,许学工.黄河三角洲湿地生态系统及其保护的初步研究[J].环境科学与技术,2000(2).

河流三角洲生态系统及三角洲开发模式

河口过程中第三驱动力的作用和响应

——以长江河口为例

陈吉余　程和琴　戴志军

（华东师范大学河口海岸国家重点实验室）

摘要：人类活动对地球系统的影响，已由"局部"进入到"全球"。河口是一个复杂的自然综合体，在地球系统中能体现全球的变化，也能敏感地响应流域的自然变化和人类的作用。由于资源开发和人工控制增强，第三驱动力在长江河口过程中已经和将要发挥越来越重要的作用。因此，如何体现人与自然的和谐，河口怎样才能健康地发展，将是河口研究的重要理论和实践问题。本文以长江河口为例，探讨它的自然演变与自然适应、发展中的人工控制、自然资源的开发以及涉及河口当前的悬念问题，并就人与自然的和谐提出建议。

关键词：长江河口　第三驱动力　作用和响应

1　引言

众所周知，关于地球表面形态的形成，传统的概念取决于三个要素：构造、外营力和时间。构造是地球内部的营力，它形成地球表面的基本格局和基本形态。外营力主要是指外部的作用力，如流水、风沙、冰川、海浪等，其能量来自于太阳辐射能，它塑造地球表层的外观。时间是指地球表面各种形态发育的阶段。

20 世纪 80 年代科学界为着迎接地球环境的挑战，产生了一种新的科学思想——地球系统科学。这种科学将大气圈、岩石圈和生物圈作为一个地球系统的整体来看待，强调在这个系统中主导全球变化的相互作用的物理、化学和生物过程，特别是人类诱发的全球变化，从而最终揭示全球变化的规律。鉴于人类活动在全球变化中日益增大的影响，人们已将它视为当前的"敏感的热点"问题。因为科学技术的进步，人类活动对地球系统的影响，已由"局部"进入"全球"，成为"地球演化的最严重影响"。因此，《地球系统科学》报告"首次提出将人类活动与太阳和地核并列，为能引起地球系统变化的驱动力——第三驱动力因素"。

河口是陆海相互作用的界面，是岩石圈、大气圈、水圈和生物圈相互作用活跃的场所,它是一个复杂的自然综合体,在地球系统中能够反映出全球变化对它的影响。河口是流域物质通量之"汇",是进入海洋物质通量之"源"。在自然演化中和人类作用日益增强的情况下,流域的变化就像脉搏一样能够敏感地在河口地区反映出来。但是作为地球系统中"局部的"和区域性的动态,对于各种驱动力的综合作用将是怎样的响应,这是河口研究值得深入探讨的问题。第三驱动力的作用已非过去的一般人为因素影响可比,就好像工业革命前后手工业作坊被大规模生产所代替一样,因为生产力的改变,也就是科学技术的进步,人类对地球表面的作用已经发生了质的变化。无怪乎有人将工业革命以来,人类的深刻作用称为"人类世",而近 50 年来人类作用于地球表层乃至外太空,所触发的全球变化,更加受人类的关注了。

长江河口 20 世纪 50 年代以前除重点岸段有桩石工程护岸外,基本处于自然演变和自然调节状态。1950 年以来,江岸有防护工程,分汊口局部有控制工程,开始出现了自然调节和人工控制的相互结合。而进入 20 世纪 80 年代以后,由于科学技术进步,圈围工程降低高程,河口分水分沙出现鱼嘴控制工程,人工深水航道形成,河口大型水源地正在构筑,展现第三驱动力在长江河口强势的增加。然而,自然驱动力的作用仍然起着重要的作用。如何实现长江河口自然资源有效开发、河口环境有效保护、人与自然和谐相处,则是我们对于长江河口健康发展、持续利用需要深入研究的问题。

2 长江河口的自然演变和自然适应

长江是中国第一大河,世界第三大河。流域面积 180 万 km²,河流全长 6 300 km。三峡以上为上游,集水面积 100 万 km²。宜昌—湖口之间为中游,为古之云泽大湖、洞庭湖及鄱阳湖、汉江等流域地带,是为中游盆地,它的下游 200 余 km 为安徽安庆大通。大通为东海潮波在长江河口传播而入的潮区界点(图 1)。所以,中游干支流水沙交换的结果在大通可以有所表达,潮波传播的强弱在大通也有所反映。从大通向下行约 500 km 到达徐六泾,长江在这里开始河口分汊,因崇明岛分为南支、北支,因长兴岛—横沙岛分为南港和北港,因九段沙再分为南槽和北槽,从而长江河口就形成"三级分汊、四口入海"的型式。湖口向下至徐六泾(过去到江阴)为长江下游段,徐六泾向下的河口分汊入海河段为长江河口,长约 140 km(图 2),河口整治规划亦从徐六泾开始。

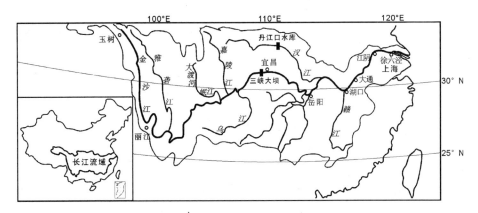

图1 长江流域干流和主要支流分布图

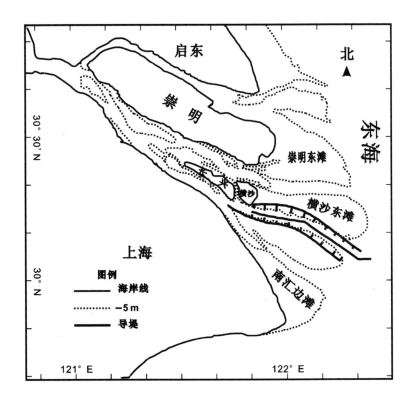

图2 长江河口河势图

冰后期以来,长江河口由一个巨大的漏斗状河口湾受到流域带来丰富泥沙的填积,河口形态与来水来沙条件的相适应,它的演变是自然因素形成的,人类的作用只是退避或消极防冲,从"土台子"、"避潮墩"到筑堤防溢,防止涨水漫滩,以桩石工程来抵御江流、海潮的冲蚀。相形之下,人为的作用处在河口变化中为次要因素。这里,我们就以近6个世纪以来长江河口的自然演变,它是自然因素变化而自动调节的结果。

图3为1330年的长江河口河势。长江主泓在南支,北岸为静海(南通)、海门分治。上游河段变化导致14世纪中叶北支河势大冲,海门全境绝大部分沉沦,海坍一直至吕泗以南海界河为止。海门县只在南通的一个兴仁乡暂驻。就北岸的大坍而言,当时的人力难以控制巨大长江的自然演变趋势。

图4为1617年的河口河势,主泓还在北支。18世纪长江主泓回归南支,海门复涨,置海门厅。南支大坍,宝山北胡公塘、外高桥老宝山城陷入水中,岸线坍到薛敬塘为止,靠桩石工程稳定江岸。

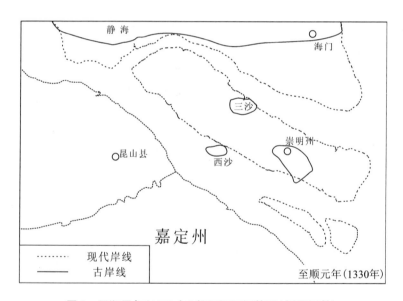

图3　至顺元年(1330年)长江河口河势图(据周振鹤)

启东原为北支口门北岸的沙岛群(图5),1905年冬沉积成陆。北港原为南支的一条支汊,19世纪中叶以前 -5 m 尚未贯通,1860年和1870年两次长江大水,北港遂成长江河口二级分汊中的一条分汊河道。

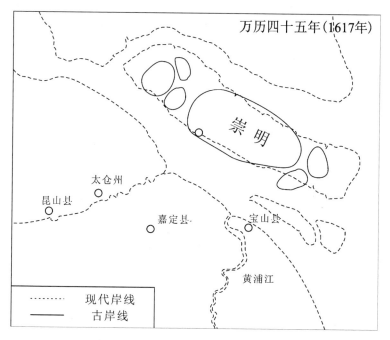

图4 万历四十五年(1617年)长江河口河势图(据周振鹤)

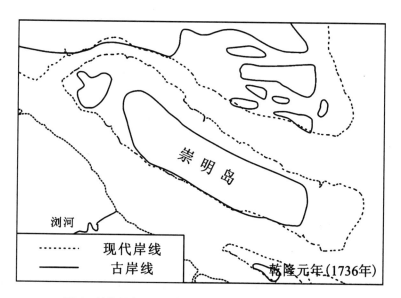

图5 乾隆元年(1736年)长江河口河势图(据周振鹤)

北槽在 20 世纪中叶以前尚未形成,只是圆圆沙下段一条涨潮沟,1949 年长江大水特别是 1954 年的大水,才成为与南槽相应的长江河口第三级分汊中的一条河口分汊。

上述长江口的演化都属于自然演化,是自然驱动力产生的水沙变化而与之适应的结果。

数千年来长江河口的自然演化可以归结为与自然演变相适应的一个发育模式:南岸边滩淤涨,北岸沙洲并岸,河口束狭,河槽加深,三角洲向前伸展。

3 长江河口的人工控制和资源开发

筑堤防水,继以防坍。筑了坚固防海大塘,"护岸先护滩",浙江海塘修了鱼鳞大石塘,在它的前面修了石坦水,江南海塘修了桩石工程,在它的前面修了护滩坝。在自然驱动力作为控制海岸江堤为主的时代,这样的海塘以浩大的工程、巨额的投资,对于江南水乡这样的国家财赋之地、鱼米之乡,确硬起到防止岸线冲蚀的作用。这样的筑堤,这样的护岸保坍,既维护了人类在低平原上的生产活动,也保证了人类在利用这块土地上的自然资源,更促进了社会经济的发展。然而在生产力薄弱的岸线,由于经济的限制,只能以单薄的土堤防止漫溢而已,所以冲刷堤岸非常强烈,如钱塘江粉沙江岸,日蚀 100 ~ 200 m,长江河口江岸也日蚀数米以至更大的冲刷速度。20 世纪上半叶长江河口北岸启东、海门北支水道由落潮槽转化为涨潮槽性质的半个世纪里,江岸普遍后退 5 km 左右。江口沙岛的崇明岛在主泓南归南支以后,南岸崩坍、北岸淤涨半个多世纪,也各达 4 ~ 5 km。沙岛虽有海堤防护,然而坍涨不定,仍然处于自然适应状态。20 世纪 50 年代以后,通过加强堤防建设和丁坝修建,到 1990 年为止,长江河口不仅有较为坚固的海堤,还有丁坝、顺坝和长丁坝,共有 435 条,其中崇明岛 220 条,长兴岛 75 条,横沙岛 39 条。这些护岸工程对于控制长江河口的河势、沙岛的稳定起着重要的控制作用。所以,虽然 1998 年、1999 年连续两年的特大洪水,长江河口的基本格局没有发生变化,这就不能不看到人类作用在河口河势控制上的效应是多么的显著。

近 50 年来,科学技术进步,人类获取自然资源能力增强,影响乃至改造地球环境能力增大,人类获取自然资源能力增强,影响乃至改造地球环境能力增大,对地球系统的影响从"局部"进入到"全球",第三驱动力在河口变化过程中所起的控制作用也日益显著起来。如以软体排代替了梢料或是塘芦扎起的柴排,更为有效地起到护底防冲刷作用;以土工布充沙的沙袋代替了缺少构筑海堤江塘的石料,解决了长程运输、成本昂贵的筑堤所需巨量的石料问题;以预制混凝土框架构件代替了需用大块石辅砌、灌浆的堤、塘护坡,而使堤塘更加坚固;以大型混凝土异型体保护堤脚与消浪,以坚固的丁坝挑水护滩。随着工程需要,在长江口采用了半圆筒构筑长顺堤,以空心方块应对饱和性较强的软土地基。在施工机具方面也有很大发展,深水辅排,大构件吊装。

这些技术进步,兼之以对工程地区的自然环境全面而深入的调查研究、规律的掌握、科学规划、合理施工,使得第三驱动力控制河口演变的作用进一步增强,使得长江河口向着"适应于人类的需要"的方向发展,因为人类对自然资源开发的需要"驯服"的河口。当然,也不可避免地需要响应于暂时难以控制的自然驱动力或非第三驱动力的作用。对河口资源的开发,岸线防护取得了显著的成绩和明显的进展,主要表现在深水航道、土地资源和淡水资源的开发利用等方面。

3.1 深水航道治理

河口有航运之便,这是河口都市发展的重要支撑。像长江这样有"黄金水道"之称的世界级大河,航运事业发展带动上海和长江三角洲的经济发展。城市和地区经济发展对航运事业又提出更高的要求。对于日益增大吨位的船只而言,长江河口 5.5 ~ 6 m 水深(理论基准面)的拦门沙航道已成为碍航河段,因而有增深拦门沙航道的要求。20 世纪 80 年代依靠疏浚,维持 7.0 m 航槽,20 世纪 90 年代末采用整治与疏浚相结合的方针,采用和设计一系列新技术、新工艺,如砂肋软体排、钩连块体、沉排新技术,半圆筒构件、空心块体等修建长达 100 km(两侧总长)的导堤,用 6 年时间(1998 ~ 2003 年)完成了第一期和第二期工程,使得航道水深从 7 m 增深至 8.5 m,又从 8.5 m 再增深至 10 m。现正在进行三期工程的实施,将于 2009 年建成 12.5 m 的深水航道。

3.2 土地资源利用

社会的发展、城市的建设都需要土地的支撑。长江带来泥沙淤积的滩涂就是后备的土地资源,三角洲上一道道海堤标志着泥沙淤积进展而被围涂的年代。近 50 年来围涂造地,长丁坝促淤,堵坝并沙,使得上海市土地面积增长近 1/6,达 1 007 km²。特别是近 30 年来,虽然长江流域来沙减少,滩涂淤积减慢,而造地速度仍然按计划增长。这主要得益于新材料、新工艺、新技术的应用。新技术、新材料降低了围涂高程,从平均高潮位附近的 3 ~ 3.5 m(吴淞高程)降低到 0 m 附近,局部降低至 -2 m,甚至有的围堤修建的基底达到 -3 ~ -5 m。长导堤兜沙增加了圈围速度,局部滩涂的围涂速度多倍增加,如南汇东滩 1979 ~ 1984 年的 5 年间围涂 20 000 亩(133 hm²),通过促淤于 2001 ~ 2005 年的 5 年间,围涂面积达 20 0000 亩(1 333 hm²),围涂速度以 10 倍增长。

3.3 淡水资源开发

长江河口人口密集,城市发展,作为中国沿海最大城市的上海,虽居鱼米之乡,但水乡缺水,被称为水质型缺水。而且,作为水源的黄浦江,水质连续恶化。

从 20 世纪 80 年代以来,开始向长江引水,修建三个边滩水库的库容达 2 090 万 m³(表 1)。

表 1　上海市从长江引水修建的水库库容

水库	库容(万 m³)	修建时间
宝钢水库	1 200	1985 年
陈行水库	830	1992 年
墅沟水库	60	1992 年

这样的供水能力显然不能适应城市的发展和国际大都市的建设。因此,扩大长江取水成为城市供水的必由之路。20 世纪 90 年代初提出从长江江心建库引水,改善城市供水水质,这就是青草沙水库,即将投入施工。

4　人为因素作用下长江河口河势的调整

近 50 年来,人类作用于长江河口,其河势发生调整横向环流也发生了相应的变化,而河口的基本格局仍然能够维持,河势将进一步得到控制。

4.1　三级分汊、四口入海的基本格局得到进一步控制

河口分汊、分水分沙强烈变化是重要的不稳定因素。三级分汊的控制,是稳定河口河势的重要措施。20 世纪 50 ~ 70 年代,通海沙和江心沙的围垦,形成了控制南北支分流口变化的人工节点,20 世纪 90 年代的鱼嘴工程控制了南北槽分流口的河势。南北港的分汊口治理,现在已经提上了日程。这一工程使目前不甚稳定的河势将会得到控制。

4.2　河口滩涂大量圈围,使得长江河口进一步束狭,三角洲向海延伸

近 50 年来长江三角洲陆地(崇明东滩至南汇东滩)向东推展 2.3 ~ 5.3 km,北支河床因围垦河面 0 m(吴淞高程)宽度从 5.33 km,束狭为 2.74 km。

4.3　北支基本成为人工河道

北支 50 年来通过筑堤防冲,丁坝挑流,控制北岸的坍势,通过堵坝并沙、滩涂圈围,使南岸获得 400 多 km² 土地和湖面,北支水域缩小了 379 km²,北支河宽显著缩窄,容积显著减小(如表 2)。按北支整治规划的中缩窄方案实施,北支河道将进一步缩窄成为又一条人工河口水道。在北支整体缩窄过程中,河口拦门沙上移,河口上段潮差增大,出现涌潮,水、沙、盐倒灌南支,强化了河口横向环流。在支汊堵塞、河道束狭并向下游延伸过程中,进潮量减少,潮势减弱,潮差减小。在不足一个世纪的演变过程中,北支从落潮优势转化为涨潮优势的河道,人工缩窄又使北支上口出现 -5 m 槽向下延伸,有可能向转型方向发展。

表2 北支近50年来平均宽度、面积、容积变化

年份	0 m 线平均宽度(m)	两岸之间平均面积(万 hm^2)	平均容积(亿 m^3)
1958	5 333	7.95	39.29
2005	2 742	4.16	19.46

5 长江河口盐水入侵

河口盐淡水混合形成的河口环流随径流洪枯季变化、潮汐强弱差异而使混合了的咸水在河口区回荡,于是出现了枯季咸潮入侵、大汛更盛的现象。上溯的咸潮对于淡水资源的开发产生了一定的不利影响。

长江河口的盐水入侵,每于枯水季节,由南港、北港向南支上溯,而受到人为作用影响导致作为涨潮优势的北支河道近年径流量减少。在枯水期间常为大于20%甚至超过27%的盐水所据,成为倒灌南支的盐水库,为上海市长江水源地陈行水库取水口入侵咸潮的主要来源。随着上海城市发展即将兴建的江心水源青草沙水源地,同样也受到北支咸水倒灌的威胁。

一般而言,长江河口咸水上溯对水源地取水影响多发生于每年12月至翌年3月,陈行水库不能取水一年之中出现6~8次,然而2006年竟然出现仍属长江河口洪水季节的9月,2007年4月下旬仍有咸潮入侵的纪录。究其原因,与上游大旱、中游特枯、入海径流特少有关,特别是常年以径流丰富未曾出现的春秋分潮之际,竟然也出现较强而不能取水的入侵咸潮,前后一共出现13次不能取水的咸潮现象。因此,咸潮上溯除了潮汛的大小之外,更受到径流强弱这一流域因素的影响。

近50年来,第三驱动力作用于长江流域是巨大的,众所周知的人为因素所导致的水土流失和继之以水土保持、种树养草,以及巨量的化肥面源污染和城市污染排放,河口的泥沙通量减少和污染物入海在河口区及其近海都有相应的响应,而大型工程建设,特别是三峡枢纽和南水北调工程都对河口盐水入侵影响予以深入的论证。虽然如此,我们仍然有着一些希望和悬念。

5.1 三峡水利枢纽能够正常运行

希望三峡水利枢纽正常运行。据研究,河源雪线上升,冰川融化,径流减少,极端气候发生频率可能增多。上游水能丰富,是我国清洁能源的重要开发区域,据报道,上游地区已建和在建的大中型水库较多,库容总量甚巨。目前,金沙江、雅砻江、大渡河的流域开发众多大型水库将要建成,流域管理将要对水资源合理配置,水库都能有序蓄水,三峡枢纽能够正常运行,保证中下游的正常供水。

248

5.2 大通流量的控制能够视潮汛变化、河口咸水实情有所浮动

宜昌向下直达大通的中游河段承受宜昌下泄径流,洪季则分泄洞庭、鄱阳和沿江湿地,此所谓"径流的过滤器效应"。枯季大通径流 10 000 m^3/s 一般被定为控制南水北调的避让指标。能否满足大通这个指标,就决于三峡下洩流量和支流向干流来水的补给,设上游大旱,而中游补水不足,就会导致大通流量能否达到应有控制流量的悬念。事实上大通流量以 10 000 m^3/s 为指标,只是对径流下泄的要求,而河口咸水上溯视潮汛强弱而又所差别。如 2006 年 10 月 9 日,正值秋潮大汛,陈行水库在大通流量 15 700 m^3/s 以上时,仍有倒灌影响水库取水之虞,因此,希望大通避让流量应该视潮汛差异有一个幅度,10 000 m^3/s 是一个基本控制流量,而其上浮流量以多少为宜,尚需分析研究。

5.3 下游区间调水的有效调配

大通距徐六泾尚有 500 km 距离。其间,长江流经安徽、江苏两省。沿江地区乃至太湖流域、江淮大地,城市用水、临江工业,无不取之于江水。安徽有引江济淮计划,江苏则挹江制淮,太湖流域也有引江济太。据调查,大通以下直至徐六泾,闸坝涵洞设置逐年增多,至 2006 年,引水能力共达 20 000 m^3/s。若江淮平原、太湖流域大旱,区间引水希望能够合理调配,否则大通 10 000 m^3/s 下泄,将无法流到徐六泾,更何况 150 亿 m^3 要调到华北平原和京津地区。

5.4 全球变化与海平面上升的响应需要密切关注

第三驱动力导致温室效应,全球变化影响的海平面上升,对于海岸低平原而言,影响巨大,为众所关注的问题,特别像长江三角洲若干城市大量抽取地下水导致地面沉降所产生的相对海平面变化对于咸水入侵所产生的影响,尤其令人悬念,是一个需要深入研究的问题。

6 展望

近 50 年来,人类作用于长江河口使它的演变过程从基本处于自然适应趋向与人工控制相协调的状态。随着科学技术进步,第三驱动力增强对河口过程的控制作用,不仅护岸工程控制了长江河口的基本河势,而且拦门沙河段因整治疏浚相结合而增深了航槽,围垦束狭了河道,促进了三角洲向海方向伸展。虽然如此,自然作用力仍然以其巨大的能量作用于河口地区,9711 号强台风以超纪录的水位壅高使三角洲海岸和河口江堤多处受到漫越和冲溃,1998 年和 1999 年长江大水虽然岸线受到护岸工程控制,但河槽冲淤发生了较大的变化,2006 年特枯水情导致河口咸水入侵提前了三个月。流域开发、城市建设导致入海污染物增多,近海水质出现富营养化,赤潮频发,缺氧层增强,带来了负面影响。围垦高程的降低,潮间带滩涂在一些岸段的缺乏,带来生态条件的不利影响。为此,

河口亦如河流一样,存在着对健康的需要[9],长江河口也已作出了崇明候鸟保护区、九段沙自然保护区和中华鲟自然保护区的相应建设。全球变化、人类活动对流域和河口作用的增强,河口也出现了泥沙来源减少、后备土地资源不足,淡水资源受到咸水入侵强度的增加的影响。因此,对于河口地区如何合理地利用资源,如何更加有效地保护环境,如何改善生态条件,不能不对流域和河口提出环境改善的希望和悬念。这些都是我们需要进一步研究的问题,我们必须在河口开发治理保护中促进人与自然的和谐。

参 考 文 献

[1] Earth System Science Committee NASA Advisory Council. Earth System Science: A Closer View[J]. National Aeronautics and Space Administration, Washington, D. C. ,1988.

[2] 陈泮勤,马振华,王庚辰,译. 地球系统科学[M]. 北京:地震出版社,1992.

[3] 林海. 地球系统科学发展战略研究[M].北京:气象出版社,2005.

[4] Meybeck M. , C. Vorosmarty. External Geophysics, Climate and Environment: Fluvial filtering of land-to-ocean fluxes: from natural Holocene variations to Anthropocene[J]. C. R. Geoscience 337(2005):107 – 123.

[5] 陈吉余. 长江河口的自然适应与人工控制[J]. 华东师范大学学报,1995:1 – 14.

[6] 周振鹤. 上海历史图集[M]. 上海:上海人民出版社,1999.

[7] 范期锦. 长江口深水航道治理工程的创新[J]. 中国工程科学,2004,6(12):13 – 26.

[8] Chen Jiyu. Let Changxing ba a resource of Shanghai. 1995.

[9] 蔡其华. 健康长江——保护与与发展[M].武汉:长江出版社,2006.

合理安排备用流路　减缓河口延伸速度

胡一三

（黄河水利委员会）

摘要：黄河每年都有大量的泥沙输送至河口地区,致使河口长期处于淤积、延伸、摆动、改道的演变过程中。河口河道在三角洲上进行"小循环"、"大循环"的演变过程中,泥沙落淤,洲面抬高,入海处沙嘴不断向海中延伸,河口河段同流量水位抬高,造成河口以上河段河道淤积并会不断的向上游传递,影响防洪安全。河口河道发生改道时,明显缩短河道长度,引起溯源冲刷、同流量水位降低,有利于防洪安全。河口三角洲及其滨海地区是处理进入河口泥沙的主要地区。1950～1985 年进入河口地区的泥沙中输往外海的仅占 33%,其余 67% 淤积在三角洲海域及其以上。为了维持黄河的长治久安,必须合理安排备用流路,充分利用三角洲外的宽广海域,保持尽量长的海岸线向外淤进,以减缓河口河道的延伸速度。目前,要选择刁口河流路、马新河流路、十八户流路等多条流路作为备用流路。要划定备用流路管理范围并加强管理。

关键词：河口　流路　三角洲演变　备用流路　防洪　黄河

1　黄河河口概况

黄河自 1855 年在河南兰考铜瓦厢决口改道以来已有 150 余年,扣除改道初期铜瓦厢至阳谷张秋之间未修堤及 1938 年郑州花园口扒口改道等时间,河口三角洲已行河淤积近 120 年。

黄河河口属陆相弱潮强堆积性河口,黄河三角洲位于渤海湾与莱洲湾之间,呈扇形,以垦利宁海为顶点,北起套儿河口,南至支脉沟口,包括入海流路摆动改道的范围,面积达 6 000 多 km²。20 世纪 50 年代以来,顶点暂时下移至渔洼附近,摆动改道范围缩小至北起车子沟、南至宋春荣沟,面积为 2 400 多 km² 的扇形地区。

黄河入海径流及泥沙控制站为利津水文站。黄河下游自 1919 年设立水文站以来已有 80 多年的历史,据利津水文站实测资料及推算,其径流量及输沙量特征如表 1。据 1920～2004 年 85 年的资料统计,利津站年平均径流量为 380.6亿 m³,其中汛期(7～10 月)径流量为 238.5 亿 m³,占年径流量的 62.7%;年平均沙量 9.64 亿 t,其中汛期 8.23 亿 t,占年沙量的 85.4%;年平均含沙量为 25.3 kg/m³,其中汛期达 34.5 kg/m³。水沙量沿时间分配上,前 50 年水量、沙量较丰,后 35 年水量、沙量较枯。1920～1969 年的 50 年中,利津站年平均径流量为 490.4 亿 m³,其中汛期径流量为 307.0 亿 m³,占年径流量的 62.6%;年平均沙量 12.38 亿 t,其中汛期沙量为 10.52 亿 t,占年沙量的 85.0%。1970～2004 年的 35 年中,利津站年平均径流量为 223.7 亿 m³,其中汛期径流量为 140.6 亿 m³,占年径流量的 62.9%;年平均沙量 5.70 亿 t,其中汛期沙量 4.95 亿 t,占年沙量 的 86.8%。小浪底水库于 1999 年 10 月下闸蓄水拦沙以后,加之上中游工农业 用水量的增加,2000～2004 年 5 年的年均径流量进一步减少为 114.8 亿 m³,汛 期水量仅为全年水量的 51.0%;年均沙量锐减为 1.55 亿 t,仅相当于 85 年均值 9.64 亿 t 的 16%。

2 河口三角洲的形成与发展

黄河 1855 年在铜瓦厢决口改道夺大清河入海初期,由于铜瓦厢至张秋 200 余 km 的河段没有堤防,河水在很大的范围内游荡泛滥,大部分泥沙下沉,因此 从利津肖神庙入海的径流泥沙很少。1887 年后铜瓦厢至张秋基本修成了较为 完整的堤防,除决口泛滥的时段外,水沙从利津以下的河口地区入海。

在垦利宁海以下的地区,地势低洼,地下水埋深很浅,土地盐碱化,很少有人居 住。黄河水流进入河口地区之后,沿低洼带流入渤海。由于水流分散,流缓水浅,泥沙落淤,行河之处在自然滩唇的约束下逐渐抬高,遇一定的洪水条件就会改走其 他低洼地带入海。随着时间的推移,在宁海以下就逐渐淤积成黄河三角洲。

由于黄河每年都有大量的泥沙输送至河口地区,致使河口长期处于淤积、延 伸、摆动、改道的演变过程中。1950 年前,黄河在河口三角洲地区改道完全处于 自然演变状态,根据来水来沙、河势、地形条件,水流选择最易入海的流路改道; 1950 年之后河口地区已经有部分人员居住,同时河口流路情况又直接影响宁海 以上河道的防洪、防凌安全。因此,根据河口以上河段防洪、防凌形势和河口流 路演变情况,多次进行了人工改道。1855 年铜瓦厢改道经利津入海以来,在河 口地区共发生了 9 次改道。在肖神庙入海实际行水 19 年后于 1889 年 4 月,因 凌汛期漫溢在韩家垣发生改道;1897 年 6 月因伏汛漫溢在岭子庄改道;1904 年 7 月伏汛期在盐窝决口改道;1926 年 7 月在八里庄决口改道;1929 年 9 月在纪 家庄人为扒口改道;1934 年 9 月因堵汊道未成功而改道,前几次改道入海流路 基本为一条,而本次改道后经神仙沟、甜水沟、宋春荣沟 3 条流路入海。1938 年 花园口扒口黄河流入黄海后,宁海以下河口断流;1947 年春花园口堵口后,黄河 回归故道,仍由宁海以下入海,入海位置与 1938 年以前相同(见表 2)。1953 年

表 1　黄河利津水文站水沙特征值（水文年）

时段（年）	年径流量（亿 m³）				年输沙量（亿 t）				含沙量（kg/m³）		
	汛期	非汛期	全年	汛期占全年（%）	汛期	非汛期	全年	汛期占全年（%）	汛期	非汛期	全年
（1920~1929）/10	258	158	416	62	8.7	1.5	10.2	85	33.7	9.5	24.5
（1930~1939）/10	327	172	499	65	12.6	1.9	14.5	87	38.5	11.0	29.1
（1940~1949）/10	359	201	560	64	11.1	1.9	13.0	85	30.9	9.5	23.2
（1950~1959）/10	299	165	464	64	11.5	1.7	13.2	87	38.3	10.3	28.4
（1960~1969）/10	292	221	513	57	8.7	2.3	11.0	79	29.8	10.5	21.5
（1970~1979）/10	187	116	303	62	7.6	1.3	8.9	85	40.4	11.2	29.2
（1980~1989）/10	190	101	291	65	5.8	0.7	6.5	89	30.4	6.8	22.2
（1990~1999）/10	85.9	45.6	131.5	65	3.36	0.43	3.79	89	39.1	9.5	28.9
（2000~2004）/5	58.5	56.3	114.8	51	1.12	0.43	1.55	72	19.2	7.6	13.5
（1920~1969）/50	307.0	183.4	490.4	62.6	10.52	1.86	12.38	85.0	34.3	10.1	25.2
（1970~2004）/35	140.6	83.1	223.7	62.9	4.95	0.75	5.70	86.8	35.2	9.0	25.5
（1920~2004）/85	238.5	142.1	380.6	62.7	8.23	1.41	9.64	85.4	34.5	9.9	25.3

表2　1855年以来黄河入海流路变迁统计表

改道顶点	次序	行水时间（年·月）	改道地点	入海位置	改道原因
	1	1855.7~1889.4		肖神庙	1855年6月铜瓦厢决口夺大清河入海
宁海附近	2	1889.4~1897.6	韩家垣	毛丝坨	凌汛漫溢
	3	1897.6~1904.6	岭子庄	丝网口	伏汛漫溢
	4	1904.7~1926.9	盐窝	顺江沟	伏汛决口
			寇家庄	车子沟	
	5	1926.7~1929.9	八里庄	钓口	伏汛决口
	6	1929.9~1934.9	纪家庄	南旺沙	人工扒口
	7	1934.9~1938年春	一号坝	神仙沟、甜水沟、宋春荣沟	堵汊道未成功而改道
		1947年春~1953.7	一号坝	神仙沟、甜水沟、宋春荣沟	
渔洼附近	8	1953.7~1963.12	小口子	神仙沟	人工截弯,变分流入海为独流入海
	9	1964.1~1976.5	罗家屋子	刁口河	人工破堤
	10	1976.5至今	西河口	清水沟	人工截流改道

7月为减轻上游防洪压力,在小口子进行人工裁弯,由3条入海流路变为由神仙沟独流入海;1963年冬季凌汛严重,于1964年1月在罗家屋子进行人工破堤,改由刁口河入海;在刁口河入海流路不畅之后,即进行了河口流路规划,并事先修建了部分工程,按照河口河道淤积和河口流路演变情况,在1976年5月进行了人工截流改道,改走清水沟流路至今。

在河口出现改道之后,由于流程的缩短,河口相对基准面降低,改道点以上发生溯源冲刷,同流量水位相应下降。但在改道点以下,新的流路又处于淤积、延伸、摆动、改道的演变过程中。改道点以下的尾闾河道,在天然情况下,大致要经历3个河道演变过程,即漫流游荡—单一顺直—出汊摆动。当形成单一顺直的河道后,河势相对稳定,其冲淤特性与近口河段接近,口门沙嘴附近水流形态复杂,大量泥沙分选落淤,河道很不稳定。随着河口河道的不断淤积延伸,水位不断抬高,如遇大洪水、风暴潮顶托、口门淤堵等情况,就会发生出汊摆动。每次出汊点不断上提,直至改道点附近,即会发生下一次河口改道。每次改道以后,流路的变化呈现出流程缩短—淤积延伸增长—出汊摆动—流程缩短—淤积延伸—再一次改道;河口段水位表现为下降—升高—下降—升高—下降的过程,如此循环演变的规律称为"小循环"。对于河口三角洲来说,自1855年以来共发生摆动改道50余次,其中发生在三角洲顶点附近的9次。每次改道线路一般先中部、后右部、再左部,又趋中部,这种横扫一遍的循环规律称之为"大循环",在一次大循环的过程中,各条线路互不重复。河口三角洲的演变情况如图1所示。

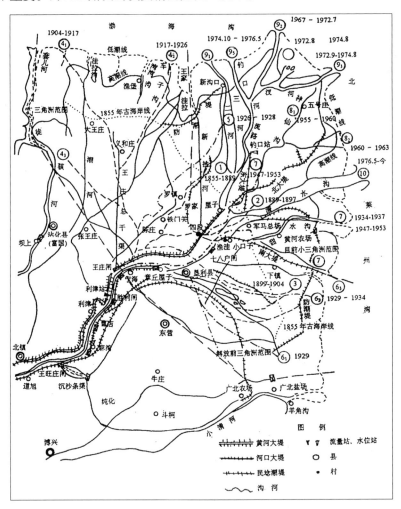

图1 黄河河口流路改道状况示意图

河口河道在河口三角洲上进行"小循环"、"大循环"的演变过程中,由于泥沙落淤,三角洲洲面抬高,行河河道入海处沙嘴不断向海中延伸,三角洲面积不断扩大。在不行河的三角洲洲边一带也会因风浪、海流等作用发生蚀退。1855年以来,黄河三角洲新生陆地面积共2 500 km²,实际行河年限年均造陆面积为22.5 km²,其中,1976年以前年均造陆面积达24 km²,而1992~2001年仅为8.6 km²,

详如表 3 所示。

表 3 黄河三角洲海岸淤进、蚀退情况

年代	淤进面积 （km²）	蚀退面积 （km²）	净淤进面积 （km²）	每年净淤进面积 （km²/a）
1855～1954 年	1 510		1 510	1 510/64 = 23.6
1954～1976 年	650.7	−102.4	548.3	548.3/22 = 24.9
1976～1992 年	499.9	−82.5（清水沟以北） −37.9（清水沟以南）	364.4	364.4/16 = 22.8
1992～2001 年 （估计）	81.7	−4.4	77.3	77.3/9 = 8.6
1855～2001 年	2 742.3		2 500	2 500/111 = 22.5

3 减缓河道延长速度是下游防洪的需要

随着河道的淤积延伸,在河口地区同流量水位不断抬升,河道侵蚀基准面相对升高,临近河口段的河道比降变缓,水流挟沙能力减小,致使泥沙落淤、河床抬高。在河口河段淤积延伸的过程中,同流量水位的抬高,直接影响河口以上河段的比降变缓,挟沙能力降低,造成河道淤积,影响堤防防洪安全。这种河口河段的溯源淤积影响还会不断地向上游传递。河口河道相对稳定的比降一般为 0.8‰～1.1‰,河道长度稳定延长 10 km,即相当于侵蚀基准面升高 0.8～1.1 m,同流量水位相应抬高 1 m 左右。

如前所述,河口河道在淤积延伸的过程中会多次发生改汊,每次改汊都会缩短河道长度,并引起溯源冲刷。由于每次改汊缩短的河长较短,造成的溯源冲刷距离也有限。当河口河道发生改道时,就会明显缩短河道长度,引起的溯源冲刷距离也会很长。在溯源冲刷的河段,同流量水位降低,有利于防洪安全。

因此,为了维持黄河下游尤其是添口以下黄河的防洪安全,应该采取必要的措施,减缓黄河河口段的延长速度。

4 合理安排备用流路

在 20 世纪 60 年代以前,河口三角洲地区人烟稀少,又没有工业,在河口流路不畅时,为了减少河口以上地区的防洪防凌压力,按照河口地区的地貌条件和当时的流量、水位情况,在河口地区选择适当地点即可进行改道。1953 年 7 月小口子人工裁弯及 1964 年 1 月罗家屋子人工破堤改道都是很容易的,改道后大大减轻了上游河段防洪防凌压力,在河口地区也没有造成大的影响和损失。

256

4.1 黄河三角洲是黄河河道的必经之路

20 世纪 70 年代以后，随着胜利油田的发现与建设，河口地区人口增多，石油工业发展，基本上是到处都可采油，河口地区对国家经济发展的贡献也越来越大，如何安排黄河入海流路，妥善处理与石油工业发展的关系就愈来愈重要。

黄河是中华民族的母亲河，历史上曾发生 5 次大的改道、迁徙，按目前我国国民经济的发展及黄河的演变情况，黄河走 1855 年铜瓦厢决口改道后的现行河道，仍是相当长时间内的最优选择。为了支撑、保证黄河两岸工农业生产的发展，黄河必须以健康的姿态流入渤海。就河口地区而言，不论是石油工业，还是人们的生存及当地经济发展都离不开黄河。因此，必须给黄河以出路，黄河三角洲正是黄河河道的必经之路。

4.2 河口三角洲及其滨海地区是处理进入河口泥沙的主要地区

进入河口地区的泥沙大部分淤积在河口三角洲及滨海地区，一小部分输至外海（即测区以外地区）。据统计，1950～1985 年输往河口地区的泥沙分布见表 4。从表中可以看出输往外海的泥沙仅占来沙量的 33%，在三角洲海域的泥沙达 44%。输往外海的泥沙量及所占比例与河口海流强度及来水来沙条件等因素有关。同是清水沟流路，1986～1991 年陆上仅占 2%，外海仅占 8%，而滨海区竟达 90%。就清水沟流路而言，1976～1991 年陆上占 19%，滨海区达 61%，外海仅占 20%。输往外海泥沙量的减少会加速三角洲河道的延伸速度。

表 4 　黄河河口泥沙淤积分布　　　　　　　（单位：亿 t）

时　段	1950～1960（神仙沟）		1964.1～1976.5（刁口河）		1976.6～1985.9（清水沟）		平均	
利津站年沙量	13.2	占利津（%）	10.8	占利津（%）	8.61	占利津（%）	10.5	占利津（%）
陆上（大沽零米线以上）	3.5	26.0	2.33	21.6	1.52	17.6	2.42	23
三角洲海域	4.7	36.0	4.76	44.1	4.96	57.6	4.62	44
输往外海区	5.0	38.0	3.71	34.3	2.13	24.8	3.46	33

河口口门附近，在行河期，海岸不断淤进，河道延长；改道（或改汊）之后，在海流的作用下，海岸会有一定程度的蚀退。需要说明的是，海水面上下，在海水动力作用下，海岸线后退，但冲起的泥沙大部分又沉落在附近。从实测资料可知，蚀退后垂直岸线的横断面坡度大大变缓也正说明了这一点。因此，这种海岸蚀退的现象一般只是泥沙的近距离搬家，而未能增加下次行河时滨海区的容沙量，也就是说蚀退对河口区总的行河年限的影响是很小的。

4.3 河口三角洲应留出多条备用流路

在河口三角洲的 9 次改道中,1950 年前的 6 次以宁海为顶点,变迁范围自套儿河口至支脉沟口。1855～1954 年共造陆约 1 510 km²(为扣除了岸线蚀退影响的净造陆面积),按实际行水 64 年计算,平均每年造陆 23.6 km²,其岸线长 128 km,整个岸线平均推进 11.8 km,年均推进 0.18 km。1950 年后的 3 次改道,顶点暂时下移至渔洼,变迁的范围缩小至车子沟至南大堤之间。1954～1984 年间,扣除蚀退的影响后,三角洲的净造陆面积大约为 700 km²,年均造陆 23.3 km²,其岸线长度约为 80 km,整个岸线平均推进 8.75 km,年均推进 0.29 km。在年均造陆面积基本一样的条件下,海岸线的推进速度却增加了 60%。当然,一条流路范围内推进速度更快,就一个沙嘴而言推进的速度更快。不难看出,为了维持黄河的长治久安,必须充分利用三角洲外的宽广海域,保持尽量长的海岸线向外淤进,以减缓岸线平均向海中的推进速度,即减缓河口河道的延伸速度。为此,需在石油工业已相当发展、人口已相对稠密的情况下,留出多条备用流路供今后行河。在目前情况下,要选择刁口河流路、马新河流路、十八户流路等多条流路作为备用流路。

4.4 加强备用流路管理

要划定备用流路管理范围并加强管理。在工业发展、城镇发展时要避开备用流路的管理范围,一旦使用备用流路行河时,就可减少河口改道的损失。在备用流路管理范围内的建设项目,不得影响备用河道的使用。对备用河道内已有的建设项目,在备用河道启用前应予以拆除。以备复用的黄河故道应当保持原状,不得擅自开发利用,确需开发利用的应报黄河河口管理单位批准。

黄河河口综合治理对策研究

李文学　丁大发　安催花　姚同山

（黄河勘测规划设计有限公司）

摘要：在深入分析黄河河口存在问题以及黄河下游防洪减淤、河口地区经济社会发展和生态环境保护对黄河河口治理要求的基础上，为进一步协调黄河河口治理、生态环境保护、三角洲地区经济社会发展之间的关系，提出了黄河河口综合治理的总体思路以及入海流路安排、防洪、防潮、水资源利用、生态环境保护、管理体制和投入机制建设等方面的对策措施。

关键词：黄河　河口　综合治理　对策

1 黄河河口三角洲基本情况

近代黄河河口三角洲，一般指以宁海为扇面顶点，北起徒骇河口，南至支脉沟口，面积约 6 000 km² 的扇形地区。由于黄河水少沙多，河口海洋动力相对较弱，黄河河口表现为强烈堆积性河口，黄河河口三角洲海岸线不断向外推进。根据 1950～1999 年实测资料统计，进入黄河下游的泥沙约有 73% 被输送到河口地区，河口地区多年平均来沙量达 8.7 亿 t。特殊的自然条件，使得黄河三角洲地区湿地分布广泛。黄河三角洲国家级自然保护区总面积 15.3 万 hm²，其中核心区面积 5.8 万 hm²，以保护新生湿地生态系统和珍稀、濒危鸟类为主，是亚洲东北内陆和环西太平洋鸟类迁徙的重要"中转站"及越冬、栖息和繁殖地，是中国唯一的三角洲湿地自然保护区。

历史上黄河三角洲人类活动很少，从 20 世纪初开始垦荒移民不断增加。1961 年开始石油开发，特别是 1983 年东营建市以来，黄河三角洲的经济社会发生了很大的变化。2005 年东营市土地面积 7 923 km²，人口 194.62 万人，GDP1 166 亿元，已成为我国重要的石油开采加工基地和山东省重要的经济区。

2 黄河河口治理存在的主要问题

1855 年黄河改道初期，由于大量泥沙淤积在陶城铺以上的洪泛区内，进入河口的泥沙很少，河口还比较稳定。1872 年以后，随着下游堤防逐渐完备，输送到河口的泥沙增多，河口的淤积、延伸问题逐渐显露，尾闾河道摆动变迁也日益频繁。在长时期内，河口地区自宁海以下，两岸仅有民埝20 余 km，尾闾河道仍处于自然变迁状况。黄河1947年归故前后,至1949年,左岸大堤修至四段,右岸至垦利宋家圈东7.5 km。

新中国成立以后,随着河口地区生产的发展,对防洪要求日益迫切,不容许尾闾河道再任意改道。先后有计划地实施了三次人工改道。1976年黄河改道清水沟流路以来,黄河河务部门、胜利油田、东营市共同对清水沟流路进行了大量的治理工作。1996年以来,国家实施了黄河入海流路治理一期工程。通过堤防、河道整治、清8改汊等工程建设,对提高河口河段防洪能力、稳定清7以上河道、减轻黄河下游河道淤积、保障河口地区工农业生产和人民生命财产安全,起到了重要作用。

河口治理是黄河治理的重要组成部分,20年来河口治理取得了巨大的成就,极大地促进了黄河三角洲地区的经济社会发展。目前河口治理还存在如下问题。

2.1 黄河河口治理布局尚不明确

20世纪90年代以来,持续的小水小沙,加之人为干预力度加强,以及黄河流域水利工程条件的变化,如小浪底投入运用、水土保持、干支流其他骨干水库等措施建设,进入河口的水沙条件发生了重大变化。在未来水沙条件下,对清水沟流路的使用年限和规划备用流路安排等将产生重要影响。黄河河口流路的总体安排是河口治理开发的基本前提。目前除刁口河流路已经明确作为备用流路以外,对三角洲总体行河安排缺乏宏观考虑,同时各方面对刁口河备用流路的保护重视不够,管理薄弱。

2.2 现行流路防洪工程不完善,防御洪水能力低

20世纪90年代以来,河口河道主槽淤积加重和河口相对侵蚀基准面抬高,致使河口河段主槽平滩流量减少,同流量水位抬高,过洪能力减小。平滩流量已由20世纪80年代的5 000 m³/s减小到不足3 000 m³/s。经2002以来的调水调沙,平滩流量得到一定的恢复。在设计洪水位条件下,河口左岸大堤有26.8 km在高度上达不到设计标准,占左岸堤防总长的54%;按设计要求,左岸大堤全线欠宽。现有的险工高度、断面不足。现有河道整治工程处数少,单个工程长度不足,不能有效控制河势;部分坝垛高度不足,控导溜势能力较差。

2.3 防潮工程体系不健全,整体防御潮灾能力降低

东营市防潮工程经过多年建设已具备一定的防潮能力,但由于缺乏统一规划,防潮工程体系不健全,整体防潮能力降低。目前东营市黄河以北岸段的防潮问题较为突出:潮河至挑河岸段防潮工程大多不连续,已基本失去防潮作用;孤东、桩西临海防潮堤受海岸蚀退,海底不断淘深影响,防潮能力不断下降。黄河以南广利河—支脉河岸段尚有5 km左右海岸无防潮工程。

2.4 当地水资源短缺,水资源污染和浪费严重

东营市地处沿海,当地水资源缺乏,小清河、支脉河等过境河流污染严重,可利用水量较少,经济社会发展用水主要来源于黄河水。现状用水浪费严重,水利用效率低,主要表现为灌区节水工程配套程度低,工业用水重复利用率低,平原水库蒸发渗漏损失较大。当地水资源污染严重,水质不断恶化,加剧了水资源供需矛盾加剧。同时部分地区地下水超采严重,出现地面塌陷、海水入侵等生态环境问题。

2.5 由于多种因素作用,河口地区生态环境受到不同程度破坏

近20年来,随着工农业生产的不断发展,黄河入海水沙量锐减,河口地区存在着天然湿地萎缩、生物多样性受威胁、土地盐渍化、天然草场退化等问题。1993~2005年,黄河三角洲自然保护区天然湿地面积减少近40%。过去广泛分布的二级保护植物野大豆,现只在少数地区零星分布,黄河刀鱼、中国对虾等名贵渔业产品几乎绝迹。据1980年普查,黄河三角洲原有草地18.5万 hm^2,而目前抽样调查结果表明,仅有占总面积30%的一、二级草地仍保持着20年前原有的生产力水平,理论载畜量比1986年减少33%。

2.6 现行管理体制不适应黄河河口治理形势发展的需要

目前河口管理和开发涉及主体除黄河主管部门外,主要有地方人民政府及其所属的土地、海洋、自然保护区林业行政等部门,以及胜利石油管理局、济南军区生产基地等,河口治理工程主要由河务部门管理。这些管理和开发主体各自遵循着不同的管理政策和法规,有各不相同的目标,存在着多重管理和相互矛盾的地方,影响黄河口治理。现行多头无序管理,给河口治理开发带来许多不协调问题。现有的管理体制已不适应黄河河口治理形势发展的需要,成为河口治理的重要制约因素。

3 黄河治理开发和地区发展对河口治理的要求

3.1 黄河下游防洪减淤对河口治理的要求

从长远看,随着黄土高原水土保持、小北干流放淤、其他水库拦沙等措施的实施,以及下游引水引沙,进入河口地区的沙量会有一定程度减少,但在今后一个相当长的时期内,黄河仍将是一条多泥沙河流,河口河道淤积延伸的总体趋势是不会改变的。预测2000~2020年利津站年平均水量、沙量分别为205.4亿 m^3、3.85亿 t。若不考虑古贤水库投入运用,预测2020~2080年利津站水量、沙量分别为181.14亿 m^3、5.79亿 t。若古贤水库在2020年投入运用,预测2020~2080年利津站年平均水量、沙量分别为180.99亿 m^3、5.28亿 t。大量泥沙在河口地区沉积,河口三角洲面积持续增长,河道延长,对黄河下游河道冲淤和防洪

安全产生不利影响。根据黄河下游防洪减淤总体要求,河口应保持一个较大的堆沙海域,尽可能减缓河口延伸速率,减轻溯源淤积的影响;采取多种措施减少河道淤积,保持河口河段有足够的排洪能力。

3.2 地区经济社会发展的要求

黄河三角洲地区土地、油气、海洋等自然资源丰富,加之三角洲的地理位置优越,处于我国环渤海经济圈和东北亚经济区内,其开发价值和发展潜力都很大,21世纪成为我国重要的能源、重化工以及农业可持续发展的开放型经济区。黄河河口治理对东营市经济社会发展具有特别重要的意义。河口地区经济社会发展要求黄河河口在一个较长的时期内保持稳定的入海流路,控制流路的摆动范围,有利于土地资源开发利用和基础设施建设,尽量减少对海洋滩涂养殖业发展和港口运营的影响。同时,加强河防工程建设,提高防洪能力,为引黄用水创造有利条件。

黄河三角洲是胜利油田的"金三角"地带,地下蕴藏着大量的石油和天然气。经过40多年的勘探,先后在黄河三角洲上发现30余个油气田。油田开发建设要求黄河河口治理为石油开发提供防洪安全保障的同时,在流路安排上要考虑与油田开发相结合,有利于加快在预定区域内(如近期对北汊)的填海造陆进程,变海上石油开采为陆上开采,有利于解决海岸蚀退对石油开发防潮堤的威胁。

3.3 生态环境保护的要求

黄河三角洲湿地本身是一个脆弱的生态系统,其水分补给条件差,除海潮可波及到的湿地和常年行水、蓄水的河流湿地常年积水外,大部分湿地为季节性或短期性积水。黄河水沙资源是影响湿地演变的决定性因素,而黄河口湿地又是黄河三角洲生态系统的核心,对整个黄河三角洲生态系统的良性维持起着关键性作用。河口治理要保证河口湿地的需水,促进河口湿地生态系统良性循环。

4 黄河河口综合治理对策

4.1 治理思路

黄河河口综合治理要按照科学发展观的要求,正确处理黄河河口治理、生态环境保护、三角洲地区经济社会发展之间的关系。一是要遵循黄河三角洲的自然演变规律,以保障黄河下游防洪安全为前提,以黄河河口生态良性维持为基础,充分发挥三角洲地区的资源优势,促进地区经济社会的可持续发展;二是河口地区的经济社会发展要服从河口治理的总体布局,并考虑生态环境的承载力,坚持人与自然的和谐共处;三是从战略高度全面规划、统筹兼顾、合理安排、分期实施,谋求黄河下游的长治久安并促进地区经济社会的可持续发展。

4.2 主要对策措施

根据黄河下游防洪减淤总体部署和河口三角洲综合开发对河口治理的要求,对黄河河口综合治理总体布局如下:

(1)在黄河河口三角洲地区,选择清水沟、刁口河、马新河及十八户等流路作为今后黄河的入海流路,近期使用清水沟流路,待清水沟流路使用后,优先使用刁口河备用入海流路,之后再使用其他备用入海流路。

(2)按照西河口 10 000 m³/s 水位 12 m(大沽高程)作为改道控制条件,相对稳定黄河现行清水沟流路,通过防洪工程建设和管理实现安全行河 50 年左右。

(3)建成黄河河口三角洲防潮工程体系,提高三角洲防御风暴潮灾害能力。

(4)优化黄河生态用水配置,保证河口生态需水,逐步恢复河口自然保护区湿地生态系统,实现河口生态系统的良性维持。

(5)合理安排生产、生活、生态用水,通过节约、开源、保护、优化等综合措施,为黄河三角洲高效生态经济建设提供水资源保障。

4.2.1 入海流路安排及防洪措施

按照西河口 10 000 m³/s 水位 12 m 作为改道控制条件,现行清水沟流路改汊行河次序为:现行清 8 汊河→北汊→原河道→现行清 8 汊河。考虑有计划地安排入海流路并采取河道整治、淤背固堤、挖河疏浚等综合治理措施,使清水沟流路在 50 年左右的时间内保持稳定。将刁口河流路作为重点备用流路加以管护。

对目前堤防高度强度不能满足规划水平年设防标准的堤段予以加高加固,并对险工进行改建加固。结合挖河疏浚淤背加固堤防,以免顺堤行洪引起冲决或溃决。对清 7 断面以上河段加强河道整治工程建设,稳定河势,控制中水河槽,使河口河段流路顺畅,提高泄洪排沙入海能力。

4.2.2 防潮措施

黄河河口防潮工程体系由黄河以南、黄河以北防潮工程组成。黄河以南,在黄河至支脉河岸段,建设由防潮堤及防潮闸形成的连续防潮工程。黄河以北,在黄河故道刁口河管理范围(挑河至刁口河岸段)预留备用流路行河通道,分别在潮河至挑河岸段、刁口河至黄河岸段建设由防潮堤和防潮闸组成的连续防潮工程。目前,防潮工程建设的重点是黄河以北潮河至挑河岸段。

4.2.3 水资源利用

根据东营市经济社会发展和生态环境建设要求,东营市水资源开发利用的主要措施包括:

(1)加强引黄用水管理,严格水价制度,加大现有灌区节水改造力度,调整农业种植结构,优化农业生产模式,建设高效生态农业,提高农业用水效率和效益。

（2）加强工业和生活节水,发展火电和高耗水工业要优先考虑采用空冷技术及污水处理回用、海水利用,通过开源和节流多种途径解决制造业基地发展用水问题。

（3）通过水资源保护措施和河道拦蓄工程建设,结合小型水库调蓄,提高当地径流利用程度。

（4）合理利用地下水资源,严格限制超采。

（5）2010年完成南水北调东线一期工程配套工程建设,2030年完成三期工程配套工程建设,充分利用南水北调东线分配水量。

4.2.4　生态保护措施

按照满足黄河三角洲生态系统良性维持的要求,制定以河道基流、河口湿地及河口近海为主要供水目标的生态供水配置规划,为实现黄河生态水量调度提供重要依据。根据河口生态演变驱动因素及基础设施建设带来的影响,结合河口地区生态保护现状,先期恢复清水沟流路自然保护区退化湿地,逐步恢复河口滩涂湿地生态系统,自然保护区其他退化湿地、河流湿地、河口滩涂湿地、油田矿区湿地等,建立河口生态与环境监测网络,对河口生态环境实施动态监测。

4.2.5　管理体制机制建设

为了全面落实黄河河口地区综合治理的各项任务,需要建立起权威、高效、协调的河口地区综合治理管理体制,完善各种管理机制,加强政策法规建设,进一步划分责权和理顺关系,加强黄河河口管理机构的主体管理地位和职能。一是在明确事权划分基础上,提高流域管理和区域管理相结合管理体制的协调性;二是积极推进民主协商机制建设,建立黄河河口综合治理联席会议制度;三是结合黄河河口实际情况,研究建立河口综合治理国家、地方和受益企业等多方投入机制,明确投入渠道,制定资金征集和使用管理办法;四是全面贯彻落实《黄河河口管理办法》,做到有法必依、执法必严、违法必究,维护《黄河河口管理办法》的权威。

5　结语

黄河河口地区综合治理,从河流治理技术上讲交织着下游与河口、河流与海洋、水与沙、防洪与供水、水利工程建设与环境保护等问题,从地区经济发展角度来说人们则必须面对并破解经济、社会、资源、环境协调发展的难题,而这些都决定了河口治理问题的复杂性和长期性。人与自然和谐观念的广泛认可、权威科学的河口综合治理规划的有效实施,是河口地区实现可持续发展的重要前提和基础。

<h2 style="text-align:center">参 考 文 献</h2>

[1]　中国水利学会,黄河研究会.黄河河口问题及治理对策研讨会[M].郑州:黄河水利出版社,2003.
[2]　李国英.维持黄河健康生命[M].郑州:黄河水利出版社,2005.

黄河三角洲土地开发战略

杜玉海

（山东黄河河务局）

摘要：黄河三角洲土地资源丰富，受黄河入海流路、淡水资源、海洋和土地盐碱化等诸多因素的影响，目前尚有260余万亩未得到开发，具有很大的开发潜力。今后的土地开发战略应立足于开发与保护相结合，改造盐碱、提升土地质量和大力发展生态经济。

关键词：黄河三角洲　土地开发　生态经济

1　引言

近代黄河口三角洲是1855年黄河在铜瓦厢决口改道夺大清河入海，流路不断变迁而形成的，其范围为东经118°10′~119°15′，北纬37°15′~38°10′，面积约6 000 km² 的。其中1855年以来，黄河净造陆面积约为2 500 km²，是中国最为年轻的土地。该区域地面海拔多在5.0 m（黄海基面，下同）以下，属暖温带半湿润半干旱大陆性季风气候，且具有明显的海洋性气候特征，一年中四季分明，多年平均气温12.5 ℃。多年平均降雨量537 mm，有70%以上集中在6~9月份。多年平均水面蒸发量为1 846 mm。

黄河三角洲土地资源丰富，目前仅尚未开发的土地资源就达17万多 hm²，具有很大的开发潜力。同时，这里的土地开发又受到许多因素的制约，因此采取什么样的开发战略值得重视。

2　土地开发的主要制约因素

2.1　黄河入海流路

由于黄河的多泥沙的特殊性，黄河尾闾河段具有淤积、延伸、摆动、改道的演变规律，1855年至今，较大的流路变迁就达10次，因此历史上该地区经常受到黄河洪水的威胁。现行清水沟流路是1976年形成的，至今已行水30年，通过进一步的治理，尽管还可以继续行水一段时期，但仍避免不了改道。区域的开发建设与入海流路形成了相互制约。一方面，由于该区域的开发建设，今后的入海流路不可能像以前那样自由摆动，必须考虑区域建设的现状；另一方面，开发建设也必须考虑今后的黄河入海流路。目前,已经颁发的黄河口管理办法,对黄河备用入海流路的保护范围进行了明确,在该范围内,人类的有些活动(包括一些开发建设活动)将受到严格限制。

2.2 淡水资源

河口地区的河流多为季节性河流,地表水可供利用的数量十分有限;地下水主要为咸水或微咸水,矿化度较高,绝大部分不能作为淡水利用。因此,该地区的用水90%以上依靠引用黄河水。但由于黄河水资源总体上短缺,每年分配给河口地区的水量有限。特别是近些年来,黄河下游来水明显减少,一般年份进入河口地区的水量对满足目前的生态、工业、生活和农业等用水已经显得捉襟见肘。根据对黄河来水的预测,淡水资源短缺在河口地区将是一个长期存在的问题。因此,要想通过更多地引用黄河水实现土地开发将十分困难。

2.3 土地的盐碱化

黄河口三角洲的土地为新生陆地,土壤类型主要是潮土和盐土。由于地面高程低,地下水埋深较浅,加之降水量小且时空分布不均,蒸发量大,绝大多数土地呈高盐碱化。特别是1855年以来形成的陆地,土地盐碱更为严重,尚未开发利用的土地大部分处于该区域。虽然这里有一些耐盐碱植物,但主要是一些草类和灌木类植物,而且长势较差,一到干旱季节,大片的土地显得十分荒凉,缺少生机。土地的盐碱化是该地区生态环境十分脆弱的主要原因之一,也是制约土地开发利用的主要因素之一。

2.4 海洋

河口三角洲由于是泥质海岸,地面高程又较低,很容易受到来自海洋洪水、海啸、海平面上升、岸线蚀退等带来的严重威胁。新中国成立以来,发生接近或高于3.5 m的风暴潮就有4次(1964年、1969年、1980年、1992年),其中,1964年4月5日的潮灾淹及范围一般距海岸线22~27 km。1992年9月1日的特大风暴潮,海水入侵内陆10~20 km,造成13人死亡、50多人被海水围困,很多生产、生活设施被毁,造成直接经济损失5亿多元。此外,虽然三角洲的面积总体上呈增加趋势,但也有岸线蚀退问题。如老钓口河流路入海处,自1976年不再行水以来,海岸一直处于蚀退状态,最严重的地方达11 km以上。

3 土地开发的原则

3.1 符合黄河口综合治理规划

黄河尾闾河段的淤积、延伸、摆动、改道是其自身存在的自然规律,随着河口地区的经济社会建设和发展,这种摆动、改道人们已不可能让其自由进行。黄河口综合治理规划就是为了河口地区的长期建设和发展,遵循自然规律,为人们治理黄河入海流路和进行其他活动建立了基本框架,是人们在该地区开展人类活动的指导性文件。因此,在该地区进行土地开发,一定要符合综合治理规划,按照规划的指导思想和基本原则进行。要特别注意适应黄河泥沙的处理和黄河入海流路的变迁。

3.2 适应淡水资源的承载能力

由于黄河水资源严重不足,在今后将难以再增加河口地区的水资源配给,这已经成为必然的趋势,而且随着社会的发展,还必然有一些增加用水的因素,如人口增加、生活水平提高、工业发展等,今后土地的开发必须立足于这一现实,充分考虑淡水资源的承载能力。新增项目的用水要严格进行水资源评价,对所需水资源没有充足来源的要限制其规模,对根本就没有解决途径的要严格进行限制。

3.3 注重生态环境建设

河口地区植被少、森林少、降雨量少而不均和盐碱化严重,致使陆地生态环境十分脆弱。如果在土地开发过程中行为不当,极有可能使生态环境进一步恶化,如生态系统失调、环境污染等。因此,土地开发必须注重生态环境建设,要从为生态环境创造良好的基本条件着手,努力提高该地区生态环境的承载能力,实现生态环境的良性发展。

3.4 开发与保护相结合

在黄河口三角洲广袤的土地上,不仅有现行的黄河入海流路和规划的备用入海流路,而且还有以保护原生性湿地生态系统和鸟类为主的国家级自然保护区。因此,在该区域进行土地开发,必须是开发与保护相结合。在黄河入海流路(包括备用流路)范围以外和在自然保护区范围以外进行土地开发,制约因素相对较少,可以优先考虑;在黄河入海流路范围以内进行土地开发,必须符合《黄河河口管理办法》等有关规定;在自然保护区范围内,要按照有关法规以保护为主,禁止任何单位和个人危害、破坏自然保护区的土地。

3.5 适应整个经济社会发展的需要

一提到土地开发利用,可能人们首先想到的是粮食生产,尤其是当前耕地资源日益得到了人们的重视。但是,究竟如何开发,要将当地的资源、环境和整个经济社会发展的需要结合起来统筹考虑。所谓适应整个经济社会发展的需要,就是要与国民经济发展和社会环境相协调,满足人们不断增长的物质生活和精神生活的需要。不仅自身能够产生较好的社会、经济和生态环境效益,而且能够促进更广大地区经济的可持续发展,体现人与自然的和谐共处。

4 发展生态经济是三角洲土地开发的方向

广义上的生态经济包括生态农业、生态工业和生态旅游业。生态经济的本质,就是把经济发展建立在生态环境可承受的基础之上,在保证自然再生产的前提下扩大经济的再生产,从而实现经济发展和生态保护的"双赢",建立经济、社会、自然良性循环的复合型生态系统。考虑到河口三角洲生态环境的承载能力和自然的再生产能力,在这块土地上进行开发,必须大力发展生态经济。

4.1 生态农业

生态农业是指利用人、生物与环境之间的能量转换定律和生物之间的共生、互养规律,结合本地资源结构,建立一个或多个"一业为主、综合发展、多级转换、良性循环"的高效无废料系统。首先,要科学确定种植结构,安排好初级生产。初级生产是生态农业的基础,它为整个系统提供最基本的初级产品,并决定着系统的发展方向。鉴于当地的气候、自然条件和水资源的承载能力,要大力发展林、果、草,因为不仅是自然降水可以基本满足其生长需要,而且有利于改善区域的生态环境;适当安排粮食生产,因为粮食耗水相对较多;科学安排经济作物,以取得较好的经济效益。其次,根据种植结构,合理安排养殖业,使部分初级产品得到升级。第三,结合种植和养殖情况,积极发展农副产品加工业,同时注意生态的保护和废物利用,在进一步提升农产品价值的同时,促进初级产品的再生产。如此,形成一个以林果草为基础、种养加工结合、良性循环的生态农业系统。

4.2 生态工业

生态工业是模拟生态系统的功能,建立起相当于生态系统的"生产者、消费者、还原者"的工业生态链,以低消耗、低(或无)污染、工业发展与生态环境协调为目标的工业。生态工业的关键是工业结构生态化,将"资源生产(初级生产者)"、"加工生产(消费者)"和"还原生产"构成工业生态链。黄河口三角洲资源丰富,工业的发展潜力很大。目前河口三角洲地区的工业生产,基本是以资源生产为主,加工生产距离生态工业的要求还有很大差距,还原生产更是薄弱。今后,要特别注意安排好加工生产和还原生产。加工生产要以生产过程无浪费、无污染为目标,将资源生产部门提供的初级资源转换成满足人类生产生活需要的工业品;还原生产要将各种副产品再资源化,或做无害化处理,或加工转化为新的工业品。

4.3 生态旅游业

生态旅游由国际自然保护联盟(IUCN)特别顾问谢贝洛斯·拉斯喀瑞(Ceballas Lascurain)于1983年首次提出。当时就生态旅游给出了两个要点:一是生态旅游的对象是自然景物;二是生态旅游的对象不应受到损害。因此,生态旅游业不同于一般传统意义上的旅游业,它不以牺牲生态环境和当地传统历史文化遗迹为代价,有利于旅游资源的长期可持续利用。

河口三角洲是一个非常独特的地区,作为生态旅游对象的自然景物丰富,如果再结合生态农业、生态工业的建设,生态旅游资源将得到进一步的丰富和完善。人们到这里旅游,不仅可以欣赏自然,而且可以增长知识和得到教育,可以强化人们热爱自然、保护自然的责任感。目前,河口三角洲的旅游正处于起步阶段,尚有很大的发展空间。今后要紧紧围绕"旅游的对象是自然景物、旅游的对象不应受到损害"大做文章,搞好生态环境建设及相应的设施建设和体系建设,吸引众多的人们到这里旅游和观光,在人们得到精神满足的同时,促进经济社会的不断发展。同时,要特别注意保护,留下的是脚印,尤其是对湿地的保护,带走的是照片,使旅游资源得到长期的可持续利用。

5 改造盐碱是土地开发的基础

在黄河口三角洲开发土地,无论是对于发展生态农业、生态工业,还是对于发展生态旅游业和进行生态环境建设,土地的盐碱化无疑是遇到最主要问题之一。由于土地的盐碱化,生态农业的初级生产难以得到保障,生态环境显得非常脆弱。因此,要通过土地开发取得更好的经济效益和社会效益、生态效益,必须改造盐碱,提升土地质量,这是发展生态经济的基础。

土地盐碱化的主要原因:一是黄河填海造陆,地下水矿化度较高;二是降雨量小且时空分布不均,蒸发量大;三是地面高程低,地下水埋深较浅。前两者是自然所为,人们难易改变,因此改变地面高程和地下水的埋深是改造盐碱最为有效,也是较容易实现的主要途径之一。如果将地下水的埋深控制在3 m以上,就可以有效地控制地下水蒸发、上升将盐碱带向地面,改造盐碱,使土地质量得到提升。

目前,河口大堤部分堤段实施的淤背固堤工程,在淤背区顶部不再有盐碱出现,可以进行正常的种植开发。由此,改造盐碱可采取以下途径:一是充分利用黄河的泥沙资源和土地尚未得到大量开发的环境优势,放淤改土,可以通过自流放淤或机械放淤来实现;二是就地深挖高填。通过深挖形成的水面,可以保护当地的湿地特征;通过高填抬高的地面,可以改造盐碱、提升土地质量。如此,在大部分土地上,将形成上土(土地)下水(水面)的格局,可以进行上植(种植)下养(养殖)的初级开发,形成蓝(水面)绿(植物)相间的景观,如此,即可为发展生态经济,实现经济、社会和生态环境等综合效益奠定良好基础。

这里,要特别注意根据开发的原则进行科学规划,避免急功近利的短期行为。目前,三角洲土地的改造盐碱虽然已经进行多年,但总体上还缺少与发展生态经济相适应的规划,应引起人们的高度重视。

6 结语

随着社会的发展和科学的进步,人们已经有能力更好地开发和保护黄河口三角洲这块年轻而美丽的土地。相信在不远的将来,这里的大部分土地的盐碱将得到改造,生态环境的承载能力将得到较大的提升,河口三角洲将不再是一片荒凉,展现在人们面前的黄河口三角洲将是一片生机盎然,在这里人与自然将实现长期和谐相处。

黄河河口演变规律及治理

王万战　高　航

（黄河水利科学研究院）

摘要:简要介绍了黄河口径流、泥沙、温度、盐度、潮流、波浪等基本情况,河口河道、海岸演变的基本规律以及黄河口治理情况。在潮汐等影响下,黄河口河道易淤积,河口河道中段比降减小,形成台阶状纵剖面,随着河口中段比降的减小,河型由顺直转为弯曲,滩地横比降加大。当河口延伸到一定程度后,中段易漫滩、出汊、卡冰。拦门沙高程对河口泄洪排沙具有阻碍作用,但范围有限,波浪对黄河三角洲海岸方向、河口沙嘴、河道平面摆动等具有明显的调整作用。黄河口治理目标由以往单纯防洪,转变为包括防洪、生态保护的综合治理。存在的问题是,当地社会、经济发展规划挤占黄河口流路用地,水沙资源供求矛盾,难以确定生态用水量,黄河口依然存在防洪问题。

关键词:黄河　河口　海岸　潮汐　波浪　治理飞雁滩

1 黄河三角洲和黄河入海流路基本情况

自古至今,黄河出峡谷以后,流路多变,在淮河以北和华北平原摆动。1855年以来,黄河北摆流入渤海,至今行河近140年,河口流路摆动了9次,形成了10条流路(图1),形成现代三角洲,新中国成立后黄河口先后经历了神仙沟(1953～1963年)、钓口河(1964～1976年)、清水沟流路(1976～1996年至今)。

1.1 黄河口水情条件

进入黄河口(以利津站为代表)的水沙量年际变化较大,平均含沙量约在25 kg/m³。表1表明,清水沟行河时期的年均沙量比神仙沟流路、钓口河流路时期的都小,这被公认为清水沟流路行河时间较长的原因之一。钓口河单股行河时期的年均水量、沙量、含沙量介于神仙沟和清水沟之间,但是钓口河单股行河行河时间最段(仅4年),可见,单纯用年均沙量还不足于解释黄河口流路单股河道行河时间的长短。

1.2 黄河口潮汐、潮流状况

渤海海域的潮汐存在两个M2:无潮点,一个在黄河口神仙沟口外,另一个在秦皇岛外。黄河口附近海域各处潮差不一,大致在1.0 m,有全日潮、半日潮、混和潮。渤海潮流具有旋转性,近岸海域潮流椭圆的长轴基本上与三角洲海岸平行。黄河三角洲海岸向海突出的地方,流速较大,高流速中心位于岸坡脚转弯处;至今,实测最大表面点流速为 1.84 m/s。

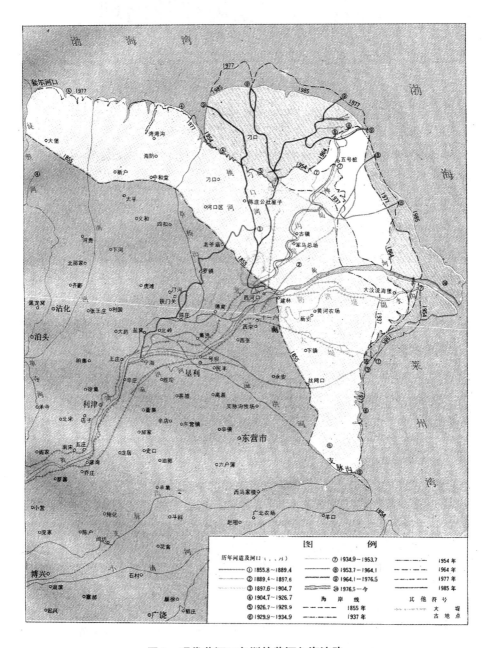

图1　现代黄河三角洲的黄河入海流路

表1 1953年以来黄河口各流路时期的水沙量

流路	行河时期(年)	水量(亿 m³)	沙量(亿 t)	含沙量 (kg/m³)
神仙沟	1953~1963	459	11.8	25.7
钓口河	1964~1976	433	11.0	25.4
清水沟	1976~1995	252	6.3	25.1
神仙沟单股行河	1953~1959	476	14.5	30.5
钓口河单股行河	1968~1972	348	8.6	24.7
清水沟单股行河	1980~1995	245	5.8	23.7

黄河口河道感潮段的长短与河流水流、潮汐和河道边界等有关,大致为15~30 km。在神仙沟、钓口河、清水沟流路单股行河之初,平均高潮位平交河床于罗家屋子,即小沙、罗7、清4。

黄河口河道潮流段,在枯水期一般为2~3 km,洪水期为零。

1.3 波浪、盐度、温度

黄河口海域风浪来自四面八方,但是波高大于2 m的强浪方向来自东北方向,最大破波水深约为4.6 m,其发生频率虽然较低,但是对泥沙运动起较大的影响。

黄河口海域的盐度变化既受季节的影响又受径流的影响:入海径流所及的海域盐度较低。在黄河口河道内,在洪水期盐水楔上界入河口河道内仅2~3 km,枯水期盐水楔上界入河约10 km。

黄河口海域垂向温度随随时间变化。在冬季,沿岸带水温低温,向外海温度逐渐增高;而在夏季近岸边温度高,深海区温度低。

2 黄河河口、海岸演变规律

2.1 沿岸输沙

黄河三角洲东海岸中部1985年的年净沿岸输沙量为83 000 m³,方向向东南(图2),其中来自东北方向波高大于2.1 m的强浪产生的沿岸输沙占年净值的91%;黄河三角洲北海岸中部的年净沿岸量为200 214 m³,方向向西,主要由东北方向的强浪所决定,计算出的静输沙方向与海岸沙嘴的运动方向相同。

2.2 海岸淤积延伸、蚀退、朝向规律

神仙沟流路输向深海的泥沙量占利津沙量的百分比最高(38%),清水沟最少(21%)。与此相应,利津站单位来沙的造路面积(即造路强度),神仙沟流路最小(1.9 km²/亿 t)、清水沟最大(3.5 km²/亿 t),表明黄河三角洲海域不同的位置海洋动力是不同的:神仙沟口外附近海域海洋动力条件最强,清水沟最弱。

海岸淤积延伸:1855年以来,黄河三角洲海岸线的演变情况见图1。在通常

条件下,黄河三角洲总的来说是淤积延伸的,海岸线延伸速率一般为 $0.2 \sim 0.7$ km/a。2 亿 ~4 亿 t/a 的泥沙可使整个三角洲面积处于动态平衡状态。

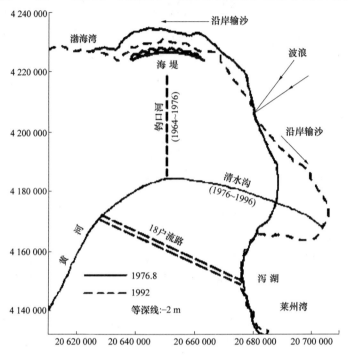

图2 黄河口沿岸输沙率

海岸蚀退:不仅入海沙量减少会造成海岸侵蚀,"硬性"海岸工程也是造成其下游海岸侵蚀的原因。钓口河河口停水后,海岸侵蚀。飞雁滩海堤修建后,不仅海堤前方海岸遭冲刷,而且造成了其沿岸输沙方向(西侧)下游海岸继续侵蚀,这是海岸工程引起下游海岸侵蚀的典型例子。

海岸线方向调整:由于受孤东围堤的限制,东海岸以孤东围堤为轴,逆时针旋转(图2),逐步减小海岸线与东北强浪的夹角,减小沿岸输沙率。东海岸的朝向与1760年的海岸线基本类似。

2.3 黄河口流路演变规律

1855年以来,黄河入海流路摆动情况见图,黄河流路绕三角洲中心轴线左右摆动。对于一个流路来讲,黄河口流路演变一般经历初期散乱、中期单股行河、末期出汊。

2.3.1 河长变化

黄河口流路由初期、中期到末期的过程中,河道入海长度总趋势是延伸的,神仙沟(1953~1960年)、钓口河(1964~1976年)、清水沟(1976~1995年)河长分别增加约 23 km、33 km、37 km,平均延伸速率分别为 3.45 km/a、2.68 km/a 和 2.0 km/a。近年来,清水沟河长基本不变,主要与黄河入海泥沙较少有关。

2.3.2 河口河道纵剖面、河型、横断面演变

新中国成立后,黄河下游河道抬升 2~3 m(图 3)。黄河口河道变化与山东 黄河河道的演变既有相似性,也有具有自己的特征。黄河口河道的上段(如清 3 以上、罗 7 以上、小沙以上)冲淤特点大致与山东河道相同,即大水冲、小水淤, 而黄河口河道的中下段河道,无论大水还是小水,河床易淤。结果是河口河道 上、中段比降减小而下段比降基本不变而且一直较陡,纵剖面呈现台阶状。清水 沟、神仙沟、钓口河的单股行河时期的纵剖面都是如此,这是由于河口进入感潮 段以后,泥沙淤积形成类似水库末端的淤积三角洲的缘故(图 4)。

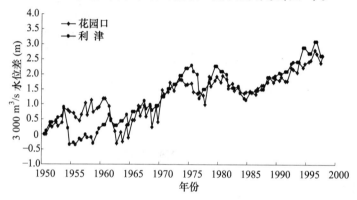

图 3 黄河下游河床升降过程

随着河口中、上段比降的减小,河口河道由顺直变为弯曲,而比降较大的下 段河道相对顺直,与此同时河口河道横比降加大。当中段比降小到一定程度后, 位于河口河道中、下段交接处的弯道凹岸坍塌;在滩地较大的横比降作用下,河 口河道在此处出汊。河道出汊以后,出汊继续向上游发展,河口流路发展处于末 期。河口河道中段比降减小以后,容易发生漫滩、卡凌(图 4)。

2.3.3 拦门沙对泄洪排沙的影响

由于河口扩宽、潮汐顶托、盐水等因素的影响,黄河入海泥沙易在口门附近 形成拦门沙。拦门沙形成后,一方面阻止水沙纵向径直排入渤海,另一方面迫使 水流横向寻求出路。所以,拦门沙上游多出现横沟(图 5),研究表明,也就是在 此横沟处,总是存在一个高输沙中心。高输沙中心的存在表明拦门沙的阻水阻 沙作用向上游不超过高输沙中心,也证明黄河口河道的淤积主要是潮汐(水位) 所致,而不是拦门沙阻水所致。

如果人工大幅度降低拦门沙高程,其对河口河道影响究竟如何,还有待于深 入研究。

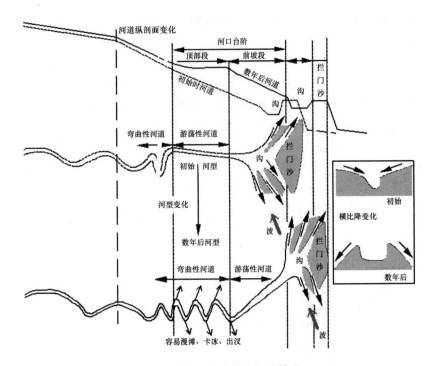

图 4　黄河口河道演变规律模式

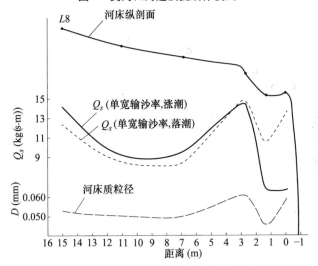

图 5　拦门沙对黄河排沙的影响

2.4　黄河口淤积延伸对黄河下游的反馈影响

至今,对入海流路缩短对其上游河道的影响认识基本相同。每次改道(如1964 年、1976 年)和改汊(如 1996 年)都缩短了入海的河长,增大了河道比降,但是比降增大并不必然造成溯源冲刷,由于钓口河流路地势较高,1964年改道钓口河时并没有产生溯源冲刷,而1976年改道清水沟流路造成了明显的溯源冲刷,水位影响距离达到刘家园。

黄河口延伸必然影响其上游河道的演变。但是,至今对黄河口延伸的反馈影响的距离认识差别很大,大致归为三类。第一类观点认为,黄河口延伸造成整个黄河下游河道的平行上抬;第二类观点认为黄河口延伸影响距离在刘家园附近(在口门以上约220 km);第三类观点认为,延伸的反馈影响不超过流路改道点,近几十年来,河口淤积延伸的反馈影响很短,最远不超过一号坝(口门以上约70 km)。

造成认识分歧大的原因是,黄河下游、黄河口演变规律的复杂性,没有精度较高、大家公认的黄河下游 – 河口的水沙数学模型来模拟黄河口延伸及不延伸情况下黄河下游河道演变的差别。

3 黄河口的治理

黄河口的治理与社会、经济以及科技发展水平密切。1855年以后黄河改道初期,进入黄河口的泥沙很少,河口比较稳定。1872年以后,东坝头以下陆续修建堤防,1884年下游大堤基本形成。随着沿岸堤防的逐步完备,输送到河口的泥沙增多,河口淤积、延伸问题显露,尾闾河道摆动变迁日益频繁。1949年,左岸大堤修至四段,右岸到垦利宋家圈7.5 km。

1953年以前,黄河入海流路由甜水沟、宋春荣沟、神仙沟分流入海。为了改善防洪条件,决定变分流入海为独流入海,1953年7月,截断甜水沟、宋春荣沟,黄河于小口子以下由神仙沟入海。1964年1月1日,为了减轻河口地区凌汛威胁,于罗家屋子改走钓口河流路。1975年汛期流量6 500 m³/s,西河口水位已达当时预定的改道水位,决定于1976年5月20日截流,改道清水沟流路。

总之,20世纪60年代初在黄河三角洲发现石油以前,流路的摆动比较自由。但是其后黄河三角洲石油工业等对黄河口治理提出越来要高的要求,如流路相对稳定等。

3.1 新中国成立后至1976年

随着河口地区生产的发展,对防洪要求日益迫切,先后加高加固了四段、渔洼以上的临黄大堤及险工,增强了防洪能力,在临黄大堤以下修建了两岸堤防等防洪、防凌、灌排、防潮等工程;为改道清水沟流路,自1968年起数年内,先后进行了南大堤加固工程,新修了南防洪堤及其续建和推修工程、东大堤和北大堤工程,开挖了清水沟引河工程,1976年5月成功地在罗家屋子实现了人工改道。

南展工程:主要解决麻湾至王庄30 km的窄河道的阻水卡冰问题,兼顾防洪、放淤和灌溉。1979 年 8 月曾进行过一次放淤,淤沙 8.2 万亩(淤沙 0.46 亿 t)。

十八户放淤工程:建于 1969 年,设计放淤流量 500 m³/s。自 1970 ~ 1979 年先后 5 年进行了放淤,总引水 16 亿 m³,引沙 0.7 亿 t。

灌溉工程:修建了王庄、宫家等引水闸,胜利、小开河等灌区配套工程,西沙河、马新河、跃进河、挑河和沾利河等排水沟工程。

另外,还加修了黄河三角洲北部沿岸部分防潮堤。

3.2 清水沟流路期间(1976 年至今)

3.2.1 1976 ~ 1993 年的治理情况

1976 年黄河改走清水沟流路以来,由于黄河口三角洲经济快速发展,加大了黄河口治理的力度。

自 1976 年 8 月起进行了南防洪堤抢险、修建退守新堤。1977 年 11 月在利津水文站附近河段进行了拖淤试点工程:发现被拖淤河段被拖淤后比降稍有下降,但全断面和拖淤段以下 300 m 处断面是淤积的。

1988 ~ 1993 年,在黄河口进行了疏浚治理试验:截堵支流沟汊、疏通河道障碍,利用耙拖、射流冲沙、推进器搅动等方法在清 7 以下河段拖淤,新修导流堤 40 km,改修导流坝 12 km,修建西河口、八连等控导工程,修建北大堤顺六号路延长工程至孤东围堤,修建分洪放淤口门,汛期进行放淤试验等。这些措施使得尾闾河道众流归一,河口河段防洪形势好转。

3.2.2 黄河入海流路治理一期工程

1989 年黄河水利委员会编制了《黄河入海流路规划报告》(简称规划报告),国家计委于 1992 年进行了批复。规划报告的主要内容如下:

(1)按照黄河口治理与三角洲经济发展兼顾的原则,规划近期继续使用清水沟流路,在设计水沙条件下,按照近口段流路 1987 年河道→北汊 1→北汊 2 的行河次序,控制西河口水位 12 ~ 13 m(10 000 m³/s),淤积清水沟可行河 30 ~ 50 年。

(2)规划近期工程为延长北大堤、南岸防洪堤加高加固及延长、义和庄—清 7 河段 7 处河道整治、清 7 以下堵串及临时疏浚、北汊 1 改道等工程。另外,还包括通信和机构建设等非工程性措施(图 6)。

(3)关于备用流路,规划报告认为"需要继续对河口段的变化趋势进行观察研究后,根据实际情况适时确定方案。在目前情况下,需要将钓口河、马新河作为备用流路加以管护"。

(4)在此基础上,山东黄河河务局提出了《黄河入海流路治理一期工程工程项目建议书》。一期工程总投资为 3.64 亿元,2006 年 6 月,一期治理工程通过

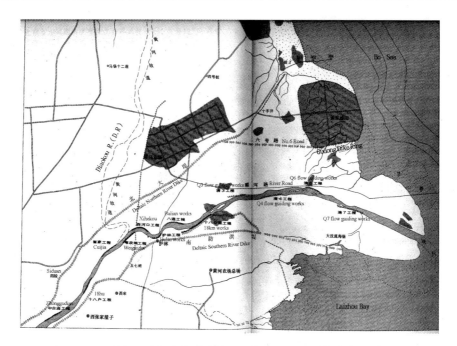

图 6 黄河入海流路治理一期工程位置示意图

总体验收。一期项目的实施为黄河口地区的经济社会发展提供了安全保障,取得了良好的经济效益和社会效益。

3.2.3 清 8 出汊工程

为了缓解河口地区防洪压力,延长清水沟流路使用年限,结合胜利油田造陆采油的需要,在不影响黄河入海流路规划的前提下,经山东黄河河务局报请黄河水利委员会批准,于 1996 年 5 月在清 8 断面附近实施了人工出汊造陆采油工程。清 8 改汊使入海河长缩短 16 km。清 8 改汊工程实施后河口段河道呈溯源冲刷。

3.2.4 2000 年黄河河口治理工程项目实施方案

为保证河口治理的连续性,2001 年水利部批复了《2000 年黄河河口治理建设项目实施方案》,主要有北大堤帮宽及堤防道路、利津放淤固堤、利津堤防道路、东坝控导上延续建工程、专业机动抢险队建设、丁字路专用水文站建设、垦利堤防道路等。目前,2005 年 10 月前该实施方案基本完成。

3.2.5 挖河固堤工程

1997 ~ 1998 年、2001 ~ 2002 年和 2004 年分三次在河口河段实施了挖河固堤工程(图 7)。三次挖河固堤工程涉及河道总长度为 53.6 km,共挖泥沙 1 057 万 m³,加固堤防 24.8 km。

根据观测资料分析和数学模型模拟,挖河工程在一定的时间内具有明显减淤作用。1997 年 11 月 ~ 2005 年 5 月,利津 – 清 6 河段由挖河引起的减淤量 442

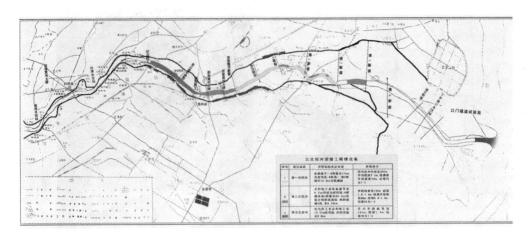

图7　三次挖河固堤工程示意图

万～528 万 m³。

3.2.6　非工程措施

以往黄河河口治理不仅有工程性措施,而且还逐渐采用了非工程性措施。

在防凌方面,在神仙沟单股行河期间(1953～1959 年),每个冬季黄河河口都发生冰封,防凌措施是破冰。南展、北展修建后在防凌并未取得显著效果,从20 世纪 70 年代后期开始,利用三门峡水库进行水量调节,避免了坚硬的大量冰块在开河时卡冰形成冰坝,黄河河口冰封发生频率大大减小。在冰预报上,在小浪底水库运用前,黄河上所用的冰的模型主要是经验相关模型。小浪底水库运用后,河道边界发生了较大的变化,限制了此类模型的精度。今后,开发耦合黄河下游—河口水动力、河床演变、冰的形成和变化的数学模型仍是今后数字黄河工程的目标之一。

在防洪方面,小浪底水库运用以后,实施了多次调水调沙。在 96.8 km 河长缩短、挖河、小浪底蓄水运用、调水调沙等作用下,黄河下游、清水沟流路河道冲刷,河底降低约 1m,河槽变得相对窄深。至今,黄河水利委员会已经初步开发出平面二维黄河下游水沙模型,正在改进一维黄河下游水沙模型,2007 年启动了黄河河口数学模型的研发,黄河河口物理模型基地建设也已起步。

3.2.7　黄河口综合治理

进入 21 世纪以后,随着黄河河口地区生态经济的发展,黄河河口治理转变为综合治理,即治理目标不仅包括传统的防洪,而且还包括了生态保护。目前,黄河水利委员正在进行黄河河口综合治理规划工作。

3.2.8　黄河河口治理的重要问题

黄河口依然存在滚河、斜河危及大堤安全的问题,河口大堤还未经过大洪水检验,水沙资源的供求不平衡,生态对水沙资源的需求量难以确定,黄河三角洲社会、经济发展用地与黄河入海备用流路用地矛盾等。

4 结论

过去几十年来,对黄河河口观测和演变规律研究做了大量的工作,对黄河河口的基本情况和演变的基本规律有了一定程度的了解。这些研究成果为黄河口的治理提供了技术支撑。

(1)在黄河入海水沙、潮汐、风浪等因素作用下,黄河河口流路演变仍然遵循淤积—延伸—出汊摆动的规律;黄河河口淤积延伸必然反馈影响其上游河道,造成河床的抬升。

(2)建议当地社会、经济等发展规划与以黄河河口流路综合治理规划协调,要给黄河流路留出较大的空间,要以黄河的水沙资源供应为基础。

(3)建议继续加强黄河下游、河口水沙运动和演变的观测和研究工作。

参 考 文 献

[1] 水利部黄委会勘测规划设计院. 黄河入海流路规划报告[R]. 1989.
[2] 王万战,张华兴. 黄河口海岸演变规律[J]. 人民黄河,2007(2).
[3] 王万战,张俊华. 黄河口河道演变规律探讨[J]. 水利水电科技进展,2006(2).
[4] 王万战,夏修杰,等. 该挖黄河口拦门沙吗[M]//第一界国际黄河论坛论文集. 郑州:黄河水利出版社,2003.
[5] 王恺忱. 黄河河口与下游河道的关系及治理问题[J]. 泥沙研究,1982(2).
[6] 庞家珍. 黄河河口变化对黄河下游的影响[M]//黄河河口问题及治理对策研讨会专家论坛. 郑州:黄河水利出版社,2003.
[7] 曾庆华,张世奇,等. 黄河口近期演变规律及整治[M]. 郑州:黄河水利出版社,1997.
[8] 黄河河口管理局. 黄河口现行流路治理现状、存在问题与近期思路[R]. 2006.
[9] 陈先德. 黄河水文[M]. 郑州:黄河水利出版社,1996.

巧用海动力治理黄河口建设
双导堤工程研究

李希宁[1]   于晓龙[2]   张　生[3]

(1.山东黄河河务局;2.山东黄河勘测设计研究院;

3.山东龙信达咨询监理有限公司)

摘要:在黄河河口建设双导堤,把黄河泥沙输送至海动力较大的深水区,减缓河口淤积延伸,稳定河口入海流路。研究分析,双导堤布置起点为海水高潮水位;末端布置在 -10 m 等深线;宽度约 500 m;总体上呈一喇叭口形,从原导堤河道宽 1~2 km,过渡到新修导流堤河道宽0.5 km;双导流堤结构:原导流堤至低潮线,为土石堤加筋土工格栅、低潮线至 -2 m 等深线为充沙长管袋、-2 m 等深线至 -10 m 等深线为混凝土插板桩。

关键词:黄河口　治理　流路　海动力　双导堤

1　问题的提出

　　河口是海与河的汇合地区,受潮浪与河流双重作用,动力条件及河床演变过程都比较复杂。总结国内外对河口治理的经验,工程整治与挖河疏浚相结合是治理潮汐河口的有效途径。如美国的密西西比河的治理,为了打通拦门沙,西南水道的早期治理始于 19 世纪 30 年代。先是单纯用链式挖泥船开辟拦门沙航道,但一遇风暴即被淤平。后采用双导堤,导堤间筑丁坝约束水流增加流速,结合适当疏浚取得所需水深,分汊口上游左岸用丁坝群导流,增加西南水道分流量以抵消口门约束影响;水道轴线向东偏转35°,以避开洪季盐、淡水混合所造成的严重淤积。经采用上述工程措施,使河口拦门沙水道水深得以维持。荷兰注入北海的莱茵河口,起初河道整治工程在相当长的时期里都是从局部地方的观点出发,缺乏全局考虑,因而总是达不到目的,后制定并执行了河道整治总计划,经过半个世纪的努力,成效显著。19 世纪 60 年代开挖鹿特丹新水道,开始在长 4.5 km 的水道范围内只疏浚了宽 50 m、深 3 m 的航槽,预想通过水流冲刷自然形成所期望的尺寸,并希望沉淤在河口的泥沙会被海上潮流带走,但未能达到预期效果。1881 年之后,重新采取人工措施,一方面筑丁坝,另一方面疏浚新水道与河口浅滩,整治工程与疏浚相结合,才将新水道建设成功,顺利通航。20

世纪60年代末,荷兰湾新港口的扩建,除建设南北堤等工程外,更需借助疏浚维持较大水深。法国的塞纳河口、美国的德拉瓦河口、加拿大的圣劳伦斯河口等所进行的治理,也多是采取河道整治与疏浚相结合的方法。黄河口是海动力和河动力的结合部,研究结果表明渤海湾的海流(包括潮汐流、重力流、风海流、风暴大浪激流、余流等)、风场、黄河径流相互作用的结果,可以形成逐步向外海、向远离黄河口方向输送泥沙的力量,而且这种力量随着黄河口沙嘴的外伸而增强,最大输沙作用取决于沙嘴外伸的方向。如果通过在河口和海洋结合处沙嘴两侧修建有关工程,通过束水攻沙利用河流动力,同时巧妙利用海动力,打掉拦门沙,增大输沙量,减缓河口的淤积,再辅助挖河疏浚,便可实现稳定或延长现行黄河口流路使用寿命的目的。利用双导堤使黄河水向东北方向延伸至海动力较入海口大的深水区,进一步强化海动力、河动力,提高输沙能力,减少在黄河口的淤积,可以实现束水输沙之功效。

2 双导堤建设的目的

河道到达河口,失去了工程约束,水流在不久前刚刚沉淀的泥沙形成的河槽内流淌,河道摆动沉沙的范围加大,比降消失,河道自身挟沙能力大大下降,这是多泥沙的黄河口淤积、河口摆动的根本原因。黄河流域输送到河口地区的泥沙有三个归宿,即陆地上、滨海和外海。淤积在陆地上,使河道和三角洲面升高;输送到外海(一般指测区以外)的泥沙,一部分扩散很远,甚至出渤海,另一部分滞留在离河口较远海区,造成海底的淤积升高;沉积在滨海,即河口和水下三角洲的泥沙,它们不断地淤积成陆,造成河口海岸外延。统计1855年以来,黄河三角洲新生陆地达2 470 km²,其中1855～1953年,实际行水64年,造陆1 450 km²,年均造陆面积23 km²,1953～1991年造陆面积1 020 km²,造陆速率26 km²/a。黄河口现行入海流路,清水沟流路行河以来,入海泥沙大约有20%沉积在陆地上,60%淤在滨海区,20%输往测区以外的较远海区。

双导堤建设的目的就是使黄河水长期定向的入海,固住河口和稳定河势。围绕这个目的,双导堤建设的任务就是通过工程建设,导流入海,束水攻沙,强化河、海动力,充分利用河流动力和海洋潮汐动力提高挟沙能力,将黄河泥沙输送到外海,同时切断岸边流对河口的反淤,减少泥沙在黄河口两侧的淤积,保持河口通畅。双导堤设计应根据河口口门段浅海海域的地形情况,充分考虑风浪作用和施工便利等因素,分段设计,每段提出不同方案,经技术、经济分析比较推选最优化方案,尽可能节省投资。

3 双导流堤工程布置研究

双导堤建设要充分利用海洋动力,其布置起点为海水高潮水位与陆地的交线即高潮线处。由于黄河入海河道水面与海平面相交处大约在 – 10 m 等深线,同时拦门沙临海陡坡段坡脚在 – 10 m 等深线,也就是沙嘴前缘在 – 10 m 等深线处,因此双导堤末端布置在 – 10 m 等深线位置。

双导堤内河槽设计过流能力按在高潮位时过流 3 000 m³/s 考虑,即小浪底水库调水调沙运用控制下,下游滩区不漫滩流量。该区域河道主槽宽度 500 ~ 600 m,根据观测以上河段相应 3 000 m³/s 流量的河槽宽一般在 600 m 左右,考虑到双导堤需束水攻沙,应选择较小的过流宽度,如遇超过 3 000 m³/s 的洪水时,可漫溢导流堤,不影响行洪,因此选取 500 m 作为双导堤间距。

为利用潮流落潮冲刷带走泥沙,导流堤的方向主要考虑与潮流(往复潮)方向一致或夹角尽可能小,河口位置最强风向为 ENE 向,潮流也是同一方向,因此双导堤方向应为东北向。目前入海流路方向恰为东北向,因此双导堤沿现行河槽主流方向布置。

双导堤的设计:南长(至 – 10 m 等深线)、北短(至 – 5 m 等深线),南高(按行水流量 3 000 m³/s 的相应水位设计)、北低(按行水流量 2 000 m³/s 的相应水位设计)。北侧导堤缩短一半,有利于河口泥沙向北输送,有利于在孤东大堤外沉积防护大堤。在黄河三角洲冬季东北大风作用下,在双导堤南高北低的条件下,可使风暴急流形成卷沙效应,把淤积泥沙带走,保持口门畅通。

由于原导流堤以下没有交通道路,为方便施工,同时考虑工程的完整性,将原有导流堤按原标准向下延伸与高潮线以下的导流堤相衔接,左岸从汊 3 断面向下修筑,修筑长度约为 5 km,右岸自汊 2 断面向下修筑,修筑长度约为 6 km,这样延伸部分在总体上呈一喇叭口形,从原导堤河道宽 1 ~ 2 km,过渡到新修导堤河道宽 0.5 km,这有利于在高潮时纳潮蓄水,落潮时集中水流冲刷拦门沙,在一定意义上,起到一个纳潮水库的作用。总体上,双导流堤大致分为四部分:原导流堤延伸段、5 km 土石堤加筋土工格栅段(高潮线—低潮线)、2.5 km 充沙长管袋段(低潮线 ~ – 2 m 等深线)、2.63 km 插板桩段(– 2 ~ – 10 m 等深线)。左岸导流堤总长度约 15.13 km,右岸导流堤总长度约为 16.13 km。为防止在河道内侧的原导流堤延伸工程被淘刷,在下段 2 km 采用干砌石或预制混凝土块护坡。

4 双导流堤结构设计

4.1 高潮线—低潮线

高潮线—低潮线区间长度 5 km 左右,潮差 0.3 m,滩面平坦,高潮线以上为原导流堤,交通便利,土、石方施工条件较好,可采用土、石结构。

分析比较该段采用土工格栅方案和土袋枕方案,在水深不大的前提下,土工格栅能较好地与土体结合,适应滩面的变形,且施工比较方便;土袋枕相比较而言施工工序多,周期长,技术复杂,因此推荐土工格栅方案比较优越。土体中间自与地面结合处布置土工格栅,土工格栅共3层,格栅与格栅间距分别为0.5 m。

从经济和施工技术两方面对干砌石护坡和预制混凝土块护坡进行方案分析比较。设计推荐混凝土块护坡的方案。为防止水流淘刷堤脚,导致护坡、堤身发生坍塌、滑坡,临河水流侧用大块石或铅丝石笼修做压脚根石台。在导流堤土体和混凝土预制块之间铺设一层无纺土工反滤布。设计导堤顶宽5 m,边坡1:2.5。估价投资约673万元/km。

4.2 低潮线 ~ -2 m 等深线

低潮线 ~ -2 m 等深线区间长度2.5 km,属浅水区,传统方案的施工方式很难适应该段的实际情况。从经济和施工技术等方面对充沙长管袋、安快坝、乱石堤坝等结构进行方案分析比较。认为充沙长管袋施工有着施工简单、投资少、坝体稳定性好、适应水下变形能力强、水下施工较方便等特点,并经过黄河大量工程运用,有了比较成熟的经验,效果好;该段设计推荐充沙长管袋方案。充沙长管袋导流堤,堤身由充沙长管袋建筑,长管袋直径为0.8 m,管袋与管袋之间用绳索相连,两端留有充填袖口和溢水袖口,长度各1 m,直径0.2 m。为满足抗掀起、抗悬浮的稳定要求,管内充填泥浆浓度控制在1 100 ~ 1 300 kg/m^{3}范围内,如有可能采用壤土回填。

在低潮线 ~ -2 m 等深线区间,工程施工处于一定水深处,比较预制混凝土块和土工模袋混凝土护坡方案,选择土工模袋混凝土护坡方案。土工模袋混凝土护坡可在水下铺设模袋和混凝土灌注施工,具有较强的抗侵蚀性,同时土工模袋护坡具有较好的整体性和柔性,能防止其下部土壤被水流带走,其上部粗糙,能够有效抵御水流的冲刷;其次,土工模袋护坡施工简便,机械化程度高,管理维修费用少。为防止水流淘刷堤脚,导致护坡、堤身发生坍塌、滑坡,临河水流侧利用铅丝笼或大块石修做压脚根石台。为防止风浪淘刷致使土料流失,护坡与土坝体间铺设针刺无纺土工布一层。设计导堤顶宽5 m,边坡1:2.5。估价投资约1 454万元/ km。

4.3 -2 ~ -10 m 等深线

-2 ~ -10 m 等深线区间长度2.63 km,水深从 -2 ~ -10 m,施工相应增加了难度。对浮运沉井和水力插板桩进行方案分析比较。

浮运沉井相对其他施工工艺来说,具有承载能力大,刚度大,开挖量小,施工设备简单、操作方便等优点。但是浮运沉井在其下水前,必须进行水压及水密性试验,合格后方可入水,对基床平整的要求比较高,同时浮运沉井是采用预制件就位下沉,该预制件需要从工厂运出,运输不便,施工要求高。半圆体直立式混合堤预制工艺复杂,运输不方便,施工难度比较大,而且造价高。水力插板桩技术在河口地区运用较多,如一些黄河护岸堤、险工挑流堤等。插板桩设计施工已经有了一定的经验,而且经过多年的努力,形成配套的施工机具和技术,能够在一定水深的海域正常地施工作业。应用水力插板桩技术,省掉了传统施工过程中打围堰、开挖基坑、构筑坝体等大量的工程量,具有预制化程度高、施工速度快、安全可靠、工程造价低、维修少等优点,所以该段推荐方案为水力插板桩导流堤。板桩墙是一种用板桩组成的挡土或挡水结构。永久性板桩墙常用于港湾工程及河道工程,如码头、防护堤、堤岸等。板桩墙特别适合在水中或地下水位以下采用。板桩墙按受力条件可以分为悬臂式板桩墙及锚定式板桩墙。悬臂式板桩墙主要靠埋入土中的足够深度来保持墙的稳定;锚定式板桩墙是在板桩墙顶部设置支撑或拉锚,以帮助维持墙的稳定。由于该地段处于深水区,设置锚杆不容易实现,所以选择悬臂式板桩墙。设计采用双排插板桩墙,高 8 ~ 18 m,由两个单排插板桩墙组成,单排插板桩墙厚度 0.3 m,两排板桩顶部用钢筋混凝土顶板连接,宽 3.6 m。估价投资约 7 846 万元/ km。

5 结语

自 20 世纪 90 年代以来,河口相继组织实施了一期流路治理、陆地双导堤建设等工程,黄河清水沟流路已实现了稳定行水 30 年的第一期目标,从根本上解决了河口地区"三年两决口、十年一改道"的不稳定局面。近代黄河三角洲由一片荒无人烟的洪水肆虐漫流之地,发展成为我国东部新的经济增长地带,东营成长为一个经济繁荣、环境优美、人民安居乐业的现代化滨海新城。如继续实施滨海双导堤工程,充分利用河动力和海动力输沙减缓河口的淤积速率,再加以挖河疏浚等治理措施,可使清水沟流路稳定行水年限延长 30 ~ 50 年,必将给黄河三角洲的长期繁荣发展带来一个新局面、新时期,从而形成更突出、更巨大的经济社会效益和生态效益。

黄河入海流路行河方案研究 *

安催花　　丁大发　　唐梅英　　陈雄波

（黄河勘测规划设计有限公司）

摘要:本文在分析黄河河口特点和演变趋势的基础上,遵循黄河河口演变规律,考虑当地经济社会的可持续发展和生态环境保护,提出了可行的黄河入海流路及行河方式,研究了黄河入海流路的改道控制条件、清水沟流路的改汊方案和备用入海流路行河方案,提出了黄河入海流路的安排意见。

关键词:黄河入海流路　行河方案　清水沟流路　备用入海流路

黄河河口属弱潮陆相河口,黄河大量泥沙进入河口地区以后,除少部分由潮流、余流等直接或间接输往深海区,大部分泥沙淤积在滨海,填海造陆,使河口淤积、延伸、摆动、改道不断循环演变。黄河河口地区土地、石油、天然气、卤水等资源丰富,具有独特的生态环境。黄河入海流路应在保障黄河下游防洪安全的前提下,考虑河口地区经济社会的可持续发展和生态环境保护,以此进行妥善安排。

1　黄河河口演变趋势

1.1　近期水沙变化

1.1.1　水量、沙量减少幅度较大,近年来连续枯水

黄河河口来水来沙20世纪70年代以来逐渐减少,尤其20世纪80年代以来减少幅度更大。利津水文站20世纪50~90年代及2000年7月~2005年6月年平均水量分别为463.6亿 m^3、512.9亿 m^3、304.2亿 m^3、290.7亿 m^3、131.5亿 m^3 及114.8亿 m^3,年平均沙量分别为13.15亿 t、11.00亿 t、8.88亿 t、6.46亿 t、3.79亿 t 及1.55亿 t。2000年以来来水量仅是20世纪50年代水量的24.8%,20世纪90年代沙量为50年代沙量的28.8%,由于小浪底水库的拦沙作用,水库运用以来的5年年平均沙量仅为50年代沙量的11.7%。

1.1.2　小浪底水库运用前含沙量变化不大,水沙条件更加恶劣

利津站20世纪50~90年代年平均含沙量分别为28.4 kg/m^3、21.5 kg/m^3、

*　本研究得到国家"十一五"科技支撑计划项目(2006BAB06B04)课题的资助。

$29.2 kg/m^3$、$22.2 kg/m^3$、$28.9 kg/m^3$。小浪底水库运用以来河口地区的含沙量减少较多,5年平均含沙量为 $13.5 kg/m^3$。

1.1.3 中常洪水出现几率减小,洪峰流量降低

1987年以来,黄河中下游中常洪水出现几率降低。利津1986年以前、1987~1999年、21世纪以来年均大于 $4000 m^3/s$ 流量的天数分别为17.7天、0.9天、0天,年均 $2000~4000 m^3/s$ 流量的天数分别为40天、11.4天、13.6天。

1.2 水沙变化趋势

考虑南水北调西线工程生效前黄河供水370亿 m^3 的分水方案及水利水保措施减少入黄泥沙5亿t水平,计算龙华河湅四站1919年7月~1998年6月79年系列多年平均水量、沙量分别为298.9亿 m^3、10.22亿t,其中汛期水量为149.5亿 m^3,占全年总水量的50.0%;汛期沙量为9.17亿t,占全年总沙量的89.7%。水沙代表系列长度按80年考虑。2000~2020年系列选择与小浪底水库运用方式研究、黄河流域片防洪规划等项目采用的水沙系列相衔接的1978~1982年+1987~1996年+1971~1975年,四站多年平均水量为308.4亿 m^3,沙量为9.9亿t。2020~2080年水沙系列采用与黄河古贤水利枢纽项目建议书阶段成果一致的1950~1998年+1919~1931年60年系列,四站平均水沙量分别为294.0亿 m^3、9.65亿t。

考虑龙潼河段的冲淤调整、三门峡水库及小浪底水库的调节和泥沙冲淤,以及黄河下游河道的冲淤调整后,2000~2020年利津站年平均水量、沙量为205.4亿 m^3、3.85亿t。若不考虑古贤水库投入运用,2020~2080年利津站年平均水量、沙量为181.14亿 m^3、5.79亿t。若古贤水库在2020年投入运用,则2020~2080年利津站年平均水量、沙量为180.99亿 m^3、5.28亿t,含沙量为 $29.1 kg/m^3$。

1.3 黄河河口的演变趋势

黄河河口海洋动力中潮流是主要的、永恒的动力,对长期输沙起着决定性的作用。但对于某些特定的短时期来说,波浪的作用亦不容忽视。海洋输沙十分复杂,影响因素很多。目前研究成果表明,黄河河口岸线相对平衡的输沙量为3亿t左右,而黄河河口来沙6亿t左右,黄河河口三角洲达不到动态平衡,河口淤积延伸不可避免。

2 入海流路选择及行河方式

2.1 入海流路选择

在未来一定时期内,河口尾闾的演变仍然遵循着淤积、延伸、摆动、改道的自然规律,只是和历史时期相比演变速率有所减缓。因此,给黄河尾闾留有摆动空

间,在三角洲地区留有若干条流路以便使用可以使用的海域,是非常必要的。

黄河三角洲海域可分为东部海域和北部海域。东部宋春荣沟以南海域十八户流路可以使用;宋春荣沟以北五号桩以南约 62 km 的海域属于清水沟流路的海域;五号桩以北至徒骇河口约 100 km 的北部海域,可通过使用刁口河和马新河来使用。

遵循黄河河口淤积、延伸、摆动、改道的自然演变规律,综合考虑黄河入海流路的历史状况、三角洲海域特性、历次流路规划情况及河口地区社会经济发展,在三角洲地区选择清水沟、刁口河、马新河及十八户流路作为今后黄河的入海流路,见图1。黄河尤其是黄河河口问题复杂,随着情况的不断变化,远景黄河入海流路也可能使用神仙沟等流路。

图1　黄河入海流路示意图

2.2　行河方式研究

根据目前的研究和认识,行河方式大体有长期稳定清水沟流路、轮流行河、相对稳定清水沟流路三类。

2.2.1 长期稳定清水沟流路

该行河方式的核心是:一主一辅,双流定河,高位分洪,导堤入海。以现行清水沟流路为主河道,在其入海口建设双导堤伸至 3 m 水深,双导堤内行洪 3 000 m^3/s,并修建顺向丁坝,使双导堤中间形成复式河床;刁口河流路为辅助流路,在西河口断面附近建设可分洪 3 000 m^3/s 的分洪闸。同时建立疏浚船队,及时疏浚西河口以下可能出现的局部淤积,保证双导堤内河势稳定。该行河方式希望固定河口流路,把黄河来沙全部带到深海,使河口长期稳定,以利于河口地区经济社会的发展。主要问题如下:

(1)河口长期稳定难以实现。今后相当长时期内黄河仍是一条多泥沙河流,河口多年平均来沙量 6 亿 t 左右,海洋输沙能力不足以把这些泥沙全部带往深海,河口的淤积延伸难以避免,河口长期稳定难以实现。

(2)在西河口建分洪闸,减少了西河口以下洪水流量,短期内对降低西河口以下河段的洪水位有利。但由于分流点以下河道流量减小,水流挟沙能力降低,河道会增淤或少冲,进而对分流点以上河道产生反馈影响,故从长远看建闸对西河口以上下游河道的防洪是不利的。

(3)固住河口的工程投资太大。不计每年的挖河投资,一期工期(双导堤、分洪闸及刁口河)就高达 35 亿元。

2.2.2 轮流行河方式

最具代表性的是在清水沟、刁口河两条流路轮流行河。该方案在西河口附近建拦河闸,同时整治刁口河故道,使现行清水沟流路与刁口河流路互为分洪河道和交替行水流路,使得目前流路能长期使用,保持黄河口的长治久安。

该行河方式的优点是可充分利用渤海湾和莱洲湾两个海域输沙,并使两口门海域不断得到淡水和泥沙补给,可抑制海岸线的蚀退,有利于保护三角洲的生态环境,尤其有利于刁口河自然保护区的良性维持。但根据目前的研究,该行河方式有以下问题:一是在西河口附近修建拦河闸,相当于建立一个新的侵蚀基准面,该基准面对黄河下游河道的影响需要进一步研究;二是如怎样轮流、轮流使用标准等很多具体问题需要进一步研究;三是两条流路轮流行河,将使两条流路范围内的人口、耕地、油井等生产、生活设施常年处在流路变化影响之中,对当地生产、生活产生直接的不利影响;四是两条流路需要同时建设与管理,工程投资大,运行管理复杂,不易操作。

因此,目前不宜采用这种行河方式。

2.2.3 相对稳定的清水沟流路的行河方式

该行河方式的行河原则是以保障黄河下游防洪安全为前提,以黄河河口生态良性维持为基础,充分考虑地区经济社会的可持续发展。为了保障黄河下游河道的防洪安全,尽量减小河口淤积延伸对下游河道的不利影响,控制西河口 10 000 m³/s 水位不超过 12 m。在未达到改道控制条件前辅以必要的工程措施,尽量发挥流路的行河潜力,相对稳定入海流路。目前应充分利用清水沟流路。

该行河方式在某种程度上吸收了轮流行河与长期稳定两种行河方式的优点,首先轮流行河方式与相对稳定的行河方式都以尽量缩短河长来达到防洪减淤之目的,同时相对稳定的行河方式更兼顾当地经济布局发展需要,在一定程度上兼顾了长期稳定清水沟流路的行河方式。

综上所述,今后流路安排宜采用相对稳定的行河方式,近期首先使用清水沟流路。

3 入海流路改道控制条件

黄河入海流路的安排需要以保障黄河下游防洪安全为前提,以黄河三角洲生态系统良性维持为基础,充分考虑地区经济社会的可持续发展。入海流路改道(改汊)控制条件是考虑上述三者的互动关系、综合协调的结果。1992 年国家计委批复的《黄河入海流路规划报告》根据河口地区的设防能力,确定的流路改道控制条件为西河口 10 000 m³/s 水位不超过 12 m。本次根据目前情况进一步研究了改道的控制条件。

从黄河下游防洪减淤的要求出发,河道长度越短越好,改道控制的水位越低越好。从河口地区社会经济发展的需求出发,需要相对稳定黄河入海流路,改道控制的水位越高越好。目前黄河河口地区堤防的设防水位为利津 17. 63 m(大沽标高),西河口水位为 12 m,黄河下游堤防已按此进行了安排。若流路改道控制条件升高至西河口 10 000 m³/s,水位 13 m,流路运用末期将对黄河下游河道淤积产生较大的反馈影响,河口地区防洪水位抬高,需要河口地区堤防加高 1 m。考虑到清水沟流路行河潜力还大,目前不宜提高改道的控制水位。若流路改道控制条件降低,将造成尾闾河道频繁改道,除增加改道工程投资外,给河口地区经济发展造成影响较大,因此在河口地区堤防基本已达到设防西河口 10 000 m³/s,水位 12 m 时,没有必要降低改道控制条件。因此,西河口 10 000 m³/s 流量改道控制条件应维持水位不超过 12 m。

由于小浪底水库运用等人类活动的影响,西河口 10 000 m³/s 洪水出现的机遇减少,需要研究中常洪水相应水位作为改道的控制条件。根据西河口断面水位流量关系特性和实测大断面资料,并参考各年黄河中下游洪水调度预案研究成果,计算西河口水位达到 12 m 时,5 000 m³/s、3 000 m³/s 水位分别为 11 m、

10.3 m。也就是说,若以 5 000 m³/s 流量水位作为改道的控制条件,其水位应不超过 11 m;若以 3 000 m³/s 流量水位作为改道的控制条件,其水位应不超过 10.3 m。

4 清水沟流路行河方案研究

清水沟流路自 1976 年行河以来,分为清水沟流路原河道行河和清 8 汊行河两个时期。清水沟原河道行河时期可分为淤滩成槽阶段、溯源冲刷发展阶段和溯源淤积阶段。1996 年清 8 改汊后,经历了当年溯源冲刷阶段和其后的冲淤交替阶段、冲刷阶段,至 2003 年 10 月西河口以下河长为 57.6 km。

4.1 流路改汊方案

清水沟流路的海域范围为五号桩以南、宋春荣沟以北宽约 62 km 的海域,可安排现行清 8 汊河、北汊及 1996 年改汊前的原河道 3 个局部改汊入海流路方向。考虑使清水沟流路的近期河长尽可能短、尽量使流路相对稳定两个方面,拟定现行清 8 汊河(12 m)+北汊(12 m)+原河道(12 m)、北汊(12 m)+现行清 8 汊河(12 m)+原河道(12 m)、现行清 8 汊河(65 km)+北汊(12 m)+原河道(12 m)+清 8 汊河(12 m)、北汊(65 km)+清 8 汊河(65 km)+原河道(12 m)+北汊(12 m)+清 8 汊河(12 m)等 4 个清水沟流路改汊组合方案进行比较。

4.2 流路的行河年限

流路行河年限采用泥沙数学模型计算和容沙体积估算两种方法分析,数学模型计算由黄河勘测规划设计有限公司(简称黄河设计公司)和中国水利水电科学研究院(简称中国水科院)两家进行。两家数学模型计算的行河年限结果差别不大,都在 50 年以上,按照海域容沙能力且留有余地估算,有古贤、无古贤条件尚分别可行河 61 年、51 年。因此,在堤防、河道整治、挖河疏浚及流路治理的一些辅助工程措施条件下,清水沟流路(三个汊河)继续行河 50 年左右是可能的。

4.3 改汊方案比选

4.3.1 行河年限

黄河设计公司和中国水科院计算结果均表明,在同样的来水来沙条件下,组合流路的行河年限主要受海域容沙能力的影响。因此,各方案分汊流路使用的先后次序对清水沟流路总的行河年限影响不大。

4.3.2 防洪及对下游的反馈影响

四个方案中方案 3、方案 4 行河期间出现 80 km 河长(西河口以下)的年数较晚,近期河长和水位较低,水位抬升速率较小,出现高水位及发生横河、斜河的几率小,中常洪水偎堤时间较短,对河口堤防威胁程度较轻。从定量的防洪效果比较来看,四个方案相对发生河口地区滩区内的耕地、财产等防洪损失相差不大,方案3略小。可以认为,方案3、方案4要比方案1、方案2好。

由于方案3、方案4的近期20年或40年水位较低,近期对下游河道产生的溯源淤积反馈影响范围要比方案1、方案2小,方案3较优。

4.3.3 对油田的发展影响

四个方案对油田的基础设施影响差别不大。由于方案2、方案4和方案3立即改走北汊或早改走北汊,可尽早在北汊海域淤出大片滩地,加快该地区石油的勘探和开采工作,而且随着滩地淤积抬升,孤东东围堤安全系数也随之增大。

4.3.4 对地方经济的影响

四个方案改汊只涉及清6以下断面,此地区由于黄河的淡水和泥沙供给而形成自然保护区(面积),除发现一些油井外,均不涉及人口、耕地及其他地方经济。所以,可认为四个方案对清6断面以下影响相同,清6断面以上则主要体现在防洪方面。

综合比选表明,各方案各有利弊,总体看来,方案3较优,故推荐方案3作为清水沟流路的行河方案。

5 备用入海流路方案研究

备用入海流路研究了刁口河、马新河及十八户流路方案。

5.1 流路基本情况

刁口河故道已停止行河约30年,目前原河道地形地貌和停河初相比变化较大。原有堤防已残破不堪,无抗御洪水能力。在刁口河流路内,胜利油田先后发现了10个油田和区块,兴建了大量油气生产设施;建有包括东港一级专用公路等主干线;建有农场、林场,主要分布在河道中上部;盐业和养殖业主要分布在挑河河口两岸。河道内集中居住的农业、农场人口为6 751人。

十八户流路位于垦利县黄河南岸永丰河与宋春荣沟之间,东入渤海莱洲湾。为现黄河三角洲入海最近的一条流路。行河时北堤可利用黄河南大堤,南岸需修建新堤。流路所经区域有双河灌区干渠及支渠。地面平均坡降约1/5 000。河道内主要涉及垦利县的33个村庄,人口1.42万人。

目前的马新河底宽14.5~17 m,比降1/9 000~1/10 000,边坡1:3。马新河流路以现马新河引河拓宽而成,改道点以下线路长62 km,利津以下长70 km。作为黄河入海流路,河道两岸均需新建堤防。主要涉及利津县的75个自然村的2.59万人,影响耕地7.92万亩。

5.2 海域容沙能力及行河年限

在现状河道和海域边界条件下,若刁口河流路以西河口以下河长不超过80

km 为控制条件,则距岸 25 km 内为堆沙范围,按照淤积影响宽度 50 km 计算,刁口河海域容沙量约 145 亿 m^3,考虑海域淤积不平整乘以 0.8 的系数,可容沙量 116 亿 m^3。若以来沙量的 70% 淤积在堆沙范围内、淤积物容重 $\gamma_s' = 1.1$ t/m^3、远期年平均来沙量 5.79 亿 t 计算,刁口河流路可行河 31 年。

十八户流路海域紧邻清水沟流路海域,南部受小清河制约,清水沟流路充分行河后,堆沙宽度较小。若以不影响小清河口为控制条件,则河口延伸长度取 30 km,淤积宽度取 20 km,容沙体积约 31.8 亿 m^3。考虑到此海域潮流较弱,估计 80% 的来沙量都堆积在该区域内。以年平均来沙量 5.79 亿 t 计算,十八户流路可行河 6 年左右。

马新河流路往西 24 km 处有东风港、滨州港,往西约 40 km 有国家级的港口——黄骅大港。海域堆沙宽度按 50 km,以不影响东风港、滨州港、黄骅大港的正常运用及徒骇河口为控制条件,以距岸线 30 km 作为堆沙范围,容沙体积约 153 亿 m^3,行河年限为 33 年。若以利津以下河长不超过 128 km 作为堆沙范围,则该流路可以向海延伸 58 km,容沙体积约 390 亿 m^3,行河年限为 85 年。

5.3 行河工程措施及投资

刁口河改道点在崔家控导工程处,行河需要的工程措施主要包括截流工程、导流工程、引河开挖、堤防工程及必要的河道整治工程等。需投资 11.03 亿元。

十八户流路改道点位于十八户放淤闸与二十一户之间,流路地势较低,无需开挖引河,行河需要的工程措施包括导、截流工程,堤防工程及必要的河道整治工程等。总投资 14.02 亿元。

马新河流路从目前黄河王庄乡改道,向北沿马新河走向入海。改道工程措施主要包括引河开挖、堤防工程、截流与导流工程、河道整治工程及其他有关设施改建等。总投资 28.19 亿元。

5.4 备用流路方案分析

从流路长度看,马新河、十八户流路改道初比刁口河流路短 30 km,可有效地缩短流路长度,产生较大的溯源冲刷,对下游河道防洪有利。从海域条件看,十八户流路最差,行河对小清河口、广利码头产生不利影响,马新河与刁口河海域较好,但马新河距东风港约 22 km,距黄骅港约 41 km,距徒骇河口更近,马新河行河将对徒骇河口、东风港及黄骅港产生影响。从行河年限看,十八户流路最短,以不影响东风港、滨州港、黄骅大港的正常运用及徒骇河口为控制条件,马新河、刁口河行河年限基本相当,否则马新河行河年限要长得多。从对社会经济影响看,由于马新河地处河口地区经济较发达地段,线路所经之处涉及人口多达 2.59 万人,且影响部分油田设施。而刁口河为刚行过河的故道,且早已明确为备用入海流路,河道内建设相对较少,影响人口最少。行河工程总投资以马新河最大,十八户次之,刁口河最小。综合比选认为,在清水沟流路充分行河后,宜优先使用刁口河流路。

6 结论

(1)黄河河口在相当长时期内仍然是一条多泥沙河口,河口演变仍然遵循着淤积、延伸、摆动、改道的演变规律,只是和历史时期相比演变速率有所减缓。因此,黄河三角洲开发必须给黄河尾闾留有摆动空间。

(2)遵循黄河河口淤积、延伸、摆动、改道的自然演变规律,以保障黄河下游防洪安全为前提,以黄河河口生态良性维持为基础,充分考虑地区经济社会的可持续发展。在三角洲地区选择清水沟、刁口河、马新河及十八户流路作为今后黄河的入海流路。近期首先使用清水沟流路,可行河50年左右。清水沟流路使用后,优先使用刁口河备用入海流路,之后再使用其他备用入海流路。

(3)清水沟流路的使用,要有计划地安排改汊,目前继续使用清8汊河,清8汊河行河至西河口以下河长65 km时改走北汊,北汊行河至西河口10 000 m^3/s水位12 m时改走1996年前行河的清水沟流路原河道,清水沟流路原河道行河至西河口10 000 m^3/s水位12 m时改走清8汊河,清8汊河行河至西河口10 000 m^3/s水位12 m时改走备用入海流路。保持50年左右的时间内流路相对稳定在清水沟。

(4)加强刁口河备用流路的管理,限制备用流路管理范围内的开发建设,以避免流路复用时造成较大的经济损失。

参 考 文 献

[1] 李国英. 维持黄河健康生命[M]. 郑州:黄河水利出版社,2005.
[2] 中国水利学会,黄河研究会. 黄河河口问题及治理对策研讨会[C]. 郑州:黄河水利出版社,2003.

黄河清水沟流路行河 30 年治理回顾与展望

李士国　　王均明　　郭训峰　　张世明

（黄河河口管理局）

摘要:清水沟流路自 1976 年 5 月改道以来,已行河 30 年,改变了黄河河口"十年河东、十年河西"的自然演变规律,为黄河三角洲地区的经济社会发展和胜利油田的开发做出了巨大贡献。清水沟流路之所以能够稳定行河 30 年,既有客观条件变化,也有人工干预因素的影响,通过分析主要原因,总结 30 年的治理成就,归纳存在的主要问题,提出今后近期治理思路和措施。

关键词:治理工程　清水沟流路　黄河河口

1　清水沟流路治理回顾

黄河每年挟带大量泥沙输往河口,塑造了河口淤积、延伸、摆动改道的基本属性。1855 年黄河决口改道夺大清河入渤海以来,在以垦利宁海为顶点、北起徒骇河口、南至支脉沟口约 6 000 km² 的扇型面积上,入海流路共发生了 9 次大的变迁,其中 1889~1953 年,以宁海附近为顶点改道 6 次;1953~1976 年以渔洼附近为顶点改道 3 次,基本是 10 年一改道。清水沟流路为第 9 次改道,也是现行入海流路。9 次较大的改道中,前 6 次为自然摆动改道,后 3 次则是人工干预的结果,尤其清水沟流路最为强烈,也是名副其实的有计划的人工改道。此次改道为今后人为控制流路演变、继续实施有计划改道提供了宝贵经验。行河之后,实施了多项工程措施,为稳定流路 30 年起到了重要作用。

1.1　改道背景及前期准备

清水沟流路是 20 世纪 60 年代后期经多次查勘研究而确定的一条流路。1967 年汛期,刁口河流路延伸 27 km,平均淤积厚度 3.5 m 左右,尾闾河段比降变缓,同流量水位升高;10 月 16 日利津站出现 6 970 m³/s 的洪峰时,罗家屋子水位站出现有水文记载以来的最高水位 9.47 m,比 1958 年 10 400 m³/s 的洪峰水位还高 0.76 m,造成堤防、险工、护滩(控导工程)不断出险,淹滩地 133 万亩,1.25 万人受灾,对油田的开发威胁很大。为改善河口防洪不利局面,有关方决定改走清水沟流路,并根据《黄河河口地区查勘情况及近期河口治理意见的报告》和《黄河河口清水沟流路改道工程扩大初步设计》,1968 年前完成了引河开挖、防洪堤修筑、南大堤和生产堤加培接长、四段以下大堤加培接长等。南岸防洪堤培修工程和十八户引黄放淤工程相继开工,截流备料工作着手进行。1974年,完成了北大堤下段(东大堤至防潮堤)修筑,工程标准按西河口水位 10.0 m(大沽)。

1975 年 12 月,水电部在郑州召开黄河下游防洪座谈。根据当年防洪任务,西河口水位已接近 10 m 改道标准,决定在 1976 年汛前实施改道清水沟。为确保改道成功,又在 1976 年春完成修复北堤、加培南防洪堤、西河口和东大堤过水口门破除及附属工程。至此,黄河由刁口河流路改道清水沟流路前期准备至实施历经 9 年时间,于 1976 年 5 月改道清水沟流路入海。

1.2　行河期间的治理实践

清水沟流路是原神仙沟流路岔河故道与原甜水沟流路故道之间的洼地,地势较两侧低 1.5 ~ 4.0 m,地面高程大部分低于 3.0 m(黄海高程),入海口处于两条故道突出沙嘴之间的凹湾内。1976 年 5 月 20 日从东大堤西河口破口,并堵复故道,黄河水通过清水沟引河漫流入海。行河之后,根据河势变化和出险情况,考虑胜利油田的开发需要,在前期工程的基础上,自 1997 年起相继修建了防洪堤退修、北大堤加培、护林控导、苇改闸和西河口控导、三十公里和二十二公里险工等工程。1984 年,在清水沟流路北岸新淤成的滩涂上发现了孤东油田,为了加速开发,1985 年在河槽北岸滩地上修筑防洪围堤,将开发区域圈围保护。1987 年又修建一条六号公路把北大堤与孤东围堤连接,滨海还修筑了沿岸海堤,基本封堵了河槽北岸滩面。

清水沟流路原计划行水 12 ~ 14 年,至 1987 年已行水 12 年,西河口以下河道长度 56 km,共计延伸了 29 km。由于河长延伸,比降变缓,尾闾河段呈现宽浅散乱状态,形成六汊并行入海局面,拦门沙发育迅速,严重壅水滞沙,造成该年凌灾。针对日趋恶化的河口形势,根据油田开发和黄河三角洲建设需要,为延长清水沟流路行水年限,由东营市政府出政策、油田出资金、黄河部门出技术,于1988 年 4 月,联合在河口进行了疏浚治理试验。至 1993 年,先后截堵支流汊沟80 多条,疏通河道障碍 4 处;利用耙拖、射流冲沙、推进器搅动等方法在清 7 以下河段往返拖淤 5 000 余台班;新修导流堤 40 km,改修导流坝 12 km;修建西河口、八连等控导工程;修建北大堤顺六号路延长工程长 14.4 km,末端与孤东南围堤相连,将河道摆动顶点下移到清 7;修建分洪放淤口门 18 处,汛期进行放淤试验;1993 年春在清 10 进行裁弯取直,开挖引河 2 000 m。

随着黄河三角洲地区经济社会的发展和石油开发,要求黄河入海流路相对稳定,力争使现行的清水沟流路继续行河一个较长的时期。为此,山东黄河河务局于 1986 年组织完成了《关于延长黄河河口现行流路(清水沟流路)使用年限的技术咨询报告》,在此基础上,1989 年黄委同胜利油田等单位编制了《黄河入海流路规划报告》,国家计委于 1992 年批复,山东黄河河务局又依据批复意见,编报了《黄河入海流路治理一期工程项目建议书》,1996 年国家计委对此批复,总投资为 3.64 亿元。主要项目有北大堤沿六号路延长及孤东油田南围堤加高加固和险工工程,南防洪堤加高加固及延长工程、清 7 以上河道整治工程、北大堤防护淤临工程、北汊 1 改道引河开挖工程等。其中,中国石油天然气总公司负担 2.10 亿元,并负责北岸崔家控导工程以下项目的建设与管理;水利部 1.04 亿元、山东省 0.5 亿元,负责南岸工程的建设与管理。

1996 年 5 月,清水沟流路已行河 20 年。期间,利津站来水量 5 075 亿 m³,来沙量 134 亿 t,大量泥沙进入河口,流路不断淤积延伸,河长由改道初的 27 km 淤积延伸到 65 km,共延长 38 km,西河口流量 10 000 m³/s 的相应水位已由改道时的 10.0 m 抬高至 11.12 m。加之连续枯水,河口河段主槽发生严重淤积,排洪能力减弱。为了缓解防洪压力,延长清水沟流路使用年限,结合胜利油田造陆采油的需要,在不影响黄河入海流路规划的前提下,经黄委同意,于 1996 年汛前在清 8 断面附近实施了人工出汊工程。出汊位置选择在清 8 断面以上 950 m 处,入海方向东略偏北,与出汊前河道成 29°30′ 夹角,距北汊河口 14 km;整个河口河段河床比降由 0.9‰ 调整到 1.2‰,流路长度缩短 16 km。

进入 20 世纪 90 年代,由于河道长时间的小流量行水,造成河口河段以淤为主,且淤积的主要部位在主槽,平滩水深减小,主槽整体呈淤积萎缩态势。为此,一些专家提出利用挖河疏浚的方法,藉以增加河道的输沙能力,减少河道的淤积,理顺河势,并将挖出的泥沙用于加固堤防。为探索挖河疏浚的关键技术和方法,1997 年 11 月 ~2004 年 12 月,在河口河段实施了三次挖河固堤工程,上界为纪冯险工,下界为清 3 断面,涉及河道总长度为 53.6 km。其中,纪冯险工至 CS6 断面为挖河部分,涉及河道长度 33.2 km;CS6 断面至清 3 断面为第一次和第二次挖河期间的疏通段,涉及河道长度 20.4 km。三次挖河工程共挖泥沙 1 057 万 m³,加固堤防长度 24.8 km。

为保证河口治理的连续性,2001 年水利部批复实施了《2000 年黄河河口治理建设项目实施方案》,主要有堤防道路、放淤固堤、河道整治等工程以及河口观测研究、黄河口专业机动抢险队建设、丁字路口专用水文站建设等项目。

1.3 治理效果

1.3.1 初步建成了河口防洪工程体系

清水沟流路行水期间,采取了一系列工程措施,延长堤防 80 余 km,防御洪水的能力提高到 10 000 m³/s,新修险工与控导工程 12 处,河口防洪工程体系初步形成,确保了河口地区 30 年的岁岁安澜,为黄河三角洲经济社会发展和胜利油田的开发建设提供了安全保障,取得了良好的经济效益和社会效益。

1.3.2 延长了清水沟流路的行水年限

清水沟流路原预计行河 12~14 年,而实际行河已达 30 年。分析主要原因有二:一是清水沟流路行河期间,来水来沙偏少,流路淤积延伸的速率较缓,这是流路得以长期行水的主导因素。表 1 列出了黄河近三条流路行河期间的水沙和流路延伸情况。可见,年均来沙量与流路的延伸速率成正比关系,来沙量越大延伸速度越快。神仙沟、刁口河流路行河时期,利津站年均径流量和输沙量均属同一量级,因此年均延伸长度亦属一个量级;清水沟流路行河时期,利津站年均径流量和输沙量明显小于前两条流路行河时期的,其年均淤积延伸的长度已明显较短。二是大量治理工程的修建对流路的稳定起到了重要作用。新建续建的河道整治工程初步形成了中常洪水的河道控制体系,河道有效控制长度增加,改善了河道边界条件,游来荡去的自由演变得以束缚,遏制了滩岸坍塌严重的不利局面,为稳定现行入海流路、延长行河年限增加了潜力。经分析,目前西河口流量 10 000 m³/s 时,水位为 11.20 m,距 12 m 的改道水位相差 0.8 m,说明清水沟流路仍有行河的潜力。北大堤顺六号路延长段的修建,截堵了北股汊河,终止了洪水沿孤东围堤北端入海的可能;两岸堤防成为洪水屏障,减小了摆动改道的发生几率;挖河固堤工程的实施,既减轻了河道淤积与不挖河比较减淤约 500 万 m³,又加固了堤防 24.8 km;口门的疏浚治理试验工程,有效地截堵了汊沟,理顺了河势,降低了拦门沙高程,通畅了口门。所有上述,对清水沟流路稳定行河 30 年均发挥了重要作用。

表 1 水沙量与流路延伸情况

入海流路	行河时间 (年·月)	行河年限	年均径流量 (亿 m³)	年均输沙量 (亿 t)	延伸长度 (km)	延伸速率 (km/a)
神仙沟	1953.7~1964.1	10.5	459.12	11.85	21	2.00
刁口河	1964.1~1976.5	12.4	453.73	11.15	33	2.66
清水沟	1976.5~1996.6	20	257.82	6.46	38	1.90
	1996.7~2005.6	9	103.39	2.03	10	1.10

2 存在的主要问题

河口治理实践,有力地促进了清水沟流路的相对稳定,取得了良好的社会效益和经济效益。但仍然存在不容忽视的问题:一是黄河多泥沙的特性不会根本改变,大量泥沙仍将输入河口,入海流路淤积延伸的状况将持续下去,摆动改汊仍会发生,洪水威胁依然存在。二是局部河道形态不利、横向比降较大。清1~清7河段滩唇到堤根横向高差已达1.2~2.45 m,横比降达4‰~10‰,若遇大水漫滩,即使是中常洪水,也极易发生河势骤变,形成横河或者顺堤行洪的防洪被动局面,严重时对堤防还有造成冲决的危险。三是工程标准低、隐患多。河口堤防多在原有民埝基础上修建,虽经多年加固处理,但堤基、堤身质量差;河口左岸大堤有26.8 km在高度上达不到设计标准,全线欠宽2~4 m,堤顶未硬化段长度占93%。险工高度和根石断面不足,坡度陡,备防石缺额较大。十八户以下靠河的险工控导工程长度仅占河道长度的1/5左右,有的单个工程长度较短,控导溜势能力较差。四是融资渠道不畅,河口治理后续项目无法顺利实施;观测研究工作不能深入进行,缺乏有效指导治理实践的科技成果。

3　近期治理思路与建议

　　根据目前存在的问题,清水沟流路近期治理思路应为:按照1992年国家计委对《黄河入海流路规划报告》批复意见和项目安排,结合黄河三角洲经济发展布局和油田的开发规划,加大治理力度,进一步完善防洪工程体系,积极实施挖河疏浚,科学处理和利用河道泥沙,尽可能地延长使用年限。

3.1　加大治理力度,完善工程体系

　　目前,河口地区不仅有大量的人口,而且有新兴城市东营市以及我国第二大石油生产基地,所以保证防洪安全比历史上任何一个时期都显得重要。因此,近期需要尽快对清水沟流路的防洪工程进行完善,其中堤防工程应适应西河口10 000 m³/s相应水位12 m(大沽)的防洪标准;崔家至清7河道应对控导工程做进一步完善,以稳定该河段的主槽,同时积极采取有效措施遏止和缓解河道横比降大的不利局面;清7断面以下应根据河道演变的具体情况,通过采取整治措施,对河槽进行适当控制,以保持中小水独流入海。

3.2　实施挖河工程,抑制河床淤积抬高

　　对河口实施的三次挖河工程观测和研究表明,在河道主槽中进行合理的开挖,对控制河槽的淤积抬高具有明显的效果,尤其在河口河段实施挖河疏浚效果更佳。因此,利津以下尾闾河段,应全面实施挖槽疏浚工程。另据预测,在今后20年利津—清7年均淤积泥沙约700万 m³。如果本着主槽淤挖基本平衡的原则,进行不间断的开挖,就可以有效地抑制河床的抬高和减少其上游河段的淤积。挖出的泥沙可以用来加固两岸堤防,提高防洪工程强度;也可以用来淤填堤沟河,减小断面横比降,改善断面形态;也可改良河口地区盐碱地,增加可利用土地,为河口地区大力发展高效、生态农业创造条件。如此,不仅可以使一次改汊河道使用的年限延长,而且可以增加再一次改汊的效果,从而达到延长现行流路

使用年限的目的。

3.3 疏浚口门,减小河口对其上河道的不利反馈影响

河口的不断淤积延伸是造成黄河下游河道比降逐步变缓、产生溯源淤积的主要原因,同时也对黄河泄洪排沙产生不利的影响。通过河口挖沙疏浚,使河口保持通畅,并有效降低相对侵蚀基面,使其在一定的水沙条件下发生较长距离的溯源冲刷,并结合滨海油田的开采,有计划地安排泥沙排放位置,达到海油陆采、降低成本之目的。因此,建议尽快实施口门疏浚工程。

3.4 理顺治理体制,解决融资渠道

目前,由于对河口防洪治理项目资金的筹措持有不同意见,因此河口治理项目迟迟不能顺利实施。建议根据现有法律法规和当前形势的发展变化,明确投资主体,理顺融资渠道,尽快实施河口近期治理后续工程,进一步完善防洪工程体系。

3.5 加大科研投入,改善研究手段,提高治理水平

制约河口观测研究工作开展的很重要的一个因素是没有专项投资渠道、缺乏科研经费。对此,建议建立河口研究专项基金,增加科学研究资金投入,改善研究手段,提高研究水平和成果质量,以适应治理实践需要。当前,急需开展研究的是尽可能延长清水沟流路行水年限的措施、减少河口不利反馈影响的方法、河口生态系统良性维持、水资源可持续利用的研究、清水沟和刁口河两条流路轮换使用方案等重大问题。同时,应尽快出台《黄河河口综合治理规划》,明确河口研究方向和治理方向,为河口管理提供依据。

参 考 文 献

[1] 黄河河口管理局. 东营市黄河志[M]. 济南:齐鲁书社,1995.
[2] 贾振余,李士国,等. 黄河口挖河疏浚工程段落的选择[J]. 人民黄河,2006(11).
[3] 由宝宏,李敬义,等. 黄河河口挖河固堤工程综合效果分析[J]. 人民黄河,2006(11).

黄河河口治理工程投资体制探讨

李士国[1]　李敬义[1]　张　生[2]

（1. 黄河河口管理局；2. 龙信达监理公司）

摘要：分析了黄河河口治理工程各个时期的建设管理模式；探讨了新形势下的投资体制，认为河口是流域的重要组成部分，河口的治理不仅对三角洲经济社会发展起着至关重要的作用，而且对其上河道的冲淤和防洪具有重大的反馈影响，为了便于统一规划和建设，并依据《黄河河口管理办法》之规定，建议河口治理工程建设投资由国家负责。

关键词：治理工程　投资体制　黄河河口

1　河口概况

1855 年，黄河改道流入渤海以来，泥沙淤积、填海造陆形成近代黄河三角洲，目前面积约 6 000 km²。在自然条件下，黄河尾闾河段遵循淤积、延伸、摆动、改道的规律，横扫三角洲洲面，循环往复并扩大洲面范围。据历史文献记载，1855～1976 年间，黄河在以宁海为顶点、北起套尔河口、南抵支脉沟口的三角洲扇形面上尾闾流路决口改道 50 余次，较大的变迁有 10 次。自 1953 年起，随着河口地区工农业发展需要，三次采取人工改道措施，限制了河道摆动范围，把三角洲顶点下移至渔洼断面附近，北至挑河河口，南到宋春荣沟口，扇形面积 2 200 多 km²。

黄河从利津南宋流入东营市，流经利津、东营、河口、垦利四个县（区）注入渤海，河口境内河道长 138 km。河道特点是上窄下宽，河势多变，防洪形势严峻；麻湾到王庄河段长 30 km 是全河有名的"窄胡同"，最窄处小李险工河段仅 460 m，下首即渔洼以下河段为河口河段，河道宽浅。

2　建设管理体制历史演变

黄河改道入渤海初期，由于人烟稀少，河口自然变化，放荡不羁。随着生产力的发展和人类活动的增多，需要河口相对稳定，特别是油田的开发和东营市的建制，更加需要河口的稳定或有计划地安排入海流路。因此，受自然条件和经济社会发展的影响，河口治理工程建设管理亦经历了不同发展阶段。

2.1　民建民防为主，官建官防为辅

河口堤防清代、民国称民堰，新中国成立后称民坝，至 20 世纪 60 年冠以现

名。河口,新中国成立前以宁海为顶点、新中国成立后以渔洼为顶点尾闾河段改道频繁,随变迁之流路沿河修堤,因此新旧堤防纵横交错,此废彼兴。

1855年黄河夺大清河入海,为保护田庐盐池,1867年开始百姓自发修双民堰,《山东通志》有记载,称"百姓已随宜修堰自保",借以阻挡洪水泛滥。1889年再次决口时,山东巡抚张曜主张,并奏请于两岸修建了15 km管堤束水之中入海,其后,基本为民建民防。直至1933年国民党军队修筑尾闾堤,右岸自垦利纪冯至民丰15 km,左岸自现利津的七龙河至垦利永安镇40 km。这个时期堤防修建的原则还是头疼治头、脚疼治脚,基本处于应付状态。

2.2 官建官防时期

人民治黄开始,以渔洼为顶点修复河口堤。1946年黄河归故入海之后,国家负责组织对河口堤的复修并肩负防守工作。至1949年利津四段以下除部分民坝外,其余改为大堤。1950年左岸对原有民坝加高帮宽,右岸也新建了部分民坝。1952年之后,对河口堤先后进行了三次较大规模的修堤运动,直至1985年河口堤左岸自四段、右岸自渔洼到清4断面达到了1983年10 000 m³/s的防御标准。期间,均由国家负责投资建设和管理防守。

2.3 油田投资为主,官方负责建设管理

河口地区是胜利油田的主战场,80%以上的原油产于此地。1976年5月20日,从东大堤西河口破口,并堵复故道,黄河水通过清水沟引河漫流入海。1984年,清水沟流路北岸新淤成的滩涂上发现了孤东油田。为了加速开发,1985年,在河槽北岸滩地上,胜利油田投资修筑防洪围堤,将开发区域圈围保护。1987年又修建六号公路将北大堤与孤东围堤连接,基本封堵了河槽北岸滩面。

1987年,清水沟已行水12年,利津以下河道长比改道前延伸了29 km,河槽淤积严重,泄流不畅,造成该年凌伏两汛河口地区漫滩受灾,迫使滩区油田两度停产。根据胜利油田开发和黄河三角洲建设需要,为延长清水沟流路行水年限,经黄委同意,由东营市政府出政策、胜利油田出资金、黄河部门出技术,于1988年4月,三家联合在河口进行了疏浚治理试验,直至1993年底。1985~1995年,在渔洼四段以下,国家基本没有基建投资,主要是胜利油田投资,但建设管理由政府部门负责。

2.4 国家、地方和油田共同投资、共同承担建设管理

随着黄河三角洲地区石油开发和经济社会的发展,要求黄河入海流路相对稳定,力争现行的清水沟流路继续行河一个较长的时期。根据《黄河入海流路规划报告》和国家计委《关于黄河入海流路规划的复函》精神及有关各方意见,山东黄河河务局编制完成了《黄河入海流路治理一期工程项目建议书》。1996年国家计委以计农经[1996]238号文进行了批复,总投资为36 416万元。其中

石油天然气总公司负担20 979万元,负责崔家控导以下北岸工程建设管理;水利部负担10 437万元,山东省负担5 000万元,负责崔家控导以上和以下南岸的工程建设管理。到2003年基本完成,期间油田投资建设清8人工出汊工程。工程的防守实行行政首长负责制。

之后,又转入由国家一方投资,主要实施了《2000年黄河河口治理建设项目实施方案》及挖河固堤工程等。

3　新形势下建设投资体制探讨

河口是整个流域的重要组成部分,是河流和海洋交汇、相互作用的区域,是水沙的承载区;具有宣泄洪水入海、保持航运通道和防止海水反侵之功能。世上大部分外河河口问题主要是由海洋因素引起的,自然灾害基本上来自于潮汐潮流和风暴潮。但黄河由于其水少沙多和水沙异源的特性,造就了黄河河口问题的严重复杂性,它不仅具有其他江河河口的一般属性,更有自身的特殊性,尚存在着黄河洪水的威胁。具体体现在:一是河流挟带大量泥沙堆积在河口,使入海流路不断淤积延伸摆动改道,摆动一次,横扫一片,一切设施荡然无存,极大地制约了黄河三角洲的经济社会发展和胜利油田的建设;二是入海流路淤积延伸到一定长度,侵蚀基面抬高会造成溯源淤积,加剧河床的抬升,对其上游河道将产生不利的反馈影响,抬高同流量水位,造成防洪压力。亦即河口的演变不仅影响河口地区,而且影响其上河道,因此统一治理规划十分必要。

近来,围绕河口治理工程投资体制意见不一。笔者认为:一是在市场经济条件下,胜利油田作为上市公司,必须按照《公司法》和国家有关法律法规进行运作,无法对黄河口防洪工程的建设与管理再进行投资,再者,油田每年上缴国家巨额的利税,安全基础设施建设应由国家负担。二是油田企业对河口治理的认识是有局限性的,其治理的目的是为保护油田设施和滩区油田,不可能形成上、下游统筹兼顾的思想。三是河口治理成效对黄河下游河道冲淤和防洪安全的影响重大。河口是全河的归宿,中外大江大河治理成功的经验证明,大河之治始于河口,终于河口,河口的通畅与否,直接关系着上游河道的防洪安全,进而影响国民经济的正常发展。同时,2005年1月1日实施的《黄河河口管理办法》亦明确规定"黄河入海河道的治理工程,应当纳入国家基本建设计划,按照基本建设程序统一组织实施"。因而,河口治理工程的资金渠道应与下游河道治理工程一致,即应由国家投资进行治理。

4　结语

河口治理工程建设管理体制经历了民建民管、官建官防和国家、地方、油田联合投资,又由国家单方投资到目前的基本未有投资等不同阶段,民建民管、油田投资是为了保护自身利益不得已而为之,只能做到头疼治头、脚疼治脚。国家、地方和油田三家共同建设与管理,有力地推动了河口治理进程,但由于建设目标不同,油田关心的重点是其设施安全,地方注重的是三角洲地区的经济社会发展,河口治理对上游有何影响不是他们所考虑的,极不利于河口的统一规划与建设。因此,河口治理工程应由国家投资建设。

参 考 文 献

[1]　黄河河口管理局.东营市黄河志[M].济南:齐鲁书社,1995.

维持科罗拉多河三角洲淡水
不断流经济效益分析

Enrique Sanjurjo Rivera

（墨西哥国家生态研究院）

摘要：本文通过条件价值估算法，对维持科罗拉多河三角洲淡水不断流进行了经济效益评估。在当地共计 614 份调查表被收回，调查对象包括用水户、渔民和旅游者。据保守估计，维持科罗拉多河三角洲淡水不断流的总效益为每年 380 万美元。通过成本效益分析计算，维持科罗拉多河不断流，每投资 1 美元，可以获得 2.28 美元的收益。这表明，如果维持淡水不断流，产生的效益属于一个私人公司的话，那么，维持河流一定流量的水，并收取一定的费用会是一个有利可图的投资项目。然而，由于这些效益是一个公共利益，因此政府有义务创造条件确保公众获得这部分利益。本文基于以往 3 篇没有公开发表的论文，详细阐述了一份团队工作的研究成果。

关键词：科罗拉多河三角洲　条件价值估算法　不断流　总经济价值

1　引言

　　河流流量的减少导致科罗拉多河三角洲地区的生态退化。然而，科罗拉多河三角洲地区依然是北美最重要的湿地生态系统区，同时，该地区最有可能成为美国－墨西哥沿边境地区生物多样性合作保护的地区。生态恢复要求河流维持不断流且保证有 4 年一遇的漫滩洪水。生态恢复需要的水并不总是可以免费支配的。通常，为恢复生态水需求并不总是无偿满足，往往得有人为这些生态需水买单，买单的有民间社团组织、农民等。一旦这些收益被考虑在内时，对生态恢复工程的效益和成本效益比值的鉴定就成为一件理所应当的事情。

　　自 2004 年起，国家社会生态学院一直同 Sonoran 沙漠地区当地组织一起，致力于分析鉴定维持河流不断流的经济效益。一些效益已经被鉴定，这些效益包括三角洲地区的渔业、加利福尼亚海湾渔业的衍生产业、鸟类观测、狩猎、娱乐服务、水域对当地居民存在的价值、对外国旅游者的娱乐服务产业等。针对这些效益，执行了一组条件价值评估调查：发放 6 种调查表，收到超过 800 份回馈表。

2 研究方法

2.1 条件价值估算法问题

1993 年,国家海洋和大气管理部门(NOAA)颁布了关于条件价值评估法的正式报告(Arrow 等,1993)。报告给出了一些关于使用条件价值评估法进行价值估算的指导性原则。条件价值评估法过去常用于娱乐价值的评估(Mitchel 和 Carson,1989;Azqueta 和 Perez,1996;其他一些参考文献),一些对结果进行的统计分析和调查方法上理论的改进一直促进着条件价值评估法的改进(Kriström,1990;Duffield 和 Patterson,1991)。当准备一个条件价值评估的调查表时,主要应该考虑的内容包括:问题提出的格式、支付手段、问题格式、会见方式和补充说明问题。

(1)问题提出的格式:自愿支付的方式将被用于替代必要补偿的方式(情愿接受),因为前者更加稳妥。

(2)支付手段:一个普通的方法就是让被征求意见的人投票决定是否为这个特殊的目的而对他们征税。就一个特殊的研究来说,支付手段取决于获得的效益。对于我们这个研究对象,估算不同的效益,使用不同的支付方式。就水对当地群众的价值来说,建议采用额外的消费税。对于娱乐服务,加收门票费;对于狩猎者和鸟类观测者,收取旅行的费用。对于渔民,应考虑汽油的价格。最后,对于那些租用土地,在河边建周末度假别墅的人,使用提高租金的方法。

(3)询问的方式:询问方式可以是自由回答的方式。这个环节缺乏现实性,因为被询问者很少能被问及将某一日常生活中特殊物品赋予一个值的问题(Schumann,1996)。另一个可以替代前述方法的是:使用二分选项的选择,即单选或者二选一的方法。在二选一的情况下,被询问者将被问及他的第一反应是选择较低的价格还是较高的价格((Cameron,1988;Hanemann、Loomis 和 Kannien,1991),单选的方法是被询问者只会被问及一个值(Bishop 和 Heberlein,1979)。需要仔细考虑的方面包括如何选择开始的问题和问题被任意展开的情况。在我们研究的这个例子中采用了单选择的方法,因为这样可以避免 WTP 相关问题的不断重复的偏差。

(4)会见方式:与被询问人员最为常用的交流方式主要有:面对面交流方式、邮件和电话交流的方式(Mitchel 和 Carson,1988)。在我们的研究中,所有交流均采用面对面交谈的方式。

(5)补充问题:条件价值评估法一定会包括一些补充说明的问题以有利于更好地解释给被询问者。这些很有用的条目包括收入、对环境的态度以及问题涉及的专业知识。按 Mitchel 和 Carson(1988)的观点,一个好的调查要符合以下顺序:介绍性的问题、条件价值评估问题和由此衍生的问题。

2.2 条件价值评估法分析

本文选用了一个随机模型进行单选项问题的分析(Bishopy Heberlein,1979;Hanemann,1984;Cameron,1988)。

个人 j 的效用 (U_j) 是他的收入 (Y_j) 的函数同时也是一个社会经济学特征值 (Z_j) 的向量。当一个人消费了这件公共商品同时花掉了他的部分收入 (t_j) 时,我们就令 U_{ij} 作为他的效用值;当一个人没有消费这件公共商品,也没有消费她的部分收入时,我们就令 U_{0j} 作为其效用值。

如果

$$U_1(Y_j - t_j, Z_j, \varepsilon_{1j}) > U_0(Y_j, Z_j, \varepsilon_{0j}) \qquad (1)$$

表示这个人对单选项选择进行了肯定的回答,这里 ε_{ij} 是随机误差项。假定 U_j 由一个确定项和随机项组成,U_j 可以被写成:

$$U_{ij} = V_{ij} + \varepsilon_{ij} \qquad (2)$$

这里,V_{ij} 是确定项,ε_{ij} 是随机项。因此,

$$P_r(SI_j) = P_r(V_1 + \varepsilon_{1j} > V_0 + \varepsilon_{0j}) \qquad (3)$$

假设 F_ε 为误差 e_j 的密度函数,定义 e_j 为:

$$e_j = \varepsilon_j = \varepsilon_{1j} - \varepsilon_{0j} \qquad (4)$$

那么,这个密度函数可以表示为:

$$P_r(SI_j) = F_\varepsilon(V_1 - V_0) \qquad (5)$$

按 Haaby Mc Conell (2002),这个表达式可以写为:

$$P_r(SI_j) = 1 - F_\varepsilon[-V_1(y_j - t_j, Z_j) - V_0(Y_j, Z_j)] \qquad (6)$$

当这个方程的确定项部分是收入或者其他变量的线性函数时,条件效用函数可以写为:

$$(Y_j): V_{ij}(Y_i) = \alpha_i Z_j + \beta_i(Y_j) \qquad (7)$$

在这个事例中,获得回馈者肯定答复的可能性为:

$$P_r(Yes_j) = P_r(V_1 + \varepsilon_{1j} > V_0 + \varepsilon_{0j}) \qquad (8)$$

这里

$$V_{1j} = \alpha_1 Z_j + \beta_1 Y_j y V_{0j} = \alpha_0 Z_j + \beta_0 Y \qquad (9)$$

假设 $\beta_0 = \beta_1, \varepsilon_j = \varepsilon_{1j} - \varepsilon_{0j}$ 和 $\alpha = \alpha_1 - \alpha_0$。线性模型可以表示为:

$$P_r(SI_j) = P_r(\alpha Z_j - \beta t_j + \varepsilon_j) > 0 \qquad (10)$$

对估算 Probit 模型,假定误差是独立的,且服从均值为 0 的正态分布。因

此,$\varepsilon = \varepsilon_1 - \varepsilon_0$ 也服从均值为 0、方差为 σ^2 的正态分布。令 $\phi = \varepsilon/\sigma$,那么 $\phi \sim N(0,1)$ 为:

$$P_r(\varepsilon_j < \alpha Z_j - \beta t_j) = P_r(\phi < \alpha Z_j/\sigma - \beta/\sigma t_j) = \Phi(\frac{\alpha Z_j}{\sigma} - \frac{\beta}{\sigma}t_j) \tag{11}$$

这里,$\Phi(\cdot)$ 是正态累计密度函数(CDF)。方程(11)表示对 $\alpha/\sigma y \beta/\sigma$ 的估计。

对有或没有者这种公共商品的被询问者 j,价格的波动是无关紧要的,然而我们需要知道当价格波动时他们是否情愿支付,这可以表示为方程(12)。

$$\alpha_1 Z_1 + \beta(y_j - \mathrm{WTP}_j) + \varepsilon_{j1} = \alpha_0 Z_j + \beta y_j + \varepsilon_{j0} \tag{12}$$

根据方程(12),我们可以估算出 WTP:

$$\mathrm{WTP}_j = \alpha Z_j/\beta + \varepsilon_j/\beta \tag{13}$$

从而每一个回馈者 j 的 WTP 的期望值可以被写为:

$$\mathrm{WTP}_j = \alpha Z_j/\beta \tag{14}$$

大多数回馈者的 WTP 数学期望值就是这个值的中心矩,中心矩能提供很多信息给决策者。

$$E_\varepsilon(DAP|\alpha,\beta,\bar{z}) = \left[\frac{\alpha/\sigma}{\beta/\sigma}\right]\bar{z} \tag{15}$$

对于那些可能做一个完整模型的数据,我们使用了最后一段描述的随机模型进行分析。然而,在某些案例里,我们使用了更为简单的估计方法。在这个案例中,对于在 Hardy 河边租用土地建有度假别墅的人,我们用 Probit 模型进行了估计。在这个模型中,指数(I_i)被定义为:

$$I_i = \alpha_i + \beta_i P \tag{16}$$

通过赋予正态分布中指数 I_i 一定的值,我们可以计算出做出肯定选择的可能性。

一些别的使用更简单的估计方法的特征量包括:渔业和鸟类观测者。对于这些项,获得的样本数量不足以作出经济分析。因此,那些价格为 0 的公共商品的社会收益,按做出同意选择的数量乘以建议的价格的总和来估计。这是个离散且不含参数的方法,从原理上讲这与经验法非常类似。

3 结果

表 1 说明了科罗拉多河三角洲淡水不断流的估计效益。在中可以直接看出,效益最高的是保持水存在的价值,占估计总值的 76%。使用水的价值,比如渔业、狩猎以及娱乐总计比例不超过 1/4。

表1　科罗拉多河三角洲基流的估计效益

用户	类型	估计值（百万美元）	
		一年	永续年金
附近居民[a]	风景和存在价值	0.288	28.788
科罗拉多河旅游者[b]	娱乐	0.033	3.270
周末度假者[c]	娱乐	0.000	0.034
Hardy 河旅游者[c]	娱乐	0.041	4.050
渔业[d]	产品直接使用	0.001	0.060
鸟类观测者[d]	消费群的直接使用	0.002	0.185
捐献者[e]	存在	0.018	1.750
总计		0.383	38.137

（a）使用随机模型估计（Sanjurjo,2006）；

（b）使用随机模型估计（Sanjurjo 和 Islas,2007）；

（c）用 Probit 模型预测存活函数的方法估计（Sanjurjo 和 Carrillo,2006）；

（d）用同意者的数量和乘以建议价格的方法（Sanjurjo 和 Carrillo,2006）；

（e）对于生态系统恢复直接捐献者,1.75 年低估了。研究、管理和教育所做的贡献算这部分没被考虑。

我们提出了科罗拉多河将来需保证 2 m^3/s 的水进入河流,每 4 年或 5 年有不超过 2 个月的时间 30 m^3/s 的水进入河流的工程计划。在这种前提下,表 1 中几乎所有的估算效益均能实现(除了渔业会要求更多的水)。如果只保证 2 m^3/s 的水进入河流(没有每 4 年或 5 年一次的洪水时),我们依然可以获得大多数收益(除了由于鸟类的增加从而狩猎和鸟类观测的收益增加)。因此,在只保证 2 m^3/s 的水进入河流,就可以获得 380 万美元的效益。做这项工程一次性总投资需 900 万～1 200 万美元,年投资 50 万美元。表 2 说明了项目的现金流量过程。

表2　维持河流基流工程现金流动表

年份	收益（B）	成本（C）	收益 - 成本	净现值 PV（B - C）
0	0	120	-120	-120.0
1	13	5	8	7.0
2	25	5	20	16.8
3	38	5	33	24.8
永续年金	380	50	330	225.4
合计				154.0

上述项目的净现值为 154.0 万美元。内部收益率为 25%。项目的实施将会实现每投资 1 美元获取 2.28 美元的收益。这意味着如果保证科罗拉多河一定的水流量存在,而且是一件私人商品的话,将是一个非常值得投资的买卖。但是,这是一件公共的商品,市场不能保证以一个最优的方式获取效益,同时,州政

府也需要提供条件以保证水流的进入。

参 考 文 献

[1] Arrow, K. , R. Solow, P. R. Portney, et al. 1993. Report of the NOAA Panel on Contingent Valuation. National Oceanic and Atmospheric Administration (NOAA).

[2] Bateman, I. J. , R. T. Carson, B. Day, et al. 2002. Economic Valuation with Stated Preference Techniques: A Manual, Edward Elgar.

[3] Bateman, I. J. , I. H. Langford, S. F. Jones, et al. 2000. Bound and path effect in double and triple bounded dichotomous choice contingent valuation. Paper presented at the Tenth Annual Conference of the European Association of Environmental and Resource Economists (EARE), University of Crete.

[4] Bishop R. C. y T. A. Heberlein. 1979. Measuring Values of Extra-market Goods: Are Indirect Measures Biased? American Journal of Agricultural Economics, 61: 926 – 930.

[5] Bradley, M. 1988. Realism and Adaptation in Designing Hypothetical Travel Choice Concepts. Journal of Transport Economics and Policy 22, 121 – 137.

[6] Cameron, T. A. 1988. A New Paradigm for Valuing Non-market Goods using Referendum Data: Maximum Likelihood Estimation by Censored Logistic Regression. Journal of Environmental Economics and Management, 15: 355 – 379.

[7] Cameron, T. A. y M. D. James. 1987. Efficient Estimation Methods for Use with Closed-Ended Contingent Valuation Survey Data. Review of Economics and Statistics, 69: 269 – 276.

[8] Carrillo-Guerrero, Y. 2005. Valor de los flujos de agua dulce en el Delta del Río Colorado: pesquerías, recreación y biodiversidad. Reporte preparado por Pronatura Noroeste para el Instituto Nacional de Ecología.

[9] Diamond, P. and J. Hausman. 1993. On contingent valuation measurement of non-use value, en H. J. Hausman (ed), Contingent Valuation: A Critical Assessment, North-Holland.

[10] Duffield, J. . and D. Patterson. 1991. Inference and Optimal Design for a Welfare Measure in Dichotomous Choice Contingent Valuation. Land Economics 67 (2): 225 – 239.

[11] Estrella, A. 1997. A New Measure of Fit for Equations with Dichotomous Dependent Variables. Federal Research Bank of New York, Research Paper No. 9716.

[12] Freeman III, M. 2003. The Measurement of Environmental and Resource Values: Theory and Methods, Resources for the Future.

[13] Glenn, E. , C. Lee, R. Felger, and S. Zengel. 1996. Effects of Water Management on the Wetlands of the Colorado River Delta, Mexico. Conservation Biology 10: 1175 – 1186.

[14] Green, W. H. . 1997. Econometric Analysis, Prentice-Hall.

[15] Habb T. C. y K. E. Mc Conell. 2002. Valuing Environmental and Natural Resources: The Econometrics of Non-market Valuation, Edward Elgar Publishing.

[16] Habb T. C. y K. E. Mc Conell. 1998. Referendum Models and Economic Values:

Theoretical, Intuitive, and Practical Bounds on Willingness to Pay. Land Economics, 74: 216 – 229.

[17] Hanemann, W. M. 1984, Welfare Evaluations in Contingent Valuation Experiments with Discrete Responses. American Journal of Agricultural Economics, 66: 332 – 341.

[18] Hanemann, W. M. , J. Loomis and B. Kannien. 1991. Statistical Efficiency of Double Bounded Dichotomous Choice Contingent Valuation. American Journal of Agricultural Economics, 73: 1255 – 1263.

[19] Johnson, F. R. , K. E. Mathews, and M. F. Bingham. 2000. Evaluating Welfare-Theoretic Consistency in Multiple-Response, Stated-Preferences Surveys. TER Technical Working Paper No. T-0003. Triangle Economic Research.

[20] Krinsky, I. y A. Robb. 1986. On Approximating the Statistical Properties of Elasticities. The Review of Economics and Statistics, 86: 715 – 719.

[21] Kriström, B. . 1990. A Non-Parametric Approach to the Estimation of Welfare Measures in Discrete Response Valuation Studies. Land Economics 66 (2): 135 – 139.

[22] Long, J. S. 1997. Regression Models for Categorical and Limited Dependent Variables. Thousand Oaks.

[23] Maddala, G. S. 1983. Limited-dependent and Qualitative Variables in Econometrics. Cambridge University Press.

[24] Mitchell, R. C. , and R. T. Carson. 1989. Using Survey to Value Public Goods: The Contingent Valuation Method, Resources for the Future.

[25] Ready, R. y D. Ho. 1995, Statistical Approaches to the Fat Tail Problem for Dichotomous Choice Contingent Valuation. Resource and Energy Economics, 71: 491 – 499.

[26] Sanjurjo E. e I. Islas. 2007. Valoración Económica de la Actividad Recreativa en el Río Colorado. Artículo aceptado para la revista: Región y Sociedad No. 39. El Colegio de Sonora, México.

[27] Sanjurjo, E y Y. Carrillo. 2006. Beneficios Económicos de los Flujos de Agua en el Delta del Río Colorado: Consideraciones y Recomendaciones Iniciales. En Gaceta Ecológica No. 80, Instituto Nacional de Ecología. México. pp. 51 – 62.

[28] Sanjurjo, E. 2006. Aplicación de la Metodología de Valoración Contingente para Determinar el Valor que Asignan los Habitantes de San Luís Río Colorado a la Existencia de Flujos de Agua en la Zona del Delta del Río Colorado, 20 pp. PEA-DT-2006-001. , Instituto Nacional de Ecología, México.

[29] Schumann, H. 1996. The sensitivity of CV outcomes to CV survey methods, in D. J. Bjorntad y J. R. Khan (eds), The Contingent Valuation of Environmental Resources: Methodological Issues and Research Needs, Cheltenham, Edward Elgar.

[30] Valdés-Casillas, C. , E. P. Glenn, O. Hinojosa-Huerta, et al. 1998. Wetland management and restoration in the Colorado River delta: the first steps. CECARENA-ITESM Campus Guaymas, Sonora.

三角洲地区的土地利用管理

W. J. M. Snijders

（荷兰水利公共事业交通部道路与水利工程研究院,德尔伏特,荷兰）

摘要:河流在三角洲区域将水和泥沙带入大海或湖泊,与其他地区相比,三角洲仍然处在形成过程当中,并具有相对动态的自然属性。通常三角洲是一片广阔的平坦陆地,且大部分是洪涝区。洪水在过去是一种自然灾害,并不会持续很长的时间。自从人类在三角洲定居下来,便开始管理、控制农田和建设区的水位,同时河流的流量、泥沙及水质在一定程度上受上游人类活动的影响。在沿海区域海岸侵蚀和泥沙沉积基本处于平衡状态:在遭遇风暴潮时海岸的侵蚀会加剧,而在任何水流变缓的区域泥沙沉积都在发生。随着沿海港口和海堤等结构工程的建设,这种平衡被打破,并限制了其系统自身的恢复能力。

　　因此,当前人们倾向于把洪水归结为人类集体性的失败,就是把可能发生的事情变成不允许发生的事情。洪水风险管理被理解为采取充分而可行的措施去避免在洪水中可能发生的破坏、人员伤亡以及人类悲剧。

　　在本文所阐述的"三角洲土地利用控制"中,有五个因素发挥着关键的作用,洪水风险管理是其中的主要问题,并最终决定形态规划。

关键词:土地利用　生物多样性　人类活动　土地管理　创新发展　三角洲

1　顺应自然进程

　　人类对关于如何利用三角洲方面的认识始于对水流及泥沙颗粒在三角洲工程内及其附近的力学认识。河流的流量、泥沙含量、冬季含冰量以及其全年的分配情况怎样? 侵蚀与淤积何时、何地、如何发生? 海洋水流及海洋沉积物的运动方式是什么? 海洋风暴对三角洲的影响以及海岸是否得到相应的保护? 这些认识对如何解决诸如何地、如何进行工程治理或改善对土地形态的保护是非常重要的。如果能考虑到自然进程会带来什么样的后果,那么在防洪工程建设与维护方面将会更加有效。

2　三角洲的水源健康

　　对于健康的生态系统两项标准是非常重要的,那就是环境质量的两个方面——动植物物种的多样性和栖息地所能自然供养的程度及状态。整个水系必须确保免受化学及有机物的污染,这些污染物大多数是由河流带来的。很多水溶及悬浮污染物以及有机微生物颗粒对于依赖于水系统的生物是直接的危害，特别是化学污染物通常是持久性的，对于那些附着在泥沙颗粒上或已经沉积在淤积层中数年的污染物，一旦被植物或动物吸取将可能成为新的威胁。

动植物希望保持良好的自然野生状态，但是自然状况远非如此，因为人类的生存所依赖的正是这些生物群并且是食物链、氧气及二氧化碳所组成的生态循环的组成部分。当数量充足时人们可以分给一些物种，但是就当前的实际发展速度，所有的物种都在逐渐变得更加珍贵。不管是否能够替代，稀缺物种作为食物链的基本组成部分以及在保持生物多样性方面都是判断环境质量的重要标准。

三角洲尤其重要，因为淡水在海岸区与海水会合并形成生物的多样性，三角洲同时又是迁徙鸟类及其他物种的交会地，它提供了绝佳的机会使物种变得更加健壮，在极佳的自然保护区来繁衍生息。

3　三角洲人类活动

人们占用土地的同时，也伴随着各方面的投资，如农业、石油及矿物开采、住房、工业及服务业、道路及交通网络、水利及防洪工程等。对投资加以保护以免受损失，使得土地空间无法变动，这往往与河流及海岸的动态性相冲突。人们对土地也有非物质、无形的利益：除了前面探讨的自然价值，还有社会及文化价值，如当地社会的"精神"意义、文物古迹，给旅游者带来的自然景观。

关于对城镇及乡村的规划，可以区分为高动态和低动态两个方面。对于投资巨大的区域应被列为低动态区域，它很难去加以改变、移动或替代，并且急需保护以免受洪水风险，如城镇中心、住宅及工业的不动产、道路、铁路、港口、机场和重要的自然保护区。它们在某些方面对我们有很高的价值。

4　应急措施

像下棋一样，在城镇及乡村规划时，应该清楚所有可能发生的各种情况，并且找到应对各种可能情况的有效方案以避免不幸或灾难的发生。

一个很重要的考虑就是气候变化，海平面上升、流域内不同的降水方式、海洋风暴强度的增大都必须加以考虑。但是，其他不同的情况同样也需要考虑：人口增长造成的伤亡及破坏风险的增大，当地社会经济的预期增长，城镇化发展，商业活动的增加以及对人们活动方式的变化预测，如如何应对集体主义、个人主义、生活方式的改变、休闲娱乐和旅游等。

关于处理方法，两项应对措施不可缺少：冗余度及安全链。关键的系统最好能有一套冗余备用系统进行支持，就像飞机拥有不止一套着陆、制动系统一样，我们的防洪安全也最好应该有不止一套防洪系统。当河流遭遇极大流量时，多余的水量可以暂时蓄存于滞洪区、滞洪水库，或者通过泄洪道或旁道排入其他区域或下游区域。河流的排泄容量也可以通过扩大滩区面积或通过疏浚得到提高。

当沿海区域主要的灾害发生时，在剧烈波浪冲击与高风暴潮位同时在海岸相遇的情况下，对于只有单一防洪线的区域可以采用防波堤进行防护以减小巨型海浪的冲击，并且采用分离式防洪堤在风暴潮位进行防护。

通过堤防进行防洪是在所谓的安全链中处理洪水风险的一种途径。另一种措施就是通过空间规划不允许在洪涝区进行投资的政策，并实施应急计划，包括洪水预警系统、疏散计划、充足完备的保险体系、汛后灾害及日常生活的恢复等。

5 创新

为了免受洪涝灾害，所有该做的就是通过采用创新的技术、提出新的法规、改善机构和加强参与者之间的相互合作。技术措施可以通过重新配置来改善防洪系统，如设置防风暴潮闸或者提高大堤及防浪墙的强度，为了防止大堤溃决采用可溢流坝。

对于在法规和机构运行方面存在的缺陷可以通过完善规章制度或调整部分机构的职能来加以克服。另外，通过改善不同参与伙伴之间的合作来得到改善，所涉及的参与伙伴通常拥有共同的利益，同时在某些方面也存在利益冲突。在管理过程当中应该根据目标和资源将公共、私人及利益相关团体统一在一起，通过创新和认识使决策过程更加高效。

6 土地管理

在三角洲利用方面涉及很多方面的利益，在任何时候都有既定利益、发展措施和土地重新调整方面的建议。三角洲是一个动态的区域，对于土地利用的提议有两个决定性的因素：利益相关者对土地所有权的竞争以及洪水风险管理。

"如果参与者对当前形势是积极的则这种状态就是合适的"，在决策过程中的相关参与者有地方当局、利益相关者、利益集团和当地居民。既定的程序帮助他们将整个过程流水线化，从制定计划开始，然后设计、实施、使用、维护和依照执行。在利益相关者当中对权利、投入和风险的合理分配是达成共识的基础。

在防洪区附近和受较好保护的地区可以通过防洪设施来最小化洪水风险。基于当前的人口和投资，对相关地区可以选择合适的保护标准，如洪水重现率为千年一遇。合理的防洪系统需要在成本效率的基础上进行资产管理，防洪工程循环寿命投资成本应根据长度和每公里造价进行最小化。

现代黄河三角洲海岸时空演变
特征及机制研究

陈小英　陈沈良　李向阳

（华东师范大学河口海岸国家重点实验室）

摘要：通过对黄河三角洲滨海区水文、泥沙、沉积和地形的调查分析，对黄河三角洲海岸冲淤演变及其沉积环境进行了研究。结果表明，近30年来，随着黄河入海水沙的减少，黄河三角洲淤积速率逐渐减缓，近年来甚至出现蚀退现象。通过主成分分析和动力地貌学方法，探讨了黄河三角洲各区海岸剖面时空变化规律及其机制。结果表明，在废弃三角洲滨海区，波浪作用是剖面侵蚀后退的主要原因，而沉积物抗冲性的强弱则是剖面变化速率的直接原因，不同岸坡的冲淤平衡带位置的差异与潮流流速密切相关；在河口区，海岸冲淤演变取决于入海泥沙的淤积与海洋动力侵蚀的对比；莱州湾海区由于潮流的作用，黄河泥沙大部分不能到达，剖面基本稳定。

关键词：黄河三角洲　主成分分析　冲淤　时空演变

1　引言

三角洲是河流和海洋相互作用的地带。当河流作用占主导时，河流大量来沙，三角洲表现为向海淤进；反之，当河流来沙减少，海洋动力占主导时，海岸将侵蚀后退，沉积物严重粗化。如果河流改道寻新的出口后，将形成新的三角洲，建立新的海岸动力系统。而原三角洲海岸泥沙来源断绝，海洋作用占主导作用，海岸将遭受侵蚀，海岸地形也将不断调整，三角洲将处于重新塑造阶段。

现代黄河三角洲以宁海为顶点，西起套儿河，南界小清河口，陆上面积约5 000 km²，海岸线长约350 km（见图1）。自1855年以来，黄河在三角洲上进行了10次大的改道，平均约15年就改道一次。近期改道（1953～2006年）就有三次，即1953年的神仙沟流路、1964年的刁口河流路和1976年的人工改道清水沟流路（图1）。在1996年，清水沟流路进行了人工改道清8出汊。在黄河的每次改道之后，滨海区水动力条件将发生变化，黄河三角洲的海岸随之被重新塑

基金项目：国家重点基础发展研究规划项目—三角洲海岸侵蚀与岸坡失稳灾害的防护政策（2002CB412408）。

造。本文研究重点是自1976年黄河改道清水沟流路以来,三角洲对流路改变及入海泥沙减少的响应。

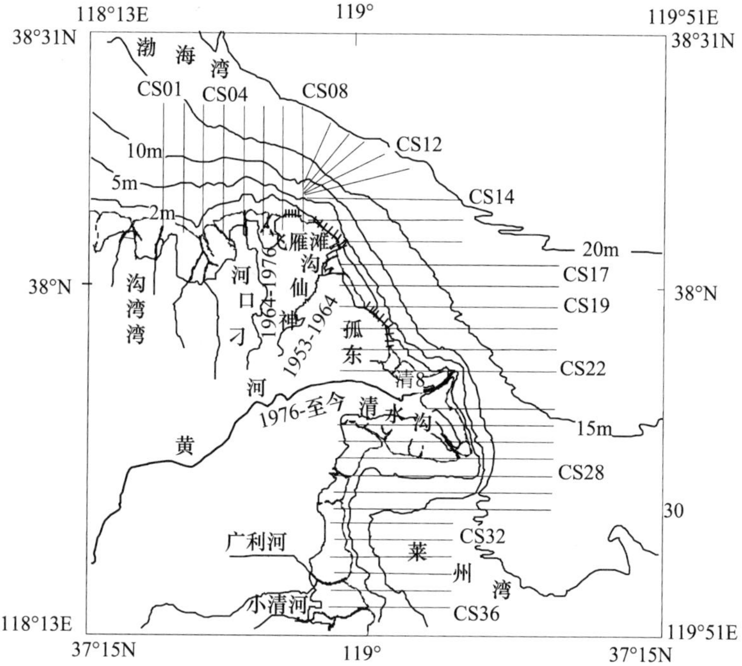

图1　黄河三角洲滨海区剖面位置图

2　资料和方法

2.1　资料来源

本文所采用的水沙资料为利津水文站1950~2003年的实测资料。剖面地形资料来源于黄河水利委员会山东水文水资源局1971~2004年(其中缺测1983年、1984年)36个固定断面地形的实测资料(图1)。沉积物样品分别为2000年和2004年在飞雁滩海域剖面所测。风资料是2005年1月~2005年12月孤东验潮站实测资料,潮流资料是2004年4月在飞雁滩海域测得。

2.2　方法

海岸剖面变化过程是海岸波、潮、风等动力因子和海岸地形相互作用的结果。因此,海岸剖面通过地貌形态结构的时空变化在一定程度上反映了响应海岸系统的主要过程。分析这些变化有效途径之一便是经验特征函数方法。其基本原理是把包含 n 个变量的场随时间变化进行正交分解。优点非常显著:

(1)可以压缩大量资料,滤去非本质的随机扰动。

(2)通过求得各特征函数的贡献率并比较其大小,可以找出起主导作用的因子。

（3）各组特征函数是相互正交的，这样便于分离空间和时间上的波动。本文根据多年实测的海岸剖面水深数据，先将剖面以 1 m 间隔分成不同高程的层面，然后计算各层面内不同年份的岸滩单宽体积，并对体积数据矩阵进行经验正交函数分解，从而揭示水下岸坡演变的时空演变规律。

3 水动力条件

3.1 入海水沙量的减少

根据利津水文站 1976 ~ 2005 年的资料，黄河入海水沙总体呈明显下降趋势。如图 2 所示，来水、来沙量均呈明显下降趋势，其回归方程如下：

$$SD = -0.277\,7Y + 9.233\,3(r = 0.71, n = 30, \alpha = 0.001)$$

$$WD = -9.267\,3Y + 351.23(r = 0.66, n = 30, \alpha = 0.001)$$

式中：SD 表示来沙量，亿 t；WD 表示来水量，亿 m^3；Y 表示年份。

若按多年平均值变化，黄河入海水沙的变化大致可分为三个阶段：丰水丰沙期（1976 ~ 1985 年）；中水中沙期（1986 ~ 1996 年）；1997 ~ 2005（枯水小沙期）。在 1976 ~ 1985 年，黄河年平均入海水量 334.51 亿 m^3，入海沙量为 8.32 亿 t；而自 1997 年以后，黄河进入枯水小沙期，入海水沙降至 103 亿 m^3/a 和 1.63 亿 t/a。

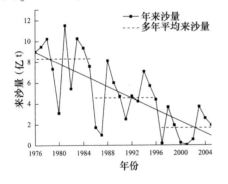
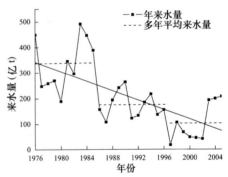

图 2　1976 ~ 2005 年利津站来水量、来沙量变化

3.2 风浪

根据孤东验潮站 2005 年 1 月 ~ 2005 年 12 月的实测风资料，统计分析了黄河三角洲近岸海域 8 个方向风的一般特征。由全年风速风向玫瑰图（图 3(a)）可见，该地区 NE 向为强风向，平均风速 6.82 m/s，最大风速达 20.9 m/s；最大常风向为 SW 向，频率为 33.64%，次常风向为 NE 和 SE 向，频率分别为 25.68% 和 22.03%。

黄河三角洲海域位于半封闭的渤海湾内部,其波浪主要受海面风变化控制。由全年波浪玫瑰图(图3(b))可见,就全年而言,本区强浪向为 NE 向,最大波高为5.2 m。常浪向为 NE 向,频率10.3%,次常浪向为 SE 向,频率为8%;小于0.5 m 的浪为常见浪,出现频率为51.1%;波高 0.5～1.5 m 的出现频率为36.3%;波高1.5～3.0 m 的出现频率为11.8%;而3.0～5.0 m 的出现频率仅为0.5%。

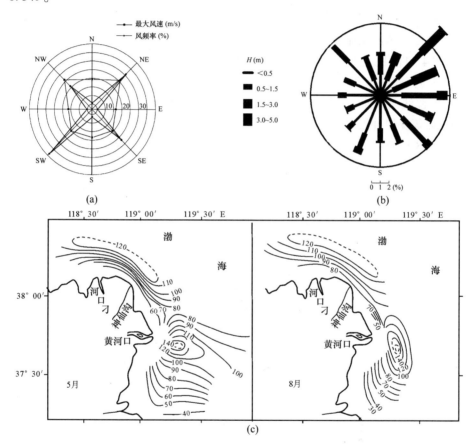

图3　黄河三角洲滨海区风浪玫瑰及潮流流速变化图

3.3　潮流

黄河三角洲海岸位于黄河海港外的 M_2 分潮无潮点附近。无潮点及其周围不大的范围内为正规全日潮区,由此向南、向西逐渐向半日潮过渡。与此相对应,在清水沟老河口和神仙沟口附近分别存在一个流速高值区(见图3(c))。神仙沟口附近,即 M_2 分潮无潮区,该处的流速高值区受季节影响小,中心的实测最大流速均为1.20 m/s。而清水沟流路附近的高值区是在1976年黄河改道清水沟入海后才出现的。由于河口沙嘴迅速向海延伸,海岸底坡变陡,海流受到挤压而形成了高流速区。所以该区流速大小及高值区的范围随季节变化而变化,春季流速高值区范围小,流速也小,中心的最大实测流速为 1.40 m/s;当夏季径流大时,流速高值区的范围流速增大许多,其中心实测最大流速可达 1.80 m/s。

4 各动力分区时空演变特征分析

4.1 滨海区地形总体演变趋势

图 4 和表 1 通过 5 m 和 10 m 等深线的变化,显示了 1976 ~ 2004 年黄河三角洲滨海区浅水区和深水区的冲淤变化。随着入海来沙量的不断减少,5 m 和 10 m 等深线淤积速率逐渐减小,在近几年甚至表现为蚀退。若取 R = 0,则 5 m 和 10 m 等深线冲淤平衡的临界来沙量分别为 2.65 亿 t/a 和 2.31 亿 t/a,平均值为 2.48 亿 t/a。这与刘曙光等的研究结果基本一致,可以作为海岸平衡临界来沙量。自 1997 年以来,除 1998 年和 2003 年外,其余年份入海来沙量基本上都低于临界来沙量,海岸呈现蚀退。

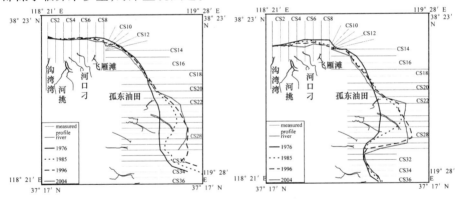

(a)5 m 等深线　　　　　　　　(b)10 m 等深线

图 4　黄河三角洲近岸等深线随时间的变化

按冲淤演变规律,黄河三角洲滨海区可以分为三个区:废弃三角洲滨海区(CS01 ~ CS18),河口区(CS19 ~ CS28),莱州湾区(CS29 ~ CS36)。在废弃三角洲滨海区中,除了废弃已久的湾湾沟河口附近(CS01 ~ CS03)变化不大外,其余区域都整体表现为蚀退。对于河口区:孤东油田海域(CS19 ~ CS21)于 1985 年建堤,近岸浅水区由建堤前的向海淤进转为强烈蚀退,深水区表现为不断向海淤进;现行清 8 河口区(CS21 ~ CS24)表现为不断淤进;而清水沟老河口(CS25 ~ CS28)在 1996 年废弃之后,由淤积改为大幅度的蚀退。莱州湾海域水下岸坡近岸剖面比较稳定。

表1 5 m 和 10 m 等深线的淤积速率与河流来沙量的关系

项目	5 m 等深线			10 m 等深线		
	1976~1985	1986~1996	1997~2004	1976~1985	1986~1996	1997~2004
时间(a)	9	11	8	9	11	8
淤进距离(m)	1 409.70	1 558.31	−826.43	2 443.24	2 888.10	−1 016.76
淤进速度 R (m/a)	156.63	141.67	−103.30	271.47	262.55	−127.10
来沙量 S (亿 t/a)	8.24	4.55	1.60	8.24	4.55	1.60
淤进距离(R)与来沙量的(S)关系	$R = 167.11 \ln(S) - 162.95$；$R = 0.95$，$n = 3$；$R = 257.76 \ln(S) - 215.96$；$R = 0.94$，$n = 3$					

注："−"表示蚀退。

4.2 废弃三角洲岸滩典型剖面时空演变分析

对剖面单宽体积数据矩阵进行经验特征函数分解,由表2可知,在废弃三角洲滨海区和莱州湾,第一、第二特征函数的累积贡献率基本大于85%,因此第一、第二函数就可以反映岸滩变化;第一函数揭示了岸滩总体变化趋势,而第二函数则反映的是岸滩的具体演变形式。对于河口区,第一函数贡献率都大于85%(除CS19),所以岸滩的变化用第一函数来解释。如前所述,由于湾湾沟附近及其以西的剖面变化基本稳定,所以重点分析湾湾沟以东的区域。

表2 黄河三角洲滨海区典型海岸剖面特征函数的贡献率 (%)

项目	废弃三角洲					河口区				莱州湾	
	CS04	CS06	CS08	CS09	CS14	CS19	CS22	CS24	CS28	CS32	CS36
第一特征函数	68.67	72.35	80.62	79.53	71.50	60.79	96.47	96.53	88.58	73.71	57.33
第二特征函数	20.22	20.19	17.48	17.42	19.04	34.12	2.71	2.97	7.61	24.78	24.47
累积贡献率	88.89	92.54	98.10	96.95	90.54	94.91	99.18	99.50	96.19	97.49	81.80

4.2.1 废弃三角洲海岸时间特征函数分析

从第一时间函数来看,废弃三角洲海岸剖面可以分为四个阶段(图5(a)):1971~1974年函数值急剧上升,说明剖面强烈淤进;自1975年以来骤然下降,1975~1980年各剖面进入快速蚀退期;1981~1998年时间函数曲线变化不大,趋于平缓,剖面进行冲淤调整,相对稳定;1999~2004年又开始下降,剖面进入新一轮侵蚀,但幅度较第一阶段小。第二时间函数也表现出类似的特点,这里不作讨论。

4.2.2 废弃三角洲海岸空间特征函数分析

第一空间特征函数代表了岸坡的平均冲淤幅度。由图5(b)可知,所有剖面

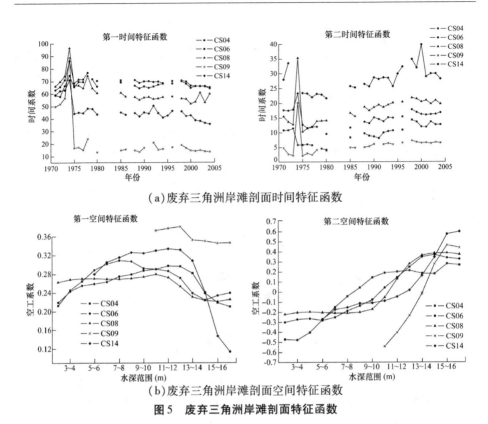

（a）废弃三角洲岸滩剖面时间特征函数

（b）废弃三角洲岸滩剖面空间特征函数

图5 废弃三角洲岸滩剖面特征函数

的第一空间函数具有相同的变化规律,并且都存在一明显的峰值区。表明这一区域岸滩演变受同一规律支配,峰值区代表该水深处地形变化剧烈,冲淤幅度变化较大;其余水深地段冲淤幅度相对较小。由此说明,水下岸坡一般在 2~12 m冲淤幅度较大,14~15 m 水深冲淤幅度开始明显减小。

第二空间特征函数进一步反映了岸坡冲淤演变的具体形式。各剖面都存在一个正负转换的节点,且与第一函数的谷值所在位置基本对应,表明此处冲淤变化较小,近于平衡状态。此水深以浅,岸坡表现为冲刷;此水深以深,岸坡表现为逐渐淤积,且不同的剖面平衡位置所在的深度不同。根据第二空间特征函数,下面将各剖面不同年份的冲淤平衡带所在深度统计列于表3。可以看出,三角洲东北角的剖面 C9~C14 冲淤平衡带所在深度最大,然后向西、向南逐渐递减。

表3 黄河三角洲滨海区不同的测深断面的冲淤平衡带位置

断面	CS04	CS05	CS06	CS07	CS08	CS09	CS10	CS14	CS16	CS27
侵蚀深度(m)	8.5	9.0	10.3	12.0	12.6	13.9	14.5	13.2	12.0	13.5

4.2.3　时空演变机制分析

图6显示了废弃三角洲岸滩剖面随时间的演变过程(以CS07为例)。1976年之前黄河行走刁口河,该区以河流作用为主,剖面表现为快速向海淤进;自1976年,黄河人工改道清水沟流路,该区完全废弃,泥沙来源断绝,事实上,在1975年到达该区的泥沙已经大大减少,海洋动力占优势,剖面开始快速整体后退;1981～1998年,蚀退速度有所减缓,剖面进入冲淤调整期:在剖面上出现冲淤平衡带,以平衡带为界,剖面表现为上冲下淤,坡度逐渐变缓。在波流联合作用下,由于底部密实度差的松散细颗粒泥沙先被掀起并随潮流向深水输移,残留下固结度强、比重大的泥沙,使得抗蚀强度不断增大,侵蚀速率变小,而平衡带所在位置也随之越来越浅,最终消亡。如CS07的平衡带从12.4 m减小到9.7 m左右水深。1999年后,剖面已不存在冲淤平衡带,进入均衡侵蚀期。

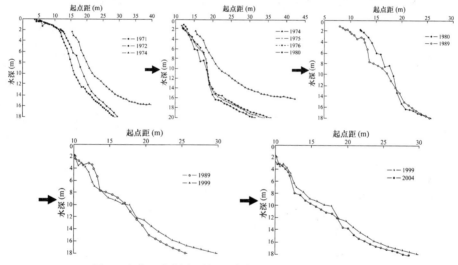

图6　废弃三角洲实测剖面的发育过程(以CS07为例)

4.2.4　海洋动力作用对岸滩剖面的塑造机制

4.2.4.1　波浪作用

波浪主要通过波浪破碎和波浪扰动两种形式,起动、搬运泥沙以及波流结合输沙。黄河废弃三角洲海岸总体呈 E－W 走向,由波浪玫瑰(图3(b))可知,岸线走向均面对该区常浪和强浪向,因此波浪对岸坡动力沉积过程起着重要作用。根据《海港水文规范》,当海底坡度 $i \leqslant 2‰$ 时,波浪的破碎波高与破碎水深的最大比值为0.60,而该海域水下岸坡大部分都介于 $1‰ \sim 2‰$ 之间,据此,通过计算得到该水域各级波浪的破碎深度和相应的频率(见表4);波浪的扰动深度可视作波浪作用下床底泥沙全面移动的临界水深,可根据佐藤公式[13]求取(式(1));扰动频率都可根据各级波浪的频率推得。

$$H_0/L_0 = 2.4(D_{50}/L_0)^{1/3}H_0/Hsh(2\pi h/L) \tag{1}$$

式中:H_0、L_0 分别为深水波高和深水波长,m;D_{50} 为泥沙粒径,m;h 代表扰动水深,m;H、L 分别代表 h 处的波高和波长,m。

可见,波浪破碎频率和扰动频率均随水深的增大而减小,扰动范围表现得更加宽广。波浪破碎主要发生在 −5 m 水深以浅的部位,破碎频率达到98.2%,这与水下岸坡沉积物粗化界限相一致(−5 ～ −6 m)(见图7),该水深以浅,沉积物粒径较粗,沙含量较高;该水深以深,则以黏土、粉沙为主,沙含量较低,且各成分含量相对稳定,随水深的增加变化不大。这揭示了波浪破碎对岸坡沉积物改造的深刻影响;而波浪的扰动范围则可以影响到 −13 m 水深水浅,在 −13 m 以深的岸坡,波浪扰动降至0.5%,这也与水下岸坡强烈蚀退区相一致。

表4　飞雁滩滨海区各级波浪的破碎深度及其相应的频率

波级(m)	$0 \leqslant H < 0.5$	$0.5 \leqslant H < 1.5$	$1.5 \leqslant H < 3.0$	$3.0 \leqslant H < 5.0$
破碎深度(m)	0 ~ 0.84	0.84 ~ 2.5	2.5 ~ 5.01	5.01 ~ 8.35
破碎频率(%)	51.1	35.3	11.8	0.5
扰动深度(m)	0 ~ 1.56	1.56 ~ 6.59	6.59 ~ 13.10	13.10 ~ 15.30
扰动频率(%)	98.7	47.6	12.3	0.5

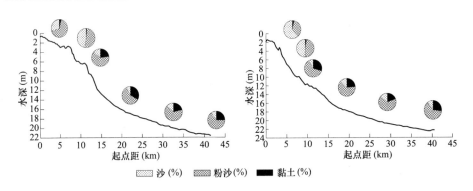

图7　废弃三角洲下岸坡剖面表层沉积物沙、粉沙、黏土含量随水深的变化

4.2.4.2　潮流作用

根据2004年飞雁滩的实测潮流流速资料和沉积物资料,计算了该区沉积物的起动流速。由图8可知,该区的潮流流速基本上都小于沉积物的起动流速,所以潮流不能冲刷起底部的泥沙,只能输移被波浪扰动掀起的泥沙。在 5～6 m 以浅,底层潮流流速较小,平均流速小于 20 cm/s,所以以波浪破碎掀沙为主;而 5～6 m 以深,随着水深的增加,潮流占明显优势,达到 68 cm/s。细颗粒泥沙被

波浪掀起后随潮流向深海输运,潮流流速越大,向海输移泥沙能力越强,近岸剖面冲刷范围就越大。相应地,剖面上冲淤平衡带的位置也随之变深。结合图3(c)和表3也可以说明,不同侵蚀断面冲淤平衡带深度与潮流流速大小密切相关。自CS04断面开始向东,离M_2分潮点越近,平衡带位置越深,到M_2分潮点附近达到最大值14.5 m,然后向南,离M_2分潮点越远,平衡带位置越浅,到清水沟老河口附近CS27又变深。

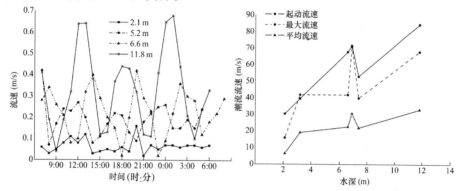

图8 2004年4月废弃三角洲滨海区底层潮流流速随水深的变化

4.3 河口区附近海岸时空演变特征分析

4.3.1 时间演变特征分析

如第一特征时间函数曲线(图9(a))所示,剖面发育大致分三个阶段:1976～1985年,曲线表现为急剧上升,各剖面迅速向海推进;1986～1996年函数曲线趋于平缓,剖面进入相对稳定期;1997～2004年,除老河口附近的CS28开始迅速后退,其他剖面进入新一轮的淤积,但淤积的速度较第一阶段小。

1976年黄河改道清水沟流路,由于河道处于初期,河面不断展宽,水流流速减小,挟沙能力下降,造成泥沙大量快速沉积,再加上潮汐的顶托作用和咸水的絮凝作用,加速了泥沙在口门附近的沉降淤积。这样泥沙堆积速率远大于海洋动力因素对它的影响,水下岸坡表现为整体快速向海推进。但当河口流路逐渐形成稳定的入海通道后,输沙能力开始增强,再加上向海凸出沙嘴的地形辐聚效应,使前方潮流流速变得更大,大量的泥沙随之被输移到外海。而河口的来沙量仍在进一步减少,海洋动力相对作用越来越占优势,除入海口附近(CS28)剖面淤积外,其余剖面不再向海推进,自1986年后进入相对稳定的冲淤调整期。1996年黄河人工改道清8汊口出海,虽然河口来沙量较少,但由于出汊河口附近水域地形较浅,泥沙很容易就河口附近堆积,使得清8新河口(CS22)附近水下岸坡继续向海推移。而清水沟老河口(CS28)由于泥沙骤减,海洋动力侵蚀作用占绝对优势,海岸进入迅速后退期。

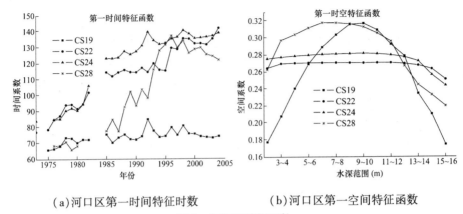

（a）河口区第一时间特征时数　　　　　　（b）河口区第一空间特征函数

图9　河口区特征函数

4.3.2　空间演变特征分析

河口区水下岸坡总体特征表现为水下三角洲整体向海推进。从第一空间特征函数曲线（图9（b））可看出，各剖面变化规律大致相同。除了孤东海域的CS19外，大致在2～14 m范围水深处，存在一宽阔的峰值区，说明该范围各剖面淤积比较强烈；在14～15 m处，函数值迅速减小，说明冲淤幅度明显减小。

黄河入海泥沙的扩散主要受潮流作用的影响。黄河挟带巨量泥沙入海先受到相当发育的拦门沙阻挡，大量粗颗粒在此就地落淤，在口门前方形成一个粒度较粗的细沙和粉沙质细沙沉积区。由于河口沙嘴前方水深10～15 m之间存在一强潮流带，流速达140 cm/s（如图3（c））。当黄河出流后，就受到强潮流作用的顶托，流速迅速减小，在强潮流带与河口之间形成一个弱流区，使得细颗粒泥沙在此区域（2～14 m）大量落淤，其余一部分细颗粒泥沙则受往复流的挟带，向河口南北两侧运移，所以在河口区14 m水深以外淤积较小。

孤东大堤附近（以CS19为例），自1985年修建大堤以来，黄河正进入中水中沙期，到达该区的泥沙大大减小，淤积也明显减弱。随着来沙量进一步减少，该区域已不能得到河口泥沙的补给，海洋动力占主导作用。波浪对海堤进行强烈冲击并形成反射波，在堤前海域对沉积物产生剧烈扰动，使堤前不断刷深，这在1998年以后表现得尤为明显。所以在孤东海域近岸冲刷严重，水下岸坡总体淤积较小。

清水沟老河口（CS28）在1996年以后，河流供沙断绝，成为废弃河口。在波流作用下，向海凸出的沙嘴前方冲刷最为剧烈，在近岸淤积厚度和范围大大减小，但在5～12 m深水区以缓慢淤积为主。

4.4　莱州湾滨海区时空演变

从时间特征函数曲线（图10（a））可知，除1992年有较明显的淤积外，莱州湾海岸剖面在其余年份基本保持稳定，冲淤变化较小。

从空间特征函数曲线看(图 10(b)),莱州湾滨海区海岸整体表现为稳定。第一特征函数基本无明显的峰值,在浅水区(2.5~3.5 m)函数值最小。表明莱州湾水下三角洲海岸浅水区冲淤幅度较小。第二特征函数进一步反映了剖面演变的具体形式,在莱州湾北侧(CS32)浅水区以冲刷为主,深水区则表现为缓慢淤积;莱州湾南侧(CS36)水下岸坡整体表现为冲淤交替进行。

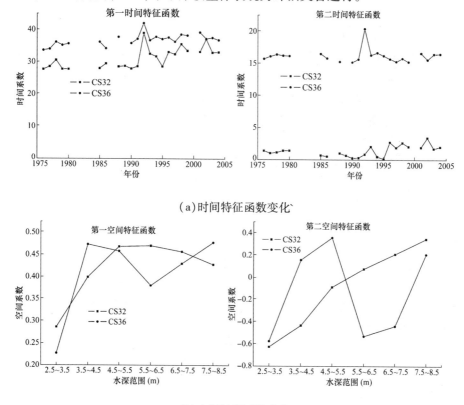

(a)时间特征函数变化

(b)空间特征时数变化

图 10　莱州湾时间特征函数

在莱州湾海区,潮流场输沙作用占主导地位。在潮流作用下,清水沟老黄河口的冲刷物质向外运移。莱州湾海域涨潮时,南岸潮流流向西,至西岸顺时针转向北,与黄河河口南侧的南西向涨潮流相顶托,流速减小,使得一部分细颗粒泥沙在河口南侧落淤;落潮时,潮流流向均向东北,大部分泥沙都被转向东北方向运移,而不在莱州湾大量沉积,因此莱州湾海域只是泥沙向外输送的通道,海岸基本上保持稳定。细颗粒泥沙向南落淤范围大致在广利河以北,水下岸坡在4.5~5.5 m 以浅水域略有冲刷外,整体表现为淤积;广利河以南的滨海区,由于黄河口泥沙不能到达,海岸剖面表现为冲淤交替进行。

5 结论

利用经验特征函数的方法可以很好的反映海岸剖面地形的时空变化特征,以便于寻找其原因。本文通过对黄河三角洲不同高程范围的剖面单宽体积进行定量描述,将黄河三角洲海岸分为北部废弃三角洲滨海区、河口区和莱州湾滨海区。

(1)湾湾沟及其以西的海域,由于长时间不行河,海岸经历了快速蚀退阶段后,水下岸坡自动调整,水下地形基本达到稳定。湾湾沟以东的刁口和神仙沟河口附近的海域,由于废弃不久,表现为不断蚀退:1976～1980 年整体迅速蚀退,1981～1998 年进入冲淤调整期,并在剖面上出现一冲淤平衡带,其冲淤平衡带的深度主要与潮流流速大小有关:潮流流速越大,平衡带深度也越大。1999 年以后剖面蚀退速率有所增加,表现为均衡蚀退。

(2)在清水沟行水河口附近滨海区的海岸剖面表现为不断淤进。在 1976～1985 年剖面快速向海淤进,1986～1996 年淤积速率减缓,1997 年后,淤积速率又逐渐增大。空间上表现整体向海推进,其推进的范围与入海泥沙的堆积过程和海洋动力作用对泥沙侵蚀过程之间的对比有关。入海泥沙量大,泥沙堆积过程占优势时,海岸表现为快速淤积;反之,入海泥沙量小,海洋动力作用对泥沙的侵蚀作用占优势时,海岸淤积速率减小,甚至后退。

(3)莱州湾滨海区的水下地形基本稳定,不随时间发生明显的淤积或蚀退。由于潮流场的影响,阻止了河口泥沙大量向莱州湾运移。岸坡浅水区冲淤交替进行,深水区以缓慢淤积为主。

参 考 文 献

[1] Jiménez, J A. , Sánchez – Arcilla A. , Valdemoro H I et al. Processes reshaping the Ebro delta. Marine Geology[M]. 1997, 144:59 – 79.

[2] Sánchez-Arcilla, A. , Jiménez, J A. , & Valdemoro, H I. The Erbo Delta: morphodynamics and vulnerability[J]. Jouranl of Coastal Research. 1998, 14(3): 754 – 772.

[3] 任美锷. 中国的三大三角洲[M]. 第 1 版. 北京:高等教育出版社,1994.

[4] 成国栋. 现代黄河三角洲的演化与结构[J]. 海洋地质与第四纪地质,1987,7 增刊:1 – 18.

[5] 金庆祥,劳治声,龚敏,等. 应用经验特征函数分析杭州湾北岸金汇港泥质潮滩随时间的波动[J]. 海洋学报. 1988,10(3):327 – 333.

[6] 向卫华,李九发,徐海根,等. 上海市南汇南滩近期演变特征分析[J]. 华东师范大学学报(自然科学版),2003(3):49 – 55.

[7] 戴志军,陈子燊,欧素英. 粤东汕尾岬间海滩剖面月内变化过程特征分析[J]. 热带海

洋学报,2002,21(1):27 – 32.

[8] 臧启运,等. 黄河三角洲近岸泥沙[M]. 北京:海洋出版社,1996:40 – 42.

[9] 陈小英,陈沈良,刘勇胜. 黄河三角洲滨海区沉积物的分异特征与规律[J]. 沉积学报,2006,24(5):714 – 721.

[10] 庞家珍,姜明星. 黄河河口演变(Ⅰ)—(一)河口水文特征[J]. 海洋湖沼通报,2003 (3):1 – 13.

[11] 陈小英,陈沈良,于洪军,等. 黄河三角洲海岸剖面类型与演变规律[J]. 海洋科学进展,2005,23(4):438 – 445.

[12] 刘曙光,李从先,丁坚,等. 黄河三角洲整体冲淤平衡及其地质意义[J]. 海洋地质与第四纪地质,2001,21(4):13 – 17.

[13] 李平,朱大奎. 波浪在黄河三角洲形成中的作用[J]. 海洋地质与第四纪地质,1997,17(2):39 – 46.

[14] 陈小英,陈沈良,李九发,等. 黄河三角洲孤东及新滩海岸侵蚀机制研究[J]. 海岸工程,2005,24(4):1 – 10.

[15] 胡春宏,吉祖稳,王涛. 黄河口海洋动力特性与泥沙的输移扩散[J]. 泥沙研究,1996 (4):1 – 10.

黄河三角洲不同补水方案下地下水
水位及水均衡影响研究

娄广艳[1]　范晓梅[2]　张绍峰[1]　葛　雷[1]　李　锐[1]

（1.黄河流域水资源保护局；2.中国科学院地理科学与资源研究所）

摘要：根据对黄河三角洲的气象、水文、地质等因素的研究，筛选识别出对黄河三角洲地下水位影响较大的三个因素即河流补给、降水补给和蒸发量等，并借助 Visual Modflow 软件建立了可信赖的地下水模型，并对现状（选取 2004 年）进行模拟，从水均衡的角度进一步确定河流补给、降水补给和蒸发量对地下水的影响程度。从 2004 年水均衡分析看，地下水不能维持均衡，补给量不能满足植被蒸腾散发的需求，需要采取人工补水改善该区域的水均衡状态。依据黄河三角洲湿地自然保护区建立时的湿地组成及现在的实际情况，确定补水面积，并初步选取补水方案，分别是 2.78 亿 m^3、3.49 亿 m^3、3.96 亿 m^3（拟定），研究不同补水方案下地下水水位及水均衡的影响，研究分析表明目前的补水方案尚存在着不足，有待更深入的研究补水方案，以改善地下水的状况。

关键词：地下水　Modflow　补水　水均衡

1　黄河三角洲概况

　　黄河三角洲位于中国山东省北部莱州湾和渤海湾之间，泛指黄河在入海口多年来淤积延伸、摆动、改道和沉淀而形成的一个扇形地带，属陆相弱潮强烈堆积性河口，其范围大致界于东经 118°10′至 119°15′与北纬 37°15′至 38°10′之间，为全国最大的三角洲。行政区划分为东营、河口两区和广饶、利津、垦利三县，地理位置见图 1。

　　黄河三角洲地势总体平缓，西高东低，南高北低。西南部最高高程 28 m，东北部最低高程不足 1 m，自然比降为 1/8 000～1/12 000；西部最高高程为 11 m，东部最低高程 1 m，自然比降 1/7 000，河滩高出地面 3～5 m。东营市除小清河以南地区为山前冲积平原外，其余均为黄河冲积而成的典型的三角洲地貌。由于历史上黄河改道和决口频繁，形成了岗、坡、洼地相间排列的复杂微地貌。在纵向上，呈指状交错；在横向上，呈波浪状起伏。主要地貌类型有缓岗、河滩高地、微斜平地、浅平洼地和海滩地。

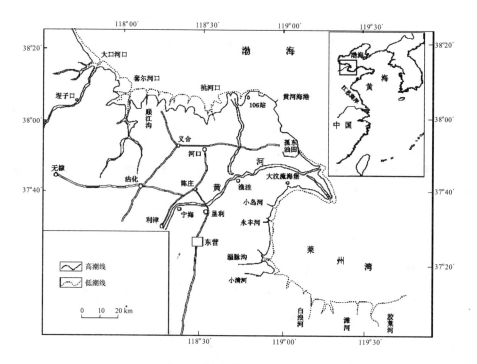

图1 黄河三角洲地理位置图

本区属华北地台部分,位于新生代凹陷东南部,济阳凹陷东端。辖区广为第三系、第四系覆盖,其下为盆地型沉积,凹陷基底由太古界变质岩系构成,基底之上沉积盖层厚万米。东营地区发育的底层从老至新有:太古界泰山岩系、古生界寒武系、白垩系,新生界第三系及其上覆的第四系;缺失古元界,古生界上奥陶统、志留系、泥盆系和下石炭统以及中生界三叠系。

以横跨南北部的广饶 – 奇河大断裂为界,三角洲分为南北两个地质构造单元。南部地下分布有震旦纪、古生代和中生代地层,在邹平县南部山区有中生代基性侵入岩体出露。

黄河三角洲地区属温暖带半湿润半干旱大陆型季风气候,年平均降水量537 ~ 630 mm。降水量年际变化较大,降水量年内季节分配不均,年内降水多集中在6 ~ 9月份,占全年降水的74%左右。黄河三角洲蒸散量日变化范围基本在0 ~ 11 mm 之间,不同月份,区域蒸散量变化幅度不同,其中每年的11月到次年的3月是蒸散量较低时期,月蒸散量在8 ~ 50 mm 之间,且区域变化幅度较小,4 ~ 10月蒸散量较高,月蒸散量在50 ~ 120 mm 之间变化。

黄河河口三角洲地区的水资源主要是地表径流和极少量的地下水资源,从降雨径流关系分析,多年平均径流量为4.47 亿 m^3,其中小清河以南仅有1.35 亿 m^3 的淡水可以用于灌溉和饮用,其他地区由于土地盐渍严重,地表径流水质恶化,无开发利用价值,目前黄河水是河口三角洲地区重要的淡水资源,东营市工农业生产和人民生活用水90%以上来自黄河。

2 地下水水位变化及其影响因素识别

2.1 地下水位变化

黄河三角洲地区地下水普遍埋藏较浅,为0~5 m。地下水埋深的分布规律为:沿黄河河道附近地下水埋深较深,滨海以及河间洼地为地下水浅埋区。

根据位于渔洼的水位观测井一年内的水位变化,绘制如图2渔洼观测井地下水水位动态变化过程曲线。

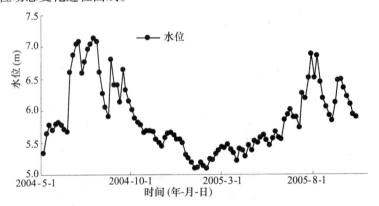

图2 渔洼观测井地下水水位动态变化过程曲线

从图2渔洼观测井地下水位动态变化过程曲线可以看出,一年内出现一个峰值和一个谷值,谷值一般出现在春季3、4月份,峰值则出现在夏季6、7、8月份。整年内地下水位的变化趋势是先缓慢下降,再迅速上升,再缓慢下降,最后趋于平稳。

2.2 影响因素识别

根据对黄河三角洲地区的调查,黄河三角洲地区地下水的补给方式有海水倒灌、河流补给、降水补给和灌溉回归补给等,河流和降水补给和降水补给为主要补给方式;黄河三角洲地区的排泄方式有地下水向海的排泄、蒸发蒸腾排泄、向河道或沟渠排泄以及人工抽取排泄等,蒸发蒸腾是主要的排泄方式,下面就来通过降水量、河流水位、蒸发量的变化曲线及图2渔洼观测井地下水的变化来分析三者对地下水水位的影响。

2.2.1 黄河三角洲降水量变化

黄河三角洲的降水量年际变化大。1966~2001年降水实测资料中,1990年降水量达到最大为968.1 mm,为均值的1.8倍;2000年降水量最小为327.0 mm,仅为均值的60.8%。

图 3 是根据东营市 1996 ~ 2001 多年月平均资料统计而绘制。

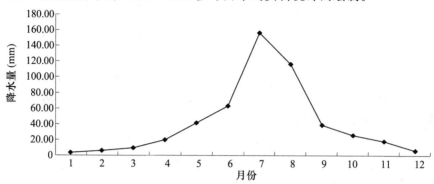

图3 黄河三角洲降水量变化

从图 3 黄河三角洲降水量动态变化可以看出黄河三角洲 1 月降水量较低,逐渐升高,降水主要集中在 6 ~ 8 月,7 月降水量达到高峰,然后急剧下降,黄河三角洲的降水具有鲜明的季节性。而渔洼观测井观测的地下水水位变化也具有明显的季节性,两者的峰值出现的时间比较一致,说明地下水水位受降水量的影响较大。

2.2.2 利津断面水位变化

根据利津断面 2004 ~ 2005 年的实测水位绘制以下水位动态变化曲线,见图 4。

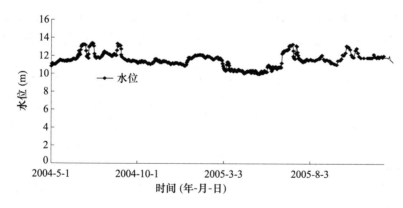

图4 利津断面水位动态变化过程曲线

从利津断面 2004 ~ 2005 年的水位动态变化看,一年之内一般在春季 3、4 月份水位最低,6 ~ 9 月份水位逐渐回升,7 月份,因为汛期的缘故,水位达到最高,10 ~ 12 月下降。渔洼观测井地下水位的谷值、峰值和利津水位的谷值、峰值呈现的时间基本一致,利津水位与渔洼观测井地下水位的变化具有较好的相关性,说明地下水水位同时也受到河流水位的影响。

2.2.3 蒸散发变化

选取东营市气象站来代表黄河三角洲的气象状况,根据东营市2004年蒸发量统计资料,绘制以下蒸发量变化曲线,见图5。

从图5黄河三角蒸发量变化可以看出,在4~9月份,蒸发量比较高,介于40~45 mm/d之间,2月份的蒸发量也接近40 mm/d,10月份之后,蒸发量逐步下降,12、1月份最低,大约15 mm/d。

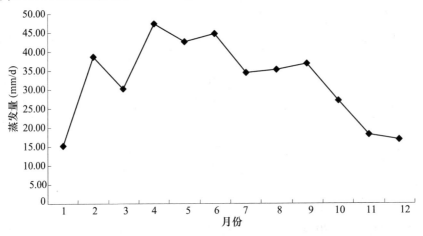

图5 黄河三角洲蒸发量变化

蒸发量对地下水水位的影响也较大,尤其是在4~9月份,蒸发量较高,图2渔洼观测井地下水位变化显示,在4月份的时候,地下水水位出现谷值,其中蒸发量的因素不容忽视。

综合图2渔洼观测井地下水水位变化,图3黄河三角洲降水量变化、图4利津断面水位动态变化及图5黄河三角洲蒸散发变化,说明地下水水位的变化是受三者共同影响的,整体上在非汛期,地下水水位受河流补给的影响较大,6~8月份,地下水位受降水补给的影响较大,蒸散发对水位的影响较大,尤其是在4~9月份,蒸发量较高。

总之,黄河三角洲地下水位与河流补给、降雨补给及蒸散发具有较好的相关性,它们是影响地下水位变化的重要因素。

3 黄河三角洲地下水流数值模型

3.1 黄河三角洲现状数值模拟

3.1.1 模型建立

黄河三角洲地区地下水普遍埋藏较浅,一般为0~5 m。根据已有的水文地质条件,参考山东省地质矿产局第二水文地质工程地质大队(德州)在黄河三角洲境内所进行的地质勘察成果。可将模型概化为非均质、各向异性潜水含水层,运用有限差分方法建立潜水非稳定流运动模型,将研究区剖分为 200 行 × 200 列的矩形单元。

渗透系数和给水度分区见表 1。

表 1　渗透系数和给水度分区

分区	类型	渗透系数(m/d)	给水度
1	含淡水砂层	4	0.2
2	含淡水粘层	0.5	0.1
3	含淡水砂粘互层	1.2	0.15
4	含卤水砂层	1	0.2
5	含卤水粘层	0.001	0.1
6	含咸水砂层	2	0.15
7	含咸水粘层	0.002	0.2
8	含咸水砂粘互层	0.2	0.1
9	其他	0.05	0.7

2004 年,中科院地理科学与资源研究所在现代黄河三角洲范围内布设了 18 口地下水水位观测井,进行长期的地下水水位观测。观测井直径 50 mm,深 5 ~ 6 m,下部为过滤管。观测井主要有两个功能:第一,用来模拟地下水位分布,该结果可以作为模型的初始水位数据倒入模型;第二,用来校正、率定参数,在观测井位置地下水观测值和计算值的直接对比可以更直观的看出,模型是否能反映出地下水水位变化的情况(具体见图 6)。

图 6 为模型计算的地下水水位和实测的观测井水位拟合过程线,从该图中可以看出,模型可以较好地反映出地下水水位的变化趋势,可以被用来模拟及预测未来水位的变化情况。

3.1.2　区域水均衡分析

研究黄河三角洲的水均衡,进一步分析降水、河流及蒸发量对地下水水位的影响程度,可以为改善黄河三角洲的地下水状况策略的制定提供技术支持和科学依据。

黄河三角洲水均衡情况具体见表 2。

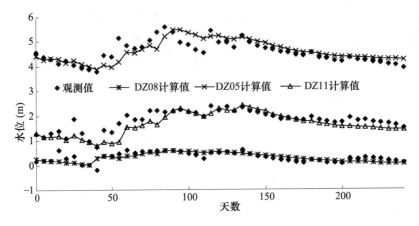

图6 地下水水位拟合过程线

表2 水均衡分析表 （单位:mm）

	月份	5 月	6 月	7 月	8 月	9 月	10 月	11 月	12 月
流入项	总流入	7 940.51	18 574.30	20 369.25	10 751.16	6 390.80	580.15	1 062.89	745.95
	降雨	5 148.83 64.84%	15 477.90 83.33%	18 687.37 91.74%	9 414.48 87.57%	5 903.93 92.38%	336.77 58.05%	722.41 67.97%	587.79 78.80%
	河流	2 262.39 28.49%	2 964.23 15.96%	1 640.12 8.05%	1 278.93 11.90%	357.05 5.59%	9.68 1.67%	137.43 12.93%	6.02 0.81%
	海水	529.29 6.67%	132.17 0.71%	41.76 0.21%	57.75 0.54%	129.82 2.03%	233.70 40.28%	203.05 19.10%	152.14 20.40%
流出项	总流出	13 310.33	10 026.40	10 062.68	10 205.86	9 697.96	6 758.19	4 088.73	2 723.88
	蒸发、蒸腾	12 132.16 91.15%	9 553.43 95.28%	9 741.64 96.81%	10 073.53 98.70%	9 631.04 99.31%	6 749.58 99.87%	4 087.49 99.97%	2 720.52 99.88%
	入海	1 178.17 8.85%	472.97 4.72%	321.04 3.19%	132.33 1.30%	66.92 0.69%	8.61 0.13%	1.24 0.03%	3.36 0.12%
	均衡项	−4 418.38	9 025.81	10 665.01	725.71	−3 461.84	−6 250.30	−3 129.35	−2 088.22

从表2流入项中看出,整体来讲,降雨补给在流入项中所占的比例很大,基本都在占65%以上,尤其在6~9月,降雨补给占绝对的主导地位,由此可见,降雨入渗量随季节变化明显,6~9月为主要的补给期,9月之后,降雨补给明显减少;河流补给在流入项中也占用一定的比例,从5~12月的模拟中可以看出,河流补给在5、6、8、11月所占的比例较大,10、12月河流补给很小,说明河流补给分布极不均匀;海水补给在10~12月占用一定的比例,说明地下水在此时段的盐度有所增加。

从表 2 中流出项看出,潜水的蒸发和植物的蒸腾作用消耗的地下水的量在总的排泄量中占绝对的优势,都在 90% 以上,入海比较小。

从表 2 均衡项目可以看出在 6~8 月份,均衡项为正值,流入项大于流出项,说明该时段降雨河流等补给可以满足植被蒸腾蒸发的需求,而在此之外的时段,均衡项为负值,流入项小于流出项,说明降雨河流等补给不能满足植被蒸腾蒸发的需求。整体上,地下水处于不均衡状态,如果要改善地下水的不均衡状态,满足植被蒸腾散发的需要,就要求采取一些措施,降水量和气候有关,要改变它几乎是不可能的,而河流侧渗补给惠及的范围又十分有限,因此,我们无法靠降水补给和黄河侧渗补给改善地下水不均衡的状态,故需要采取人工干预,对黄河三角洲实施人工补水。

3.2 黄河三角洲预测模拟

3.2.1 黄河三角洲淡水湿地补水区域

黄河,作为黄河三角洲最主要的淡水资源,其资源十分的短缺和宝贵,因此对黄河三角洲生态补水区域及补水里量的选择,是十分值得深入研究和商榷的。

本次研究对生态补水区域的选择和确定,主要是依据 1993 年黄河三角洲自然保护区建立时的结构面积,结合湿地调查、专家咨询等多种途径综合研究而确定的。

根据 DEM 及地理位置的不同,把补水区域划分为 6 个预算区域,区域 1 就是北部自然保护区,补水面积为 3 671 hm^2,初步拟定补水 49 076 131 m^3;南部自然保护区的补水区域包括区域 2、区域 3、区域 4、区域 5、区域 6 等五个预算区域,面积为 22 401 hm^2,初步拟定补水分别为 81 561 829 m^3、36 255 644 m^3、16 216 112 m^3、35 921 428 m^3、96 654 978 m^3;目前选择三种不同的补水方案,分别是 2.78 亿 m^3、3.49 亿 m^3、3.96 亿 m^3,分析比较不同补水方案对地下水位流场及补水区域水量均衡的影响,为进一步制定改善地下水水量均衡策略提供参考。

预算区域面积及各个区域拟补水量具体见表 3。

表 3　预算区域面积及各个区域拟补水量

项目	区域 1	区域 2	区域 3	区域 4	区域 5	区域 6	总计
面积(hm^2)	3 671	5 101.3	2 712.3	1 213.2	2 686.8	7 229.6	22 614.2
补水量(m^3)	43 250 987.8	71 880 761.8	31 952 241.6	14 291 323	31 657 697	85 182 414	278 215 425
补水量(m^3)	54 263 987.8	90 183 761.8	40 088 241.6	17 930 323	39 718 697	1.07E+08	349 057 425
补水量(m^3)	61 605 987.8	102 385 762	45 512 241.6	20 356 323	45 092 697	1.21E+08	396 285 425

3.2.2 地下水水位流场分析

分析研究 0、2.78 亿 m^3、3.49 亿 m^3、3.96 亿 m^3 等不同补水方案下地下水水位的变化,研究补水对地下水水位的影响,其变化具体见图 8、图 9、图 10、

图11。

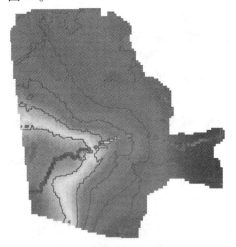

图8　0补水状态地下水位等值线图

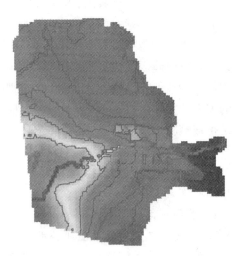

图9　2.78亿 m³ 地下水位等值线图

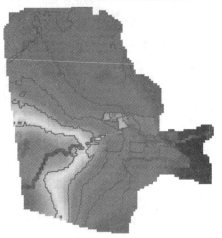

图10　3.49亿 m³ 地下水位等值线图

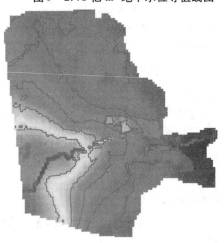

图11　3.96亿 m³ 地下水位等值线图

　　地下水空间分布分析:从图8～图11不同补水量对应的地下水位等值线图来看,地下水流场整体呈现如下趋势:等势面沿渤海呈环状分布。地下水流向与地表高程变化方向一致,以现行黄河河道和黄河故道为分水岭,分为北、东北、东南三股主流方向向海排泄。在现代黄河附近地下水水位高、等值线密度大,河水的补给作用强烈。河水侧渗补给的影响约在沿河附近2.5 km的范围内。黄河故道,地下水埋藏深,潜水蒸发量小,地下水水位略高于周围,形成以故道为脊的地下水丘。平地地下水水位沿着地表高程下降的方向降低,水力梯度近似于地表高程等值线的变化幅度。滨海地区地下水等值线变化平缓,水力坡度小,地下水向海排泄,流动缓慢。分析比较图8、图9、图10、图11,整体来讲,地下水流场分布趋势变化不大,地下水流向与地表高程变化方向基本仍然保持一致,但是对于局部区域,地下水位有所变化,尤其是补水区域,图9、图10、图11补水区域的地下水位明显比图8没有补水的情况下水位高一些,图9、图10、图11,在补水2.78亿 m³、3.49亿 m³、3.96亿 m³ 等不同方案情况下,补水区域地下水水位也略有不同,但是变化比较细微,整体来看,3.49亿 m³ 补水情况下,地下水水位略高。总之,补水对地下水的影响十分复杂,有待进一步深入研究。

3.2.3 水均衡分析

研究水均衡,分析补水后,该区域的输入项是否大于输出项,即补给量是否能够满足植被蒸腾和潜水蒸发的需求,这对于地下水的管理、改善具有重要的意义。

不同补水方案下各个预算区水均衡情况见图12预算区水均衡变化曲线。

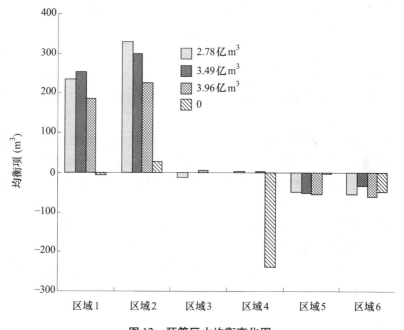

图12 预算区水均衡变化图

从图12预算区水均衡变化图可以看出,0补水情况下,除了区域2以外,其他区域均为负值,说明输入项小于输出项,补给水量不能满足植被蒸腾和潜水蒸发的需求,这种情形在区域4最为明显;2.78亿 m³ 补水情况下,区域1、区域2及区域4均衡项为正值,说明输入项大于输出项,补给水量可以满足植被蒸腾和潜水蒸发的需求,相反,区域3、区域5、区域6为负值,说明输入项小于输出项,补给量不能满足植被蒸腾和潜水蒸发的需求;3.49亿 m³ 补水情况下,区域1、区域 2 及区域 3 均衡项为正值,说明输入项大于输出项,补给水量可以满足植被蒸腾和潜水蒸发的需求,相反,区域 4、区域 5、区域 6 为负值,说明输入项小于输出项,补给量不能满足植被蒸腾和潜水蒸发的需求;3.96 亿 m³ 补水情况下,区域 1、区域 2、区域 3 及区域 4 均衡项为正值,说明输入项大于输出项,补给水量可以满足植被蒸腾和潜水蒸发的需求,相反,区域 5、区域 6 为负值,说明输入项小于输出项,补给量不能满足植被蒸腾和潜水蒸发的需求。比较 2.78 亿 m³、3.49 亿 m³、3.96 亿 m³ 等补水方案,3.96 亿 m³ 补水方案相对优胜一些,但是这个补水方案仍然不能使得所有预算区地下水的补给量满足植被蒸腾和潜水蒸发的需求,因此还需要进一步调整研究补水方案,以改善地下水的状况。

4 结论

(1)根据对黄河三角洲的气象、水文、地质等因素的研究,筛选识别出对黄河三角洲地下水位影响较大的三个因素即河流补给、降水补给和蒸发量等。

(2)以近代黄河三角洲为研究区域,借助 Visual Modflow 软件建立可信赖的地下水模型,并对现状(选取 2004 年)进行模拟,从水均衡的角度进一步确定河流补给、降水补给和蒸发量对地下水的影响程度,从 2004 年水均衡分析看,地下水不能维持均衡,补给量不能满足植被蒸腾散发的需求,需要采取人工补水改善该区域的水均衡状态。

(3)依据黄河三角洲湿地自然保护区建立时的湿地组成及现在的实际情况,确定补水面积,并初步选取补水方案(拟定),研究补水对地下水水位流场及水均衡的影响,在该拟定补水方案下,地下水水位流场整体上依然保持流场等势面沿渤海呈环状分布,地下水流向与地表高程变化方向一致这样的趋势,但是局部的地下水位有所变化;比较 2.78 亿 m³、3.49 亿 m³、3.96 亿 m³ 等补水方案,3.96 亿 m³ 补水方案相对优胜一些,但是这个补水方案仍然不能使得所有预算区地下水的补给量满足植被蒸腾和潜水蒸发的需求,因此,还需要进一步调整研究补水方案,以改善地下水的状况。

参 考 文 献

[1] 东营市水利局.东营市水利发展和改革"十一五"规划.2005.
[2] 刘锐,陈莹,等.东营市水环境质量分析及建议.山东水利,2005(1):28 – 29.
[3] Frans Klijn, 1999, Eco – hydrology: groundwater flow an site factors in plant ecology[J]. Hydrogeology Journal,1999,7:65 – 77.
[4] O. Batelaan. Regional groundwater discharge: phreatophyte mapping, groundwater modeling and impact analysis of land – use change. Journal of Hydrology,2003, 275:86 – 108.

［5］ 《东营市水利志》编纂委员会. 东营市水利志［M］. 北京:红旗出版社,2003.

［6］ 赵延茂,宋朝枢. 黄河三角洲自然保护区科学考察集［M］. 中国林业出版社,1995.

［7］ 赵英时. 遥感应用分析原理与方法［M］. 科学出版社,2003,6.

［8］ 刘高焕,H. J. Drost. 黄河三角洲可持续发展图集［M］. 北京:测绘出版社,1996.

［9］ 郭会荣,等. 三门峡库区上游黄河水与地下水转化量计算［J］. 人民黄河,2006,28(7).

黄河河口河道治理历程及
治理对策研究

唐梅英　　丁大发　　何予川　　王红声

（黄河勘测规划设计有限公司）

摘要:黄河河口治理关系到黄河下游防洪安全和黄河三角洲经济社会发展与生态的良性维持,是治理黄河的重要组成部分。本文分析了1855年以来黄河三角洲演变和不同时期流路的变化情况,总结了黄河河口的主要治理历程及治理措施。从维持黄河健康生命和保障河口地区可持续发展的要求出发,提出进一步加强防洪工程建设,稳定清水沟流路,有计划地使用备用入海流路,处理好黄河河口治理与经济社会发展、生态良性维持的关系,以及建立健全科学的管理体制等对策。

关键词:黄河河口　治理对策　入海流路

1　黄河河口治理开发

　　黄河三角洲位于渤海湾与莱州湾之间,属陆相弱潮强烈堆积性河口,是1855年铜瓦厢决口改道夺大清河后入海流路不断变迁而发展形成的。河口三角洲一般指以宁海为顶点,北起套儿尔河口,南至支脉沟口,现有面积约6 000 km^{2}的扇形地区。近50年来为保护河口地区的工农业生产,尾闾河段改道顶点下移至渔洼附近,摆动改道范围也缩小到北起车子沟,南至宋春荣沟,面积2 400多km^{2}的扇形地区。

　　由于黄河每年挟带大量泥沙输往河口,河口长期处于自然淤积、延伸、摆动、改道的循环演变之中。自1855年以来,黄河入海尾闾流路共发生了9次大的变迁(1855年铜瓦厢决口夺大清河为首次入海流路),其中1889~1953年改道6次,顶点在宁海附近;1953年以后改道3次,顶点在渔洼附近。黄河三角洲的演变大体经历了1855~1889年改道入渤海以后的初期阶段、1889~1949年尾闾河道基本处于自然变迁阶段及1949年至今的人工计划改道阶段。

　　黄河下游河道以"善淤、善决、善徙"而著称于世。河流泛滥于淮河和海河下游广大平原地区,黄河入海河口也随黄河下游河道的变迁而变动,时而入黄海,时而入渤海。

1.1　古代治河期间

北宋定都开封,当时黄河以走北路入渤海为主,宋王朝为避京城水害,防御北方新崛起的辽、金侵犯以及稳定社会发展经济,对治理黄河十分重视。在堤、埽的修筑技术,裁弯和拖淤等治河措施以及发展漕运和灌溉农田、放淤等方面均有较大发展。其中,欧阳修在其疏奏中第一次提及了河口的淤积及其影响问题。苏辙在其疏奏中总结了黄河形不成江心洲分汊河型和黄河口在淤积状态下不可能形成网状河口的缘由。

明、清两代定都北京,统治时间较长,均以维护漕运为国家大计。主张治河不单纯避其害而设法资其利以济漕运,对河口的治理也很重视。如河官潘季驯的《河防一览》、万恭的《治河筌蹄》、靳辅的《治河方略》、陈潢的《河防述言》等,沿黄地区的州、县志中,以及各种记述河防大事的史料中对黄河和黄河口的特性、演变规律和治理措施均有精辟详尽的分析研究。分析研究的内容不限于黄河下游河道,同时也涉及到了河口自然演变的基本规律、尾闾河段河床形态的演变以及河口治理的诸项措施。

1.2　近代治河期间

清末和民国初期,社会动荡,军阀混战,加之日军侵华,无暇治理黄河。对黄河河口的研究几乎没有开展。仅李仪祉、张含英、挪威籍安立森及日本东亚研究所第二调查委员会等谈及河口的情况和有关河口治理问题,但无条件落实。

1.3　现代治河期间

20 世纪 50 年代黄河河口的研究资料多为河口尾闾历史调查和查勘报告,并辅以河口情况的介绍;60 年代开始对黄河河口基本情况和基本规律进行系统总结,并首次提出黄河尾闾河道摆动"小循环"的概念,而后又集中进行了河口防洪、防凌、计划改道和水利治理等规划工作。70 年代,河口科研工作有了较大突破和进展,主要表现在以下几个方面:

(1)初步总结了"小循环"河型演变"散乱—归股—顺直—弯曲—出汊—大出汊—改道散乱"的一般规律,并对出汊摆动的条件和判别指标作了初步探讨;

(2)明确地将摆动与改道区分开,并提出摆动的分类问题,同时分析了改道的效果;

(3)在分析了河口延伸与下游水位升高的关系以及壅水淤积形态对比后提出了从长时期宏观的间接影响上看,河口延伸基准面相对升高是引起下游河道持续淤积的主导因素;

(4)通过总结浚淤历史、开展水槽拖淤试验等形式,对河口治理问题进行探讨。

关于黄河河口的治理措施,主要是随着河口三角洲的开垦、人口增加、工农业生产发展的要求而进行的。

1855年黄河改道大清河入渤海以来,在相当长时间内,河口地区,人迹罕至。清光绪八年(1882年)始有垦户出现,至清宣统二年(1910年),垦户渐增,大片荒地被开垦,垦利县由此而得名。这期间由于大量泥沙淤积在陶城铺以上的泛区内,进入河口的泥沙很少,河口还比较稳定。清同治十一年(1872年)以后,随着下游堤防逐渐完备,输送到河口的泥沙增多,河口的淤积、延伸问题逐渐显露,尾闾河道摆动变迁也日益频繁。为保护垦户的土地,河口地区自宁海以下,两岸已修有民埝20余km,均为民修民守,尾闾河道仍处于自然变迁状况。黄河1947年归故前后,渤海解放区分四期对河口段进行复堵,至1949年,左岸大堤修至四段,右岸修至垦利宋家圈东7.5km。

新中国成立后,黄河三角洲开发受到党和国家的重视,先后三次从鲁西南和附近县移民垦荒,垦利县境陆续出现了友林、新林、建林、益林等村落,并先后建立起规模较大的农场、林场、军马场。1961年开始石油开发,随后组织石油会战,建立了胜利油田。大型农牧场的出现和石油开发,特别是1983年东营建市以来,黄河三角洲的经济社会情况发生了很大的变化,目前已成为我国重要的石油开采、加工基地。

随着河口地区生产的发展,对防洪要求日益迫切,不容许尾闾河道再任意改道。为了保护河口地区的工农业生产并减轻黄河下游防洪负担,分别于1953年、1964年和1976年实施了三次人工改道,1996年实施了清8人工改汊,同时,又实施了国家计委批复的河口治理一期工程。

2 河口治理对策研究

2.1 进一步加强防洪工程建设,相对稳定清水沟流路

相对稳定入海流路是河口地区经济社会可持续发展的客观需要。在不影响黄河下游防洪安全的前提下,通过在合理范围内正确的人工干预,实现黄河河口现有流路较长时期内的相对稳定是可能的。

按照西河口10 000 m³/s对应水位12 m(大沽高程,下同)作为改道控制条件,行河次序为清8汊河—北汊—原河道,采用同"小浪底水库运用方式研究项目"中相同的设计水沙系列,利用二维泥沙水动力学数学模型进行模拟预测,计算结果表明:在考虑有计划地安排入海流路并采取河道整治、淤背固堤、挖河疏浚等综合措施情况下,可使清水沟流路在50年或更长时间内保持稳定。

主要工程措施,近期(2010年前)包括对目前堤防高度、强度不能满足设防标准的堤段予以加高加固、结合挖河疏浚淤背加固堤防、对丁字路以上河段加强河道整治工程建设等。远期(2010~2020年)主要包括控导、险工等河道整治工

程加固、改汊工程规划等,同时将钓口河流路作为备用流路加以管护。

2.2 规划备用流路

现有研究表明,在相当长时期内,黄河仍将是一条多泥沙河流,有一定的沙量入海,河口淤积延伸是不可避免的。所以,现有流路的长时间稳定也是有限的,且流路使用过程中还存在有突发性大洪水使尾闾被迫改道的可能性。因此,从长远考虑,为保障黄河下游防洪安全,必须给入海流路留有改道空间,即备用入海流路。

规则备用入海流路着重分析了清水沟以北地区的钓口河流路和马新河流路。其中,钓口河流路为原行河故道(1964~1976年),目前仍保留原河道形态,若改行此道对油田及三角洲开发干扰相对较少,河口海域海洋动力条件也比较有利,但临近清水沟流路,同时河口泥沙淤积是否对东营海港有影响尚待研究。马新河流路是在利津王庄附近改道,向北入海,可将王庄附近的窄河段裁弯取直,将有利于防凌,且马新河流路离清水沟较远,有利于延缓岸线延伸,但此流路现有人口迁安较困难,新河建设投资较大,行河初期防守任务也比较艰巨。

从目前情况分析,刁口河流路比马新河流路更易实施,所以将刁口河流路作为备用入海流路较为理想。

2.3 处理好黄河口治理与社会经济、生态环境之间的关系

河口治理需兼顾地区经济发展布局,经济布局又要总体上服从河口治理,两者都需与生态环境建设相协调。为此,建议河口地区社会经济发展目标定位为以建设石油化工、高效农(牧、渔)业、自然保护区为基础,城镇化、循环经济为特色的节水型生态经济区。

河口地区石油、天然气和卤水资源丰富,发展石油化工的条件得天独厚;以河口湿地为核心的自然保护区是该地区的特色之一,有良好的基础,建议进一步巩固扩大这一优势,维护生态系统,发展生态旅游;河口地区有丰富的土地资源,宜发展速生经济林、枣(林)粮间作等高效生态农业;由于淡水资源贫乏,所以要限制高耗水产业,提高水的重复利用率,控制灌溉用水量,建设节水型生态经济区。

2.4 理顺黄河河口的管理体制和投资体制

河口的治理不仅包括现行河道,也包括备用流路、海岸线,三角洲水资源的统一配置、生态保护及有关的设施建设等,涉及多单位、多部门,只有进行统一管理,才能保证治理有序进行。

长期以来,黄河河口(四段、二十一户以下)治理的各项工程由黄河部门、胜利石油管理局和东营市共同管理,工程投资也由三方筹集。各部门多头管理,各自为政,无序修建工程设施,对河口的防洪和综合治理与开发产生了许多不利

影响。

为了确保河口地区的防洪安全,保证河口必需的流路和容沙范围,为河口地区经济社会的发展创造一个良好的环境,实现人与自然的和谐相处,建议把河口治理纳入国家基本建设体制,由国家投资统一进行治理,按照"统一管理,分级负责"的原则尽快制定出台相应的管理办法,明确各有关部门在河口治理中的责任和权利,使河口治理健康有序地进行。

2.5 加强河口观测和科学研究

翔实、丰富的观测数据是开展黄河河口地区科学研究和制定治理方案的重要基础。目前黄河河口的科学研究滞后,不利于河口的治理进程。建议加大投入,建立河口科学研究基金;加强河口演变、水文、泥沙及海洋动力因素等方面的原型观测;特别要尽快建设河口模型试验基地,为分析、研究、认识,进而掌握河口地区演变的内在自然规律提供科学依据。鉴于黄河河口问题的复杂性,应进一步广泛地开展多学科、多部门相互交叉与协作,特别是要借助于数学模型、物理模型和其他现代科技手段,进行科学研究工作,为制定河口地区科学、合理的治理方案提供决策支持;继续开展河口疏浚试验,为黄河河口治理和三角洲开发与保护提供技术支持。

2.6 其他治理对策

河口治理的其他措施和途径主要有以下几个方面:①以导流工程约束入海方向;②疏浚河口;③利用海洋动力输沙;④西河口高水位分洪工程;⑤治理拦门沙;⑥引海水冲刷等。

诸上治理对策,有的已经比较成熟,已在河口治理实践中发挥了重要作用,例如河道整治、加高加固堤防等;有的理由充分,拟实施或部分已实施,例如河口物理模型试验基地建设、规划备用流路建设等;有的则尚处于试验探索阶段,例如挖拦门沙等;有的争议较大,理论仍需进一步论证,例如巧用海洋动力,固住河口、西河口高水位分洪、引海水冲刷现行入海流路等。这些对策研究极大丰富了河口治理措施的内涵,为尽可能延长清水沟流路的行河时间、预留备用流路、和"维持黄河健康生命"提供了强有力的技术支撑。

3 结语

黄河河口治理是黄河下游防洪减淤体系的重要组成部分,是维系黄河健康生命的重要措施之一。黄河河口的治理涉及黄河下游防洪、三角洲社会经济发展、生态环境保护等因素。所以,黄河河口的治理要遵循黄河三角洲的自然演变规律,以保障黄河下游防洪安全为前提,以改善黄河三角洲的生态环境为根本,充分发挥三角洲地区的资源优势,促进地区经济社会的可持续发展。从战略高度全面规划、统筹兼顾、合理安排,谋求黄河下游的长治久安并促进地区经济社会的可持续发展。近期治理对策应加强以清水沟流路为基础的防洪工程与非工程措施建设,延长清水沟流路的使用年限,为三角洲开发建设提供防洪安全保障,并为三角洲开发建设提供必需的水资源;远期应有计划地安排入海备用流路,适时实施人工改道。

参 考 文 献

[1] 中国水利学会,黄河研究会.黄河河口问题及治理对策研讨会[C].郑州:黄河水利出版社,2003.

[2] 黄河河口近期治理防洪工程建设可行性研究报告[R].郑州:黄委勘测规划设计研究院,2003.

[3] 黄河河口治理规划报告[R].郑州:黄委勘测规划设计研究院,2000.

利用黄河泥沙资源 促进油田勘探开发

王均明 李士国 薛永华 王 勇

（黄河河口管理局）

摘要：受入海泥沙锐减影响，黄河三角洲海岸线由以淤为主转为以蚀为主，造陆面积呈现负增长趋势，严重影响油田开发和当地经济的可持续发展。为遏止海岸蚀退，促进油田勘探开发，应及早实施北汊河出汊工程，利用黄河泥沙淤积保护孤东海堤。清水沟和刁口河两条流路轮换使用，保持刁口河河口海岸动态平衡。

关键词：海岸蚀退 防护 泥沙资源 黄河

1 概述

黄河每年挟带大量泥沙进入河口，由于海洋动力相对弱，绝大部分泥沙淤积在河口河道及滨海区域，造成河口河道淤积抬升，流路淤积延伸，相对抬高了黄河下游河道侵蚀基准面，加剧了河道的抬升速度，给黄河下游防洪带来了巨大压力。

新中国成立以来，黄河河口先后实施了1953年神仙沟、1964年刁口河、1976年清水沟三次大的人工改道，河长在改道初期缩短，淤积速度相对减慢，防洪压力临时得到缓解。但因上游来沙量大，河口延伸速度快，改道所带来的优势很快被河口延伸所削弱，仍不能改变河床持续抬升的局面。

现行清水沟流路行河至1996年5月，期间利津站来水5 075亿 m³，来沙134亿 t，大量泥沙进入河口填海造陆，致使沙嘴不断向海域推进，河长由改道初的27 km延伸到65 km，共延长38 km，利津站3 000 m³/s水位已超过1958年10 400 m³/s的水位，西河口流量10 000 m³/s的相应水位已由改道时的10.0 m（大沽，下同）抬高至11.12 m。为了缓解河口地区防洪压力，延长清水沟流路使用年限，结合胜利油田造陆采油的需要，于1996年5月在清8断面附近实施了人工出汊造陆采油工程，流路长度较出汊前缩短了16 km。清8出汊以后，由于入海流程缩短，发生了较明显的溯源冲刷，同流量水位降低，在缓解河口地区防洪压力的同时，也探索了趋利避害的路子。由于1996年以来入海泥沙锐减，黄河三角洲海岸线正从淤进蚀退并存以淤进为主向淤进与蚀退并存以蚀退为主转变，造陆面积呈现负增长趋势，导致三角洲海岸线蚀退，土地资源流失，严重影响当地经济的可持续发展。

2　黄河入海水沙变化

据统计,黄河多年(1950～2003 年)平均入海径流量为 324.42 亿 m³,1950～1985 年平均入海径流量为 418.52 亿 m³。1986 年以来,黄河流域降雨持续偏少,属连续枯水年份,加之流域工农业迅速发展和人口的不断增长,冬春季节引用水量明显增加,黄河入海水量有大幅度的减少。1986～2003 年,年平均入海径流量为 136.22 亿 m³,为多年平均值(1950～2003 年 324.42 亿 m³)的 42.0%。特别是近几年来水进入特枯年份,自 1999 年实行水量统一调度以来,1999～2003 年年平均入海水量仅为 78.92 亿 m³,占多年平均值的 24.33%,减少非常明显。

每年挟带入海口悬沙总量的多年(1950～2003 年)平均值为 8.14 亿 t。1986 年以后进入枯水少沙期,年平均输沙总量为 3.41 亿 t,为多年均值的 41%。1996 年以后来沙更枯,年平均输沙总量仅为 1.85 亿 t,为多年均值的 23%。

3　三角洲海岸蚀退及对油田开采的影响

随着黄河入海水沙大幅度的减少,三角洲海岸的侵蚀严重的现象日益凸现。据观测,从 1996 年至 2004 年 9 年间,黄河三角洲土地平均每年减少 7.6 km²。1976 年刁口河流路停水停沙以后,其附近海岸线一直处于蚀退状态。至 2000 年 24 年间,刁口河沙嘴最突出部位(飞雁滩油田)蚀退距离达 10.5 km,0 m 线最大蚀退 11.9 km。清水沟流路原口门,由于失去了泥沙补给,从 1996 年到 2004 年沙嘴顶端蚀退了约 3.1 km。三角洲海岸线蚀退,使得滩海油田由原来的陆采变为海采,增加了采油的成本和难度。

对于有海堤保护的海岸,如孤东油田临海段堤外地面则不断地冲蚀淘深,滩地高程由 1987 年修建时的 0.5 m 左右降至 2002 年的 -4.5 m(见图 1)。海堤堤前岸滩的冲刷剥蚀给海堤安全带来一系列问题:一方面相对增加了海堤的堤身高度,造成坝体的整体稳定安全系数大大减小,远低于规范要求,海堤随时都会出现整体失稳溃坝的危险;另一方面由于堤前滩地降低,水深加大,风浪作用加剧,现有海堤堤顶高程不满足规范要求。孤东海堤建设初期在滩地高程 0.55 m,潮位 3.5 m 时,堤顶规范设计高程为 5.66 m,现状堤顶挡浪墙顶高程为 5.6 m,基本满足设计要求。而目前海堤外滩地高程为 -4.5 m,按照规范要求堤顶高程至少要达到 9.26 m,现状的挡浪墙顶高程远远满足不了规范的防潮标准。

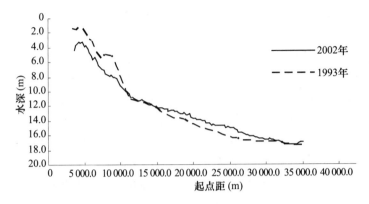

图 1　4200000 断面 1993 年与 2002 年水深对比图

4　利用黄河泥沙资源,促进油田勘探开发

4.1　利用北汊河沉沙防护孤东海堤

黄河口的治理除了防洪保安全,也一直服务和兼顾当地经济社会发展及油田的开发,孤东油田就是在黄河泥沙淤积造陆的基础上建成的。经过近 20 年的开发建设,已逐步建成 50 年一遇防潮标准的封闭圈堤,使其成为完全的陆地开发,保证了日常生产不受一般潮汐的影响。1986 年 6 月,滨海油田为了分流分沙,积孤东油田以东海域,减轻海潮对孤东围堤的威胁,在清 7 断面左岸以下 500 m 处开挖了北汊河,后惟恐北汊河改道威胁孤东油田的安全,于 1987 年 10 月将北汊河堵截,此后一直未再使用。近十几年来,由于受入海泥沙锐减以及波浪、潮流、风暴潮等因素的影响,孤东油田临海堤段岸线堤外地面不断地冲蚀淘深,造成围堤护坡塌落,坡度变陡失稳,防护的难度也在不断增加,而且每年还需投入大量资金对其进行修复维护。

清 8 汊河原计划行水 4~5 年的时间淤成新滩油田。由于水沙条件变化,目前已走河 10 年,西河口以下河长也由初期的 49 km 延伸到 59 km。2002 年以来,小浪底水库已连续实施了 4 次调水调沙试验,其主要目标是减缓下游河道淤积。调水调沙不可避免地将上游冲刷下来的泥沙带入河口,造成行水口门淤积、造陆速率加快。据统计,自 2000~2004 年口门淤积 4.579 亿 m³(合5.49 亿 t),占同时期利津来沙量 5.87 亿 t 的 93.5%,可见,虽然来沙量不大,但河口流路延伸速度较快(平均 1 km/a 左右)。今后调水调沙转入正常运行,也就意味着如果有水就实施这样的水沙过程,必然加速口门淤积造陆。新滩油田淤成以后,应及早实施北汊河出汊工程,利用黄河泥沙淤积保护孤东海堤。

4.2　清水沟和刁口河两条流路轮换使用,维护刁口河口海岸动态平衡

自 1976 年黄河改行清水沟入海后,刁口河沙嘴及附近海岸线由于没有泥沙

补充,开始进入强烈侵蚀期。1976~1986年,刁口河沙嘴蚀退了约6 km,蚀退面积约100 km²,1986~2000年沙嘴蚀退了1 km左右,蚀退面积为37 km²左右。可以看出,1986年以前沙嘴蚀退的速度较快,而1986年以后蚀退较慢,变化不大。刁口河口附近海岸1976~1980年平均蚀退速率为0.9 km/a;1980~1990年为0.24 km/a;1990~1995年为0.15 km/a,19年平均蚀退速率为0.43 km/a。至2000年5月24年间,刁口河沙嘴最突出部位(飞雁滩油田)0 m等深线冲刷后退达10.5 km,15 km范围岸线平均蚀退7.67 km,年均蚀退速率为0.319 km/a,蚀退面积为115.1 km²,速率为4.8 km²/a(若桩西海堤不修则蚀退面积还要大)。目前,0 m等深线已进入飞雁滩油田内部,高潮已淹到飞雁滩油田东西路,若任其发展,位于刁口河口门附近的飞雁滩、桩106等油田很快会变成海上油田。为遏制海岸蚀退的趋势,可在清水沟入海期间,择机改走刁口河流路,实施两条流路轮换使用,利用黄河泥沙淤积,促使刁口河口海岸冲淤达到动态平衡状态。

4.3 利用疏浚泥沙,为口门附近油田开采创造有利条件

黄河是多泥沙河流的属性将会长期存在,每年仍会有大量的泥沙输往河口,入海流路必然持续淤积延伸。因此,利用国内外的先进技术和挖沙设备,在河口河段有计划地进行挖河疏浚十分必要。同时,挖河疏浚结合口门附近油田的开发,将泥沙填海造陆,变海上开发为陆地开发,大大降低成本,增加经济效益。

5 结语

近十几年,由于入海泥沙甚少,导致黄河三角洲海岸线以蚀为主,并由此带来一系列问题:一是土地资源流失,二是海水入侵上溯,严重影响油田开发和河口地区农业生产及生态环境。因此,在黄河入海泥沙日益减少的情况下,应将其作为一种宝贵的资源,充分合理地利用。在确保黄河防洪安全的前提下,实施有计划地出汊,利用泥沙填海造陆,维护海岸冲淤的动态平衡,促进当地及油田的开发建设。

黄河河口演变对下游河道反馈
影响研究*

陈雄波　安催花　钱　裕　彭　瑜

（黄河勘测规划设计有限公司）

摘要：分析黄河口演变对下游河道宏观、中观和微观的反馈影响，说明它们之间是辩证统一的关系；河口长度是决定反馈影响的控制因素；为了减小河口淤积延伸对下游河道的反馈影响，应在黄河中上游、下游、尾闾河段采取综合治理措施，尽量缩短河长。

关键词：黄河口　下游河道　反馈影响　河长

1　研究现状

黄河口淤积延伸对下游河道的反馈影响，目前有两种主要观点：①来水来沙条件是决定黄河下游淤积的主要因素，河口淤积延伸影响长度和淤积量有限，可称为沿程淤积论；②河口延伸是下游淤积的直接原因，下游河道纵剖面调整近于平行抬高，从宏观上看属于溯源淤积，可称为平行抬高论。

两种观点的差别是：沿程淤积论从较短的时间尺度上研究河口淤积延伸对下游河道的反馈影响；平行抬高论从宏观、长时间的角度来分析下游冲淤量，认为河床纵剖面形态调整接近于平行抬升。

2　河口演变对下游宏观和中观的反馈影响

2.1　河口淤积延伸对下游河道的宏观影响

从渤海湾海岸线变迁可知，凡是黄河行河的地方，岸线不断外移，随着三角洲的淤长，如果仍要维持排水输沙入海比降，需要抬高上游河道水位，从而产生类似基准面抬升的效果，反馈影响向上传播；分析明清两代废黄河决溢部位与决溢时间的关系、铜瓦厢决口前后下游河道决口地点及决口年份的关系，都表明河口延伸通过溯源淤积影响下游河道的淤积过程。因此，黄河口演变的宏观反馈影响波及到整个下游河道。

＊　国家科技支撑计划课题：黄河泥沙空间优化配置模式研究，课题编号：2006BAB06B03.

2.2 河口淤积延伸对下游河道的中观影响

20世纪50年代黄河口地区有详细实测资料以来,经历了1953~1963年神仙沟、1964~1975年刁口河、1976~1996年清水沟原河道三次小循环。由于1960~1964年下游河道受到三门峡水库应用的重大影响,发生沿程冲刷,同时河口处发生汊河改道,因此分析中观影响时将1953~1975年作为一个循环来研究。分析下游河道在每个小循环起点和终点期间水位、冲淤量的变化,研究河口演变对下游河道的反馈影响,称为河口淤积延伸对下游河道的中观影响。

2.2.1 沿程水位变化

1954~1996年下游各站3 000 m³/s历年汛前汛后水位过程图,如图1所示。

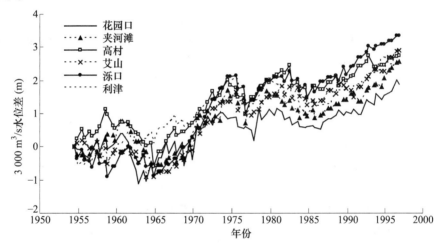

图1 黄河下游1954~1996年3 000 m³/s水位

分析图1,各站1954~1975年和1954~1996年的水位都表现出泺口、利津抬升值最大,花园口抬升最小,中部河段三站正好处于中间的下大上小的情况,这是典型溯源淤积影响的纵剖面形态。在流路完成一次小循环的时段内,通过溯源淤积,河口延伸对下游产生深远的反馈影响,影响直至花园口。

2.2.2 下游河道冲淤量调整

河道边界条件较大的改变,或发生连续性的变化,由此引起的黄河下游河道的冲淤和纵剖面的调整,需要几年的较长时间。但在水沙条件接近多年平均情况和河口稳定淤长时段,整个下游河道围绕相对平衡的冲淤调整相对较快,从而使20世纪70年代整个下游河道的冲淤演变基本上保持了相对稳定同步升降的趋势,80年代后出现了下游上下两头河段花园口、夹河滩和利津三站水位抬升相对偏低,中部河段高村、艾山和泺口三站水位抬升相对偏高的情况,但从黄河下游河段水位变化过程知,没有明显出现高村以上河段变缓和泺口以下河段比降明显变陡的情况。从中观角度上看,河口延伸对下游河道淤积的深远影响。

根据以上分析,当来水来沙条件和河口基面条件发生较大改变时,将引起黄河下游上下两头河段的激烈调整,从而表现出上下两头河段依据各自主导影响因素相应变化的特点和二者的不同步性;但二者最终将较快地趋向于相对稳定的平衡纵剖面,并同步于河口相对基准面的状况而演变发展,整个下游河道的冲淤将围绕相对平衡纵剖面波动而大体同步发展。由多年平均看,黄河下游河道淤积量、水位抬升值都是下大上小,表明下游淤积从中观尺度上属于溯源淤积。

3 黄河下游及河口地区纵剖面调整分析

3.1 不同水沙条件下黄河下游及河口纵剖面的调整

1950年至1960年为丰水多沙系列,大洪水发生次数多,漫滩洪水淤滩刷槽,对冲淤量纵横向分布有很大影响。1960年与1950年的纵比降,除高村—孙口有所减小外,下游其余各段均有所增加。河口地区河长减小后,比降有所增大。

1960年10月至1964年10月为三门峡水库拦沙期,下游河道发生冲刷。下游冲刷23.1亿t,强烈冲刷发生在孙口以上,冲刷强度沿程逐渐减弱,1964年孙口以上纵比降与1960年相差不大,孙口—利津各段比降均较1960年有所减少,最多减少了9.8%,而利津以下受改道影响,纵比降增加。

1964年10月至1973年10月,三门峡水库大量排沙,造成严重淤积。下游河道淤积分布发生了变化,两头增加,中间减少。由于河道淤积严重,下游河道沿程各站的水位都显著抬高,年均升高值除铁谢、裴峪等上游站较小外,其余各站都在0.2~0.3 m。各河段的纵比降,1973年与1964年相比较,除孙口—艾山河段减少了5.2%外,其余各河段变化不大。

1973年10月至1980年10月,下游年均淤积1.81亿t,但绝大部分泥沙淤积在滩地上,花园口以上水位每年下降0.02~0.05 m,夹河滩—张肖堂每年升高0.05~0.10 m,道旭至利津受河口改走清水沟流路溯源冲刷的影响,基本没有升高。1976年、1980年各河段的纵比降与1973年相比较,变化很小。1980年汛后改道后的河口已形成顺直单一河槽,利津以下比降仍比1973年大。

1980年10月至1985年10月来水偏丰、来沙偏少,中水流量历时长,下游河道共冲刷4.85亿t,从1985年下游各河段纵比降看,与1976年相比较,花园口—艾山略有减少,艾山以下略有增加,总的看变化不大。河口地区河槽通畅,1985年利津—西河口水位比改道前降低了0.7 m左右,在一定程度上缓和了河口地区的防洪负担。

1985 年 10 月至 1996 年 10 月枯水少沙,下游河道年均淤积 2.47 亿 t,淤积主要集中在上段,铁谢—夹河滩的淤积量占下游总淤积量的 50.2%;孙口以下的淤积集中在主槽。夹河滩以上每年升高 0.10 ~ 0.16 m,夹河滩—刘家园每年升高 0.12 ~ 0.16 m,近河口段上升值稍大,张肖堂以下每年升高 0.15 ~ 0.17 m。1996 年口门调整初期,利津以下纵比降增大,但比前三次改道初期时都小。

1996 年 10 月至 2000 年 10 月为极枯水沙系列,下游河道共淤积 1.86 亿 t,大部分在主槽内,主要集中在夹河滩—泺口,表明淤积重心下移,下游纵比降增加。河口地区受改道的影响,利津—西河口以沿程冲刷为主,西河口以下以溯源冲刷为主,河口纵比降减小。

2000 年 10 月至 2004 年 10 月为极枯水沙系列,但小浪底水库拦沙和调水调沙,河道共冲刷 8.2 亿 t,冲刷量集中在主槽内,冲刷部位主要在高村以上,下游纵比降减小。河口地区除了受清水冲刷的影响外,还进行了第二次和第三次挖河固堤工程,纵比降继续减小。

从各时段下游淤积量的调整部位看,淤积部位正在逐年下移,这与河床纵比降的调整密切相关;小浪底水库运用后,黄河下游有所冲刷,冲刷量大部分在河南境内,下游纵比降减小。

3.2 黄河下游及河口纵剖面的影响因素分析

3.2.1 黄河下游纵剖面调整特点

图 2 为黄河下游平均含沙量与单方水体冲淤量的关系。如图可见,当冲淤平衡时,临界含沙量一般为 18 ~ 22 kg/m³。

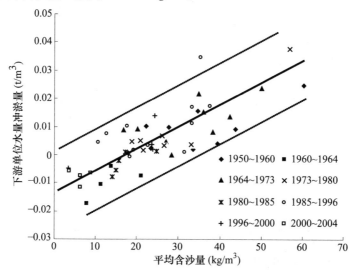

图 2 黄河下游年平均含沙量与单方水体冲淤量的关系

3.2.2 黄河口地区纵剖面调整机理

改道之初,河道长度缩短,侵蚀基准面相对降低,致使紧挨河口的河段比降陡增,河床冲刷,床面降低,而降低的河床又改变了该河段上一段河段的侵蚀基准面,使这段河道也重复了前一段河道的冲刷降低过程,如此周而复始,河口改道的影响不断向上游传递,随着转变生成的水流动能的沿程消耗,必然会在河道某一点水流动能消耗殆尽,河口演变对该位置的影响可以忽略不计。

河流改道后期,尾闾河道淤积延伸,临近河口的河段比降变缓,水流挟沙力变小,水深变小,挟沙力增大,河段比降朝着增大的方向发展;淤积抬升的河床使毗邻的上段河道下边界侵蚀基准面抬升,如此周而复始,淤积延伸的影响不断向上游传递,必然会在某一点由淤积延伸造成的势能增加量为零,即河道淤积延伸影响发展的最远位置。

3.2.3 黄河下游及河口纵比降与来水来沙等的关系

花园口—利津纵剖面的变化与来水来沙条件有关,建立如下关系:

$$\ln J = 0.007\ 2 \times \ln S - 0.006\ 1 \times \ln Q + 0.417 \times \frac{L}{L_t} + 12.69 D_{50} - 0.942 \quad (1)$$

式(1)中 J 比降,以万分比计,Q、S 分别为进口站的平均流量和含沙量,L 为河段到铁谢的距离,L_t 为计算时段内铁谢到河口的平均距离,D_{50} 为床沙中值粒径,以 mm 计。图 3 为式(1)的计算值与实测值的对比,利津以上比较符合。

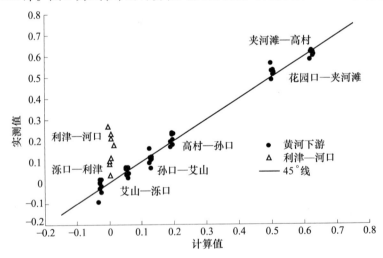

图 3   各河段式(1)计算值与实测值的对比

从图 3 还可以看出,利津以下的河口河段,式(1)计算值与实测值偏差较大。利用利津—入海口的实测资料,可以建立如下关系:

$$J_0 = 0.08 \times \ln S - 0.054 \times \ln Q - 0.315 \times \ln L_0 + 2.51 \quad (2)$$

式(2)中 J_0 为利津—河口纵比降,以万分比计,Q、S 分别为利津平均流量和含沙量,L_0 为西河口以下河长,式(2)计算值与实测值符合也较好。

通过分析黄河下游纵剖面变化特点和式(1)、式(2)可见,从微观观点来看,来水来沙条件是决定花园口—利津冲淤特性的控制因素,河道持续性堆积是因为纵比降没有达到平衡输沙所要求的比降。若含沙量越大,流量越小,则纵比降会增加,说明淤积量上大下小,呈现出明显的沿程淤积形态,对下游防洪减淤不利。

4 河口演变对下游微观反馈影响范围

4.1 溯源淤积与溯源冲刷影响范围的判断

河口演变对下游河道的反馈影响分为两类,即溯源冲刷和溯源淤积。溯源冲刷发展自下而上,河床降低幅度下大上小。根据 3 000 m³/s 的水位,找出水位下降幅度下大上小和上大下小的衔接断面,即为溯源冲刷上界。类似可确定溯源淤积上界。

4.2 各流路溯源冲刷和溯源淤积影响的范围

在 1953 年来的各时段内,溯源冲刷或溯源淤积上界见表1。

表 1　溯源冲刷或溯源淤积的影响范围

流路	时间	溯源冲刷	溯源淤积	利津站 S/Q	改道河长缩短(km)	流路延伸(km)	影响范围	距一号坝(km)
神仙沟	1953.7~1955.7	√		0.018 5	11	4.5	刘家园	156.6
	1961.7~1963.10		√	0.008 52		18.5	道旭	61.9
刁口河	1966.7~1969.7	√		0.016 4	22	20.3	利津	27.5
	1974.7~1975.10		√	0.021 2		24.1	张肖堂	72.9
清水沟原河道	1976.7~1979.7		√	0.030 7	37	18.7	利津——一号坝	0~28
	1979.7~1982.7	√		0.033 6		26.3	麻湾	41.5
	1982.7~1985.7	√		0.014 4		29.4	刘家园	156.6
	1990.7~1993.7		√	0.052 7		35.0	利津	27.5
	1993.7~1995.10		√	0.050 8		38.9	清河镇	99.1
清8汊河	1996.7~1998.7	√		0.089 6	16	5.5	麻湾	41.5
	1998.7~2000.7		√	0.114		9	利津	27.5

4.3 决定溯源冲刷和溯源淤积影响范围的控制因素

从表1可以看出,决定河口演变对下游河道反馈影响范围的因素有:①来水来沙条件,以利津站来沙系数 S/Q 作为代表;②改道时河长缩短长度 ΔL;③流路延伸长度 L_s。溯源冲刷影响范围与一号坝的距离 L_C 可以写成:

$$L_C = 1.00 \times 10^{-4} \times \left(\frac{S}{Q}\right)^{-1.75} \times (\Delta L)^{5.51} \times (L_s)^{-3.89} \tag{3}$$

溯源淤积影响范围与一号坝的距离 L_Y 可以写成：

$$L_Y = 144.5 \times \left(\frac{S}{Q}\right)^{0.352} \times (\Delta L)^{-1.75} \times (L_S)^{1.78} \tag{4}$$

图 4 为式（3）、式（4）计算值与实测值的对比，两者都比较接近。从两式可见，当利津来沙系数越小、改道时缩短长度越长、新河延伸长度越短，则溯源冲刷影响范围越大；反之，利津来沙系数越大、改道时缩短长度越小、新河延伸长度越长，则溯源淤积影响范围越大。河口长度直接决定改道时缩短长度和新河延伸长度，因此河口长度是决定微观反馈影响范围的控制因素。

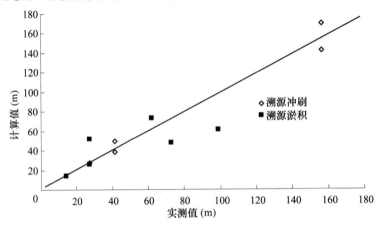

图 4　溯源冲刷和溯源淤积影响范围计算值与实测值的对比

5　减少河口演变对下游反馈影响的措施

5.1　河口演变对下游反馈影响的总结

黄河口演变对下游的反馈的宏观影响，河口淤积延伸、海岸线普遍外移对下游河道产生深远影响，导致堤防决口地点不断向上移动；中观上，一条流路起点与终点的时段范围内，河口基准面的影响波及整个下游冲积性河段，下游淤积属于溯源淤积；微观上，下游河道冲淤过程受水沙条件与河口基准面共同影响，以沿程冲淤为主、溯源冲淤为辅。河口演变对下游反馈影响宏观、中观和微观的特点，是辩证的对立统一关系。河道长度是反馈影响的关键因素，减少河口淤积延伸对下游河道的反馈影响，就要尽量缩短河长。

5.2　减少河口演变对黄河下游反馈影响的措施

为了尽量缩短河长，应在来水来沙、河道整治、有计划安排流路、增强海洋输沙能力等方面，黄河中上游、下游、河口尾闾段综合治理。①黄河中上游进行包括水利水保建设、水沙调控体系的建设和完善、放淤工程建设等减沙措施；②下游措施包括河道整治、引水引沙;③尾间河段治理包括合理安排流路、挖河疏浚、引高含沙洪水放淤、修建双导堤防工程增强海洋动力、输沙能力等。

参 考 文 献

[1] 钱意颖,叶青超,曾庆华.黄河干流水沙变化与河床演变[M].北京:中国建材工业出版社,1993.

[2] 谢鉴衡.江河演变与治理研究[M].武汉:武汉大学出版社,2004.

治理黄河河口的重要措施

——关于在黄河河口地区进行放淤改土的设想

姜树国[1] 刘金福[1] 张 生[2]

(1.济南市黄河工程局;2.山东龙信达咨询监理有限公司)

摘要:"拦、排、调、放、挖"是近期治理黄河泥沙的主要途径。黄河河口地区存有世界上最年轻的土地,利用维持黄河健康生命的水量,有计划地进行放淤改土,既减少了河口河道的淤积、延长了黄河的寿命,又改造了黄河河口地区的土地,是功在当代、利在千秋的大事,应积极推进。本文试图通过对当地自然环境的调查,论证在河口地区进行放淤改土的可行性,以及其对河口河道的减淤作用。

关键词:水量 沙量 淤沙量 效益 认识

河口地区受黄河和渤海的共同作用,形成大量的盐碱地和湿地。利用现有黄河引黄闸引黄河水,对原渠道进行适当改造,对盐碱地和部分湿地(以不影响生态环境为前提)进行放淤改良,既能使改良后的土地为人类造福,又减少了河口河道的淤积量,有利于提高黄河健康生命的整体价值。根据对现场情况的了解,提出了对该设想的实施途径。

1 黄河口现行流路稳定的必要性

黄河入海口地处山东省北部、渤海南岸。由于黄河的淤积,在入海口周围形成的年轻土地称为黄河三角洲。黄河三角洲是山东半岛和京津两大经济发达地区的连接地带,是我国三大三角洲之一。黄河三角洲土地辽阔,具有丰富的石油、天然气、卤水等资源,还有大面积的浅海海面、滩涂和草场。特别是胜利油田已发展成为我国第二大油田,年产量约 3 000 万 t,油田勘探表明,仅清水沟流路入海口附近地下石油储量即达 3 706 万 t。据有关资料记载,黄河出海口附近总湿地面积 4 500 km², 其中湿地保护区 1 500 km²,盐碱地 330 km²。黄河入海口两侧新淤地,是中国暖温带最完整、最广阔、最年轻的湿地生态系统。黄河口地势平坦,土地辽阔,是黄河下游的"金三角",开发潜力很大。然而,黄河三角洲的开发与我国长江、珠江三角洲相比还远远滞后,其原因是多方面的。黄河入海流路不稳定是重要原因之一。黄河三角洲的全面开发,特别是石油开发,要求黄河入海口必须长期稳定。因此,加快黄河河口治理是非常必要的,它不仅影响着黄河三角洲地区的现在,而且关系到未来,并对整个黄河下游的长治久安起着关键作用。利用各种工程措施,如修建导流堤、调水调沙、引水放淤等,都能起到延长现有入海流路使用寿命、实现流路长期稳定的目标。本文仅提出放淤对河口进行治理的方案加以探讨。

2 基本数据

2.1 基本思路

黄河河口是世界上最复杂、最难治理的河口之一,对其开展的研究和治理实践极富挑战性,"淤积、延伸、摆动、改道"是黄河河口在一定水沙条件下的自然规律,这是目前黄河人对河口治理的基本认识。我们认为采取一定的工程措施,利用黄河引水闸对两岸盐碱地、湿地进行引黄放淤,减少入海口的泥沙,可以延长现有河口流路的寿命。

2.2 能够利用的涵闸统计

根据对现场情况的调查,黄河河口堤防两岸,利津(左岸)垦利(右岸)以下共有涵闸 7 座,累计设计最大流量 471m^3/s。

东关闸(左岸、利津),大堤桩号:309 +350,设计流量 1.0 m^3/s。

王庄闸(左岸),大堤桩号:328 +368,设计流量 120 m^3/s。

神仙沟闸(左岸),北大堤桩号:18 +112,设计流量 25 m^3/s。

西双河闸(右岸、垦利),大堤桩号:239 +054,设计流量 100 m^3/s。

十八户闸(右岸):大堤桩号:246 +500,设计流量 200 m^3/s。

五七闸(右岸):南防洪堤桩号:3 +000,设计流量 15 m^3/s。

垦东闸(右岸):南防洪堤桩号:18 +000,设计流量 10 m^3/s。

2.3 近几年调水调沙时,引水量与入海沙量统计

第一次调水调沙,自 2002 年 7 月 4 日上午 9 时至 7 月 15 日上午 9 时止,历时 11 天,下泄总水量 26.06 亿 m^3,黄河下游河道泥沙冲刷量为 0.362 亿 t。

第二次调水调沙,自 2003 年 9 月 6 日 9 时开始,9 月 18 日 9 时 30 分结束,历时 12.4 天,入海水量 27.19 亿 m^3,入海沙量 1.207 亿 t,下游河道冲刷泥沙 0.456亿 t。

第三次调水调沙,自 2004 年 6 月 19 日开始,7 月 13 日 8 时结束,历时 24 天,除去小流量下泄 5 天,实际历时 19 天。利津入海水量 45.39 亿 m^3,入海沙量 0.685 9 亿 t,下游河道冲刷 0.642 2 亿 t。

根据以上三年调水调沙情况统计:平均年入海水量 32.88 亿 m^3、年入海沙量 0.751 6 亿 t。

2.4 1950～2005 年均径流量、沙量统计

利津 1950～1985 年,平均年径流量 419.099 亿 m³,平均年输沙量10.495 亿 t。

利津 1986～2005 年,平均年径流量 131.85 亿 m³,平均年输沙量 3.15 亿 t。

3 淤沙量及投资估算

黄河入海口有 4 500 km² 湿地(其中湿地保护区是 1 500 km²),330 km² 盐碱地。在不影响生态环境的情况下,按淤积 1 330 km²,平均淤高 1.2 m 计算,须黄河泥沙 23.94 亿 t。如按 1986 年以后资料,按年输沙量的一半通过引黄闸淤到两岸,须 15 年才能完成。土地赔偿按每年每亩 300 元计淤沙成本,按 4 年开发周期计赔偿,每立方米按 4.6 元计,须投资 134.06 亿元。

4 实施方案、效益估算

根据目前中国的实际情况,建议采取土地开发的形式进行放淤。由黄河部门和地方政府组成河口开发办公室,隶属山东省人民政府和山东黄河河务局双重管理,并分级建立淤改指挥部,具体负责招商引资、规划、设计、施工、管理和指挥工作。每年投入 8.94 亿元,15 年完成 1 330 km² 的土地淤筑。放淤采取淤一块开发一块的方式,1 km² 为一个开发单元,每个单元为一个验收单位。开发验收合格后允许开发使用 30 年,30 年后交回土地原归属地政府,无归属地的交河口开发办公室管理。如按每年每亩收入 800 元、收益 500 元计,则 13.4 年即收回投资,30 年的净收益为 165.19 亿元(静态值)。

5 效益分析

5.1 能延长河口流路的寿命

从黄河自身来讲,在黄河河道和入海口能减少 23.94 亿 t 泥沙淤积,延缓黄河河道的淤积和河口的延伸速度,从而延长了黄河入海口流路的寿命。

5.2 减少了黄河河道淤积

1954～1982 年的 29 年中,海岸线外延年平均 0.43 km。如果有 23.94 亿 t 泥沙淤到海口,按 1950～1986 年资料推算,黄河河道将延长 981 m。因此,下游河道的比降减小,从而引起一定程度的下游河道淤积。

5.3 改造了河口地区的土地

如果有 23.94 亿 t 泥沙淤积到部分湿地和盐碱地,将有 1 330 km² 的土地得到开发利用,社会效益巨大。如果按每亩地年收入 500 元,面积按 1 330 km² 计,15 年将收入 150 亿元,并且以后的收益将是长期的。

5.4 尾水利用可收取一定的费用

为了利用尾水,可统一规划流路,向农业、油田、群众提供淡水。按国家规定收取水费。

6 淤改措施

6.1 统一规划

在淤区范围内的有关镇和区县,在统一认识、统一领导的基础上,实行淤区统一规划,处理好上游和下游、引水和排水、淤地和生产等关系问题。本着以排定引,以引定淤,淤排结合和先上游后下游,先重点后一般的原则,根据现有渠道情况,需要加高的加高,需要延伸的继续延伸,分期实施,有准备、有步骤地进行。

6.2 淤改方式

大面积淤筑。对于碱涝洼地集中、地面开阔、村庄稀少的地带,可采取大面积淤灌的方式。一片淤区面积达几万亩,淤区划分为若干小块,一块一般在1 500亩。

小型分片淤筑。对于渠道沿途村庄较密,沙碱、湿地不集中的地带,采取小片淤筑的方式。一片淤区可按150亩划分。

6.3 沉沙与淤土相结合

利用灌区做输沙条渠,利用沿途碱洼、湿地做沉沙区,既可淤地,又能减少河道淤积,一举两得,但要做到沉沙与沉土相结合。按计划应淤厚1.2 m,以上,所以一般情况下在淤筑的前期应以淤沙为主,后期既淤到0.9 m时应以沉土为主,以便于开发利用土地。根据黄河水沙基本情况应在6～9月和调水调沙时进行沉沙,其他时间进行沉土。涵闸引水含沙量在6～9月份可达50 kg/m³。

6.4 工程配套

根据渠首涵闸流量大小,淤区配套工程要建全,做到引水能控制,退水有出路。围堾质量达到标准,保证蓄水安全,排水沟深度达到排渗排碱的要求。根据以往经验:土地淤改以后,要继续搞好排水工程,防止返碱,以便于开发利用。

6.5 技术措施

(1)增加引水含沙量。为增加引水含沙量,可在渠首河道内采用机械搅动泥沙的方式加大含沙量。渠道能输送的含沙量应通过试验确定。

(2)低引。淤区进口宜选在地势较低的地方。水流进入淤区比降不要过大。这样落淤比较均匀,对围堾的冲击较轻。

(3)高泄。泄水口宜选在较高处,这样导水入排水沟不致多带泥沙或将淤区拉成深沟。

(4)多口。淤区形状不一,地势高低不同,要因地制宜,多口泄水,泄水口交替运用。这样淤得均匀,效果好;如固定进水口、泄水口、有些死角淤不好,进口处多沉粗沙,不便耕种。

(5)导流。根据地形情况在区内加筑小堤,将水流导向死角,使迂回过流,减缓流速,均匀落淤,对地势低洼、水流快的地方,适当拦截,以防止沙和淤分离。

7 基本认识

7.1 放淤经验成熟,社会效益巨大

引黄放淤在黄河下游来说,有成熟的经验,实施放淤改土对河口河道的减淤作用明显,总体社会效益巨大。

7.2 溯源减淤量需通过实验确定

因减缓淤积速度而使河口的延伸放慢,因此引起减少的河道淤积量可通过模型试验进行认定。

7.3 黄河健康生命的重点在利津以下

维持黄河健康生命的含义还应包括河口的治理及维持黄河健康生命水量、沙量在利津以下的有效利用。

黄河河口清水沟流路行河年限研究[*]

钱　裕　安催花　万占伟　李庆国

（黄河勘测规划设计有限公司）

摘要：本文利用泥沙数学模型对清水沟流路行河年限进行预测。结合中国水利水电科学研究院数学模型计算结果和容沙体积估算法对计算结果进行分析。提出清水沟流路可继续行河50年左右。

关键词：黄河　清水沟流路　行河年限　方案

1　研究的重要性与意义

黄河河口由于来沙量大而海洋动力弱，大量泥沙在口门附近落淤，造成河口迅速淤积延伸。随着尾闾河道末端的淤积延伸，河道侵蚀基准面相对升高，临近河口的河段比降变缓，水流挟沙力减小，河床淤积抬高，河道水深变小，挟沙力又开始增大，直至与来水来沙适应，河道不再淤积。在这个过程中，淤积抬升的河床使毗邻的上段河道下边界侵蚀基准面抬升，如此周而复始，溯源淤积的影响不断向上游传递。溯源淤积引起的河床抬高使得同流量水位不断抬高，从而加重防洪压力，直至再次改道。

对于清水沟流路的行河年限，以前有过多次研究。黄河勘测规划设计有限公司编制的《黄河入海流路规划报告》研究认为控制西河口 10 000 m³/s 水位12 m时可行河30年左右，《黄河河口防洪规划报告》中研究认为行河年限在65年左右；李殿魁等所著的《延长黄河口清水沟流路行水年限的研究》认为在利用海洋动力等综合治理工程条件下，现行清水沟流路还可行水100年以上。近年来，河口地区水沙条件、河道边界条件、容沙海域边界条件等发生了较大的改变，相应的清水沟流路的行河年限也会发生大的变化，因此有必要对清水沟流路的行河年限进行研究与探讨。

* 国家科技支撑计划课题：黄河泥沙空间优化配制模式研究，课题编号：2006BAB06B03。

2 流路改汊方案

清水沟流路的使用,需要有计划的安排改汊。清水沟流路的海域淤积范围包括五号桩以南,宋春荣沟以北,宽约 62 km 的海域。根据清水沟流路的行河现状,结合海域形式及可能的流路安排,拟定清水沟流路局部改汊。拟定方向有清8 汊河、北汊、1996 年改汊前的原河道三条汊河,见图 1。

根据河口地区的设防能力,确定的清水沟流路改汊控制条件为西河口 10 000 m³/s 水位不超过 12 m(即流路内各汊河改汊控制条件可以为西河口 10 000 m³/s 水位达到 12 m、低于 12 m,最终改道控制条件为西河口 10 000 m³/s 水位 12 m)。

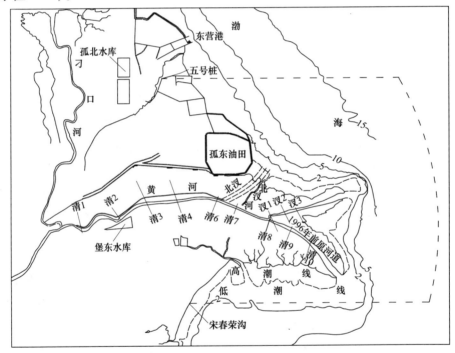

图 1 黄河河口清水沟流路行河方案示意图

改汊方案的拟定,综合考虑了黄河下游河道防洪减淤、当地社会经济发展和生态环境保护等各个方面的要求,并侧重两个方面的考虑,一是使清水沟流路的近期流路尽可能的短,以尽量降低黄河下游河道的洪水位,以黄河河口曾经出现过的最长河长西河口以下 65 km 作为过程中改汊的控制条件,轮流使用各个汊河;二是尽量使流路相对稳定,以利于当地的社会经济发展和生态环境保护,以西河口 10 000 m³/s 水位 12 m 作为改汊控制条件使用各个汊河。据此,考虑各种可能的情况,拟定 4 个清水沟流路改汊组合方案。

(1)现行清 8 汊河(12 m)+北汊(12 m)+原河道(12 m)

继续使用清 8 汊河,待西河口 10 000 m³/s 水位达到 12 m 时,改走北汊,北汊行河至西河口 10 000 m³/s 水位 12 m 时改走 1996 年前行河的清水沟流路原河道,清水沟流路原河道行河至西河口 10 000 m³/s 水位 12 m 时改走备用入海流路。

该方案改汊次数最少,流路相对稳定。

(2)北汊(12 m)+现行清 8 汊河(12 m)+原河道(12 m)

目前入海流路由清 8 汊河改走北汊,北汊行河至西河口 10 000 m³/s 水位 12 m 时改走清 8 汊河,清 8 汊河行河至西河口 10 000 m³/s 水位 12 m 时改走 1996 年前行河的清水沟流路原河道,清水沟流路原河道行河至西河口 10 000 m³/s 水位 12m 时改走备用入海流路。

(3)现行清 8 汊河(65 km)+北汊(12 m)+原河道(12 m)+清 8 汊河(12 m)

继续使用清 8 汊河,清 8 汊河行河至西河口以下河长 65 km 时改走北汊,北汊行河至西河口 10 000 m³/s 水位 12 m 时改走 1996 年前行河的清水沟流路原河道,清水沟流路原河道行河至西河口 10 000 m³/s 水位 12 m 时改走清 8 汊河,清 8 汊河行河至西河口 10 000 m³/s 水位 12 m 时改走备用入海流路。

该方案流路长度较短,改汊次数相对较多。

(4)北汊(65 km)+清 8 汊河(65 km)+原河道(12 m)+北汊(12 m)+清 8 汊河(12 m)

目前入海流路由清 8 汊河改走北汊,北汊行河至西河口以下河长 65 km 时改走清 8 汊河,清 8 汊河行河至西河口以下河长 65 km 时改走原河道,原河道行河至西河口 10 000 m³/s 水位 12 m 时改走北汊,北汊行河至西河口 10 000 m³/s 水位 12 m 时改走清 8 汊河,清 8 汊河行河至西河口 10 000 m³/s 水位 12 m 时改走备用入海流路。

该方案近期流路最短,有利于降低黄河下游河道的洪水位,改汊次数最多。

3 水沙条件

水沙代表系列长度按 80 年考虑。水沙条件考虑了水土保持减沙 5 亿 t 水平和 370 亿 m³ 的分水方案。2000~2020 年系列选择与小浪底水库运用方式研究、黄河流域防洪规划等项目采用的水沙系列相衔接的 1978~1982 年 + 1987~

1996 年 + 1971～1975 年 20 年系列。2020～2080 年水沙系列采用与黄河古贤水利枢纽项目建议书阶段成果一致的 1950～1998 年 + 1919～1931 年 60 年系列。代表系列龙华河洑四站水沙量成果特征值见表 1。

表 1　各代表系列龙华河 洑四站水沙量

典型系列	水量(亿 m³)			沙量(亿 t)		
	汛期	非汛期	全年	汛期	非汛期	全年
1950～1998 + 1919～1931	143.1	150.9	294.0	8.59	1.06	9.65
1978～1982 + 1987～1996 + 1971～1975	152.5	155.9	308.4	8.73	1.21	9.94
1919～1997	149.5	149.4	298.9	9.17	1.05	10.22

根据选择的代表水沙系列,考虑龙潼河段的冲淤调整、三门峡及小浪底水库在上述运用方式下的调节计算和泥沙冲淤计算,提出进入下游河道的水沙条件,再通过下游河道数学模型计算提出河口地区来水来沙条件成果。水沙系列分考虑和不考虑古贤水库于 2020 年投入运用两种情况,见表 2、表 3。

表 2　无古贤情况下进入下游河道水沙条件

站名	时段	水量(亿 m³)			沙量(亿 t)			含沙量(kg/m³)		
		汛期	非汛期	全年	汛期	非汛期	全年	汛期	非汛期	全年
小黑小	前20年	151.19	176.72	327.91	4.00	0.01	4.02	26.5	0.1	12.2
	后60年	143.06	159.19	302.25	9.09	0.03	9.12	63.6	0.2	30.2
	80年	145.09	163.58	308.67	7.82	0.03	7.85	53.9	0.2	25.4
艾山	前20年	134.66	129.59	264.25	3.24	0.70	3.94	24.1	5.4	14.9
	后60年	126.39	109.94	236.33	5.73	0.76	6.49	45.4	6.9	27.5
	80年	128.46	114.85	243.31	5.12	0.74	5.86	39.8	6.4	24.1
利津	前20年	118.44	86.96	205.40	3.39	0.46	3.85	28.6	5.3	18.7
	后60年	110.78	70.36	181.14	5.36	0.43	5.79	48.4	6.2	32.0
	80年	112.70	74.51	187.21	4.87	0.44	5.31	43.2	5.9	28.3

表 3　有古贤情况下进入下游河道水沙条件

站名	时段	水量(亿 m³)			沙量(亿 t)			含沙量(kg/m³)		
		汛期	非汛期	全年	汛期	非汛期	全年	汛期	非汛期	全年
小黑小	前20年	151.19	176.72	327.91	4.00	0.01	4.02	26.5	0.1	12.2
	后60年	143.94	158.12	302.06	7.18	0.06	7.24	49.9	0.3	24.0
	80年	145.75	162.78	308.53	6.39	0.04	6.43	43.8	0.3	20.9
艾山	前20年	134.66	129.59	264.25	3.24	0.70	3.94	24.1	5.4	14.9
	后60年	126.95	109.25	236.20	5.10	0.66	5.76	40.2	6.1	24.4
	80年	128.87	114.34	243.21	4.64	0.67	5.31	36.0	5.9	21.8
利津	前20年	118.44	86.96	205.40	3.39	0.46	3.85	28.6	5.3	18.7
	后60年	110.94	70.05	180.99	4.89	0.39	5.28	44.1	5.5	29.1
	80年	112.81	74.28	187.09	4.52	0.40	4.92	40.0	5.4	26.3

4 流路的行河年限

4.1 泥沙数学模型计算结果

流路的行河年限预测由黄河勘测规划设计有限公司和中国水利水电科学研究院两家进行。黄河勘测规划设计有限公司采用黄河河口准二维泥沙数学模型进行计算,中国水科院采用一、二维连接整体数学模型进行计算,两家采用的数学模型均用实测资料进行了验证,模型计算结果与实际符合较好,可用于流路行河年限的预测。

按照前述有、无古贤水沙系列,以 2004 年 5 月实测地形为起始河床边界条件,每条汊河海域容沙宽度按 20 km 进行计算。计算结果见表 4 ~ 表 7。

(1)现行清 8 汊 + 北汊 + 原河道(简称方案 1)

组合流路的行河年限,黄河设计公司计算无古贤为 60 年,有古贤为 65 年,有无古贤行河年限相差 5 年;中国水科院计算结果,无古贤为 53 年,有古贤为 63 年,有无古贤行河年限相差 10 年。由于古贤水库运用后的拦沙作用,组合流路的行河年限可以得到延长。

表 4　无古贤系列各方案行河年限、河长及西河口水位($Q = 10\ 000\ \text{m}^3/\text{s}$)成果

方案	流路组合	控制条件	黄河设计公司				中国水科院			
			行河年数		河长	水位	行河年数		河长	水位
			本流路	累计	(km)	(m)	本流路	累计	(km)	(m)
1	清 8 汊	12 m	32	32	81.44	12.00	32	32	75.86	12.00
	北汊		16	48	80.13	12.00	13	45	70.05	12.00
	原河道		12	60	79.51	12.02	8	53	77.12	12.00
2	北汊	12 m	31	31	80.21	11.99	34	34	74.17	12.00
	清 8 汊		19	50	80.77	12.01	14	48	75.73	12.00
	原河道		10	60	80.35	12.01	8	56	74.77	12.00
3	清 8 汊	65 km	18	18	65.12	11.23	22	22	65.43	11.41
	北汊	12 m	19	37	80.49	12.00	15	37	73.58	12.00
	原河道		10	47	80.10	12.01	7	44	77.93	12.00
	清 8 汊		18	65	80.77	11.99	16	60	76.25	12.00
4	北汊	65 km	23	23	65.86	11.32	26	26	65.97	11.73
	清 8 汊		8	31	66.77	11.45	6	32	65.82	11.92
	原河道	12 m	8	39	79.83	12.03	7	39	80.70	12.00
	北汊		12	51	80.86	11.99	12	51	74.63	12.00
	清 8 汊		17	68	80.86	12.00	12	63	72.93	12.00

表 5　有古贤系列各方案行河年限、河长及西河口水位($Q = 10\,000\ \mathrm{m^3/s}$)成果表

方案	流路组合	控制条件	黄河设计公司				中国水科院			
			行河年数		河长	水位	行河年数		河长	水位
			本流路	累计	(km)	(m)	本流路	累计	(km)	(m)
1	清 8 汊	12 m	34	34	82.92	12.00	34	34	72.32	12.00
	北汊		19	53	76.88	12.01	19	53	66.11	12.00
	原河道		12	65	82.26	11.99	10	63	77.58	12.00
2	北汊	12 m	38	38	80.06	12.01	37	37	73.30	12.00
	清 8 汊		18	56	81.62	12.00	18	55	69.11	12.00
	原河道		10	66	79.54	12.00	9	64	77.69	12.00
3	清 8 汊	65 km	20	20	66.42	11.29	22	22	65.22	11.41
	北汊	12 m	28	48	81.28	12.02	24	46	70.16	12.00
	原河道		12	60	79.87	11.99	13	59	78.45	12.00
	清 8 汊		13	73	83.76	12.00	9	68	69.92	12.00
4	北汊	65 km	24	24	65.91	11.26	27	27	65.36	11.66
	清 8 汊		9	33	65.67	11.47	9	36	65.09	11.78
	原河道	12 m	11	44	80.60	12.00	10	46	74.50	12.00
	北汊		17	61	83.03	12.00	17	63	76.24	12.00
	清 8 汊		18	79	82.67	12.01	14	77	72.85	12.00

表 6　不考虑古贤水库时各流路的行河年限

方案	黄河设计公司				中国水科院			
	流路行河年限(年)				流路行河年限(年)			
	清 8	北汊	原河道	Σ	清 8	北汊	原河道	Σ
1	32	16	12	60	32	13	8	53
2	19	31	10	60	14	34	8	56
3	36	19	10	65	38	15	7	60
4	25	35	8	68	18	38	7	63

表 7　考虑古贤水库时各流路的行河年限

方案	黄河设计公司				中国水科院			
	流路行河年限(年)				流路行河年限(年)			
	清 8	北汊	原河道	Σ	清 8	北汊	原河道	Σ
1	34	19	12	65	34	19	10	63
2	18	38	10	66	18	37	9	64
3	33	28	12	73	31	24	13	68
4	27	41	11	79	23	44	10	77

(2)北汊 + 现行清 8 汊 + 原河道(简称方案 2)

组合流路的行河年限,黄河设计公司计算无古贤为 60 年,有古贤为 66 年,有无古贤行河年限相差 6 年;中国水科院计算结果,无古贤为 56 年,有古贤为 64 年,有无古贤行河年限相差 8 年。

(3)现行清 8 汊 + 北汊 + 原河道 + 现行清 8 汊(简称方案 3)

组合流路的行河年限,黄河设计公司计算无古贤为 65 年,有古贤为 73 年,两者相差 8 年;中国水科院计算结果,无古贤为 60 年,有古贤为 68 年,两者相差 8 年。

(4)北汊 + 现行清 8 汊 + 原河道 + 北汊 + 现行清 8 汊(简称方案 4)

该方案组合流路的行河年限最长。黄河设计公司计算结果无古贤 68 年,有古贤为 79 年,两者相差 11 年;中国水科院计算结果,无古贤 63 年,有古贤 77 年,两者相差 14 年。

分析结果表明,不同流路组合方案的行河年限,两家计算结果都在 50 年以上。4 个方案以方案 4 的行河年限最长,方案 1、2 较短,方案 3 居中。

4.2 容沙体积估算法

海域容沙能力是决定流路行河年限的主要因素,而海域容沙能力取决于海域的堆沙范围、海域水深及允许的海域推进长度。

根据黄河水利委员会山东水文水资源局 2000 年 7 ～ 10 月测绘的 1:100 000 地形图,每条汊河淤积宽度按 20 km 考虑,计算清水沟流路 3 条汊河共 60 km 宽度范围内海域容沙能力见表 8。

表 8 清水沟流路海域容沙能力计算表   (单位:亿 m³)

距西河口	汊河			
	清 8	北汊	原河道	合计
65	18.45	68.42	5.93	92.80
70	33.70	86.14	17.72	137.56
75	49.00	103.77	30.94	183.71
80	64.58	121.51	43.98	230.07
85	80.16	139.64	57.02	276.82

注:距西河口为延伸岸线距西河口的距离,km。

根据分析,清水沟流路西河口水位 12 m 的末期河长为 80 km 左右。考虑输往深海泥沙的比例为 20%,泥沙干容重为 1.1 t/m³。则清水沟流路至西河口距离 80 km 的海域容沙能力为 316 亿 t。按照前述水沙系列顺序行河,估算无古贤水库条件行河年限约 51 年,有古贤水库条件行河年限约 61 年。

4.3 综合分析

从各种方法计算结果看,差别不大,组合流路的行河年限都在 50 年以上,计算成果合理。黄河设计公司和中国水科院数学模型计算结果，无论是单个汊河的行河年限还组合流路的行河年限，差别都在 7 年以内，差别较小。按照海域容沙能力且留有余地估算，有古贤、无古贤条件尚分别可行河 61 年、51 年。

和历史上其他流路及 1989 年完成的《黄河入海流路规划报告》预估的清水沟流路的行河年限相比，本次规划流路的行河年限较长，主要原因分析如下。

（1）新中国成立前的黄河河口三角洲荒芜，人烟稀少，河道治理工程很少，河道决口使流路自然改道频繁，造成每条流路的行河年限不足 10 年，这种河道边界条件现在已不存在。

（2）新中国成立后的神仙沟和刁口河流路行河年限分别为 10 年 5 个月（1953 年 7 月~1964 年 1 月）、12 年 5 个月（1964 年 1 月~1976 年 5 月），行河期间流路分别延长了 23 km、33 km，行河末期相应的西河口 10 000 m^3/s 水位约为大沽 10 m，行河期间的年平均沙量分别为 12.02 亿 t、10.99 亿 t，行河期间入海总沙量均约为 132 亿 t。清水沟流路行河至 2005 年汛前已 29 年，入海沙量约 146 亿 t，目前西河口 3 个汊河的平均河长约 54 km，按西河口 10 000 m^3/s 水位 12 m 作为改道控制条件，西河口以下河长可延伸至 80 km，3 个汊河共 60 km（大于神仙沟或刁口河行河的海域宽度）的海域可容沙 230 亿 m^3，约 253 亿 t，有古贤情况前 61 年、无古贤情况前 51 年沙量分别为 316.2 亿 t、316.54 亿 t，考虑 20% 输往深海，则淤在滨海泥沙为 253 亿 t，说明清水沟流路行河 50 年以上是可能的。

（3）1989 年完成的《黄河入海流路规划报告》行河年限预测采用的 50 年平均水量、沙量分别为 256.6 亿 m^3、8.54 亿 t，其中 1~10 年、11~20 年、21~30 年、31~40 年平均沙量分别为 9.67 亿 t、9.81 亿 t、5.74 亿 t、10.56 亿 t。按照当时拟定的现行河道、北汊 1、北汊 2 行河，中国水科院计算可行河 50 年左右，山东黄河河务局计算行河年限为 31 年，报告为留有余地清水沟流路的行河年限采用 30 年左右。山东黄河河务局计算的行河期间的入海沙量为 261.3 亿 t，相当于本次规划有古贤水库的前 51 年沙量和无古贤水库的前 43 年沙量。说明 1989 年完成的《黄河入海流路规划报告》行河年限比本次规划短的主要原因是采用的沙量偏大造成的，同时成果也留有较大的余地。

综上分析，为稳妥起见，清水沟流路（三个汊河）的行河年限采用 50 年左右。需要说明的是，清水沟流路可继续行河 50 年左右建立在一定的工程措施条件下。自然演变下，并不能消除近期分汊摆动甚至自然改道的可能，历史上很多流路并不是河口河道发展到末期才改道的。1979 年以前，清水沟流路河道摆动幅度大，滩面淤积比较平整。南岸由于护林、十四公里等工程的作用，河道平稳发育，但流路北半部行洪时间短，造成北大堤地势低洼。1985 年后主槽逐渐回淤,由于河道单一顺直,近十几年来水较小,尽管有些漫滩淤积,但多是滩唇淤积,滩面淤积较少,形成较大的横比降。清1~清7断面河段滩唇到堤根横向高差已达1.2~2.45 m,横比降达4‰~10‰。这种情况若遇大水漫滩,河势骤变,很可能发生横河,向两岸堤防冲去,造成冲决危险。因此,为相对稳定流路,实现西河口10 000 m³/s水位达到12 m改道备用入海流路,必须加强清水沟流路的堤防、河道整治等防洪工程,以及流路治理的一些辅助的工程措施建设,防止水流散乱和不必要的分汊摆动或改道。

5 结论

清水沟流路在一定的工程措施条件下,通过有计划的人工改汊,还能继续行河50年左右。在一定的水沙条件下影响清水沟流路行河年限的主要因素是海域容沙能力。但数学模型计算成果显示汊河的行河次序会影响整个流路的行河年限,其原因是流路改汊是以西河口10 000 m³/s水位为控制条件。当西河口10 000 m³/s水位达到12 m时,各汊河西河口以下河长有所差别,从而导致各方案海域容沙体积的不同,进而影响流路的行河年限。

参 考 文 献

[1] 席家治,陆俭益,等.黄河入海流路规划报告[R].郑州:黄河勘测规划设计有限公司,1989.
[2] 安催花,等.黄河入海流路改走北汊时机预可行性研究报告[R].郑州:黄河勘测规划设计有限公司,1996.
[3] 李景宗,等.黄河河口防洪规划报告[R].郑州:黄河勘测规划设计有限公司,2000.

黄河清水沟流路汊河方案研究

唐梅英　陈雄波　崔　萌　钱　裕

（黄河勘测规划设计有限公司）

摘要：黄河河口清水沟流路从1976年至今已行河30年，改清8汊河已过10年。通过对清水沟流路的北汊、清8汊及原河道各个组合方案的行河年限、对下游河道淤积反馈影响、行河费用、防洪效果及对孤东油田防潮堤安全影响等的研究，认为清水沟流路的行河寿命还有50年以上，并建议清水沟流路行河次序为：清8汊河行河至西河口以下65 km左右时改走北汊，北汊行河至西河口10 000 m³/s对应水位12 m（大沽高程，下同）时改走原河道，原河道行河西河口10 000 m³/s对应水位12 m时改走清8汊河，清8汊河行河至西河口10 000 m³/s对应水位12 m时改走备用入海流路。

关键词：黄河河口　清水沟流路　清8汊　北汊　原河道

1　概述

1976年5月黄河河口由刁口河入海改道清水沟入海，初始河长比改道前缩短37 km。1996年汛前，为达到人工造陆采油之目的，在清水沟流路清8断面以上950 m处实施清8改汊，由原来的西河口以下河长65 km缩短至49 km，缩短河长16 km，目前仍走清8汊河。从1976年至今清水沟已行河30年，西河口以下河长已达60 km。为尽量利用清水沟海域的容沙能力，延长清水沟流路的使用寿命，对清水沟汊河方案进行研究。拟定清水沟流路的局部改汊入海有三个，一是现行清8汊河，二是北汊，三是1996年改汊前的原河道。见图1。

汊河组合方案，主要兼顾黄河下游防洪减淤及当地社会经济发展和生态环境保护需求，拟定两个改汊条件，一是以黄河河口曾经出现过的最长河长西河口以下65 km作为过程中改汊的控制条件（简称改汊中间控制条件，下同），轮流使用各个汊河；二是尽量使流路相对稳定，以利于当地的社会经济发展和生态环境保护，以西河口10 000 m³/s对应水位12 m作为改汊最终控制条件（简称改汊最终控制条件，下同）使用各个汊河。据此，拟定4个改汊组合方案。

（1）方案1：现行清8汊河（12 m）＋北汊（12 m）＋原河道（12 m），即继续使用清8汊河，待达到改汊最终控制条件时，改走北汊，北汊行河至改汊最终控制条件时，改走1996年前行河的清水沟流路原河道，原河道行河至改汊最终控制

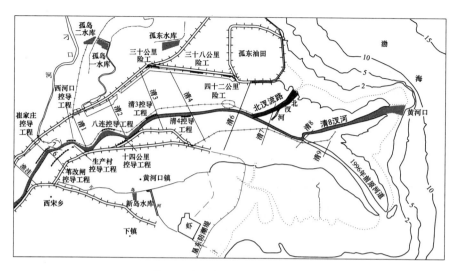

图1　清水沟流路汊河示意图

条件时改走备用入海流路。

　　(2)方案2:立即改北汊(12 m)+现行清8汊河(12 m)+原河道(12 m)。

　　(3)方案3:现行清8汊河(65 km)+北汊(12 m)+原河道(12 m)+清8汊河(12 m)。

　　(4)方案4:立即改北汊(65 km)+清8汊河(65 km)+原河道(12 m)+北汊(12 m)+清8汊河(12 m)。

2　改汊方案研究

2.1　行河年限

　　组合流路的行河年限,在同样的来水来沙条件下,主要受海域容沙能力的影响,因此各方案分汊流路使用的先后次序对清水沟流路总的行河年限影响不大。就整个清水沟流路行河年限而言,可以认为在同样来水来沙条件下各方案无差别,4个方案从目前起算行河年限均可超过50年。

2.2　对下游河道淤积反馈影响比较

2.2.1　西河口以下河长

　　设计水沙条件下方案1至方案4西河口以下平均河长,见图2。虽然各方案行河末期河长受西河口水位12 m控制,相差不大,但方案1近期河长较长。在近期40年中,河长短于65 km的年数,方案1为25年,占总行河年数的60%;方案2占总行河年数的68%;方案3占90%;方案4占78%。所以,从80 km河长出现的时间、近期小于65 km河长的年数及平均河长看,方案3、方案4为较优方案。

2.2.2 西河口的水位

设计水沙条件下方案 1 至方案 4 西河口 10 000 m³/s 近期平均水位,见图 3。西河口 10 000 m³/s 流量时第一个 12 m 水位出现的时间,以方案 1 最早,其次是方案 2,方案 3 水位峰值出现时间最晚,方案 4 出现水位峰值比方案 3 早 4 年。

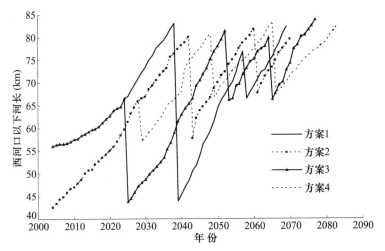

图 2   各方案西河口以下河长

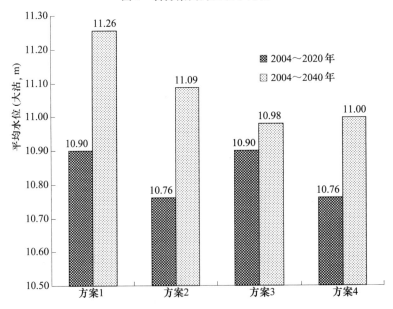

图 3   各方案西河口 10 000 m³/s 平均水位比较图

从 2004 ~ 2040 年西河口的水位来看,方案 3 在整个行河期间一直保持着较低的水位,同流量水位无明显抬高,同时方案 4 平均水位也较低,平均水位最高的是方案 1,其次是方案 2。利津断面 10 000 m³/s 的水位计算成果也表明了同样的结论。

近期水位的急剧抬升以及长时期河口尾闾段同流量下水位较高,势必会加重河口地区的防洪、防凌负担。方案 3、方案 4 由于能在较长时间内维持河口地区的相对低水位,防洪、防凌任务较轻,压力较小,防洪工程的投入强度可以减少。因此,就近期水位抬升的差别而言,方案 3、方案 4 优于其他两方案。尤其是方案 3,多年平均水位最低、第一个水位峰值出现最晚,相对抬升速率也最小。

2.2.3　利津—西河口冲淤量

利津—西河口河段方案 1 至方案 4 的淤积量,虽然各方案累计冲淤量总量基本相同,但在前 40 年,方案 1、方案 2 较多,方案 3、方案 4 较少。见图 4。

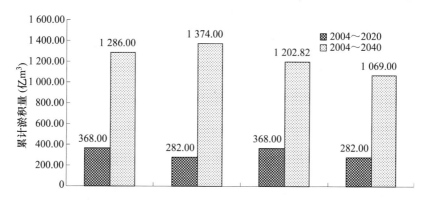

图 4　各个方案利津—西河口河段淤积量比较图

2.2.4　河口淤积延伸对下游反馈影响范围

根据淤积特性和各方案的水位、河段冲淤量变化,方案 1、方案 2、方案 3、方案 4 溯源淤积的影响范围,最终各方案溯源淤积的影响范围差别不大,但近期40 年影响范围以方案 3 较小。

2.2.5　近期河口段防洪安全程度上的差异

目前,黄河河口设防堤尚有 54% 高度不足,且左岸堤防宽度全部未达到设计标准。在左岸防洪堤建设未达到设计标准的条件下,由于这 4 个方案的河长、水位存在差异,其防洪安全程度也有差别。一是当高水位及横河、斜河发生时,方案 1、方案 2 由于近期河道长,出现高水位及横河、斜河几率大,对堤防的威胁较方案 3、方案 4 大。二是方案 1、方案 2 中常洪水漫滩机遇增加,洪水偎堤时间也相应增加,堤防安全程度相应降低。说明方案 3、方案 4 由于近期河道短,水位低,平滩流量大,近期同样水沙条件对堤防威胁相对较小,堤防安全程度相对较高。

2.3 行河费用比较

清水沟流路继续行河,近、远期内国家仍有防洪投入。在不影响方案比较结论的前提下剔除4个方案相同的投入,计算结果表明,在防洪工程投入相同的条件下,静态投资的大小与改汊次数成正比关系,由于方案4需要多次改汊,所以总投资最大,其次是方案3、方案2,方案1静态投资最小。静态投资不反映时间的价值因素,在方案研究时需用动态指标进一步比选。由于各个方案的改汊安排不同,改汊投入的时间各方案之间会产生差异,另外,改汊措施的实施会大幅度缩短河长及降低水位,致使各个方案的防洪规划投入时间也将有差别,这些都将反映到动态投资及行河年费用上。计算结果见表1。从动态费用比较而言,方案3为最优方案,其次是方案1、方案4,方案2最差。

表1 清水沟流路汊河各方案行河费用比较

项目	方案1	方案2	方案3	方案4
静态总投资(万元)	20 078	21 727	22 013	26 507
动态总投资(万元)	11 329	14 754	8 899	11 901
行河期间年费用(万元)	1 135	1 478	891	1 191
行河前30年年费用(万元)	368	485	286	381

2.4 防洪效果比较

4个方案堤外的防洪效果相同,滩区油田建设时已考虑自身的防洪。所以,只需比较4个方案中对滩区耕地及财产产生的洪灾损失。即哪一个方案产生的洪灾损失小,哪一个方案防洪效益较大。

一号坝断面以下黄河滩区村庄主要分布在左岸,涉及爱林、新兴、前进一等9个村庄,人口2 493人(2003年资料),共有耕地26.12万亩,其中左岸19.65万亩,右岸6.47万亩。

采用频率法对各个方案进行防洪效果分析,计算结果见表2。

表2 清水沟流路汊河各方案行河期间洪灾损失比较

项目	方案1	方案2	方案3	方案4
行河期间财产洪灾损失年值(万元)	38	34	34	33
行河期间耕地洪灾损失年值(万元)	1 621	1 641	1 618	1 647
年值小计(万元)	1 658	1 675	1 652	1 681

从表中可以看出,各个方案的多年行河洪灾损失年值相差不大,以方案3洪灾损失年值最小。

2.5 近期孤东油田防潮堤安全性的不同

孤东油田年产原油300万~500万t,经济效益巨大。该油田地面高程多在

$0 \sim 2$ m,四周约有 30 km 围堤保护。现东围堤临海长 $5 \sim 6$ km,风暴潮对该段围堤安全威胁极大。风暴潮发生时该段围堤常常出险,胜利油田每年对孤东临海堤投入维护费在 6 000 万元至 1 亿元。改走北汊流路后,随着北汊流路左岸滩地的淤积延伸抬高,能使海岸线逐渐远离围堤,直至避免海浪及风暴潮对围堤的破坏,从而提高了围堤的安全程度,有利于孤东油田生产建设。从此角度而言,及早利用北汊的方案 2、方案 3、方案 4 要比方案 1 好。

3 综合研究结论

3.1 防洪及对下游的反馈影响

4 个方案中方案 3、方案 4 行河期间出现 65 km 河长(西河口以下)的年数较晚,近期水位较低,水位抬升速率较小,出现高水位及发生横河、斜河的几率小,中常洪水偎堤时间较短,对河口堤防威胁程度较轻。从定量的防洪效果比较来看,4 个方案相对发生河口地区滩区内的耕地、财产等防洪损失相差不大,方案 3 略小。可以认为,方案 3、方案 4 要比方案 1、方案 2 好。

由于方案 3、4 的近期 20 年或 40 年水位较低,对下游产生的溯源淤积影响范围要比方案 1、方案 2 小些,虽然最终各方案溯源淤积的影响范围差别不大,但近期影响范围以方案 3 较小,其次是方案 4。因此,从减少对下游淤积反馈影响而言,方案 3 为较优方案。

3.2 对油田的发展影响

4 个方案对油田的基础设施影响差别不大。由于方案 2、方案 4 和方案 3 为立即改走北汊或及早改走北汊,这样,可在北汊海域淤出大片滩地,加快该地区石油的勘探和开采工作,而且,随着滩地淤积抬升,孤东东围堤安全系数也随之增大。

3.3 对地方经济的影响

4 个方案改汊只涉及清 6 以下断面,此地区由于黄河的淡水和泥沙供给而形成自然保护区(面积),除发现一些油井外,均不涉及人口、耕地及其他地方经济。所以,4 个方案对清 6 断面以下影响可认为相同,清 6 断面以上则主要体现在防洪方面。

综合研究表明,各方案各有利弊,总体看来,方案 3 缩短了河道入海距离,保持了河口段同流量下的较低水位,防洪安全程度较高;同时,降低水位,使得入海口门通畅,减少了漫滩几率,减少了自然决溢以及不利水沙条件对流路整体规划潜在的威胁;近期保持了较低水位,对下游产生的溯源淤积反馈影响小;定量方面,方案 3 在河口地区近期防洪安全程度较高的前提下,近期工程投资规模较小,防洪投入强度较低,洪灾损失也相对较小。此外,及早改走北汊,在北汊海域淤出大片滩地,可加快该地区石油的勘探和开采,而且,随着滩地淤积抬升,孤东东围堤安全系数增大。这些都有利于三角洲及胜利油田的开发建设,对促进地区经济发展、促进国家经济建设大有好处。同时,对自然保护区内的生态环境也不会产生大的不利影响。所以,建议方案3作为清水沟行河次序的推荐方案。

参 考 文 献

[1] 黄河入海流路规划报告[R].郑州:水利部黄委会勘测规划设计院,1989.
[2] 黄河入海流路改走北汊时机研究报告[R].郑州:水利部黄委勘测规划设计研究院,1997.

稳定入海流路　促进三角洲区域
全面协调发展的措施探讨

徐洪增　刘文彬　李建来　陈声建　卢书慧

（黄河河口研究院）

摘要：本文通过对黄河入海口海域流场的分析，结合利用海洋动力输沙，稳定黄河入海流路，提出了维持黄河生命健康，保护河口和海洋生态，达到三角洲区域全面协调发展、人与自然和谐相处发展的措施和建议。

关键词：海洋动力　输沙　流路　生态　环境

1　概述

渤海是一个大致呈喇叭口在西南方向的喇叭状半内陆浅海，总面积 7.7 万 km^2，平均水深 18m。它南宽北窄，NE—SW 方向长约 550 km。渤海海峡宽约 100 km。黄河是我国的第二大河，也是流入渤海的第一大河，以洪灾多发和含沙量高而闻名于世。年平均含沙量高达 $25.2kg/m^3$，为世界之最。

渤海海洋动力对黄河泥沙的输运能力是巨大的。海洋动力包括潮流、风海流、波浪、海洋激流、环流等多种，其相互联合的作用对黄河泥沙的输运作用是不可低估的。潮流是海洋中永不停息的有规律的海水流动。渤海的海流以潮流为主，一般情况下渤海的海流中潮流占 90% 以上。通常所说的海洋动力，在渤海，主要是指潮流而言的。潮流是输送黄河入海泥沙的主要的、永恒的动力，可开发利用的潜力也最大。

2　黄河入海流路口门和附近海域情况

1976 年黄河由刁口河流路改行清水沟流路入海，其入海口位于渤海的西南部。至 1996 年 5 月，已行水 21 年，期间来水 5 075 亿 m^3，来沙 134 亿 t，大量泥沙进入河口填海造陆，河口沙嘴不断向海域推进，入海口处的海岸形状和海底地形发生了巨大变化：入海口处原来向内凹的面积约 100 km^2 的小海湾早已消失，沧海已成陆地；一个伸入海中长达 30 km 的尖形沙嘴已经突现，一个新的三角洲已经形成。由于控导工程达不到应有的强度以及 20 世纪 80 年代以来黄河连续枯水等因素影响,造成排洪能力有所减弱;同时,结合胜利油田造陆采油的需要,决定实施了清 8 口门调整,并于 1996 年 7 月实施完成。新口门入海方向为东略偏北,与调整前河道成 29°30′夹角,出汊点以下尾闾河道走向由 113°改变为83°。到 2004 年底,清 8 出汊调整后入海口沙嘴向海中推进了约 8.5 km。

渤海潮流存在强潮流区和弱潮流区。渤海共有 4 个强潮流区和 2 个弱潮流区(见图 1)。最强的潮流区位于老铁山水道北部的老铁山岬附近,最大流速在6 节(1 节 =51.4 cm/s)以上;第二个强潮流区位于黄河口原口门沙嘴的前沿,最大流速在 4 节以上;登州水道位居第三,最大流速在 3.5 节以上;东营港北面的M2 无潮点区和渤海湾口北侧的最大流速皆为 2.5 节以上,位居第四。渤海区有两个弱流速区,一个是位于莱州湾顶部,最大流速仅为 1 节左右;另一个弱潮流区则位于秦皇岛东南,其最大流速也仅为 1 节左右,渤海区的第二个无潮点位于该弱潮流区内。新口门处附近海域海洋动力明显较原口门弱,流速几乎都在 1节以内。

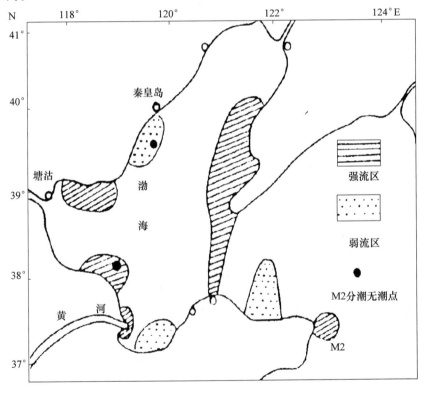

图 1　渤海潮流图

潮流的输沙作用主要表现在潮流的往返式输沙和强潮流带的巨大输沙作用两个方面。黄河口原口门附近海域,涨潮流和落潮流的持续时间,均长 4 ~ 5 h 左右,转流时间短(共约 3 h)且流速小,基本属于往返式运动。大潮期间,涨、落潮流的主流流速可在 2 节左右,在一个大潮的周期内,水体在 20 km 左右的范围内做往返式运动。在自然状态下,粒度较大的入海黄河泥沙大多数在潮流的第一个周期内沉淤,大部分沉淤在河口两侧大约 20 km 的范围内。

另外,在黄河口三角洲附近海域存在着一个强潮流带。以流速大于 2.2 节的等值线分布为界,该强潮流带呈狭长形,由西北向东南延伸,它的大致走向与等深线基本一致,其中心位置大约位于 10 m 等深线附近,宽 10 km 左右。它有 2 个明显的高流速中心:一个在黄河原口门外,一个在神仙沟口外,黄河口外流速明显大于神仙沟沟口外流速。黄河原口门外的高流速区与黄河沙嘴的形成及向海中的延伸密切相关。一旦在原口门外形成了沙嘴,并且沙嘴突出伸入海中,则必然造成潮能的局部强化,使潮流流速增大。这样的强潮流可以把颗粒更大、数量更多的黄河入海泥沙输运到沙嘴两侧的深水区,成为遏制沙嘴成长发育的主要的海洋动力,也是延长流路使用年限的主要因素。

3 三角洲附近海岸淤进与蚀退情况

自 20 世纪 70 年代以来,黄河入海水沙量大幅度减少,造成除黄河入海口门沙嘴淤积延伸外,三角洲大部分海岸严重蚀退。根据卫星观测资料分析,清 8 汊河自 2000 年 9 月到 2004 年 9 月的 4 年间,河口延长了 5 km,而其他区域则均在蚀退。胜利油田的孤东油田、五号桩、桩古 46、桩 106、堤外浅海油区、飞雁滩、英雄滩、新滩等十多个油田,因海岸蚀退,导致安全隐患不断发生,海堤工程已面临"深水逼岸、根基不牢"的危险地步,飞雁滩油田甚至会变为海上油田。随着海岸蚀退不断发展,油区漫水路两侧的潮沟越来越深,大部分道路护坡被海潮冲出或冲断,职工人身安全保证率下降,年度海堤维修工程投资增加,原油开采由陆采变为海上采油,成本上升。当地政府和胜利油田被迫在黄河三角洲沿海岸投入大量资金修建了海堤工程,以减缓海岸蚀退的速度。更为严重的是由于黄河入海水沙量大幅度减少,造成黄河三角洲生态环境、生产环境开始恶化,原来黄河年平均淤积造陆 25 km^2 的情况已不存在,而海岸蚀退造成了国土(海岸)流失。与 20 世纪 70 年代相比,黄河三角洲湿地萎缩近一半,鱼类减少 40%,鸟类减少 30%。

4 几点建议

(1)鉴于黄河三角洲入海口附近海域潮流场分布情况,由于在黄河入海口原口门外海域属于强潮流区,且存在着强潮流带,建议在新口门使用一段时间,基本满足油田变海上采油为陆上采油要求之后,或新口门海域泥沙淤积较重、出现流路改动征兆之时,还应将黄河入海口门调整到原入海口门附近。同时,应借鉴美国密西西比河河口治理的成功经验,在黄河清 7 断面以下主河槽增修"溢而不跨"的导流工程,约束黄河入海,促使入海口延伸到强潮流区的强潮流带,以充分借海洋动力输沙,以达到延长流路使用年限、稳定入海流路的目的。

(2)自 2002 年开始,黄河每年都进行调水调沙。应抓住调水调沙和汛期来水量较大的机会,每年利用挖泥船或采取其他方式在黄河入海口门和拦门沙处进行扰动、疏浚排沙,以借助黄河来水动能冲沙排沙的目的,将更多的泥沙排入大海,达到河口畅通和流路稳定的目的。

(3)有关专家对黄河三角洲海岸线进行了实测和理论计算,认为黄河年平均来沙量 3 亿 t,年平均径流量 120 亿 m^3,黄河三角洲海岸淤积与蚀退则基本保持平衡。为改善黄河三角洲海岸蚀退、国土流失、油田采油不利和环境状况,稳定入海流路,建议开展维持黄河口动态冲淤平衡的流量和运行模式研究,加大黄河调蓄水工作力度,维持黄河口的动态冲淤平衡。

(4)维持黄河生命健康,要实现人与自然的和谐相处,就应继续坚持黄河调水工作,保证黄河不断流。目前黄河调水保证黄河不断流的目标是保证黄河下游利津水文站 50 m^3/s,基本保障了城乡居民生活用水、工业生产用水、农业用水和生态环境用水需要,取得了显著的社会、经济、生态效益,为维持黄河健康生命做出了积极的贡献。黄河河口地区生态环境,特别是黄河三角洲国家级自然保护区的生态环境显著改善,河口湿地生态得到有效保护,并有部分湿地得以再生;黄河三角洲生态系统得到改善,使该地区成为东北亚内陆和环西太平洋鸟类迁徙的重要"中转站"、越冬栖息地和繁殖地,每年都有近百万只鸟到这里越冬。近年来,更有多种海内外罕见的珍稀鸟类在这里现身。经专家考察认定,保护区内现有各种野生动植物 1 921 种,属国家一、二类重点保护的动植物有丹顶鹤、松江鲈鱼、野大豆等 50 余种。

但是,保持利津水文站 50 m^3/s 的标准还不能完全达到黄河真正全年不断流。在利津水文站以下还有 100 多公里河道,13 个大中型涵闸和提水泵站,在引用黄河水的高峰期可能很难保障黄河水流能够入海。因此,建议开展维持黄河口健康生命的流量研究,加大调水工作力度,实现真正意义上的黄河不断流,满足黄河口生态和鱼类河海往复繁殖的需要,维持黄河健康生命。

(5)黄河入海口流路的稳定,是黄河入海口流路治理的前提,也是黄河三角洲地区国民经济发展的前提;但现在黄河口治理的目标已不能仅仅局限于入海口流路的稳定。社会的发展和进步,对黄河河口的治理提出了更高的要求。在保证黄河入海流路稳定的前提下,更好地服务于工农业的发展,服务于水资源的开发利用、黄河三角洲国家级自然保护区的良性维护,以及维持黄河口健康生命和渤海生态保护,是今后黄河口治理必须面对的新需要和新形势。因此,如何在新形势下确定黄河入海口流路的治理思路和方案,对于稳定黄河河口流路,促进黄河口地区经济、社会和自然的全面协调发展,意义重大,已成为目前研究和探讨的重要课题。

5　结语

由于黄河的多灾害性,黄河河口的治理是一项利国利民的千秋伟业;但由于黄河的高含沙问题,黄河河口治理比其他大江大河的河口治理更为复杂。加强黄河河口的研究和治理力度,稳定河口入海流路,促进三角洲区域经济的全面协调发展,维持黄河生命健康,造福人类和自然,将是水利界有志之士共同关注的课题。

参 考 文 献

[1]　李殿魁,等.延长黄河口清水沟流路行水年限的研究[M].郑州:黄河水利出版社,2002.
[2]　程义吉,等.黄河口新口门海域流场分析[J].海岸工程,2000(4).

黄河清水沟流路 1996 年改汊后
口门处海域冲淤变化分析

杨晓阳[1]　郭慧敏[1]　黄建杰[2]　何　敏[1]

（1. 黄河河口研究院；2. 东营市政府调查研究室）

摘要：清水沟流路自 1996 年改走清 8 汊已有 10 年，清 8 口门附近的海域由于入海泥沙的沉积扩散，海域地形发生了非常大的变化，通过不同的 AUTOCAD、SURFER 等软件分析，得出泥沙扩散的范围以及在不同剖面上的冲淤情况。

关键词：海域　剖面　SURFER　冲淤

1　概述

　　黄河三角洲位于渤海湾南岸和莱州湾西岸，地处 117°31′ ~ 119°18′E 和 36°55′ ~ 38°16′N 之间，主要分布于山东省东营市和滨州市境内，是由近代和现代三角洲叠成的复合体。近代三角洲是黄河 1855 年从铜瓦厢决口夺大清河流路形成的以宁海为顶点的扇面，西起套儿河口，南抵支脉沟口，面积约为 6 000 km²；而现代黄河三角洲是 1947 年以来至今仍在继续形成的以渔洼为顶点的扇面，西起挑河，南到宋春荣沟，陆上面积约为 2 400 km²。

　　黄河是一条多泥沙河流，每年（多年平均 1950 ~ 2004 年）挟带 8 亿 t 左右泥沙入海，大量泥沙在口门附近淤积，导致河口河道淤积延伸、摆动改道频繁不止，自 1855 年在铜瓦厢决口夺大清河入渤海至今的 150 年间，因人为或自然因素的作用，入海流路较大的改道已有 10 次，逐步形成了近代黄河三角洲。

2　1996 年清 8 改汊后水沙情况

　　在 1996 年清 8 改汊后，河口来水来沙极不平衡，除改汊当年受"96·8"洪水的影响水量较多年持平外，其后几年来水来沙持续减少（见表 1）。其中 1997 年为水沙最枯年份，利津站全年断流长达 226 天，河口丁字路断流长达 282 天，非汛期利津站来水量 2.5 亿 m³，来沙量 0.06 亿 t；汛期利津站来水量 16.3 亿 m³，来沙量 0.08 亿 t，是有记载以来年径流量最小的一年，也是断流天数最长的一年。1999 年以后黄委实施全流域统一调水,虽然保证了利津站不断流,但水沙总量仍很少,而且泥沙的年内分配很不均匀,来沙集中在汛期,且汛期来沙又集中在 8、9 两个月的 1~2 次洪水中。

表1　利津站 1996~2004 年水沙情况

年份	径流量(亿 m³)	径流量/多年均值(%)	输沙量(亿 t)	输沙量/多年均值(%)
1996	158.8	49.30	4.37	55.05
1997	18.8	5.84	0.14	1.76
1998	107.3	33.31	3.81	47.99
1999	66.0	20.49	1.89	23.81
2000	49.1	15.24	0.25	3.15
2001	46.3	14.37	0.20	2.52
2002	41.7	12.95	0.60	7.56
2003	191.3	59.39	3.81	47.99
2004	198.26	61.55	2.701	34.03
平均	139.48	43.30	3.37	42.49

3　清8改汊后新口门冲淤变化

3.1　工作方法

搜集 1996 年清八改汊以来口门附近海域实测水深数据(1996 年、2002 年、2003 年、2004 年),由于没有 1996 年改汊前的海域地形数据,在研究中用 1993 年的海域地形资料做本底来代替 1996 年改汊前的海底地形(见图1)。利用 Excel、Surfer8 等计算机软件,对实测资料进行处理,对比分析研究黄河三角洲的水下冲淤变化(每年的黄河三角洲水下地形见图2;水下三角洲冲淤变化见图3)。

在进行冲淤分析时,把经过处理的两年的网格(grd)文件相减,即可得出冲淤变化。所用的年份对比为 1993~1996 年、1996~2002 年、2002~2003 年、2003~2004 年进行对比,所涉及的范围为 CS14—CS33 剖面。

3.2　清8汊河时期不同年份水下三角洲特征

从图2中可以看出,自从 1996 年改汊后新口门开始向海中突出,而老口门由于失去泥沙补给,开始发生蚀退。各年的 2~10 m 等深线基本平行,而且比较密集,但从 10 m 等深线开始,等深线向海中突出不明显也比较稀疏。这说明从水深 2~10 m 的水下坡降大,水下地形陡;从 10 m 水深以下的坡降小,水下地形比较缓。

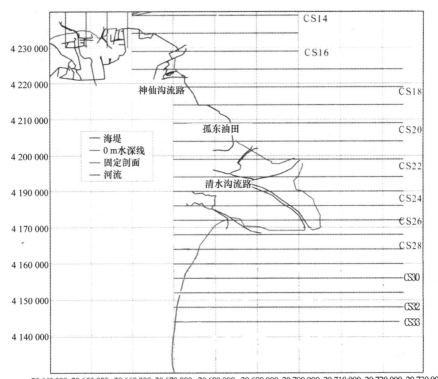

图1　清水沟流路附近海域大剖面位置

3.3　不同年份水下三角洲冲淤变化分析

利用1993、1996、2002、2003、2004年5年的黄河三角洲滨海区实测资料,进行相邻年份冲淤计算,得出了1993～1996年、1996～2002年、2002～2003年、2003～2004年冲淤分布图,并进行了冲淤计算,计算结果列入表2。

3.3.1　1993～1996年水下三角洲冲淤分析

1996年与1993年相比较,在1993～1996年改道前在老口门处发生淤积、在1996年改道清8汊河后,在新口门处也发生了淤积,淤积总量为21.8亿t,平均淤积厚度为0.234 m,最大淤积厚度为10.21 m,发生在老口门处。新口门沙嘴南北两侧发生冲刷,冲刷量为4.42亿t,最大冲刷处位于CS16剖面,冲刷厚度为2.38 m。

3.3.2　1996～2002年水下三角洲冲淤分析

2002年和1996年相比较,该海域总的情况是发生了冲刷,总冲淤量为 -2.79亿t。其中发生淤积的淤积量为2.15亿t,最大淤积厚度发生在口门处,为5.95 m,在老口门南侧也发生淤积,淤积厚度在3 m以上;冲刷量为4.94亿t,大于淤积量,最大冲刷厚度为5.02 m。

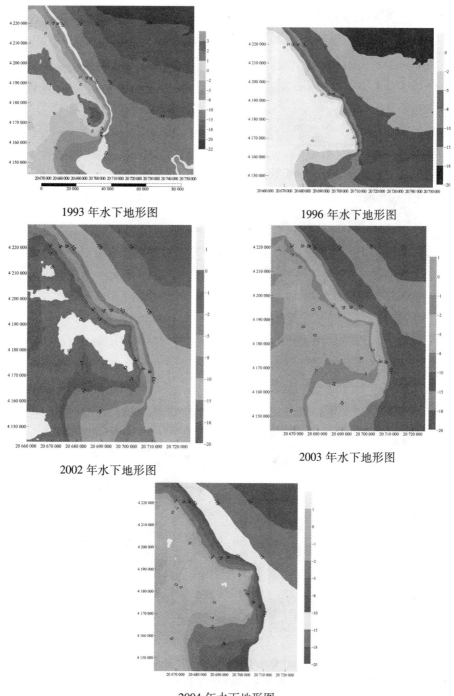

1993 年水下地形图

1996 年水下地形图

2002 年水下地形图

2003 年水下地形图

2004 年水下地形图

图 2　1993～2004 年的水下地形图(1993、1996、2002、2003、2004)

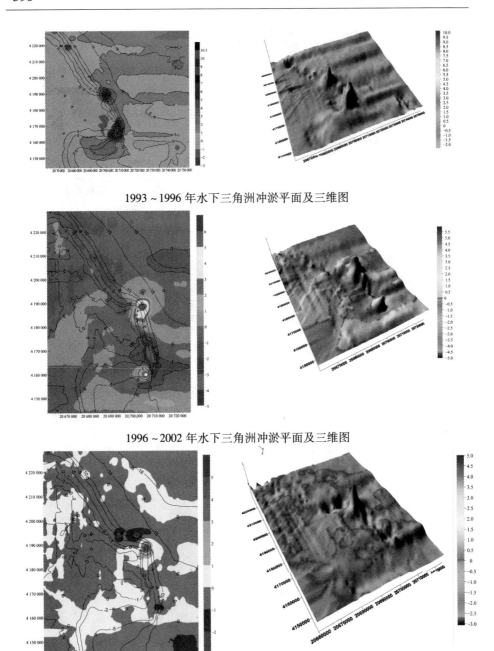

1993～1996 年水下三角洲冲淤平面及三维图

1996～2002 年水下三角洲冲淤平面及三维图

2002～2003 年水下三角洲冲淤平面及三维图

图 3　水下三角洲冲淤平面及三维图

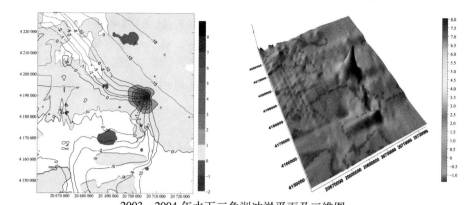

2003~2004 年水下三角洲冲淤平面及三维图

续图3 水下三角洲冲淤平面及三维图

表2 不同年份清水沟新口门水下三角洲冲淤成果

时段	1993~1996	1996~2002	2002~2003	2003~2004
淤积量(亿 t)	21.8	2.15	0.52	2.23
冲刷量(亿 t)	4.42	4.94	0.77	0.18
冲淤量(亿 t)	17.38	-2.79	-0.25	2.05
冲淤厚度(m)	0.234	-0.395	-0.148	0.143
最大淤积厚度(m)	10.21	5.95	5.02	8.04
最大冲刷厚度(m)	-2.38	-5.02	-3.07	-1.40

注:计算冲淤量时按照冲刷或淤积厚度 1m 以上范围进行计算。

该时段海域冲淤特征是:除了新口门前和老口门南侧发生淤积外,其余区域都发生了冲刷,冲刷量是淤积量的 2.297 倍。淤积厚度大于 2 m 的淤积部分在口门前的分布范围呈南北向的椭圆状。

3.3.3 2002~2003 年水下三角洲冲淤分析

2003 年和 2002 年相比较该海域总的情况是发生了冲刷,冲淤量为 -0.25 亿 t,平均冲刷厚度为 -0.148 m。其中淤积量为 0.52 亿 t,最大淤积厚度为 5.02 m;冲刷量为 0.77 亿 t,最大冲刷厚度为 3.07 m。该时段海域冲淤特征是:除了口门前发生淤积外,其余地方基本上冲淤平衡。在口门以北靠近孤东海堤的海域发生冲刷比较厉害,最大冲刷厚度 -3.07 m 的地方就在这里。淤积厚度大于 1 m 的淤积面积为 37.37 km^2,出现在口门前,其分布范围呈南北向的椭圆状。

3.3.4 2003~2004 年水下三角洲冲淤分析

2004 年和 2003 年相比较该海域总的情况是发生了淤积,淤积总量是 2.23

亿 t,平均淤积厚度为 0.143 m,最大淤积厚度为 8.04 m;冲刷总量是 0.18 亿 t,冲刷面积 1 510.21 km²,最大冲刷厚度为 1.40 m。该时段海域冲淤特征是:在该区域内,除了新口门北侧及老口门南侧地区发生冲刷外,大部分地区为淤积。其中在口门前发生严重淤积,最大淤积厚度达到 8 m 以上。

4 小结

综上所述,从 1996 年黄河改走清 8 汊至 2004 年 8 年间,清水沟流路海域总的冲淤情况是:在 1996 年前黄河行水的老口门由于失去泥沙补给,沙嘴前发生了冲刷;而 1996 年改走清 8 汊后的新口门由于黄河来水来沙,出现淤积延伸,但发生淤积厚度大于 1 m 的部分面积都不大,在平面上呈椭圆形分布,椭圆长轴一般都不超过 15 km,短轴一般不超过 10 km,这说明了黄河入海泥沙的一次沉积分布。除了新口门前的大量淤积和老口门处的剧烈冲刷外,其余大部分区域的冲淤厚度都在 1 m 以内。

参 考 文 献

[1] 黄河河口管理局. 东营市黄河志[M]. 济南:齐鲁书社,1995.
[2] 李殿魁,杨玉珍,程义吉,等. 延长黄河口清水沟行水年限的研究[M]. 郑州:黄河水利出版社,2002.
[3] 程义吉,杨晓阳. 黄河三角洲及现行河口海岸蚀退观测研究[R]. 黄河口治理研究所,2003.
[4] 程义吉,杨晓阳. 黄河河口容沙区研究[R]. 黄河河口研究院,2006.

小浪底水库调水调沙以来
河口淤积延伸分析

由宝宏 郭慧敏 卢书慧

（黄河河口研究院）

摘要：根据近几年河口冲淤演变分析可知，调水调沙以来河口河道发生冲刷，同流量水位下降。但调水调沙对河口段特别是清6以下河段的冲刷作用不明显，同时还存在着输沙动力不足、口门淤积延伸速度加快、河势变化大等问题。据此，提出了加大挖河疏浚力度；结合调水调沙，开展口门泥沙扰动疏浚和尽快完善河道整治工程等建议。

关键词：调水调沙 淤积延伸 黄河口

1986 年以来，由于黄河流域降水持续偏少，加之流域工农业迅速发展和人口的不断增长，冬春季节引用水量明显增加，进入下游的水量呈大幅度减少的趋势，且断流现象频繁发生，造成河道主槽严重萎缩，平滩流量明显减少，过洪能力严重不足。1999 年黄委实施了水量统一调度，确保了黄河不断流，2002 年以来又连续进行了调水调沙，黄河下游河道得到了冲刷，主槽过流能力明显增大，取得了明显的社会、经济效益和生态效益。

1 调水调沙以来进入河口的水沙情况

据统计，黄河入海流路改道清水沟以来利津站多年（1976～2005 年）平均径流量为 207.59 亿 m^3、输沙量为 4.94 亿 t、含沙量为 23.78 kg/ m^3。近 20 年（1986～2005 年）利津站年均径流量为 142.19 亿 m^3、输沙量为 3.25 亿 t，分别较多年均值偏少 31.5% 和 34.2%。虽然近 20 年利津站年均径流输沙量基本同比减少，但来沙系数变化较大，由多年系列年平均的 0.036 1 kg · s/ m^6 增大到 1986～2005 年系列的 0.050 7 kg · s/ m^6，水沙搭配更不利。日均流量大于 2 000 m^3/s 的天数也明显减少，由多年系列的 29.2 d/a 减小到 1986～2005 年系列的 14.7 d/a。小浪底水库实施调水调沙试验以来的 2002～2005 年，利津站年均径流量为 160.05 亿 m^3，年均输沙量为 2.18 亿 t，分别较多年均值偏少 22.9% 和 55.9%，水量较 1986～2005 年系列略有增多，但沙量减少明显，水沙搭配较为有利,来沙系数减小到 0.026 9 kg·s/m⁶。中水持续时间增长,大于 2 000 m³/s 流量的天数年均出现 28.8 d,接近于长系列情况。调水调沙以来河口利津站的水沙特征见表 1。

表 1 2002～2006 年黄河利津水沙特征

年份	径流量 (亿 m³)	输沙量 (亿 t)	平均含沙量 (kg/m³)	最大流量 (m³/s)	日均流量 > 2 000 m³/s 天数
2002	41.89	0.54	12.97	2 500	9
2003	192.72	3.70	19.19	2 740	52
2004	198.81	2.58	12.96	2 940	25
2005	206.76	1.94	9.24	3 090	29
年平均	160.05	2.18	13.62	—	28.8

2 河口冲淤演变分析

2.1 河道冲淤变化

黄河河口河道冲淤变化受多种因素影响,其中主要是流域来水来沙条件,同时也有河口演变、海洋动力条件及人类干预活动等因素的影响,各因素之间相互作用便形成河口及以上河道的沿程或溯源冲淤等现象。图 1 是小浪底水库运用以来利津至清 7 河道全断面冲淤变化过程。1999 年 10 月小浪底水库下闸蓄水,由图 1 可见,2000 年以来河口河段呈连续冲刷态势。据统计,从 2000～2004 年 4 年间,利津至清 7 河段共冲刷 4 437 万 m³,其中主槽冲刷 3 788 万 m³,占全断面的 85.3%,亦即河道冲刷大部分发生在主槽,对降低同流量水位和扩大主槽过流能力十分有利。从各河段的冲淤变化看,利津至 7 断面近口段共冲刷 2 722 万 m³,冲刷强度为 58.9 万 m³/km,7 断面至清 7 河口段共冲刷 1 715 万 m³,冲刷强度为 46.7 万 m³/km,冲刷强度近口段大于河口段,具有沿程冲刷的特点。从逐年各时段的冲淤变化过程看,河口河道具有汛期冲刷、非汛期淤积的冲淤特性。虽然 2000～2001 两年汛期洪峰流量不大,最大流量仅 950 m³/s,但来水也较清,含沙量仅 5 kg/m³ 左右,且于 2001 年非汛期在义和至朱家屋子河段实施挖沙 349.6 万 m³。2002 年以来又连续实施了调水调沙试验,中水持续时间长,含沙量较低,水沙条件十分有利,利津以下河道连续发生冲刷。

2.2 断面形态变化

横断面形态是反映河道稳定和泄洪能力的重要指标,河道的冲淤演变通过横断面形态的调整来反映。图 2、图 3 是河口段渔洼和清 6 断面 2000 年以来的横断面套绘图,表 2 是根据断面资料统计的主槽形态变化。

由图可见,近几年两断面主槽相对比较稳定,横向摆动幅度不大。渔洼断面

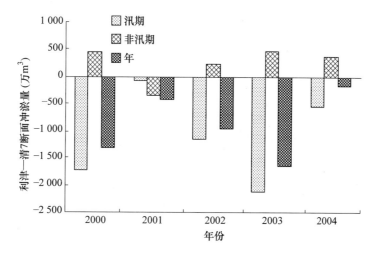

图 1　2000～2004 年利津至清 7 河道全断面冲淤量变化过程

位于由弯曲性河道向河口过渡的河段内，清 6 断面位于河口段内，两断面形态的变化却不尽一致。1996 年清 8 改汊以后，1997～1999 年这 3 年，水沙条件极为不利，汛期最大洪峰流量 3 200 m^3/s，汛期平均流量仅 408 m^3/s，且 1997 年利津断流长达 226 d，1998 年断流 142 d，汛期和非汛期河道主槽均发生淤积，至 2000 年汛前，两断面主槽宽度为 497～594 m，深度 2.66～2.82 m，过水面积为 1 404～1 578 m^2，宽深比 $\sqrt{B}/H = 7.9～9.2$；2000 年以后，河口河道发生了持续冲刷，渔洼断面主槽明显扩宽，深度变化不大，过水面积明显增大；而清 6 断面主槽却略有缩窄，深度变浅，过水面积也相应减少，到 2005 年汛前，渔洼断面主槽宽度增大到 655 m，深度略减少到 2.76 m，过水面积增大到 1 807 m^2，宽深比 $\sqrt{B}/H = 9.3$；清 6 断面主槽宽度减少到 586 m，深度减少到 2.2 m，过水面积减少到 1 297 m^2，宽深比 $\sqrt{B}/H = 11.0$。

表 2　渔洼、清 6 断面主槽形态变化

时序 （年-月）	渔洼			清 6		
	主槽宽度 （m）	平滩水深 （m）	$\sqrt{B}/H$	主槽宽度 （m）	平滩水深 （m）	$\sqrt{B}/H$
2000-05	497	2.82	7.9	594	2.66	9.2
2001-05	660	2.47	10.4	601	2.43	10.1
2002-05	660	2.89	8.9	601	2.32	10.6
2003-05	660	2.51	10.2	601	2.06	11.9
2004-04	660	3.06	8.4	601	2.55	9.6
2005-04	655	2.76	9.3	586	2.20	11.0

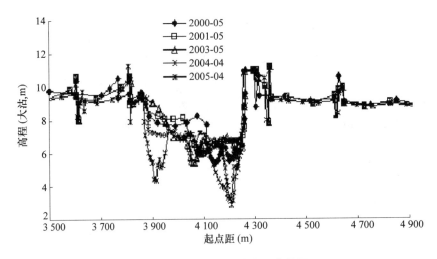

图 2　渔洼断面实测大断面套绘图

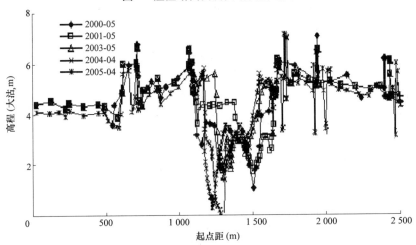

图 3　清 6 断面实测大断面套绘图

2.3　同流量水位变化

调水调沙以来泺口以下河段各站水位总体呈逐年下降趋势(见表 3)。从 2002 年汛前至 2006 年汛前,各站水位普遍下降了 0.6~0.96 m,且水位降幅沿程减小,明显反映了河道冲刷具有沿程的特征。河口段水位的下降除了与调水调沙有关外,也与由于挖河改变河道边界条件所引起的冲刷有关。

2002 年 5 月份义和至朱家屋子河段的挖河刚刚完成,汛期紧接着又实施了调水调沙试验,2002~2003 年,泺口以下各站水位呈现两头降、中间升的趋势,明显河口段水位下降与挖河有关,2004 年 4 月开始又在纪冯至义和河段进行了第三次挖河,且从 6 月份中旬开始又进行了调水调沙试验,至 2005 年,除刘家园水位下降了 0.50 m,降幅稍大外,其他各站下降了 0.25 ~ 0.45 m,从水位的降幅来看,河口段略大于上游段,也说明挖河对降低同流量水位有作用。

表 3 泺口以下各站汛前 3 000 m³/s 流量级水位 （单位:m）

时间	泺口	刘家园	清河镇	利津	一号坝	西河口
2002 ~ 2003	- 0.05	- 0.04	- 0.08	0.03	- 0.02	- 0.12
2003 ~ 2004	- 0.23	0.08	- 0.08	- 0.20	- 0.08	- 0.16
2004 ~ 2005	- 0.27	- 0.50	- 0.45	- 0.25	- 0.45	- 0.32
2005 ~ 2006	- 0.35	- 0.40	- 0.35	- 0.30	- 0.15	0
2002 ~ 2006	- 0.9	- 0.86	- 0.96	- 0.72	- 0.7	- 0.6

2.4 口门淤积变化

通过 2000 年 6 月和 2004 年 7 月两时段海域水下地形资料套绘对比分析可知(见图 4),2000 ~ 2004 年海域发生的淤积主要发生在口门前侧,沙嘴向海中大约淤进了 5 km,淤积最大处超过 10 m 水深,侵蚀主要发生在口门南侧,侵蚀厚度最大为 2 m。其余大部分地区侵淤基本上保持平衡。观测范围面积为 626.6 km²,其中发生淤积的范围面积为 471.5 km²,占总面积的 75.2%;发生侵蚀的范围面积为 155.1 km²,占总面积的 24.8%,发生淤积的范围是发生侵蚀范围的 3 倍。从 2000 ~ 2004 年观测范围内的淤积量为 5.060 亿 m³、侵蚀量为 0.480 亿 m³,两者相抵,淤积量为 4.579 亿 m³(合 5.49 亿 t),占同时期利津来沙量 5.87 亿 t 的 93.5%。可以看出,利津来沙绝大多数淤积在口门附近。据统计,从 2000 ~ 2004 年 5 年间,黄河利津站年输沙量 0.2 亿 ~ 2.58 亿 t,虽然来沙量不大,但河口流路延伸速度仍然较快(平均 1 km/a 左右)。

3 存在的问题

3.1 河口段减淤作用不明显

河口段河床演变除与利津水沙条件有关外,其冲淤调整受入海流路淤积、延伸、摆动,甚至拦门沙的发育等边界条件的影响相对更为敏感。据统计,从 2002 年 5 月至 2005 年 4 月,利津—清 6 河段冲刷 2 859.4 万 m³,而清 6 以下河段却淤积 72 万 m³。其中 2004 年调水调沙期间,利津—清 6 河段冲刷 703 万 m³,而清 6—汊 2 河段却淤积了 300 万 m³。调水调沙将上游冲刷下来的泥沙强烈堆积在河口,造成河口淤积延伸,从长远看,不可避免对河口河道产生溯源淤积,从而对整个下游河道产生不利反馈影响。再如前面对河道断面形态的分析,清 6 断面主槽过水面积较调水调沙前反而减小。以上均说明,调水调沙对河口段的减

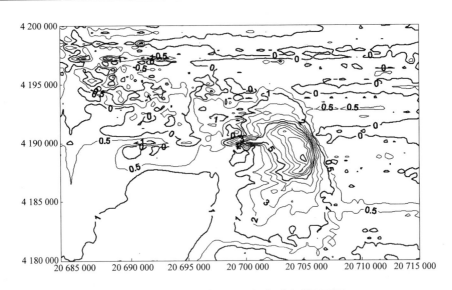

图4 2000～2004年黄河口口门海域冲淤平面图

淤作用远不及上游河段明显。

3.2 输沙动力不足,口门淤积延伸速度加快

进入河口地区的泥沙除一部分淤积在三角洲面上外,其余大部分淤积在河口滨海及以外区域。据统计,陆地、滨海及输往外海的泥沙占利津来沙量:神仙沟流路时期的1950～1960年,分别为26%、36%和38%;刁口河流路时期的1965年6月～1976年5月,分别为13.2%、56%和30.8%;清水沟流路时期的1976年5月～2000年10月,分别为19.5%、59.9%和20.7%,即有20%以上的泥沙输往12 m等深线以外海域。而2000～2004年输往外海的泥沙比例却不足10%,利津来沙绝大多数淤积在口门附近,不仅造成河口流路延伸速度加快,河道比降逐步变缓,从长远看,还会产生溯源淤积。

3.3 河道整治工程不完善,河势变化大

十八户以下靠河的险工控导工程长度仅占河道长度的1/5左右,控制长度不足,且清4以下为无工程控制区,再加上调水调沙中水持续时间较长,含沙量较低,冲刷能力较强,致使十八户以下河段河势变化较大,部分滩岸坍塌严重。如由于八连工程下首22号坝未按规划布设完成,送溜能力不足,使得十四公里工程对岸红泥嘴坍塌,水流取直后,溜势继续下延,造成21号坝以下约2.0 km长的滩地受回流淘刷坍塌,形成较陡的弯道,该弯道的出流方向更偏向下弯清3工程的上段,导致清3工程的溜势明显上提,造成1号坝以上长约600 m的滩岸严重坍塌,从而引起丁字路断面河势右摆,造成打水船脱溜,有水取不出。同时,清8附近也呈现出明显的"S"形弯,发展趋势极为不利。

4 建议

4.1 加大挖河疏浚力度,减少河道淤积对黄河下游的反馈影响

河口的不断淤积延伸是造成黄河下游河道比降逐步变缓,产生溯源淤积的主要原因,同时也对黄河泄洪排沙产生不利的影响。通过河口挖沙疏浚,使河口保持通畅,并有效降低相对侵蚀基面,使其在一定的水沙条件下发生较长距离的溯源冲刷,是实现黄河下游河床不抬高的有效措施之一。调水调沙对河口段减淤作用有限,因此在持续调水调沙的同时,应坚持不懈地进行河口挖河疏浚,特别是7断面以下的河道疏浚,通过改善河道边界条件来增大河槽输水输沙能力,以减轻其受河口淤积延伸反馈影响的程度,确保河口滩区工农业生产和油田的安全。

4.2 结合调水调沙,开展口门泥沙扰动疏浚

拦门沙对河道泄水排沙十分不利。尤其在凌汛时期,流冰经常卡塞河口,造成率先封河,冰水漫滩,直接威胁着河口地区的安全。同时,河口拦门沙的隆起,相当于侵蚀基准面的局部抬升,被阻水流自寻低洼捷径入海,极易造成出汊摆动,然后在新口门附近塑造新的拦门沙,导致河道比降变缓,孕育着又一次较大的改道变迁。因此,为保持河口泄洪排沙顺畅,确保河口地区的防洪安全,加大排沙入深海的能力。结合调水调沙,开展拦门沙区泥沙扰动,疏浚治理,以尽量延长现行流路行河年限。

4.3 尽快完善河道整治工程

针对河势变化较大、工程控制长度不足的河段,应加大整治力度,完善节点工程。当前,应及早建设十八户控导上延工程,完善八连、清3等控导工程,开展清6至清8河段的河道整治,有效控制河道的横向摆动,稳定主河槽。